高等院校艺术与设计规划教材·数字媒体艺术

中文版Photoshop CS6基础与案例教程(单色版)

孙 炜　　王宝库　编著

清 华 大 学 出 版 社
北京交通大学出版社
·北京·

内 容 简 介

本书以理论知识、实例操作、拓展训练、课后练习及教学视频 5 大部分为横向结构，以从易到难讲解 Photoshop 技术为依据，将本书划分成 14 个章节，并作为本书的纵向结构。依托编者十余年的丰富教学经验，将横与纵完美地交织并融合在一起，帮助读成者全方位学好 Photoshop 的各项关键技术。

针对本书中的理论知识，录制了 300 多分钟多媒体视频教学课件，如果在学习中遇到问题可以通过观看这些多媒体视频解释疑惑，提高学习效率。

本书的光盘中包含了所有本书讲解过程中运用到的素材及效果文件，而且还提供一些常用的画笔、样式及 PSD 分层图片等资源，供读者学习和工作之用。

本书图文并茂、结构清晰、表达流畅、内容丰富实用，不仅适合相关设计专业的学生用作教材，也适合希望进入设计领域的自学者作为教学资料。

图书在版编目(CIP)数据

中文版 Photoshop CS6 基础与案例教程：单色版/孙炜，王宝库编著.—北京：北京交通大学出版社；清华大学出版社，2014.1

（高等院校艺术与设计规划教材 • 数字媒体艺术）

ISBN 978–7–5121–1705–1

I. ①中…　II. ①孙…　②王…　III. ①图像处理软件–高等学校–教材　IV. TP391.41

中国版本图书馆 CIP 数据核字（2013）第 276242 号

责任编辑：韩素华　　特邀编辑：黎涛
出版发行：清 华 大 学 出 版 社　　邮编：100084　　电话：010 – 62776969
　　　　　北京交通大学出版社　　邮编：100044　　电话：010 – 51686414
印 刷 者：北京艺堂印刷有限公司
经　　销：全国新华书店
开　　本：203×260　　印张：19.25　　字数：470 千字　　配光盘 1 张
版　　次：2014 年 1 月第 1 版　　2014 年 1 月第 1 次印刷
书　　号：ISBN 978-7-5121-1705-1/TP•767
印　　数：1～4 000 册　　定价：39.00 元（含光盘）

本书如有质量问题，请向北京交通大学出版社质监组反映。对您的意见和批评，我们表示欢迎和感谢。
投诉电话：010-51686043，51686008；传真：010-62225406；E-mail：press@bjtu.edu.cn。

前　言

本书以理论知识、实例操作、拓展训练、课后练习及教学视频5大部分为横向结构；以从易到难讲解Photoshop技术为依据，将本书划分成14个章节，并作为本书的纵向结构。以编者十余年的丰富教学经验，将横与纵完美地交织并融合在一起，帮助读者全方位地学好Photoshop的各项关键技术。

关于本书横向与纵向结构的详细说明，请读者阅读下面的文字。

本书的5大横向结构

由于本书仅针对Photoshop的图层与通道技术，所以能够在同样的页码中，对其进行更深入、透彻地讲解。

- 理论知识：本书并非大而全、追求全面讲解Photoshop技术的图书，而是根据编者自身的经验，将其中最常用、最实用的技术知识筛选出来，通过恰到好处的实例，帮助读者尽快掌握这些技术，并力求能够解决实际工作中85%以上的问题，达到学有所用的最终目的。
- 实例操作：为了让读者能够更透彻地理解和学习Photoshop技术，编者使用了大量操作实例配合技术知识的讲解，读者只需要按照其方法进行操作，就可以基本掌握该技术的使用方法。同时，这些实例中包含了很多平面设计领域中的作品，可以帮助读者学习各种技术在不同领域中的用法。
- 拓展训练：这是本书的特色内容，编者列举了14个拓展训练项目，主旨在于帮助读者在学习某个知识后，能够在此基础上，结合光盘中给出的素材文件进行练习，以巩固学习成果。
- 课后练习：本书提供了近200个课后练习题，是针对当前章节中核心功能的综合练习题，通常大多数都是与其他功能结合应用，从而帮助读者更好地掌握技术，并对技术之间的搭配使用有一个明确的认知和感受。
- 教学视频：以上4个结构均是以图书本身为依托的静态媒体上学习，为帮助读者更好地学习和理解Photoshop技术，本书录制了近300多分钟的视频教程，对Photoshop技术做了完整、形象地讲解，其中甚至还包括了一些本书中未曾涉及的知识，以及编者多年来的工作经验，相信这对于读者学习软件技术及日后的实际工作都有着莫大的好处。

本书的14大纵向结构

本书共分为14章，其简介如下。

第1～2章：本章是以引导读者对Photoshop有一个完整、全面的认识为目的，因此，从Photoshop的应用领域、软件界面入手，讲解软件、图像文件及纠错等基础操作，让读者对软件有一个细致的了解，以便于后面学习其他的知识。

第3章：本章讲解了关于选区的相关操作，它属于相对比较简单且在工作过程中较为常用的技术。

第4～5章：Photoshop提供了两类绘画功能，即位图及矢量绘画功能，在这2章中，专门针对它们进行讲解。

第6章：本章中讲解了Photoshop中修饰与调色处理功能，除了将之应用于数码照片的处理外，还应用在图像创意合成及视觉表现等领域中，这些功能也都是不可或缺的。

第7～10章：在这4章中，主要讲解了Photoshop软件的核心——图层功能，通过由浅入深、循序渐进的方式，详细讲解了图层的概念、基础操作、调整图层、图层样式及蒙版等重要功能。此外，第9章中的文字功能，除了在各类设计作品中非常常用外，从技术上而言，它与第4～5章讲解的技术也有着很大的关联，读者可以在学习过程中慢慢体会这一点。

第11～13章：这几章分别讲解了关于通道、滤镜及自动化功能的使用方法。

第14章：这是本书的实例章节，共包括了5个视觉表现、矢量插画及封面设计等领域的综合案例，通过学习它们的制作方法，可以帮助读者更好地将前面学习到的知识融会贯通。

本书配套的光盘资源

本书附一张DVD-ROM，其内容主要包含案例素材及设计素材2部分。其中案例素材包含了完整的案例及素材源文件，读者除了使用它们配合图书中的讲解进行学习外，也可以直接将之应用于商业作品中，以提高作品的质量；另外，光盘还配有大量的纹理、画笔及设计PSD等素材，可以帮助读者在设计过程中更好更快地完成设计工作。

此外，针对本书中的理论知识录制了300多分钟的多媒体视频教学课件，如果在学习中遇到问题可以通过观看这些多媒体视频释疑解惑，提高学习效率。

播放提示：由于本视频光盘采用了可以使文件更小的特殊压缩码TSCC，因此为了获得更好的播放效果，建议读者安装最新版本的暴风影音播放软件。

学习本书的软件环境

本书所使用的软件是Photoshop CS6中文版，操作系统为Windows 7，因此希望各位读者能够与本书统一起来，以避免可能在学习中遇到的障碍。由于Photoshop软件具有向下兼容的特性，因此如果各位读者使用的是Photoshop CS5或更早的版本，也能够使用本书学习，只是在局部操作方面略有差异，这一点希望引起各位读者的关注。

与编者沟通的渠道

限于编者水平，本书在操作步骤、效果及表述方面定然存在不少不尽如人意之处，希望各位读者来信指正，编者的邮件是LB26@263.net及Lbuser@126.com。

本书作者

本书是集体劳动的结晶，参与本书编著的包括以下人员：

孙炜、王宝库、雷剑、吴腾飞、雷波、左福、范玉婵、刘志伟、李美、邓冰峰、詹曼雪、黄正、孙美娜、刑海杰、刘小松、陈红艳、徐克沛、吴晴、李洪泽、漠然、李亚洲、佟晓旭、江海艳、董文杰、张来勤、刘星龙、边艳蕊、马俊南、姜玉双、李敏、邰琳琳、李亚洲、卢金凤、李静、肖辉、寿鹏程、管亮、马牧阳、杨冲、张奇、陈志新、刘星龙、马俊南、孙雅丽、孟祥印、李倪、潘陈锡、姚天亮等。

版权声明

编　者

2013年7月

Contents 目 录

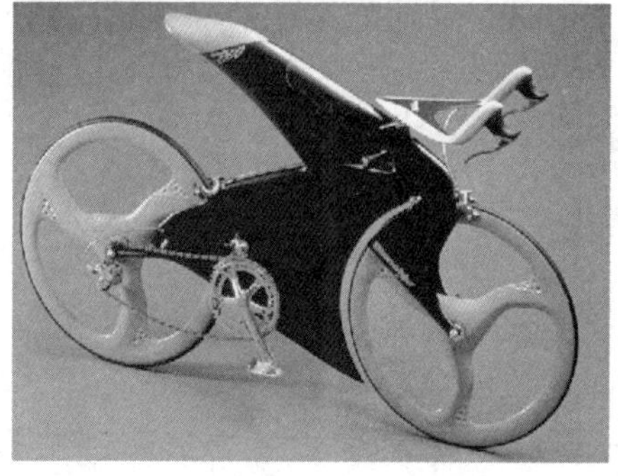

第1章 走进Adobe Photoshop CS6

第2章 创建与编辑文件

目 录 Contents

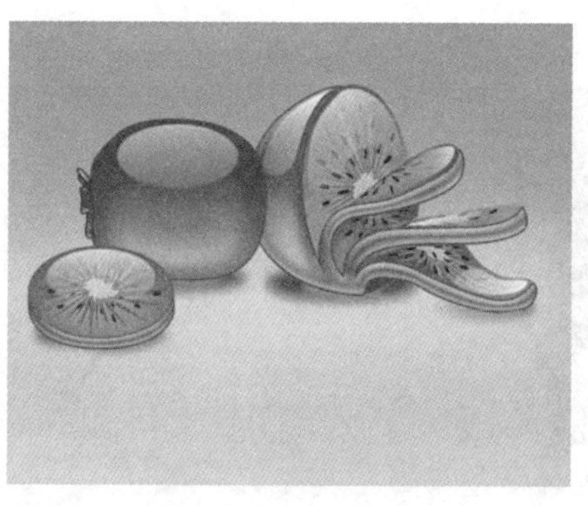

第4章 绘制与编辑图像

目 录 Contents

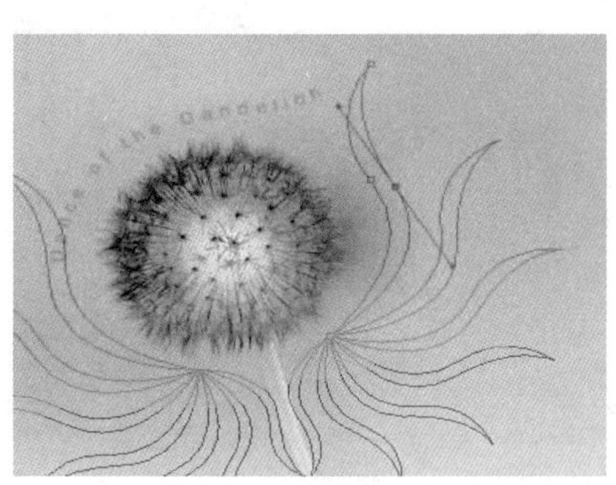

目 录 Contents

第7章 创建与使用图层

第8章 融合图像

目 录 Contents

目 录 Contents

第14章 综合案例

附录A

第1章

走进Adobe Photoshop CS6

本章导读

本章重点介绍学习Photoshop应该掌握的一些基础知识，其中包括Photoshop的应用领域及界面基本操作知识，例如，掌握选项卡式文档窗口使用方法、掌握面板的使用方法等相关知识。

学习本章的目的是让读者初步了解Photoshop CS6的应用及其工作界面，并了解如何保存工作环境。

1.1 Photoshop的应用领域

Photoshop是美国Adobe公司开发的位图处理软件，主要用于创意表现、视觉表现、平面设计、概念设计、界面设计、网页效果图设计、艺术文字处理、CG绘画、照片处理和写真设计等领域。

在该软件十多年的发展历程中，始终以强大的功能、梦幻般的效果征服了一批又一批用户。现在，Photoshop已经成为全球专业图像设计人员必不可少的图像设计软件，而使用此软件的设计者也以此为人类创造了数不尽的精神财富。

下面将对Photoshop的主要应用领域进行详细的讲解。

1.1.1 创意表现

Photoshop对图像的颜色处理和图像合成功能是其他任何软件无法比拟的。图1-1所示为使用Photoshop合成的图像作品。

(a) (b) (c)

图1-1 创意表现作品

1.1.2 视觉表现

社会的发展离不开人们的想象力和创造力，设计更加需要想象力，人们常说，创意是设计师的生存之本，这句话并不过分。人们似乎总是喜新厌旧的，而很多人有时会有无法表达的苦恼，设计师也是如此，有时候无法将自己的想法很好地表现出来。

为了改变这种窘境，Photoshop作为图形图像处理的专家，不断地进行完善升级，为设计者的思想创意提供了技术支持。图1-2所示为优秀的视觉创意作品。

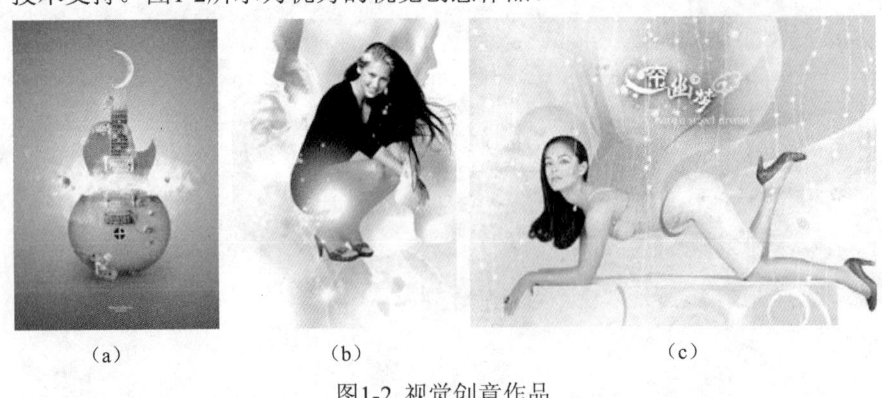

(a) (b) (c)

图1-2 视觉创意作品

1.1.3 平面设计

通常所见到的灯箱广告、公益广告、电影海报及杂志报刊上的各类广告，都可以称为平面广告。

图1-3展示的是一则典型的汽车平面广告，这则广告在技术上十分简单，仅对素材图片做了简单的处理并添加了一些文字，而表现出的广告效果却比较好。在制作这样的广告时，Photoshop主要被用于修饰、处理图像，以及调整图像的颜色。

图1-4所示是封面及海报设计广告，在设计中使用了不少特效图像，在制作这样的广告时，Photoshop被用于绘制或合成图像以创建与众不同的视觉效果。

图1-3 汽车广告

（a）　　（b）

图1-4 封面及海报设计作品

1.1.4 概念设计

概念设计是一个新兴的设计领域，与其他领域不同，概念设计注重设计内容的表现效果，而不像工业设计那样需要注重所设计的产品是否能够从流水线上生产出来。

在产品设计的前期通常要进行概念设计，除此之外，在许多电影及游戏中都需要进行角色或道具的概念设计。

图1-5所示为概念自行车的设计。

（a）　　（b）

图1-5 概念自行车设计

图1-6所示为手机与汽车的概念设计。

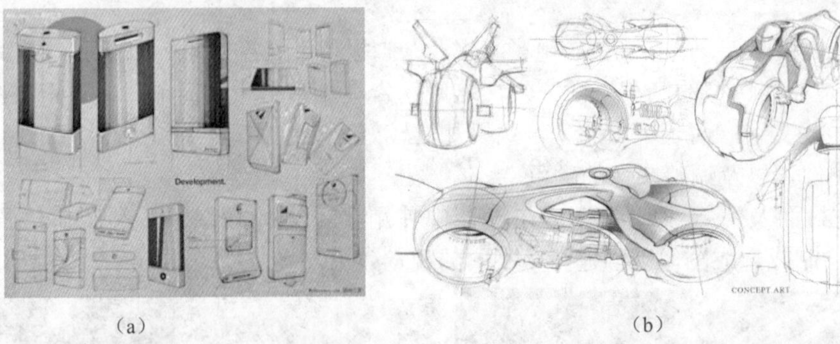

（a）　　　　（b）

图1-6 手机与汽车的概念设计

1.1.5 界面设计

计算机的普及化和个性化，使得人们对界面的审美要求不断提高，界面也逐渐成为个人风格和商业形象的一个重要展示部分。一个网页、一个应用软件或一款游戏的界面设计得优秀与否，已经成为人们对它进行衡量的标准之一，在此领域Photoshop也扮演着非常重要的角色。目前在界面设计领域，90%以上的设计师正在使用此软件进行设计。图1-7所示为几款优秀的界面设计作品。

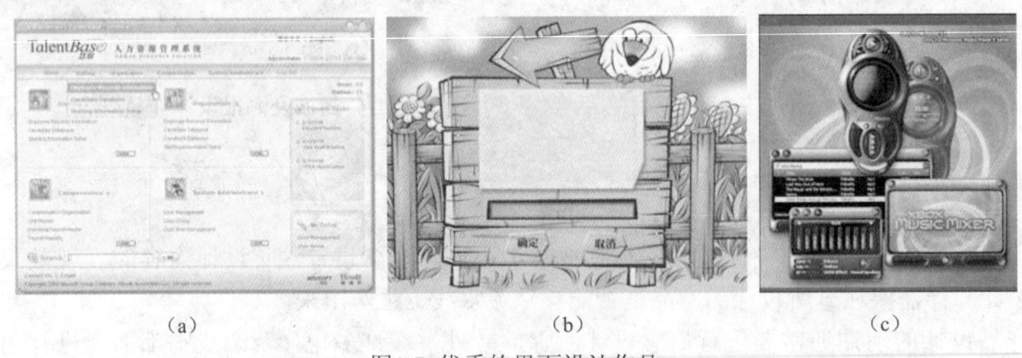

（a）　　　　（b）　　　　（c）

图1-7 优秀的界面设计作品

1.1.6 网页效果图设计

网络的普及是更多人需要掌握Photoshop的一个重要原因，在制作网页时Photoshop是必不可少的网页图像处理软件，图1-8所示的是使用Photoshop制作的两幅网页效果图。

（a）　　　　（b）

图1-8 网页作品

1.1.7 艺术文字处理

艺术文字处理，就是通过对图形化的文字设计来表情达意，增强艺术设计视觉效果，提高设计的诉求力，赋予版面设计审美价值的一种重要的构成手段。图1-9所示为几款优秀的艺术文字作品。

（a）　　（b）　　（c）

图1-9 优秀的艺术文字处理

1.1.8 CG绘画

人们都说Photoshop是强大的图像处理软件，但是随着版本的升级，Photoshop在绘画方面的功能也越来越强大。图1-10所示的是艺术家使用Photoshop绘制的作品，这些作品都是通过如图1-11所示的手绘板完成的。

（a）　　（b）　　（c）

图1-10 艺术家绘画作品

（a）　　（b）

图1-11 手绘板

1.1.9 照片处理

随着计算机及数码相机的普及，数码相片的处理与修饰工作也越来越多地成为许多数码爱好者希望掌握的技术。

例如，图1-12所示为原数码相片图像，图1-13所示为使用Photoshop处理后的照片。

图1-12 原图像

图1-13 制作后的效果

数码婚纱照片及数码儿童相片的设计与制作也是一个新兴的数码相片制作领域，在此领域中Photoshop起到了举足轻重的作用，图1-14所示为使用Photoshop制作的儿童及婚纱数码照片。

（a）

（b）

图1-14 儿童及婚纱数码照片

1.1.10 写真设计

现代人越来越注意自身的形象，对数码相片的审美水平也同样有了提高，各式各样的写真集已不再是明星们的专利。图1-15所示为两款优秀的写真设计作品。

（a）

（b）

图1-15 优秀的写真设计作品

1.2 熟悉软件界面

当启动Photoshop后，首先映入人们眼帘的就是它的操作界面。Photoshop CS6版本的操作界面更加人性化，通过进行不同的设置，可以使软件操作习惯不同的用户在使用软件时都能够感到得心应手，其界面如图1-16所示。

图1-16 完整的操作界面

通过图1-16可以看出，完整的操作界面由菜单栏、工具箱、选项条、面板、状态栏与文件选项卡等组成。由于在实际工作中，工具箱中的工具与面板是主要工作方式，因此下面重点讲解各工具与面板的使用方法。

1.2.1 菜单栏

Photoshop CS6有11个菜单，其中包括文件、编辑、图像、图层、文字、选择、滤镜、3D、视图、窗口和帮助，在每个菜单中又包含有数十个子菜单和命令，因此当这些菜单出现在一个初学者面前时，很容易使初学者产生畏难情绪，但实际上每一类菜单都有独特的作用，只要熟记菜单类型后再对照性地应用各命令，就能够很快得心应手了。

1. 子菜单命令

在Photoshop中，一些命令从属于一个大的菜单命令项之下，但其本身又具有多种变化或操作方式，为了使菜单组织更加有效，Photoshop使用了子菜单模式以细化菜单。在菜单命令下拉菜单中右侧有三角标识的，表示该命令下面包含有子菜单，如图1-17所示。

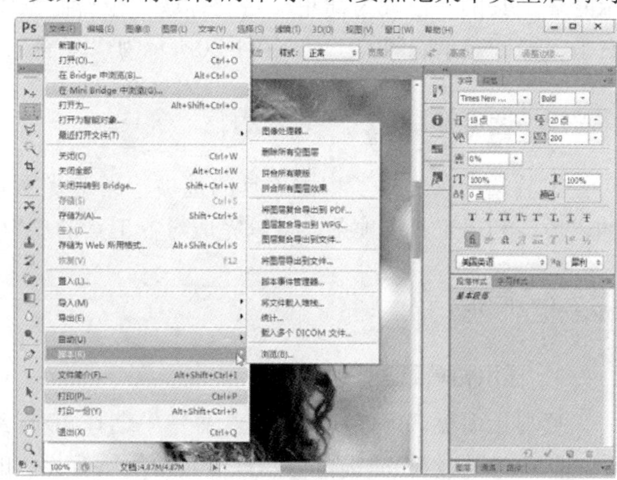

图1-17 子菜单命令

2. 灰度显示的菜单命令

许多菜单命令有一定的运行条件，如果当前操作文件没有达到某个菜单命令的运行条件，此菜单命令就呈灰度显示。

3. 包含对话框的菜单命令

在菜单命令的后面显示有3个小点的，表示选择此命令后，会弹出参数设置的对话框。

1.2.2 工具箱

工具箱中的大多数工具使用频率都非常高，因此掌握工具箱中工具的正确、快捷的使用方法有助于加快操作速度。下面介绍Photoshop中与工具箱相关的基本操作。

1. 伸缩工具箱

工具箱的伸缩功能主要由位于工具箱顶部呈灰色显示的伸缩栏控制，而所谓的伸缩栏，就是工具箱顶部的两个小三角块，如图1-18所示。

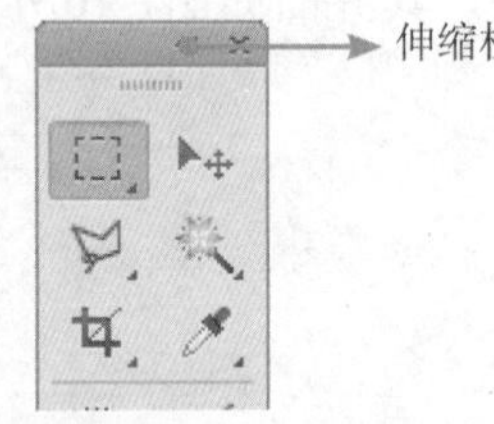

图1-18 伸缩栏

2. 激活工具

工具箱中的每一种工具都有两种激活方法，即在工具箱直接单击工具或直接按要选择的工具的快捷键。

3. 显示工具的热敏菜单

Photoshop中的所有工具都具有热敏菜单，通常情况下，热敏菜单处于隐藏状态，将光标在工具上停留一定的时间，热敏菜单即可显示。

通过热敏菜单，可以查看工具的快捷键和正确名称。使用热敏菜单可以有效地利用界面的空间，同时也可清楚地说明问题，如“套索工具”的热敏菜单如图1-19所示。

图1-19 “套索工具”的热敏菜单

4. 显示隐藏的工具

在工具箱中看到的工具并非全部的工具，大部分工具仅仅是这一类工具中的一个，区分其是否含有隐藏工具的方法为：观察工具图标，在其右下角有黑色三角形的，则表明有隐藏工具。显示隐藏工具的方法较为简单，将光标放在带有隐藏工具的图标上右击，即可显示隐藏的工具。图1-20所示为“套索工具”所显示出的隐藏工具。

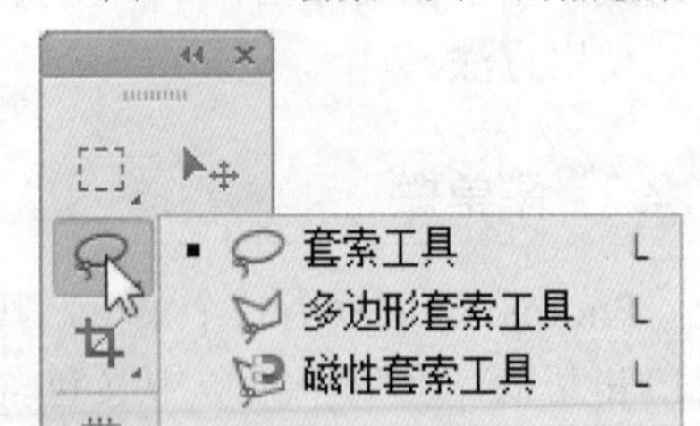

图1-20 显示出的隐藏工具

1.2.3 选项条

工具选项条提供了相关工具的选项，当选择不同的工具时，工具选项条中将会显示与工具相应的参数。利用工具选项条，可以完成对各工具的参数设置。

1.2.4 面板

1. 显示和隐藏面板

要显示面板，可以在“窗口”菜单中选择相对应的命令，再次选择此命令可以隐藏面板。

除此之外，按Tab键可以隐藏工具箱及所有显示的面板，再次按Tab键可全部显示。如果仅需要隐藏所有显示的面板，可以按Shift+Tab键，同样再次按Shift+Tab键可全部显示。

2. 面板弹出菜单

在大多数的面板右上角都有一个按钮▾≡，单击该按钮即可显示此面板的命令菜单，如图1-21所示，面板的弹出菜单中的大多数命令与菜单命令重复。

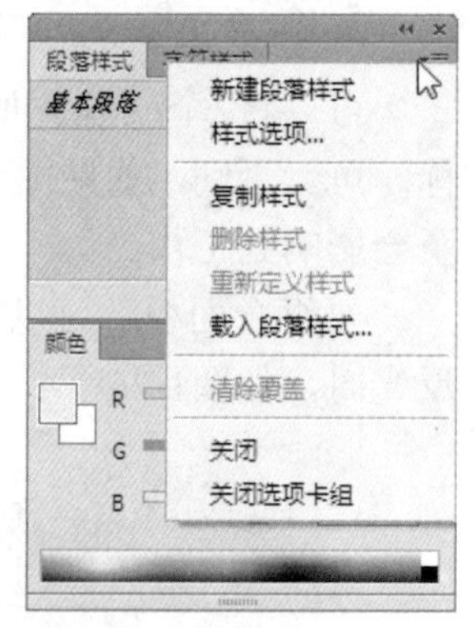

图1-21 显示面板弹出菜单

因此，在操作时可以根据个人喜好，或选择菜单命令中的命令，或选择面板弹出菜单中的命令完成操作。

3. 伸缩面板

除了工具箱外，面板同样可以进行伸缩。对于已展开的一栏面板，单击其顶部的伸缩栏，可以将其收缩成为图标状态，如图1-22所示。反之，如果单击未展开的伸缩栏，则可以将该栏中的全部面板都展开，如图1-23所示。

图1-22 收缩所有面板栏时的状态

图1-23 展开所有面板栏时的状态

面板还可以拆分、组合及创建新的面板栏来满足不同的要求，在组合及创建新的面板栏时，从图中可以看出，在将面板移动到另一个面板的位置时会产生一个蓝色反光的标记，此标记用来定义面板生成的位置，在调整时可认真体会。

4. 拆分面板

当要单独拆分出一个面板时，可以直接按住鼠标左键选中对应的图标或标签，然后将其拖至工作区中的空白位置，如图1-24所示，图1-25所示就是被单独拆分出来的面板。

图1-24 向空白区域拖动面板

图1-25 拆分后的面板状态

5. 组合面板

可以将2个或多个面板合并到一个面板栏中，当需要调用其中某个面板时，只需要单击其标签名称即可。否则，如果每个面板都单独占用一个窗口，那么用于进行图像操作的空间就会大大减少，甚至会影响到工作。

要组合面板，可以按住鼠标左键拖动位于外部的面板标签至想要的位置，直至该位置出现蓝色反光时，如图1-26所示，释放鼠标左键，即可完成面板的组合操作，如图1-27所示。

图1-26 拖动面板标签

图1-27 合并面板后的状态

6. 创建新的悬挂面板栏

可以拖动一个面板栏至悬挂在软件窗口右侧的面板栏的最左侧边缘位置，当该边缘出现灰蓝相间的高光显示条，如图1-28所示，此时释放鼠标即可创建一个新的悬挂面板栏，如图1-29所示。

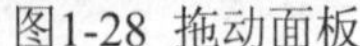

图1-28 拖动面板

图1-29 增加面板栏后的状态

1.2.5 状态栏

状态栏提供当前文件的显示比例、文件大小、内存使用率、操作运行时间和当前工具等提示信息。

1.2.6 文件选项卡

以选项卡式文档窗口排列当前打开的图像文件，这种排列方法可以在打开多个图像后一目了然，并快速通过单击所打开的图像文件的选项卡名称将其选中。

如果打开了多个图像文件，可以通过单击选项卡式文档窗口右上方的展开按钮>>，在弹出的文件名称选择列表中选择要操作的文件，如图1-30所示。

按Ctrl+Tab键，可以在当前打开的所有图像文件中，从左向右依次进行切换，如果按Ctrl+Shift+Tab键，可以逆向切换这些图像文件。

图1-30 在列表菜单中选择要操作的图像文件

使用这种选项卡式文档窗口管理图像文件，可以对这些图像文件进行如下各类操作，以更加快捷、方便地对图像文件进行管理。

- 改变图像的顺序，点按某图像文件的选项卡不放，将其拖至一个新的位置再释放，可以改变该图像文件在选项卡中的顺序。
- 取消图像文件的叠放状态，点按某图像文件的选项卡不放，将其从选项卡中拖出来，如图1-31所示，可以取消该图像文件的叠放状态，使其成为一个独立的窗口，如图1-32所示。再次点按图像文件的名称标题，将其拖回选项卡组，可以使其重回叠放状态。

图1-31 从选项卡中拖出来

图1-32 成为独立的窗口

1.3 保存工作环境

在Photoshop中，不同用户可以按照自己的使用习惯布置工作区域，并将其保存为自定义的工作界面，如果在工作一段时间后工作区变得很凌乱，可以选择调用自定义工作区的命令，将工作区恢复至自定义后的状态。

要保存自定义的工作区，可以先按照自己的爱好布置好工作区，然后单击界面右上方的按钮 基本功能 ，在弹出的菜单中选择“新建工作区”命令，如图1-33所示，或选择“窗口”|“工作

区”|“新建工作区”命令，在弹出的对话框中，如果要同时保存所设置的键盘及菜单快捷键，也可以在底部将这两个选项选中，然后输入自定义的名称，单击“存储”按钮即可，如图1-34所示。

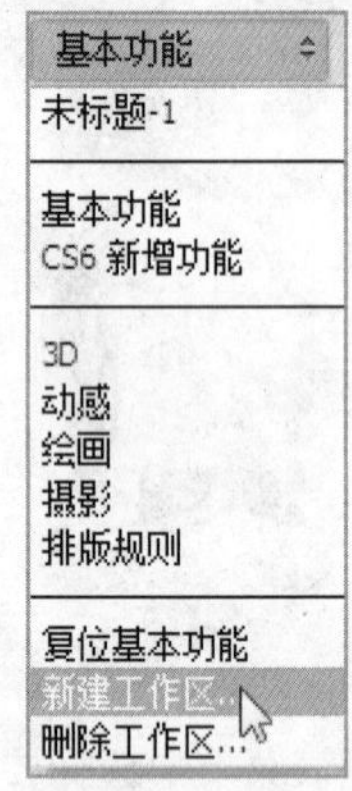

图1-33 选择“新建工作区”命令

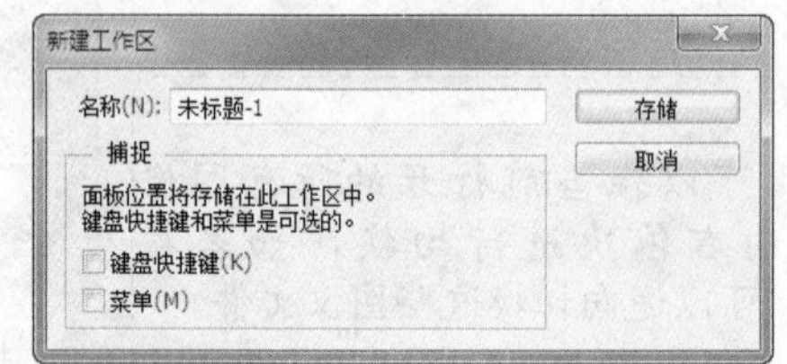

图1-34 “新建工作区”对话框

需要注意的是，在当前工作区下，所有的界面改动都会被Photoshop自动记录下来，如在刚刚保存的“未标题-1”工作区下，改变了界面的布局后，每次切换至该工作区时，仍然是最后一次改动的状态，此时要恢复到之前保存“未标题-1”工作区时的状态，可以单击按钮 未标题-1 ，在弹出的菜单中选择“复位未标题-1”命令即可。

第2章 创建与编辑文件

本章导读

本章将讲解最基础的新建、保存、打开图像等操作，随后会涉及基本的文件视图操作，以及作图时可以使用哪些辅助功能、什么是图像尺寸和分辨率、图像的颜色模式有哪几种等基本概念，以及裁剪工具、透视裁剪工具等功能。

理解并掌握这些知识，能够帮助操作者快速掌握有关图像文件方面的基础操作，从而为以后深入学习Photoshop打下基础。

2.1 文件基本操作

文件操作是一类在Photoshop中使用频率非常高的操作类型，其中包括常用的新建文件、保存文件、关闭文件等，下面分别一一讲述。

2.1.1 新建文件

选择“文件”|“新建”命令，弹出如图2-1（a）所示的对话框。在此对话框内，可以设置新建文件的名称、宽度、高度、分辨率、颜色模式和背景内容等属性。

如果需要创建的文件尺寸属于常见的尺寸，可以在对话框的“预设”下拉列表菜单中选择相应的选项，并在“大小”下拉列表菜单中选择相对应的尺寸，如图2-1（b）所示，从而简化新建文件操作。

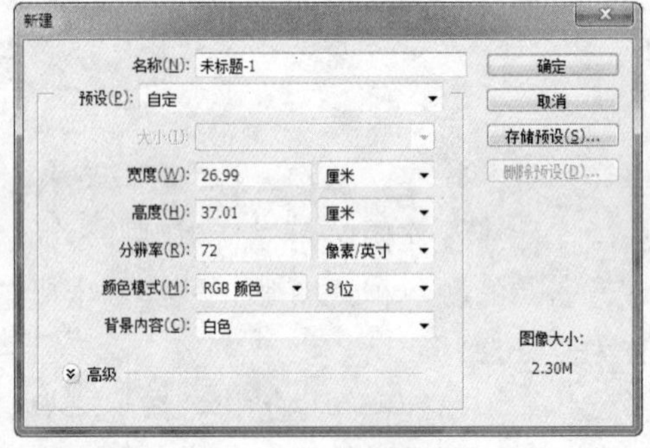

（a）

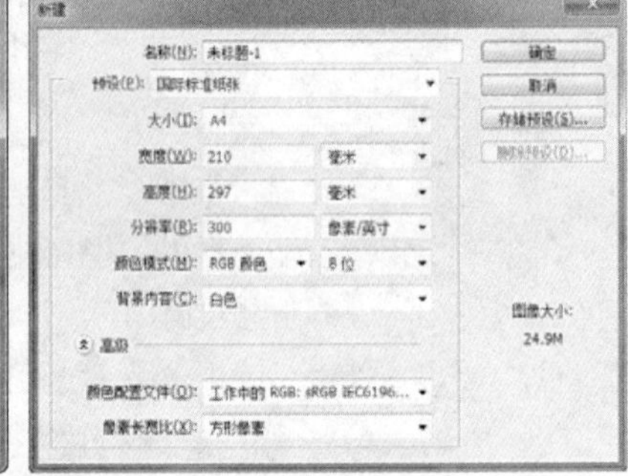

（b）

图2-1 “新建”对话框

如果在新建文件之前曾选择“拷贝”操作，则对话框的宽度及高度数值自动匹配所复制的图像的高度与宽度尺寸。

实例：创建一个16 KB尺寸的封面文件

（1）选择“文件”|“新建”命令，设置弹出的对话框如图2-2所示。

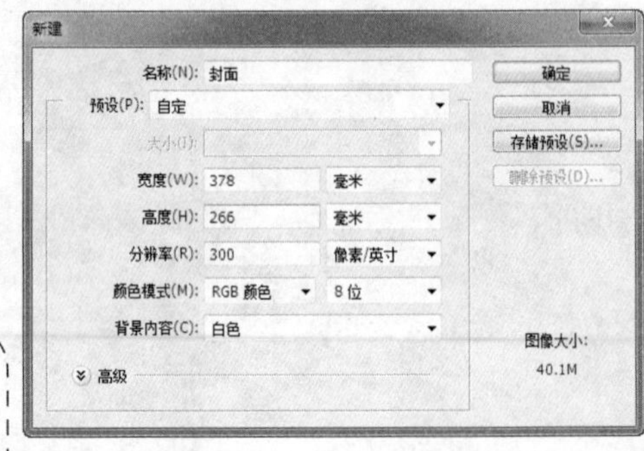

图2-2 “新建”对话框

提示：

由于要创建的封面文件大小为16 KB（185 mm × 260 mm），所以在新建文件前需要计算封面的尺寸，封面一般包括正封、封底和书脊，封面的宽度=正封宽度（185 mm）+封底宽度（185 mm）+书脊厚度（2 mm）=372 mm。这是封面的实际大小，但在真正的设计过程中则需要在四周各增加3 mm出血尺寸，所以封面的总尺寸为378 mm× 266 mm。

在“新建”对话框中，设置的“颜色模式”为RGB，以方便编辑，因为在PS中很多功能必须在RGB模式下进行操作，如一些滤镜的功能，可以在RGB颜色模式下完成后，选择“图像”|“模式”|“CMYK颜色”命令，以转换为CMYK模式（适应印刷的要求）。

（2）单击“确定”按钮退出对话框，即可创建一个16 KB大小的封面文件，如图2-3所示。

图2-3 创建的封面文件

2.1.2 保存文件

选择“文件”|“储存”命令可以保存当前操作的文件，此命令对话框如图2-4（a）所示。

提示：

只有当前操作的文件具有通道、图层、路径、专色、注解，而且在“格式”下拉列表框中选择支持保存这些信息的文件格式时，对话框中的Alpha通道、图层、专色选项才会被激活，否则“存储”对话框将如图2-4（b）所示。如果上述选项被激活，可以根据需要选择是否保存这些信息。

（a）

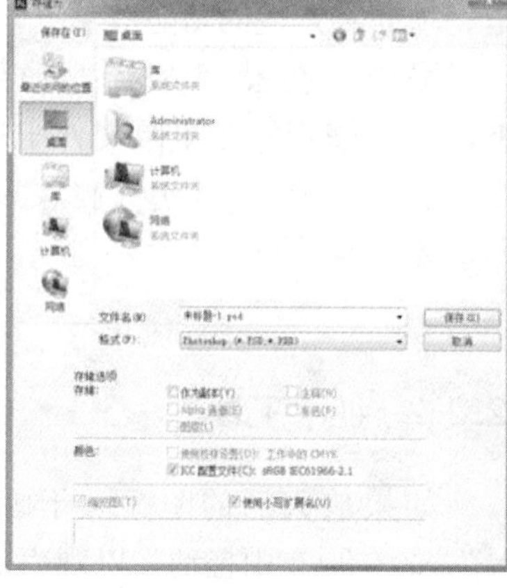

（b）

图2-4 “存储”对话框

2.1.3 关闭文件

完成对图像的操作以后，可以关闭图像。

简单的方法是直接单击图像窗口右上角的关闭图标，也可通过按快捷键Ctrl+W来关闭文件。

2.1.4 打开文件

选择“文件”|“打开”命令可以打开需要处理的旧文件，Photoshop支持的图像格式非常多，图2-5所示为默认情况下的“打开”对话框。

从外部拖入PS时，必须置于当前图像窗口以外，如菜单区域或软件的空白位置；如果置于当前图像的窗口内，会创建为智能对象。

图2-5 “打开”对话框

2.2 基本的文件视图操作

2.2.1 缩放工具

选择工具箱中的“缩放工具”，在其工具选项条中选择放大按钮，在当前图像文件中单击，即可增加图像的显示倍率；选择缩小按钮在图像中单击，则就缩小图像文件的显示倍率。

选中缩放工具选项条上的“细微缩放”复选框，此时使用“缩放工具”在画布中向左侧拖动，即可缩小显示比例，而向右侧拖动即可放大显示比例，这是一项非常方便的功能。

另外，在没有选择“细微缩放”复选框的情况下，如果使用在图像文件中拖动出一个矩形框，则矩形框中的图像部分将被放大显示在整个画布的中间，如图2-6所示。

(a) (b)

图2-6 放大矩形框中的图像

2.2.2 抓手工具

如果放大后的图像大于画布的尺寸，或图像的显示状态大于当前的视屏，可以用“抓手工具”在画布中拖动，以观察图像的各个位置。

在使用其他工具时，按住键盘上的空格键，可暂时将其他工具切换为“抓手工具”（“文字工具”除外）。

2.2.3 缩放命令

选择“视图”|“放大”命令，可增大当前图像的显示倍率。

选择“视图”|“缩小”命令，可缩小当前图像的显示倍率。

选择“视图”|“按屏幕大小缩放”命令，可满屏显示当前图像。

选择“视图”|“实际像素”命令，当前图像以100%倍率显示。

2.2.4 “导航器”面板

选择“窗口”|“导航器”命令，弹出“导航器”面板，其中显示有当前图像文件的缩览图，如图2-7所示。利用此面板，可以非常直观地控制图像的显示状态。例如，放大图像的显示比例或缩小图像的显示比例等。

拖动“导航器”面板下方的滑块，其左侧的数值将发生变化，当前图像的显示状态也会发生变化。向左拖动滑块，可以缩小图像的显示比例；向右拖动滑块，可以放大图像的显示比例。单击左侧的按钮，可缩小图像的显示比例；单击右侧的按钮，可放大图像的显示比例。

图2-7 显示当前文件缩览图

2.3 纠正操作失误

Photoshop最大的优点是具有强大的纠错功能，即使在操作中出现失误，纠错功能也能将其恢复至之前的状态。

2.3.1 “恢复”命令

当操作过程中出现问题或对之前的操作不满意时，可以选择“文件”|“恢复”命令，返回到最近一次保存文件时图像的状态。

2.3.2 “还原”与“重做”命令

如果仅仅是前面一步的操作出现了失误，可以选择“编辑”|“还原”命令回退一步，选择“编辑”|“重做”命令可以重做选择“还原”命令取消的操作。

这两个命令是交互出现在“编辑”菜单中的，其快捷键为Ctrl+Z。

2.4 参 考 线

参考线就像生活中用到的标尺一样，它能够帮助用户对齐并准确放置对象，根据需要可以在屏幕上放置任意多条参考线。

2.4.1 手工创建参考线

如果需要在页面上加入参考线，首先需要按Ctrl+R键显示页面标尺，然后将光标放在水平或垂直标尺上，按住左键不放，向页面内部拖动，即可分别从水平或垂直标尺上拖曳出水平或垂直参考线，如图2-8所示为原图像及加入水平、垂直参考线后的效果。

(a) (b) (c)

图2-8 原图像及加入水平、垂直参考线后的效果

2.4.2 用命令创建精确位置的参考线

选择“视图”|“新建参考线”命令，弹出如图2-9所示的“新建参考线”对话框，在此对话框中可以设置参考线的方向及间距。

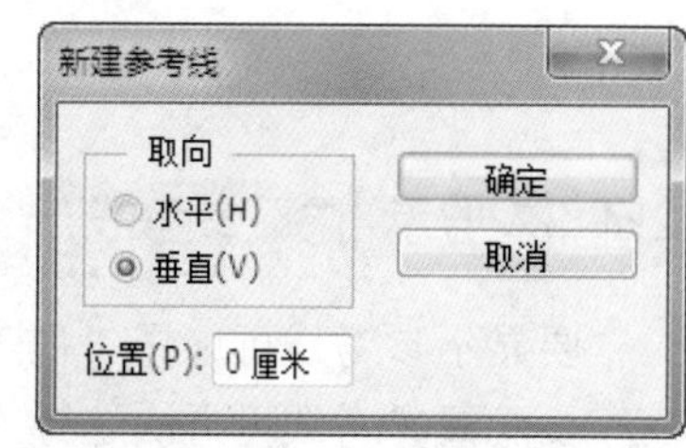

图2-9 “新建参考线”对话框

实例：为封面文件添加参考线

在本例中，将以前面“实例：创建一个16 KB尺寸的封面文件”创建的文件为例，为此封面文件添加参考线。

（1）打开“实例：创建一个16 KB尺寸的封面文件”创建的封面文件，按Ctrl+R键显示标尺，在标尺位置右击，在弹出的快捷菜单中选择“毫米”作为单位。

（2）选择“视图”|“新建参考线”命令，设置弹出的对话框如图2-10所示，单击“确定”按钮退出对话框，此时文件中出现一条垂直参考线，如图2-11所示。

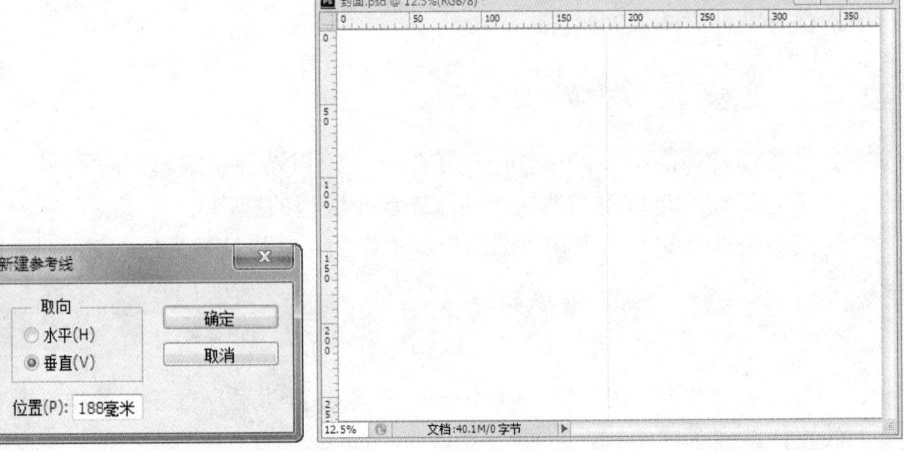

图2-10 “新建参考线”对话框　　图2-11 添加参考线

（3）按照上一步的操作方法，并根据“实例：创建一个16 KB尺寸的封面文件”提示1中的参数，新建其他参考线，整体效果如图2-12所示。

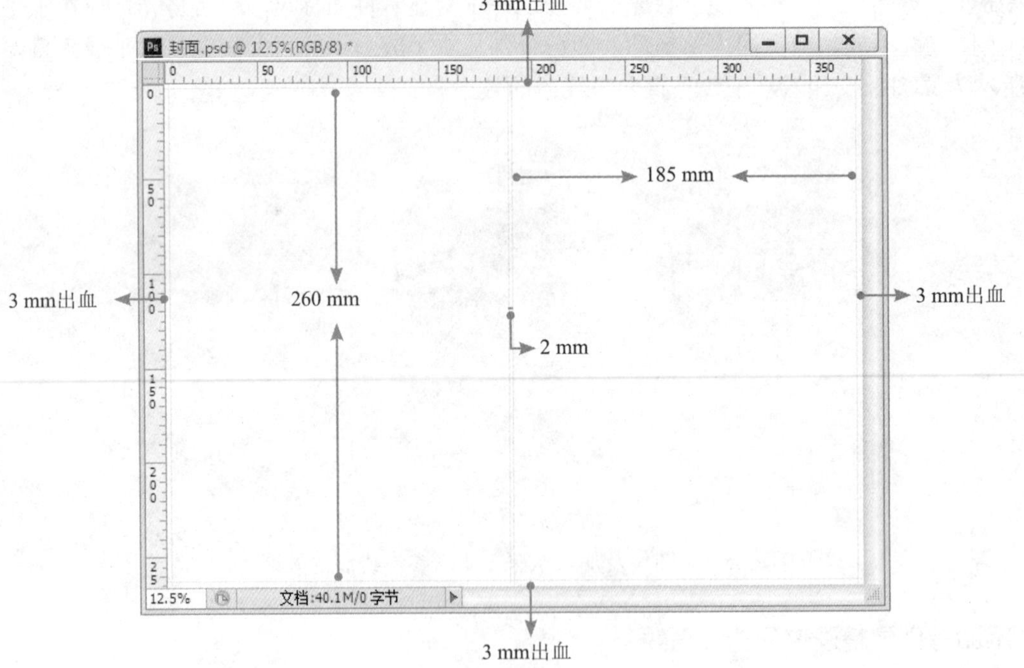

图2-12 添加参考线后的整体效果

2.4.3 显示/隐藏参考线

要显示参考线可选择“视图”|“显示”|“参考线”命令。

要隐藏参考线可再次选择“视图”|“显示”|“参考线”命令。

2.4.4 锁定/解锁参考线

为防止操作时在无意的情况下移动参考线位置，可以将参考线锁定起来。

选择“视图”|“锁定参考线”命令，则当前工作页面上的所有参考线被锁定。

要解锁参考线，再次选择“视图”|“锁定参考线”命令，参考线被解除锁定状态。

2.4.5 移动参考线

选择“移动工具”，将光标放在参考线上，如图2-13所示。然后拖动鼠标可将参考线移动，如图2-14所示。

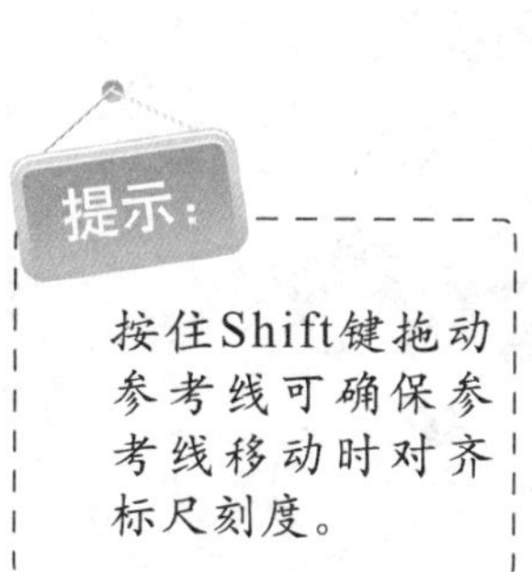

图2-13 光标位置

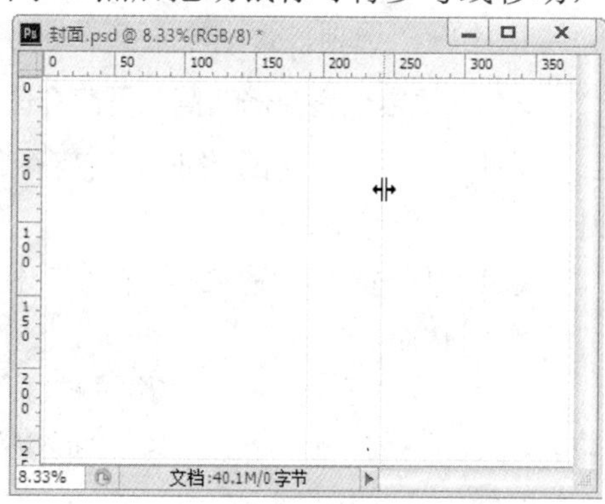

图2-14 移动参考线后的状态

2.4.6 删除参考线

要清除一条或几条参考线，首先需要取消参考线的锁定状态，然后用“移动工具”将其拖回标尺上，释放左键即可。如果要一次全部清除页面上的参考线，应选择“视图”|“清除参考线”命令。

2.5 图像尺寸与分辨率

要制作高质量的图像，一定要理解图像尺寸及分辨率的概念。图像分辨率是图像中每英寸像素点的数目，通常用像素（px）/英寸（dpi）来表示。

2.5.1 图像尺寸

如果需要改变图像尺寸，可以使用“图像”|“图像大小”命令，其对话框如图2-15所示。

在此分别以像素总量不变的情况下改变图像尺寸，以及像素总量变化的情况下改变图像尺寸为例，讲解如何使用此命令。

1. 在像素总量不变的情况下改变图像尺寸

在像素总量不变的情况下改变图像尺寸的操作方法如下所述。

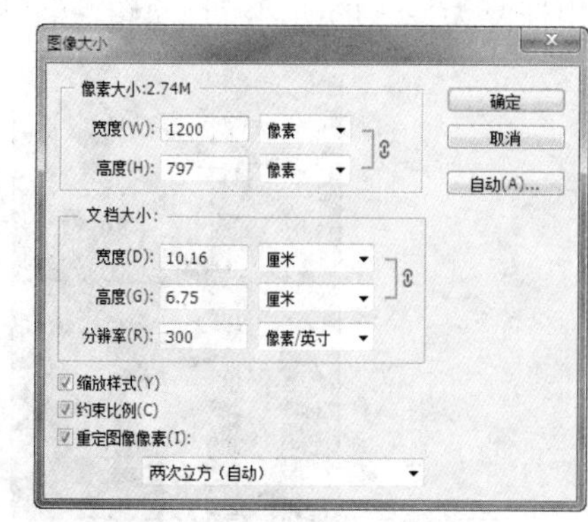

图2-15 “图像大小”对话框

（1）在“图像大小”对话框中取消“重定图像像素”复选项，此时对话框如图2-16所示。

（2）在对话框的“宽度”、“高度”数值输入框右侧选择合适的单位。

（3）分别在对话框的“宽度”、“高度”两个数值输入框中输入小于原值的数值，即可降低图像的尺寸，此时输入的数值无论大小，对话框中“像素大小”数值都不会有变化。

（4）如果在改变其尺寸时，需要保持图像的长宽比，选择“约束比例”选项，否则取消其选定状态。

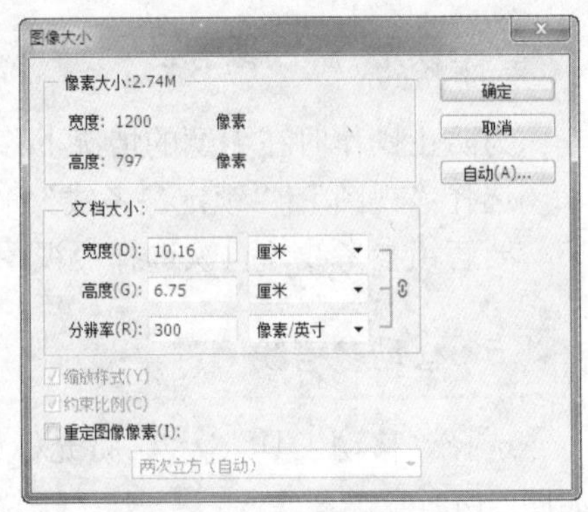

图2-16 取消“重定图像像素”复选项

2. 在像素总量变化的情况下改变图像的尺寸

在像素总量变化的情况下改变图像尺寸的操作方法如下所述。

（1）保持“图像大小”对话框中“重定图像像素”选项，处于选中状态。

（2）在“宽度”、“高度”数值输入框右侧选择合适的单位，并在对话框的“宽度”、“高度”两个数值输入框中输入不同的数值，如图2-17所示。

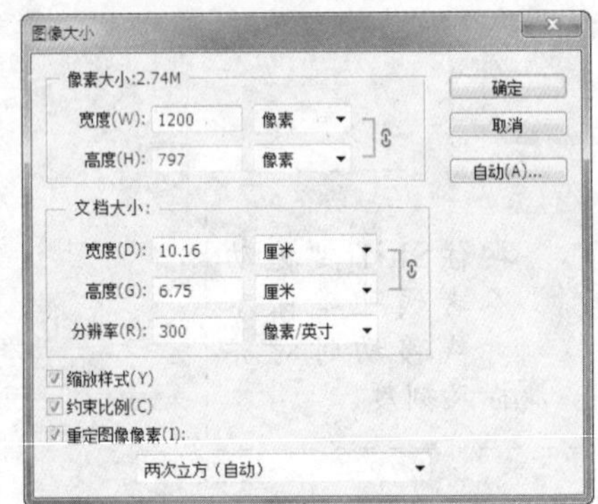

图2-17 图像尺寸变大时的对话框

提示：

此时对话框上方将显示两个数值，前一数值为以当前输入的数值计算时图像的大小，后一数值为原图像大小。如果前一数值大于后一数值，表明图像经过了插值运算，像素量增多了；如果前一数值小于原数值，表明图像的总像素量减少了。

如果在像素总量发生变化的情况下，将图像的尺寸变小，然后以同样方法将图像的尺寸放大，不会得到原图像的细节，因为Photoshop无法找回损失的图像细节。

图2-18所示为原图像，图2-19所示为在像素总量发生变化的情况下，将图像的尺寸变为原图的40%的效果，图2-20所示为以同样的方法将尺寸恢复为原图后的效果，比较缩放前后的图像，可以看出恢复为原来的图像没有原图像清晰。

图2-18 原图像

图2-19 缩小后的图像

图2-20 再次放大后的图像

2.5.2 理解插值

Photoshop CS6提供了6种插值运算方法，可以在“图像大小”对话框中的“重定图像像素”下拉列表框中选择，如图2-21所示。

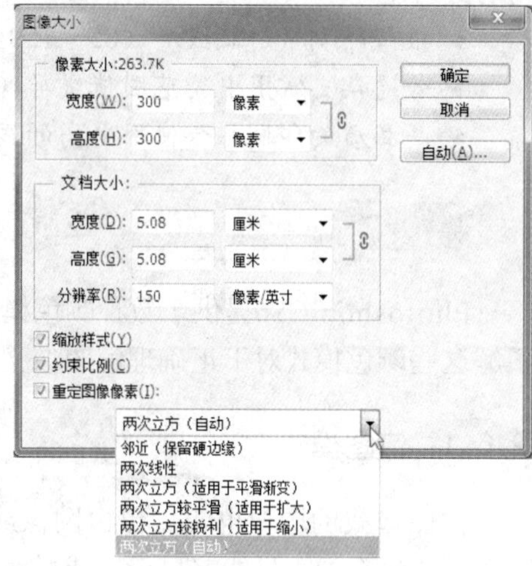

图2-21 “图像大小”对话框

在6种插值运算方法中，“两次立方”是最通用的一种。6种方法的特点如下。

- 邻近（保留硬边缘）：此插值运算方法适用于有矢量化特征的位图图像。
- 两次线性：对于要求速度不太注重运算后质量的图像，可以使用此方法。
- 两次立方（适用于平滑渐变）：最通用的一种运算方法，在对其他方法不够了解的情况下，最好选择此种运算方法。
- 两次立方较平滑（适用于扩大）：适用于放大图像时使用的一种插值运算方法。
- 两次立方较锐利（适用于缩小）：适用于缩小图像时使用的一种插值运算方法，但有时可能会使缩小后的图像过于锐利。
- 两次立方（自动）：选择此选项时，Photoshop将会根据图像的内容自动选择前面讲解的3种两次立方运算方式。

2.5.3 图像的分辨率

图像分辨率一般不会影响屏幕显示的质量，但会影响到打印出来的图像品质。在制作过程中，它的大小可以通过PhotoImpact、Photoshop、Illustrator等图像处理软件来改变。

例如，有一幅图像的分辨率为100 dpi，大小为 1800×1000 像素，这表示打印时，每一英寸图像要用100个点（Dot）来表现，所以打印出来的图像尺寸大约是 18"×10" 的大小。

如果通过图像处理软件把它的分辨率提高到200 dpi，但物理尺寸不变，将图像打印出来后，由于1英寸图像用200个点（Dot）来表现，所以打印出来的物理尺寸只有9"×5" 大小，是原来尺寸的 1/4，但由于打印时单位面积的墨点数目提高了，因此打印出来的图像也更加细腻了。

所以，从打印设备的角度而言，图像的分辨率越高，打印出来的图像质量也就越细腻、越真实。

有时会听到这样的说法，图像的分辨率越高，表示它的成像品质越好，这样说是很片面的，因为图像的品质主要取决于输入阶段（即扫描阶段或创建新文件时的尺寸），而打印的分辨率起不到对图像本身改变的作用。严格地说，提高图像分辨率影响的是打印的品质及输出大小。

> **提示：**
>
> 许多初学者在创建新文件时设置的文件尺寸较小，在完稿后试图通过调大文件的分辨率来提高图像的打印尺寸。虽然这样操作能够提高图像的打印尺寸，但由于Photoshop将对图像进行插值运算，因此得到的效果一定没有未插值前的清晰。

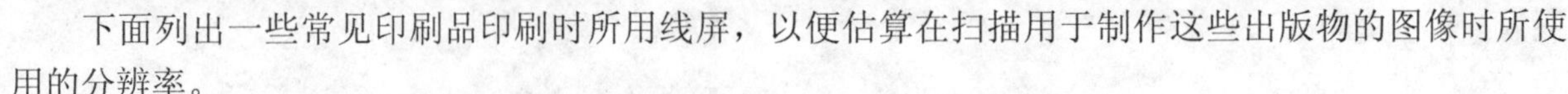

下面列出一些常见印刷品印刷时所用线屏，以便估算在扫描用于制作这些出版物的图像时所使用的分辨率。

- 报纸印刷常用低线屏（85～150线）的图像。
- 普通杂志常用中等范围值线屏（135～175线）的图像。
- 高品质的印刷品会使用更高的线屏值，这往往需要向印刷商咨询。

2.6 使用不同的颜色模式

Photoshop CS6提供了数种颜色模式，每一种模式的特点均不相同，应用领域也各有差异，因此了解这些颜色模式对于正确理解图像文件有很重要的意义。

2.6.1 位图模式

位图模式的图像也叫做黑白图像或一位图像，此类模式的图像是非常纯粹的黑白图像，因为位图图像的每个像素仅能够显示黑或白两种颜色。

只有处于灰度模式下的图像才能转换为位图模式，在将一幅彩色图像转换为位图的过程中，能够得到非常精美的直线图像。

实例：制作黑白画效果

下面以将一个RGB模式的图像转换成位图模式的图像为例，制作一幅黑白效果照片。具体的操作步骤如下。

（1）打开随书所附光盘中的文件“第2章\2.6.1-实例：制作黑白画效果-素材.jpg”，如图2-22所示。选择“图像”|“模式”|“灰度”命令，在弹出的提示框中提示用户删除图像颜色信息，单击“扔掉”按钮，将图像转换为灰色调图像。

（2）选择“图像”|“模式”|“位图”命令，设置弹出的“位图”对话框，如图2-23所示。

图2-22 素材图像

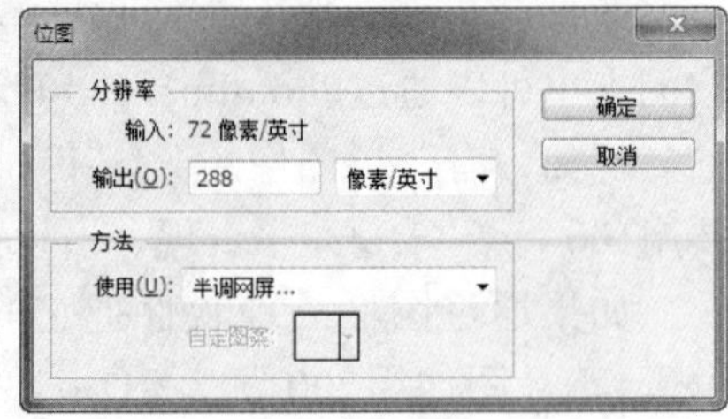

图2-23 “位图”对话框

“位图”对话框中的重要参数解释如下。

- 输入：“输入”右侧显示的是当前图像的分辨率。
- 输出：在该文本框中输入改变为位图模式后希望位图图像所具有的分辨率数值。
- 使用：在该下拉列表中选择图像改变为位图模式时的颜色组成方式。

提示：

在“输出”文本框中输入的数值应该是当前图像分辨率的2～3倍，本例操作的图像分辨率为288 dpi。

（3）在“位图”对话框中设置图像的分辨率和方法后单击“确定”按钮，设置弹出的对话框如图2-24所示，单击“确定”按钮，即可得到精美的直线图像，如图2-25所示。

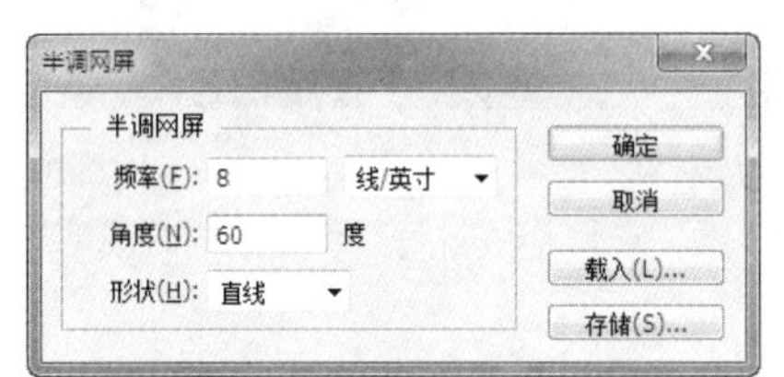

图2-24 “半调网屏”对话框

图2-25 最终效果

使用此方法可以制作类似于如图2-26所示的图案仿色、50%阈值、扩散仿色三幅图像。

图案仿色图像

50%阈值图像

扩散仿色图像

图2-26 不同黑白图像效果

2.6.2 灰度模式

“灰度”模式的图像是由256种不同程度明暗的黑白颜色组成，因为每个像素可以用8位或16位来表示，因此色调表现力比较丰富。将彩色图像转换为“灰度”模式时，所有的颜色信息都将被删除。

虽然Photoshop允许将灰度模式的图像再转换为彩色模式，但是原来已丢失的颜色信息不能再返回，因此，在将彩色图像转换为“灰度”模式之前，应该利用“存储为”命令保存一个备份图像。

实例：制作灰度照片效果

（1）打开随书所附光盘中的文件“第2章\2.6.2-实例：制作灰度照片效果-素材.jpg”，如图2-27所示。

图2-27 素材图像

（2）选择“图像”|“模式”|“灰度”命令，弹出如图2-28所示的提示框。

（3）单击“扔掉”按钮，即可将图像转换为灰色调图像，如图2-29所示。

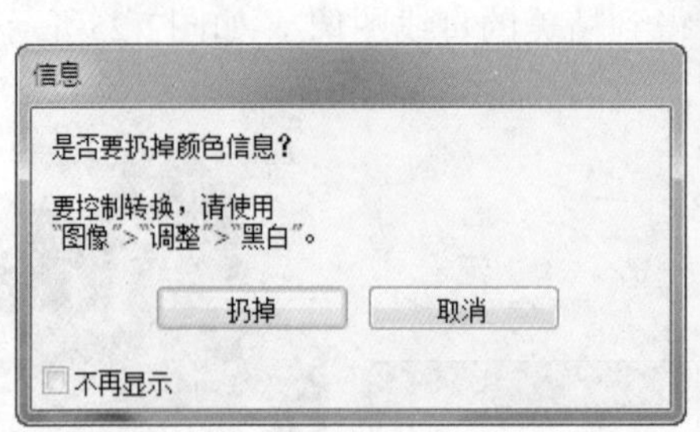

图2-28 提示框

图2-29 最终效果

2.6.3 双色调模式

使用2～4种彩色油墨创建双色调（两种颜色）、三色调（三种颜色）和四色调（四种颜色）灰度图像。

双色调模式用于单色调、双色调、三色调和四色调。这些图像是8位／像素的灰度、单通道图像。

2.6.4 索引颜色模式

与RGB和CMYK模式的图像不同，“索引”模式依据一张颜色索引表来控制图像中的颜色，在此颜色模式下图像的颜色种类最高为256种，因此图像文件较小，大概只有同条件下RGB模式图像的1/3，大大减少了文件所占用的磁盘空间，缩短了图像文件在网络上传输的时间，因此多用于网络中。

对于任何一个“索引”模式的图像，可以选择“图像”|“模式”|“颜色表”命令，在弹出的“颜色表”对话框中应用系统自带的颜色排列或自定义颜色，如图2-30所示。

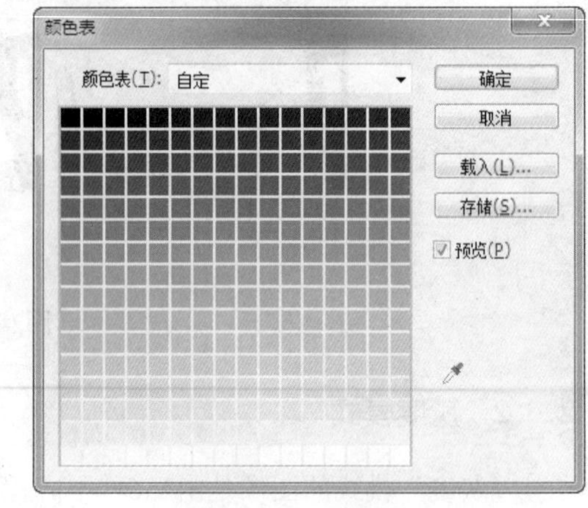

图2-30 “颜色表”对话框

在“颜色表”下拉列表框中包含有“自定”、“黑体”、“灰度”、“色谱”、“系统（Macin tosh）”和“系统（Windows）”6个选项，除“自定”选项外，其他每一个选项都有相应的颜色排列效果。

将图像转换为“索引”模式后，对于被转换前颜色值多于256种的图像，会丢失许多颜色信息。虽然还可以从“索引”模式转换为RGB、CMYK的模式，但Photoshop无法找回丢失的颜色，所以在转换之前应该备份原始文件。

提示：

转换为“索引”模式后，Photoshop的大部分滤镜命令将不可以使用，因此在转换前必须先做好一切相应的操作。

2.6.5 RGB颜色模式

自然界中的各种颜色都可以在计算机中显示，其实现方法却非常简单。正如大多数人所知道的，颜色是由红色、绿色和蓝色3种基色构成，计算机也正是通过调和这3种颜色来表现其他成千上万种颜色的。

计算机屏幕上的最小单位是像素点，每个像素点的颜色都由这3种基色来决定。通过改变每个像素点上每种基色的亮度，可以实现不同的颜色。例如，将3种基色的亮度都调整为最大就形成了白色；将3种基色的亮度都调整为最小就形成了黑色；如果某一种基色的亮度最大，而其他两种基色的亮度最小，可以得到基色本身；而如果这些基色的亮度不是最大也不是最小，则可以调和出其他成千上万种颜色。

这种基于三原色的颜色模式被称为RGB模式。RGB分别是红色、绿色和蓝色这3种颜色英文的首字母缩写。由于RGB颜色模式为图像中每个像素的R、G、B颜色值分配一个0～255范围内的强度值，因此可以生成超过1 670万种颜色。图2-31所示为RGB颜色模式的原理。

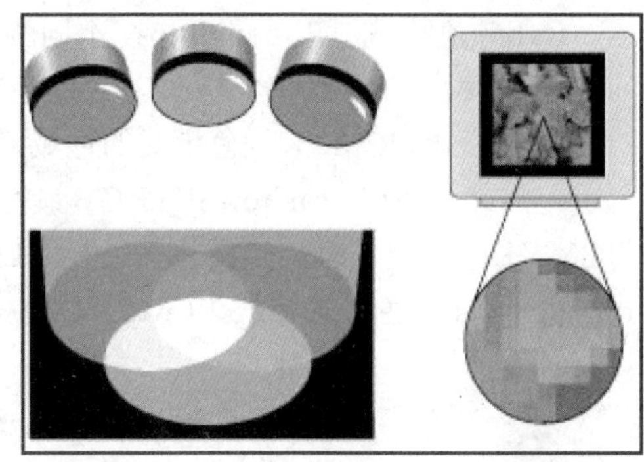

图2-31 RGB颜色模式的原理

2.6.6 CMYK颜色模式

CMYK模式是以C（青色）、M（洋红）、Y（黄色）、K（黑）4种颜色为基色，其中青色、洋红和黄色三种色素能够合成吸收所有颜色并产生黑色，因此，CMYK模式也被称为减色模式。

CMYK模式是用于出片印刷的图像模式，以打印在纸张上油墨的光线吸收特性为基础，当白光照射到半透明油墨上时，部分光谱被吸收，部分被反射回眼睛。

因为所有打印油墨都会包含一些杂质，所以CMY这三种油墨混合起来实际上产生一种有点红的暗色，必须与黑色油墨混合才能产生真正的黑色，因此将这些油墨混合起来进行印刷称为四色印刷，其原理如图2-32所示。

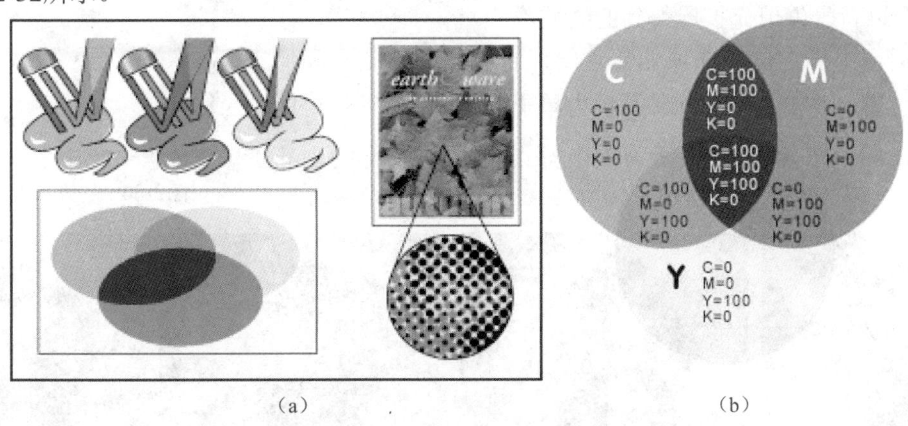

（a） （b）

图2-32 CMYK颜色模式的原理

在Photoshop的CMYK模式中，每个像素的每种印刷油墨会被分配一个百分比值。百分比值越小表示基色印刷油墨越浅，所得到的颜色就偏亮；百分比值越大表示基色印刷油墨越深，所得到的颜色就偏暗。例如，在CMYK图像中要表现白色，4种颜色的颜色值都设置为0%即可。

提示：

受现有印刷条件的限制，大多数情况下，当图像中某一点或某一区域的颜色值低于5%时，则可能无法印刷出来，从而在最终成品中显示出纸色。

2.6.7 Lab颜色模式

Lab颜色模式是Photoshop在不同颜色模式之间转换时使用的内部安全格式。它的色域能包含RGB颜色模式和CMYK颜色模式的色域，如图2-33所示。因此，将Photoshop中的RGB颜色模式转换为CMYK颜色模式时，先要将其转换为Lab颜色模式，再从Lab颜色模式转换为CMYK颜色模式。

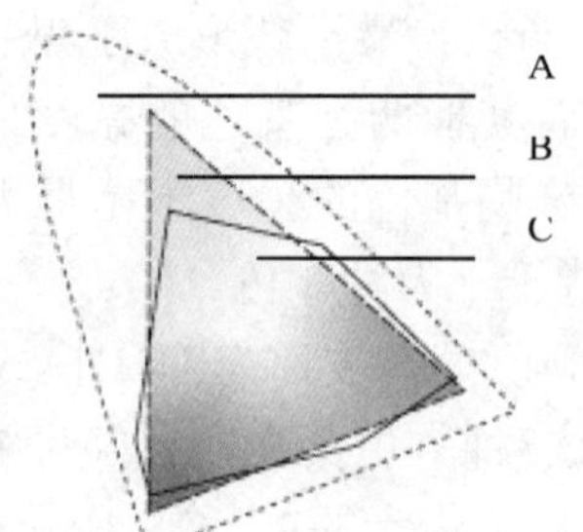

A—Lab颜色模式的色域
B—RGB颜色模式的色域
C—CMYK颜色模式的色域

图2-33 色域相互关系示意图

提示：

从色域空间较大的图像模式转换到色域空间较小的图像模式，操作图像则会产生颜色丢失现象。

2.7 改变图像画布尺寸

如果需要扩展图像的画布，可以选择“图像”|“画布大小”命令。如果在图2-34所示的对话框中输入的数值大于原数值，则可以扩展画面，反之将裁切画面。

图2-35所示是使用“画布大小”命令扩展画布后的前后对比，新的画布将会以背景色填充扩展得到的区域。

在此对话框中“定位”选项非常重要，它决定了新画布和原来图像的相对位置。图2-36（a）图所示为单击定位块所获得的画布扩展效果，图2-36（b）图所示为单击定位块所获得的画布扩展效果。

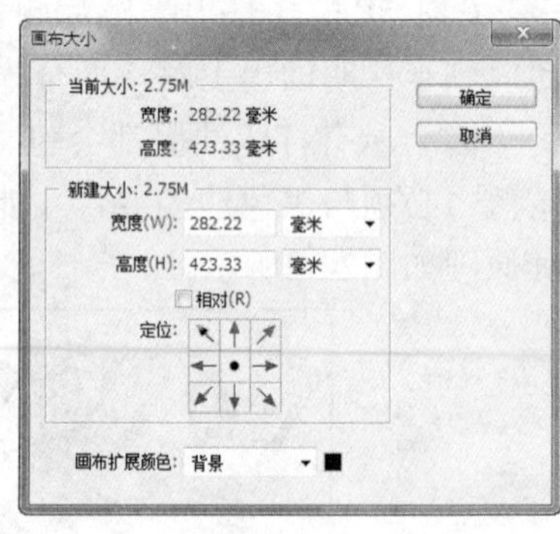

图2-34 “画布大小”对话框

（a）（b）

图2-35 操作前后效果对比

（a）（b）

图2-36 使用不同定位选项得到的不同效果

如果需要在改变画面尺寸时参考原画面的尺寸数值，可以选择对话框中的“相对”选项。例如，在此选项被选中的情况下，在两个数值输入框中输入数值2，则可以分别在宽度与高度方向上扩展2个单位，输入-2，则可以分别在宽度与高度方向上向内收缩2个单位。

实例：制作简约画框效果

（1）打开随书所附光盘中的文件“第2章\2.7-实例：制作简约画框效果-素材.jpg”，如图2-37所示。

（2）选择“图像”|“画布大小”命令，在弹出的对话框中勾选“相对”选项，然后设置“宽度”和“高度”文本框中的参数，以及画布扩展颜色，如图2-38所示。

（3）单击“确定”按钮退出对话框，得到简约的画框效果，如图2-39所示。

图2-37 素材图像

图2-38 “画布大小”对话框

图2-39 最终效果

2.8 裁剪工具

在Photoshop CS6中，“裁剪工具”有了很大的变化，用户除了可以根据需要裁掉不需要的像素外，还可以使用多种网络线进行辅助裁剪、在裁剪过程中进行拉直处理及决定是否删除被裁剪掉的像素等，其工具选项如图2-40所示。下面来讲解其中各选项的使用方法。

图2-40 裁剪工具选项条

- 裁剪比例：在此下拉菜单中，可以选择“裁剪工具”在裁剪时的比例，如图2-41所示。另外，若是选择“存储预设”命令，在弹出的对话框中可以将当前所设置的裁剪比例、像素数值及其他选项保存成为一个预设，以便于以后使用；若是选择“删除预设”命令，在弹出的对话框中可以将用户存储的预设删除；若是选择“大小和分辨率”选项，将弹出如图2-42所示的对话框，在其中可以详细地设置要裁剪的图像宽度、高度及分辨率等参数；若选择“旋转裁剪框”命令，则可以将当前的裁剪框逆时针旋转90°，或恢复为原始的状态。
- 设置自定长宽比：在此处的数值输入框中，可以输入裁剪后的宽度及高度像素数值，以精确控制图像的裁剪。

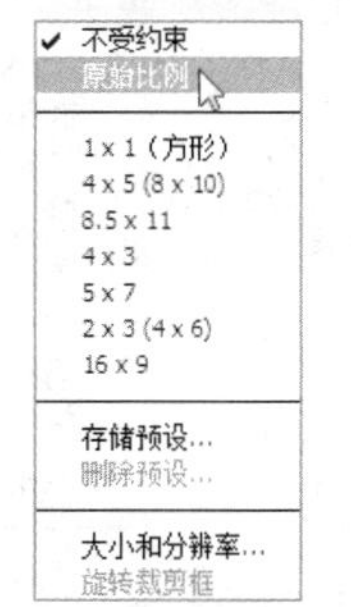

图2-41 裁剪比例下拉菜单

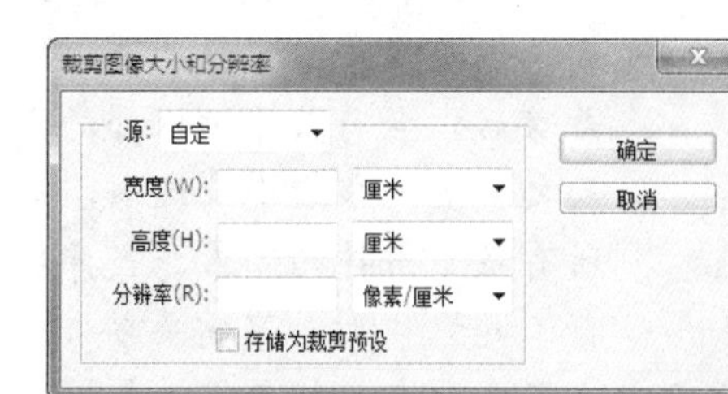

图2-42 “裁剪图像大小和分辨率”对话框

- 纵向与横向旋转裁剪框：单击此按钮，与在“裁剪比例”下拉菜单中选择“旋转裁剪框”命令的功能是相同的，即将当前的裁剪框逆时针旋转90°，或恢复为原始的状态。
- 拉直：单击此按钮后，可以在裁剪框内进行拉直校正处理，特别适合裁剪并校正倾斜的画

01 chapter P1–P12
02 chapter P13–P34
03 chapter P35–P50
04 chapter P51–P84
05 chapter P85–P104
06 chapter P105–P136
07 chapter P137–P162
08 chapter P163–P180
09 chapter P181–P194
10 chapter P195–P208
11 chapter P209–P220
12 chapter P221–P240
13 chapter P241–P254
14 chapter P255–P278
A chapter P279–P289

面。在使用时，可以将光标置于裁剪框内，然后沿着要校正的图像拉出一条直线，如图2-43所示，释放鼠标后，即可自动进行图像旋转，以校正画面中的倾斜，如图2-44所示，图2-45所示是按Enter键确认变换后的效果。

图2-43 绘制拉直直线

图2-44 拉直后的状态

图2-45 确认变换后的效果

- 视图：在此下拉菜单中，可以选择裁剪图像时的显示设置，该菜单共分为3栏，如图2-46所示。第一栏用于设置裁剪框中辅助框的形态，在Photoshop CS6中，提供了更多的辅助裁剪线，如对角、三角形、黄金比例及金色螺线等；在第2栏中，可以设置是否在裁剪时显示辅助线；在第3栏中，若选择“循环切换叠加”命令或按O键，则可以在不同的裁剪辅助线之间进行切换，若选择“循环切换叠加取向”命令或按Shift+O键，则可以切换裁剪辅助线的方向。
- 裁剪选项：单击此按钮，将弹出如图2-47所示的下拉菜单。在其中可以设置一些裁剪图像时的选项；选择“使用经典模式”模式，则使用Photoshop CS5及更旧版中的裁剪预览方式，在选中此选项后，下面的2个选项将变为不可用状态；若选择“自动居中预览”选项，则在裁剪的过程中，裁剪后的图像会自动置于画面的中央位置，以便于观看裁剪后的效果；若是选择“显示裁剪区域”选项，则在裁剪过程中，会显示被裁剪掉的区域，反之，若是取消选中该选项，则隐藏被裁剪掉的图像；选中“启用裁剪屏蔽”选项时，可以在裁剪过程中对裁剪掉的图像进行一定的屏蔽显示，在其下面的区域中可以设置屏蔽时的选项。
- 删除裁剪像素：选择此选项时，在确认裁剪后，会将裁剪框以外的像素删除；反之，若是未选中此选项，则可以保留所有被裁剪掉的像素。当再次选择“裁剪工具”时，只需要单击裁剪控制框上任意一个控制句柄，或执行任意的编辑裁剪框操作，即可显示被裁剪掉的像素，以便于重新编辑。

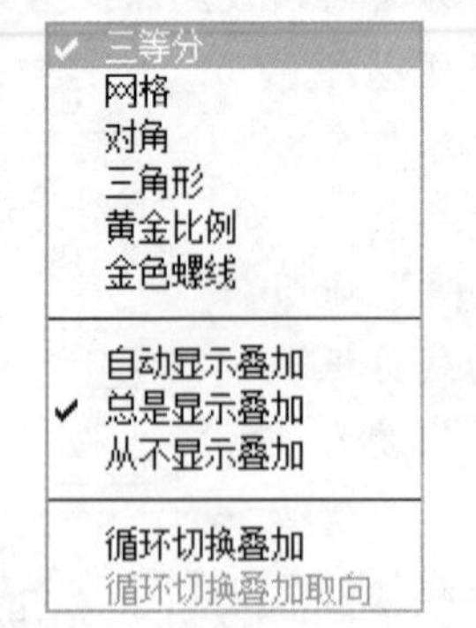

图2-46 “视图”下拉菜单

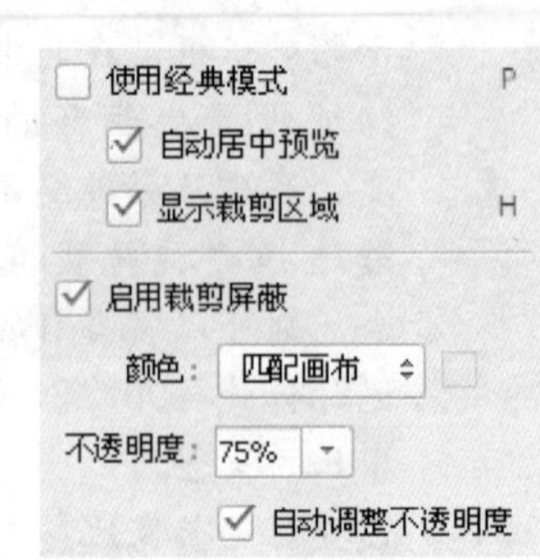

图2-47“裁剪选项”下拉菜单

实例1：按照三分法裁剪照片

三分法是摄影中非常常用的一种构图方法，指在拍摄时，将主体置于画面的1/3处，这样可以显得画面较为活泼而不呆板。对于前期没有把握好构图的照片，也可以通过Photoshop的后期裁剪进行二次构图，从而达到相同的目的。

（1）打开随书所附光盘中的文件“第2章\2.8-实例1：按照三分法裁剪照片-素材.jpg”，如图2-48所示。

（2）在工具箱中选择“裁剪工具”，在其工具选项条中设置视图为“三等分”，将光标置于右侧中间的控制句柄上并向左移动，如图2-49所示。

（3）按Enter键确认，确定裁剪照片后的最终效果如图2-50所示。

图2-48 素材图像

图2-49 依据三分构图进行裁剪

图2-50 裁剪后的最终效果

实例2：重新构建照片的重点

利用“裁剪工具”重新为图像构图，以突出照片的重点。具体操作方法如下。

（1）打开随书所附光盘中的文件“第2章\2.8-实例2：重新构建照片的重点-素材.jpg”，如图2-51所示。

（2）在工具箱中选择“裁剪工具”，向左上方拖动右下角的控制句柄，如图2-52所示。

（3）按Enter键确认，裁剪后的相片如图2-53所示。

图2-51 素材图像

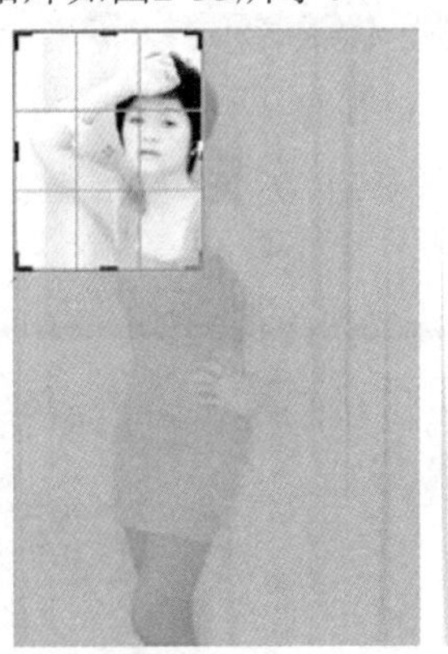

图2-52 绘制裁剪区域

图2-53 最终效果

2.9 透视裁剪工具

在Photoshop CS6中，过往版本中“裁剪工具”上的“透视”选项被独立出来，形成一个新的“透视裁剪工具”，并提供了更为便捷的操控方式及相关选项设置，其工具选项条如图2-54所示。

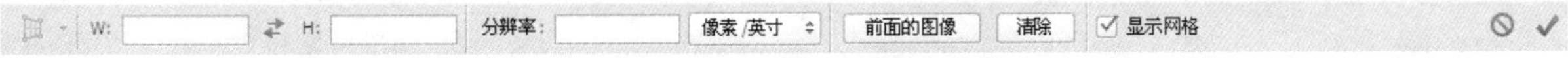

W: H: 分辨率: 像素/英寸 前面的图像 清除 显示网格

图2-54 透视裁剪工具选项条

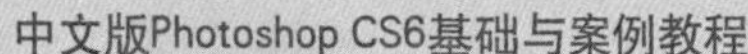

实例：校正照片的透视变形

图2-55 素材图像

（1）打开随书所附光盘中的文件“第2章\2.9-实例：校正照片的透视变形-素材.jpg”，如图2-55所示。在本例中，将针对其中变形的图像进行校正处理。

（2）选择“透视裁剪工具”，将光标置于画布的左下角位置，如图2-56所示。

（3）单击添加一个透视控制柄，然后向上移动鼠标至下一个点，并配合两点之间的辅助线，使之与左侧的建筑透视相符，如图2-57所示。

（4）按照上一步的方法，在水平方向上添加第3个透视控制柄，如图2-58所示。由于此处没有辅助线可供参考，因此只能目测其倾斜的位置添加透视控制柄，在后面的操作中再对其进行修正。

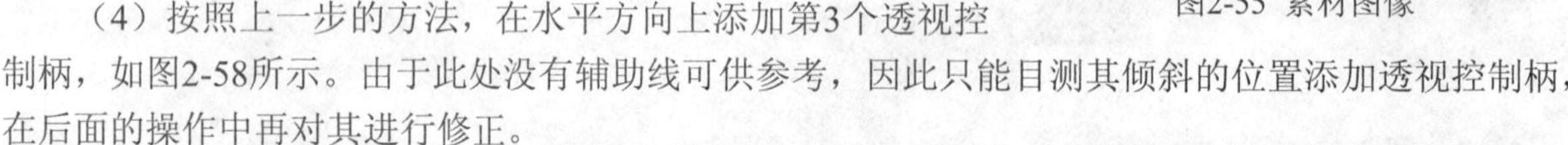

图2-56 光标位置

图2-57 添加控制柄并移动位置

图2-58 添加控制柄

（5）将光标置于图像右下角的位置单击，以完成一个透视裁剪框，如图2-59所示。

（6）对右侧的透视裁剪框进行编辑，使之更符合右侧的透视校正需要，如图2-60所示。

（7）确认裁剪完毕后，按Enter键确认变换，得到如图2-61所示的最终效果。

图2-59 完成透视裁剪框

图2-60 调整透视裁剪框

图2-61 最终效果

2.10 拓展训练

拓展训练1——制作双色调照片

双色调照片是在照片的处理时经常使用到的一种照片处理手法。在本例中，将讲解制作双色调照片效果的详细操作方法。

（1）打开随书所附光盘中的文件“第2章\2.10-拓展训练1——制作双色调照片-素材.jpg”，如图2-62所示。

（2）选择“图像”|“模式”|“灰度”命令，在弹出的提示框中单击“扔掉”按钮，将当前图像转换为灰度模式，得到的效果如图2-63所示。

图2-62 素材图像

图2-63 转换为灰度模式后的效果

（3）继续选择“图像”|“模式”|“双色调”命令，设置弹出的对话框如图2-64所示。

（4）确认调整完毕后，单击“确定”按钮退出对话框，得到如图2-65所示的最终效果。

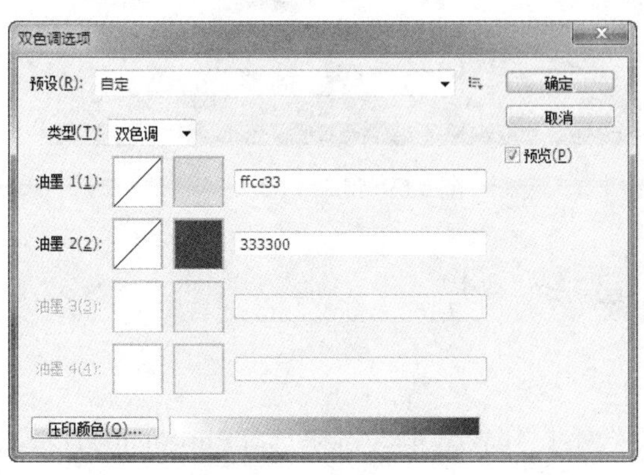

图2-64 “双色调选项”对话框

图2-65 最终效果

拓展训练2——扩展照片幅面并添加文字

如果想在网上发表自己的署名照片作品，又不希望文字叠盖在照片上，可以通过在照片下面扩展出一块色条的方法将署名或照片名写在色条上。

（1）打开随书所附光盘中的文件“第2章\2.10-拓展训练2——扩展照片幅面并添加文字-素材.jpg”，如图2-66所示。

（2）选择“图像”|“画布大小”命令，设置弹出的对话框如图2-67所示。单击“确定”按钮退出对话框，得到如图2-68所示的效果。

图2-66 素材照片

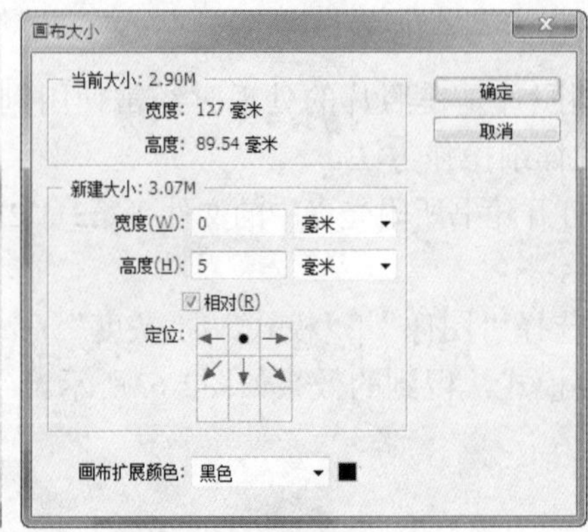

图2-67 “画布大小”对话框

（3）按D键将前景色和背景色恢复为默认的黑、白色，按X键交换前景色与背景色，选择“横排文字工具”T，并在其工具选项条上设置适当的字体和字号，在黑色区域输入文字，得到相应的文字图层。最终效果如图2-69所示。

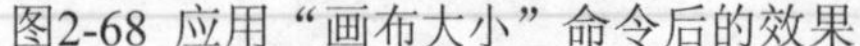

图2-68 应用“画布大小”命令后的效果

图2-69 最终效果

2.11 课后练习

1. 单选题

（1）在“图像大小”对话框的“重定图像像素”下拉列表框中，可以选择Photoshop计算插值像素的方式，其中得到效果最好的选项是下面哪一个。（ ）

A. 两次立方　　B. 邻近　　C. 两次线性　　D. 最佳质量

（2）若需要一张扫描出来的图像用于印刷并在放大到200%时，仍能保持图像的层次，则在扫描图像时需将扫描分辨率设置为：（ ）

A. 1200 ppi　　B. 900 ppi　　C. 600 ppi　　D. 300 ppi

（3）利用裁剪工具裁切没有背景层的图像时，裁切控制框超过图像范围的区域用什么颜色显示？（ ）

A. 黑色　　B. 白色　　C. 透明色　　D. 前景色

（4）用于印刷的Photoshop图像，其颜色模式应该设置为下面哪一种？（ ）

A. RGB 模式　　B. CMYK 模式　　C. HSB 模式　　D. Lab 模式

（5）双色调模式的图像允许自定义最多几种油墨的灰度图像？（ ）

A. 2种　　B. 3种　　C. 4种　　D. 无数种

（6）下面对于“图像大小”与“画布大小”命令间的区别，描述正确的是下面哪一项。（ ）

A. “画布大小”命令不可以改变图像分辨率，而“图像大小”则可以

B. “图像大小”命令可以在改变图像长宽比时，改变图像的画面，而“画布大小”不可以

C. “图像大小”命令可以在不损失像素的情况下缩小图像，而“画布大小”命令则不可以

D. “图像大小”命令可以扩展画布，而“画布大小”命令则不可以

2. 多选题

（1）在Photoshop中，要新建一个文件时，可以执行下面哪些操作。（ ）

A. 按Ctrl+N键　　B. 在空白区域双击

C. 按住Ctrl键并在空白区域双击　　D. 选择“文件”|“新建”命令

（2）如果在“图像大小”对话框中，取消“重定图像像素”复选框的选中状态，则在对话框中加大分辨率数值后，对话框中的宽度与高度如何变化，下面说法不对的是。（ ）

A. 变小　　B. 变大　　C. 不变　　D. 都有可能

（3）在图像像素的数量不变时，增加图像的宽度和高度，图像分辨率会发生怎样的变化，下面说法不对的是。（ ）

A. 图像分辨率降低　　B. 图像分辨率增高

C. 图像分辨率不变　　D. 不能进行这样的更改

（4）如何调整参考线，下面说法不对的是。（ ）

A. 选择移动工具进行拖曳

B. 无论当前使用何种工具，按住Option（Mac）/ Alt（Windows）键的同时单击

C. 在工具箱中选择任何工具进行拖曳

D. 无论当前使用何种工具，按住Shift键的同时单击

（5）下列属于图像颜色模式的包括。（ ）

A. CMYK模式　　B. RGB模式　　C. Lab模式　　D. 灰度模式

（6）图像大小主要是用于调整图像的。（ ）

A. 打印尺寸　　B. 分辨率　　C. 位置　　D. 角度

3. 判断题

（1） RGB模式可以直接转换为位图模式。（ ）

（2）还原与重做命令的快捷键都是Ctrl+Z键。（ ）

（3）缩小当前图像的画布大小后，图像分辨率会降低。（ ）

（4）对于用“裁剪工具”绘制的裁剪控制框，用户不能更改的是外观形状属性。（ ）

（5）在“图像大小”对话框中，无论分辨率的单位是“像素/英寸”还是“像素/厘米”，只要数值正确绝对不会影响最终得到的图像质量。（ ）

4. 操作题

打开随书所附光盘中的文件“第2章\2.11-操作题-素材.jpg”，如图2-70所示。结合本章讲解的

“裁剪工具”将其裁剪为如图2-71所示的状态。制作完成后的效果可以参考随书所附光盘中的文件“第2章\2.11-操作题.jpg”。

图2-70 素材图像

图2-71 完成后的效果

第 3 章 创建与编辑选区

本章导读

本章主要讲解制作不同选区所应掌握的工具、选区模式及快捷键、选区的基本操作及调整选区等内容。

虽然本章所讲述的知识较为简单，但就功能而言，本章所讲述的知识非常重要，因为在Photoshop中正确的选区是操作成功的开始。

3.1 选区的重要性

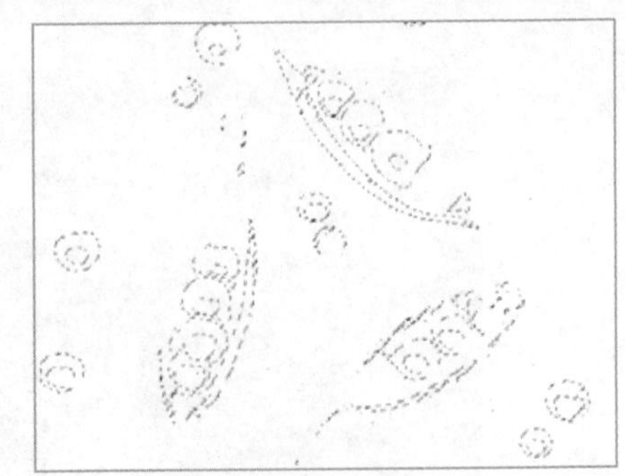
图3-1 选区状态示例

简单地说，选区存在的重要性就是为了限制操作的范围。如果各位读者的手边有纸与笔，可以用笔在纸上随意绘制一个圆圈，并告诉自己所有写的文字或绘制的图像都要在这个圆圈内部，选区的作用跟这个圆圈的作用实际上是相同的，起到了一个界定的作用。

在Photoshop中选区表现为由黑白色的浮动线条所组成的区域，形象一点说，它是可以组成任意形状的“蚂蚁线”，如图3-1所示。当图像被选区所围绕时，下一步所执行的操作都会被限制在该区域中，直至取消选区为止。

例如，图3-2所示为原图像，图3-3所示为将左下方球体图像选中时的选区状态，图3-4所示为调整选区中图像的颜色后的效果。如果此时没有选区的约束，则调整颜色时整体图像都会发生颜色变化。图3-5所示为按照相同的调色方法调整颜色后得到的效果。

图3-2 原图像

图3-3 选择图像

图3-4 调整选区中图像的颜色

图3-5 无选区时调整所有图像的颜色

另外，还可以将图像中的一部分选中，对其进行复制操作，并将所复制的内容粘贴到其他图像中。在后面的章节中将讲述到的定义图案、定义画笔等操作，也都离不开选区。

“选区”虽然不是Photoshop中最重要的功能，但它却是一个绝对不可少的功能，对于初学者而言也是绝对应该深入理解的功能，并熟练掌握各种制作选区的技能。

3.2 创建选区

Photoshop不仅提供了用于创建如矩形及圆形等规则选区的工具，还提供了创建一些不规则的选区，此时可以利用合适的工具或命令来创建，下面将分别对它们进行详细讲解。

3.2.1 制作矩形选区

使用“矩形选框工具”可建立矩形选区，其操作非常简单，只要用鼠标拖过要选择的区域即可。在此需要重点讲解的是选项选区工具选项条“样式”下拉列表菜单中的选项，如图3-6所示。

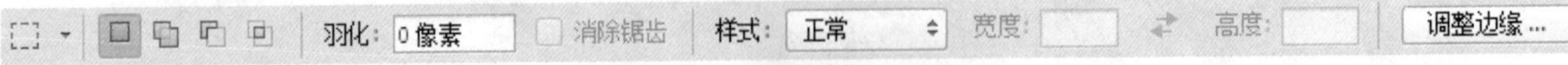

图3-6 矩形选框工具选项条

分别选择“样式”下拉菜单中“正常”、“固定比例”和“固定大小”3个选项，可以得到3种创建矩形选区的方式。

- 正常：选择此选项，可自由创建任何宽高比例、任何大小的矩形选择区域。
- 固定比例：选择此选项，其后的“宽度”和“高度”数值输入框将被激活，在其中输入数值设置选择区域高度与宽度的比例，可得到精确的不同宽高比的选择区域。
- 固定大小：选择此选项，“宽度”和“高度”数值输入框将被激活，在此数值输入框中输入数值，可以确定新选区高度与宽度精确数值。在此模式下只需在图像中单击，即可创建大小确定、尺寸精确的选择区域。
- 调整边缘：使用“调整边缘”命令可以对现有的选区进行更为深入的修改，从而得到更为精确的选区，详细讲解见第3.5节。

3.2.2 制作椭圆选区

使用“椭圆选框工具”可建立一个椭圆形选择区域，按住鼠标左键不放并拖动鼠标即可创建椭圆形选择区域。由于此工具的使用方法与“矩形选框工具”的使用方法基本相同，所以不再予以详细讲解。

实例：制作晕边装饰图像

（1）打开随书所附光盘中的文件“第3章\3.2.2-实例：制作晕边装饰图像-素材.jpg”，如图3-7所示。

（2）在工具箱中选择“椭圆选框工具”，并在其工具选项条中设置“羽化”的参数为50像素，然后在人物面部绘制选区，如图3-8所示。

（3）选择“选择”|“反向”命令，此时当前的选区状态如图3-9所示。按D键将前景色和背景色恢复为默认的黑、白色，按Ctrl+Delete键以背景色填充选区。按Ctrl+D键取消选区，得到的最终效果如图3-10所示。

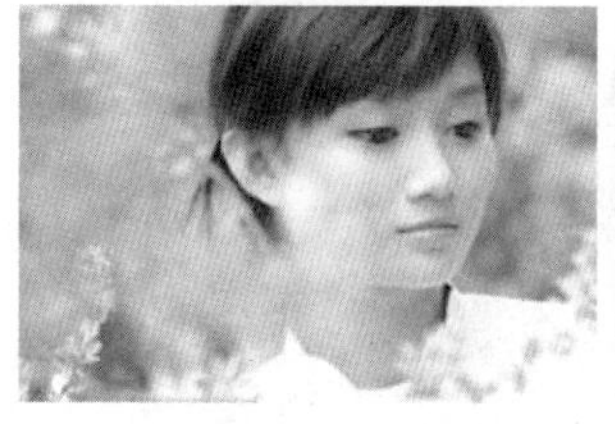

图3-7 素材图像

图3-8 绘制选区

图3-9 执行“反向”命令后的选区状态

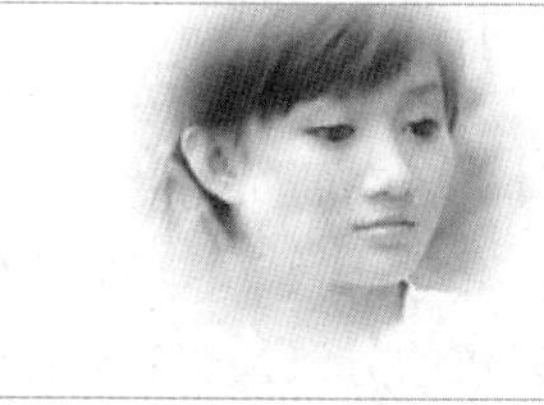

图3-10 最终效果

3.2.3 套索工具

使用此工具可以通过移动鼠标自由创建选区，选区效果完全由用户控制。此工具选项条中选项与“椭圆选框工具”相似，故不再赘述。

图3-11（a）所示为使用“套索工具”选择的区域，图3-11（b）为使用“色相/饱和度”命令改变选区中图像颜色的示例。

（a）

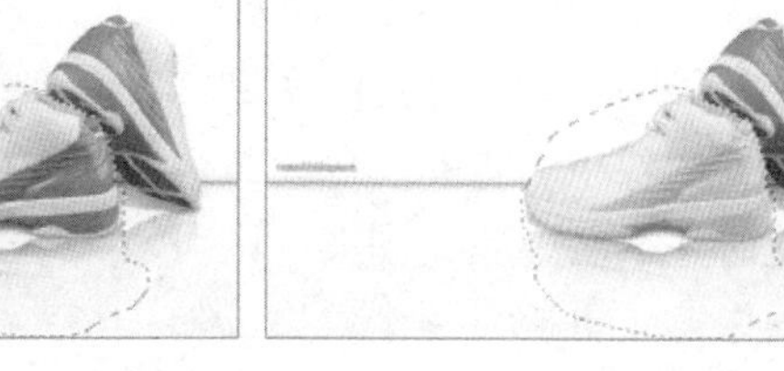

（b）

图3-11 套索选择区域

3.2.4 多边形套索工具

使用“多边形套索工具”可以创建直边的选区，并可以选择具有直角边的物体，如图3-12所示。

与“套索工具”不同，在使用此工具时，需要按照“单击－释放左键－单击”的方式进行操作，而且最后一个单击点的位置应该与第一个单击点的位置相同，选区才能闭合。如果找不到第一点所在的位置，可以在任意一点双击闭合选区。

(a)

(b)

图3-12 选择具有直角边的物体

提示：

在绘制选区过程中，按住Shift键可以得到水平、垂直或45°方向的选择线；按住Alt键可以暂时切换至“套索工具”，从而开始绘制任意形状的选区，释放Alt键可再次切换至“多边形套索工具”；如果要在绘制过程中改变选区，可以按Delete键删除定位节点。

3.2.5 磁性套索工具

“磁性套索工具”可以根据图像的对比度自动跟踪图像的边缘，并沿图像的边缘生成选择区域，特别适合于选择背景较复杂，但要选择的图像与背景有较高对比度的图像。

例如，图3-13所示的图像由于具有很高的对比度，因此使用“磁性套索工具”创建选区是比较理想的方法，图3-14所示为最终的选择区域。

(a)

(b)

图3-13 原图像　图3-14 磁性套索的选择状态及生成的选择区域

3.2.6 魔棒工具

使用“魔棒工具”能迅速在图像中选择颜色大致相同的区域，其操作非常简单，只需要用“魔棒工具”在要选择的区域单击即可。

如图3-15所示，用“魔棒工具”单击图像中的灰色区域，即可选择图像中所有的灰色背景；如果此时在选区中填充图案，则可以将图像背景更换为图案效果，如图3-16所示。

图3-15 用“魔棒工具”选择

图3-16 将背景更换为图案效果

选择“魔棒工具”后，其工具选项条如图3-17所示。

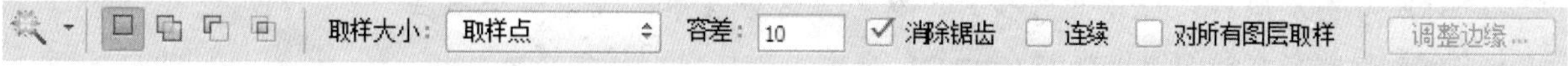

图3-17 “魔棒工具”选项条

“魔棒工具”选项条中的重要参数解释如下。

- 容差：此文本框中输入的数值，用于控制“魔棒工具”操作一次时的选择范围。“容差”值越大，选择的颜色范围越广。如果要精确选择某一种颜色，“容差”应该设置得小一些。图3-18所示是选择不同“容差”值所创建的选区，可以看出此数值越大，得到的选择区域也越大。

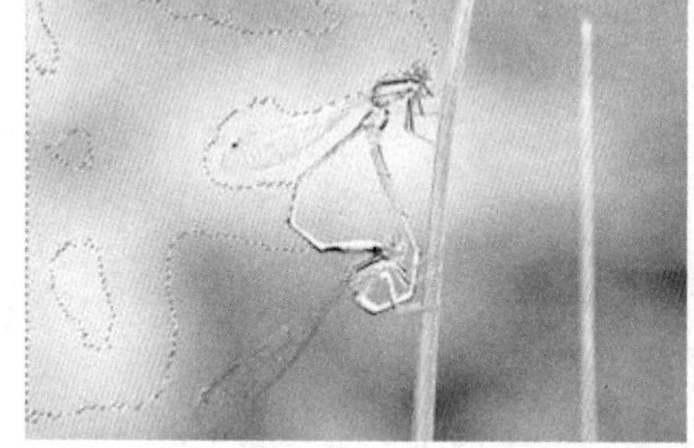

（a）容差值：32

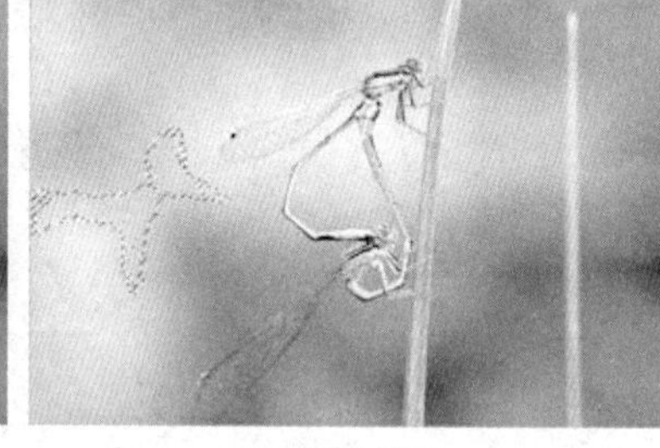

（b）容差值：10

图3-18 应用不同容差值的选择效果

- 连续：选择此选项，使用“魔棒工具”仅可以选择颜色相连接的区域，如图3-19所示。用此工具单击图像中上方的黄色区域后，未选中花篮下方的黄色区域；如果不选择此选项，则可以选择整幅图像中所有相同的黄色，如图3-20所示。
- 对所有图层取样：选择此选项，“魔棒工具”可以选择所有可见图层的相同颜色；如果不选择此选项，“魔棒工具”只选择当前图层中的相同颜色。

图3-19 只选择连续的黄色

图3-20 选择所有黄色

3.2.7 快速选择工具

“快速选择工具”是一项优秀的选择功能，其最大的特点就是可以像使用“画笔工具”绘图一样的来创建选区，此工具的选项条如图3-21所示。

图3-21 快速选择工具选项条

“快速选择工具”选项条中的参数解释如下。

- 选区运算模式：限于该工具创建选区的特殊性，所以它只设定了3种选区运算模式，即新选区、添加到选区和从选区减去。
- 画笔：单击右侧的三角按钮可调出如图3-22所示的画笔参数设置框，在此设置参数，可以对涂抹时的画笔属性进行设置。在涂抹过程中，可以设置画笔的硬度，以便创建具有一定羽化边缘的选区。

- 对所有图层取样：选中此选项后，将不再区分当前选择了哪个图层，而是将所有看到的图像视为在一个图层上，然后来创建选区。
- 自动增强：选中此选项后，可以在绘制选区的过程中，自动增加选区的边缘。
- 调整边缘：使用“调整边缘”命令可以对现有的选区进行更为深入的修改，从而得到更为精确的选区，详细讲解见第3.5节。

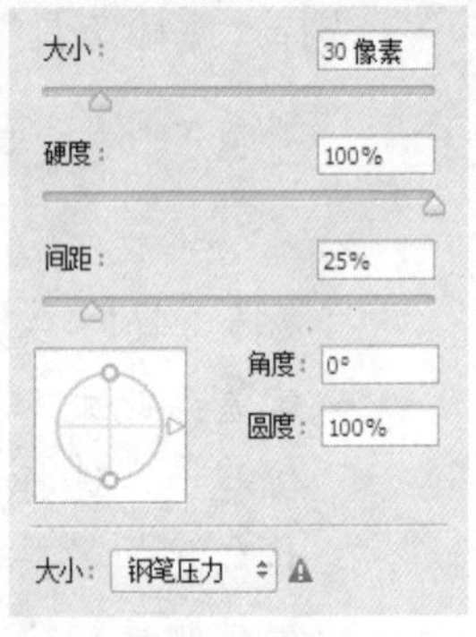

图3-22 设置画笔参数

3.2.8 “色彩范围”命令

除了使用“魔棒工具”，还可以使用“色彩范围”命令依据颜色制作选区。选择“选择”|“色彩范围”命令后，弹出图3-23所示对话框。

利用“色彩范围”命令制作选区的操作指导如下。

（1）打开随书所附光盘中的文件“第3章\3.2.8“色彩范围”命令-素材.jpg”，如图3-24所示。选择“选择”|“色彩范围”命令，弹出“色彩范围”对话框。

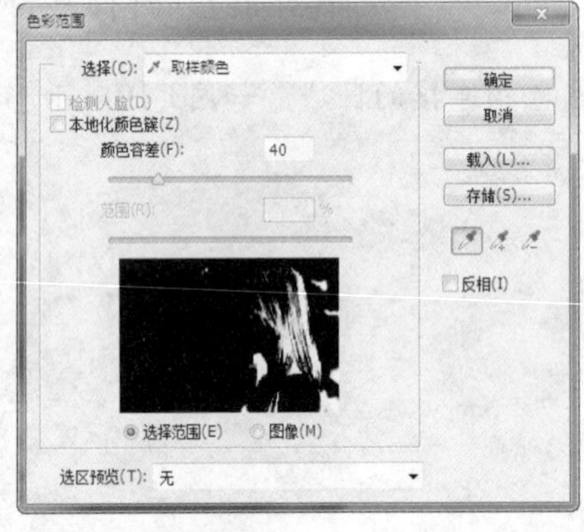

图3-23 “色彩范围”对话框

图3-24 素材图像

（2）确定需要选择的图像部分，如果要选择图像中的红色，则在“选择”下拉列表菜单中选择“红色”，在大多数情况下需自定义要选择的颜色，应该在“选择”下拉列表菜单中选择“取样颜色”选项。

（3）用“吸管工具”在需要选择的图像部分单击，观察对话框预视窗中图像的选择情况，白色代表已被选择的部分，白色区域越大表明选择的图像范围越大。

（4）拖动“颜色容差”滑块，直至所有需要选择的图像都在预视窗口中显示为白色（即处于被选中的状态）。图3-25所示为“颜色容差”较小时的选择范围，图3-26所示为“颜色容差”较大时的选择范围。

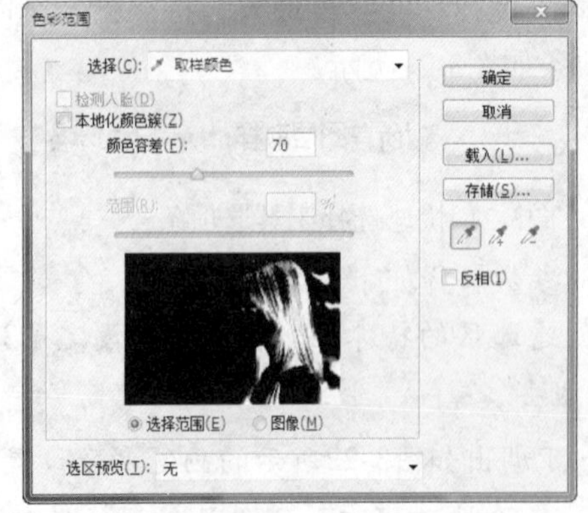

图3-25 较小的选择范围

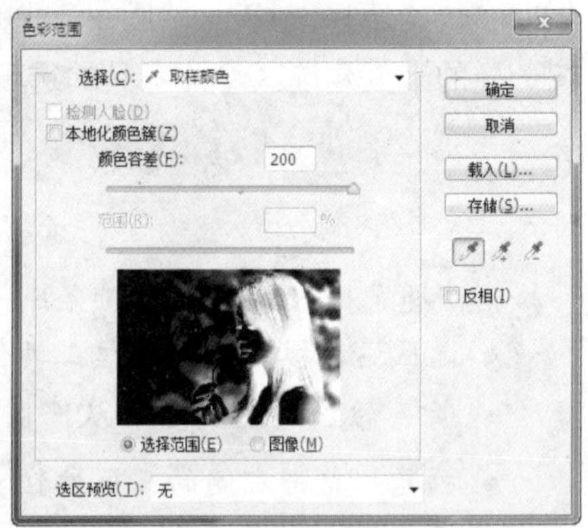

图3-26 较大的选择范围

（5）如果需要添加其他另一种颜色的选择范围，在对话框中选择，并用其在图像中要添加的颜色区域单击，如果要减少某种颜色的选择范围，在对话框中选择，在图像中单击。

提示：

按Shift键可以切换为吸管加以增加颜色；按Alt键可切换到吸管减以减去颜色；颜色可从对话框预览图中或图像中用吸管来拾取。

（6）如果要保存当前的设置，单击“存储”按钮将其保存为.axt文件。

（7）如果希望精确控制选择区域的大小，选择“本地化颜色簇”选项，此选项被选中的情况下“范围”滑块将被激活。

（8）在对话框的预视区域中通过单击确定选择区域的中心位置，如图3-27所示的预视状态表明选择区域位于图像下方，如图3-28所示的预视状态表明选择区域位于图像上方。

图3-27 选择区域在下方

图3-28 选择区域在上方

（9）通过拖动“范围”滑块可以改变对话框图预视区域中的光点范围，光点越大则表明选择区域越大。图3-29所示“范围”值为30%时的光点大小及对应的得到的选择区域，图3-30所示“范围”值为90%时的光点大小及对应的得到的选择区域。

（a）

（b）

图3-29 “范围”值为30%时的光点大小及对应的得到的选择区域

（a）

（b）

图3-30 “范围”值为90%时的光点大小及对应的得到的选择区域

实例：选中人物皮肤进行美白处理

在Photoshop CS6中，在“色彩范围”命令中新增了检测人脸功能，从而可以在使用此命令创建选区时，自动根据检测到的人脸进行选择，对人像摄影师或日常修饰人物的皮肤时非常有用。下面将通过一个简单的实例，来讲解此功能的使用方法。

提示：

要启用“人脸检测”功能，必须选中“本地化颜色簇”选项。

（1）打开随书所附光盘中的文件“第3章\3.2.8-实例：选中人物皮肤进行美白处理-素材.jpg”。在本例中，将选中人物的皮肤，并进行高亮处理，使其皮肤显得更白皙。

（2）选择“选择”|“色彩范围”命令，在弹出的对话框中选中“本地化颜色簇”和“人脸检测”选项，并调整“颜色容差”及“范围”参数，此时Photoshop将自动识别照片中的人脸，并将其选中，如图3-31所示。

（3）由于照片中选中了人物皮肤以外的图像，因此可以按住Alt键在不希望选中的人物以外的区域单击，以减去这些区域，如图3-32所示。

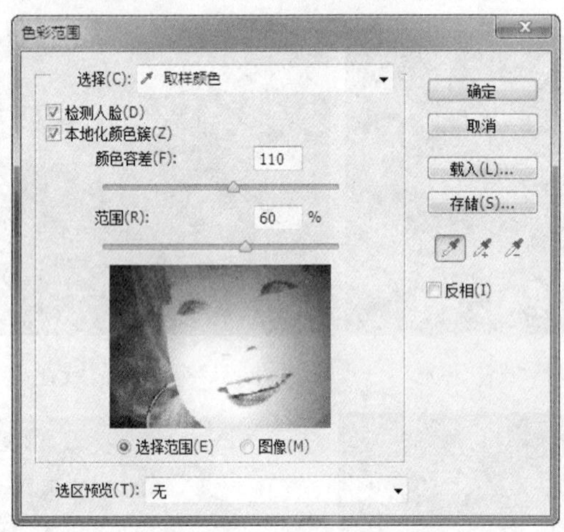

图3-31 检测人脸后选择得到的人物选区

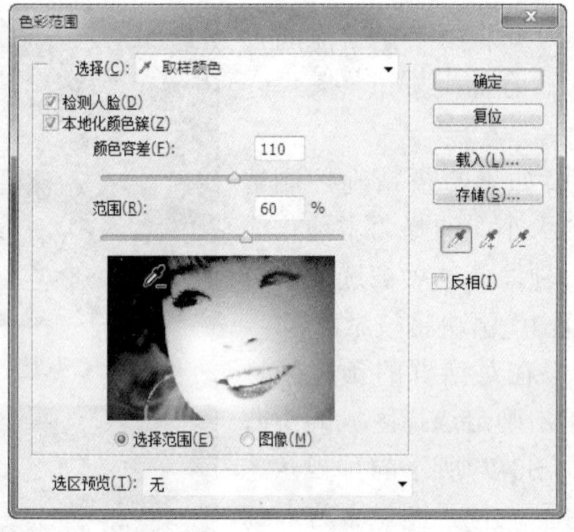

图3-32 减去多余区域后的状态

由于减去选择区域，将影响对人物皮肤的选择，因此在操作时要注意平衡二者之间的关系。

（4）确认选择完毕后，单击“确定”按钮退出对话框，得到如图3-33所示的选区。

图3-34所示是使用“曲线”命令，然后对选中的皮肤图像进行提亮处理，并按Ctrl+D键取消选区后的状态。

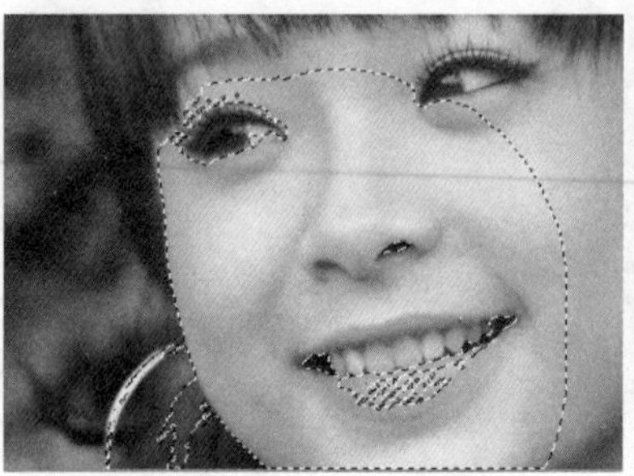

图3-33 创建得到的选区

图3-34 调整后的效果

3.3 选区模式及快捷键

绝大多数选择工具需要应用不同的选区模式，而快捷键更是在制作选择时提高操作效率的不二法门，因此在掌握若干种创建选区工具后，掌握本节所讲述的这些知识有利于更好地使用不同类型的选择工具。

3.3.1 绘制新选区

单击按钮后，无论选择哪一种用于创建选区的工具，在图像中操作，创建的都是新的选区，即绘制新选择区域时，原选择区域将被取消。

3.3.2 添加到选区

单击按钮后，无论选择哪一种用于创建选区的工具，在图像中操作，都会在保留原选择区域的情况下，创建新的选择区域，其作用类似于按Shift键。

图3-35所示为原选择区域，图3-36所示为在此选区模式下绘制选区得到的新选区。

图3-35 原选择区域

图3-36 增加选区

3.3.3 从选区减去

单击按钮在图像中操作，可以从已存在的选区中减去当前绘制选区与原选择区域重合的部分，其作用类似于按Alt键。

3.3.4 与选区交叉

单击按钮在图像中操作，可以得到新选区与已有的选区相交叉（重合）的部分，其作用类似于按Shift+Alt键。

3.4 选区基本操作

3.4.1 取消选区

在当前存在选区的情况下，只要按Ctrl+D键或选择“选择”|“取消选区”命令，即可取消当前创建的选区。此命令对任何工具或命令创建的选区都适用。

3.4.2 移动选区

要移动选区的位置，可以按下述步骤进行。

（1）在图像中绘制选区。

（2）将光标放在绘制的选择区域内。

（3）待光标的形状将要变为时，按下鼠标左键拖动选区即可移动选区，此操作过程如图3-37所示。

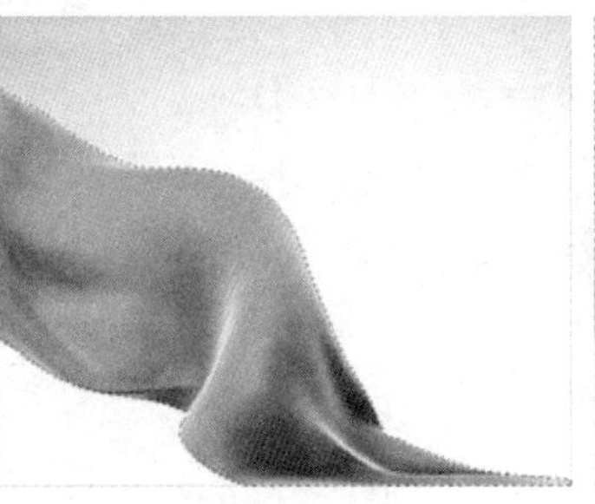
（a）原选择区域

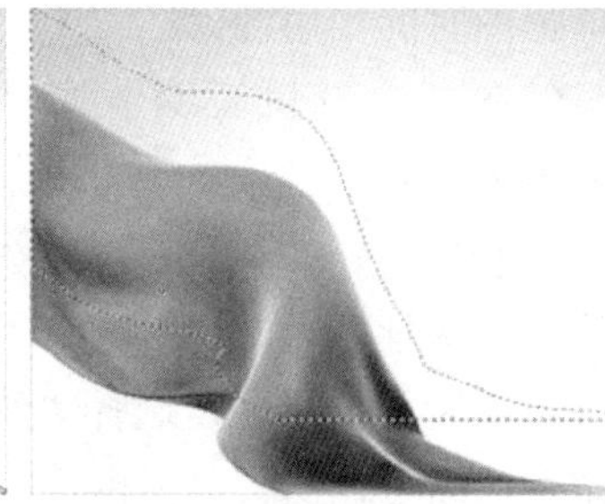
（b）向上方拖动后的选择区域

图3-37 移动选区

提示：

如果在移动光标的同时，按住Shift键，可限制移动的方向为45°。按键盘上的箭头位移键，可以按1个像素的增量移动选区。按住Shift键和键盘箭头键，可按10个像素的增量移动选区。

3.4.3 反向

选择“选择”|“反选”命令，可以在图像中颠倒选择区域与非选择区域，使选择区域成为非选择区域，而非选区则成为选区。

提示：

如果需要选择的对象本身非常复杂，但其背景较为单纯，则可以使用此命令。

例如，要选择图中的人物，可以用“魔棒工具”选择其四周的背景，如图3-38（a）图所示，然后选择“选择”|“反选”命令，即可得到图3-38（b）图所示的选择区域。

（a）

（b）

图3-38 原图选区及反选后的效果

3.5 调整选区

通过调整选择区域命令，可以扩大、缩小、平滑当前选择区域，从而使选择区域能够满足不断变化的工作要求。

3.5.1 “调整边缘”命令

“调整边缘”命令可以很方便地修改选区，并且很直观地看到调整效果，从而得到更为精确的选区。尤其是“边缘检测”功能，大大地提高了抠图时的实用性。

在各个选区工具（如“套索工具”、“魔棒工具”等）选项条上，可以单击“调整边缘”按钮调出“调整边缘”对话框，对当前的选区进行编辑。

绘制一个选区，选择“选择”|“调整边缘”命令，即可调出其对话框，如图3-39所示。

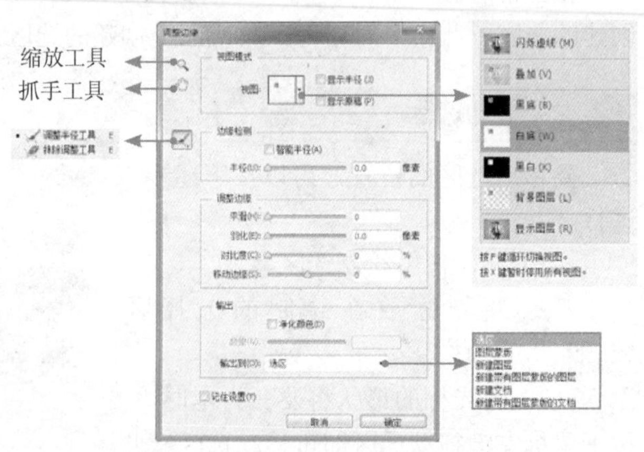

图3-39 “调整边缘”对话框

提示：

在使用此命令处理时，建议将选区绘制得略小一些，然后使用此命令的编辑功能向外进行扩展，从而创建得到比较精确的选择结果。

下面来分别讲解一下“调整边缘”对话框中各个参数的含义。首先，“视图模式”区域中，各参数的解释如下。

- 视图列表：在此列表中，Photoshop依据当前处理的图像，生成了实时的预览效果，以满足不同的观看需求。根据此列表底部的提示，按F键可以在各个图像之间进行切换，按X键即只显示原图。
- 显示半径：选中此选项后，将根据下面所设置的“半径”数值，仅显示半径范围以内的图像，如图3-40所示。
- 显示原稿：选中此选项后，将依据原选区的状态及所设置的视图模式进行显示。

(a)

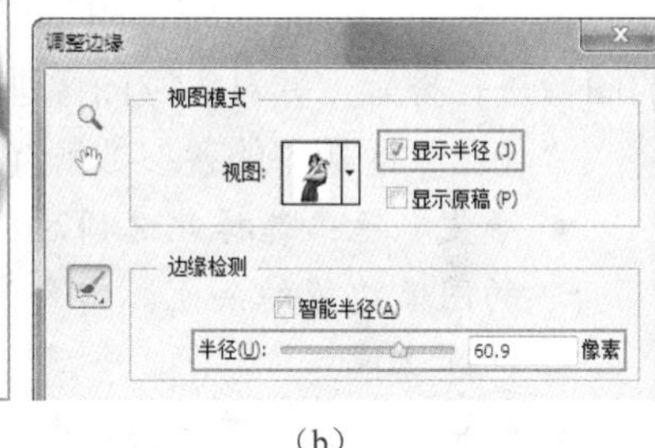

(b)

图3-40 显示半径前后的预览效果对比及“调整边缘”对话框的参数设置

“边缘检测”区域中的各参数解释如下。

- 半径：此处可以设置检查检测边缘时的范围。
- 智能半径：选中此选项后，将依据当前图像的边缘自动进行取舍，以获得更精彩的选择结果。

以图3-41所示的参数进行设置后，图3-42所示是预览得到的结果。

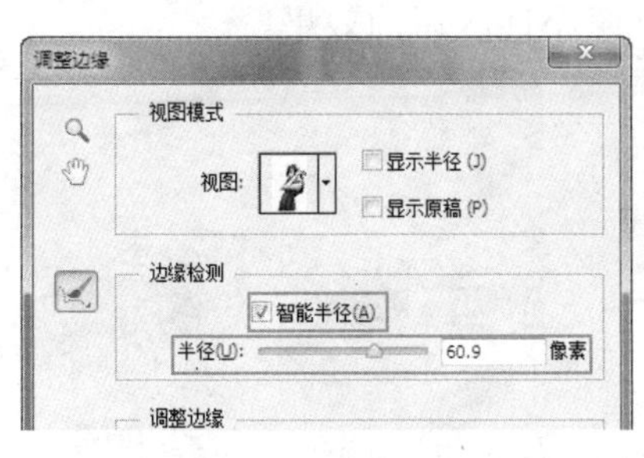

图3-41 选中“智能半径”选项

(a) (b)

图3-42 选中“智能半径”选项前后预览效果对比

“调整边缘”区域中的各参数解释如下。

- 平滑：当创建的选区边缘非常生硬，甚至有明显的锯齿时，使用此选项来进行柔化处理。
- 羽化：此参数与“羽化”命令的功能基本相同，都是用来柔化选区边缘的。
- 对比度：设置此参数可以调整边缘的虚化程度，数值越大则边缘越锐化。通常可以创建比较精确的选区。

- 移动边缘：该参数与“收缩”和“扩展”命令的功能基本相同，向左侧拖动滑块可以收缩选区，而向右侧拖动则可以扩展选区。

“工具”区域中的各参数解释如下。

- “缩放工具”：使用此工具可以缩放图像的显示比例。
- “抓手工具”：使用此工具可以查看不同的图像区域。
- “调整半径工具”：使用此工具可以编辑检测边缘时的半径，以放大或缩小选择的范围。
- “抹除调整工具”：使用此工具可以擦除部分多余的选择结果。当然，在擦除过程中，Photoshop仍然会自动对擦除后的图像进行智能优化，以得到更好的选择结果。

图3-43所示就是结合使用调整半径工具和抹除调整工具，对多余的图像进行擦除，并对头发图像进行抠选后的结果。

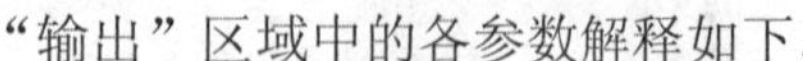

图3-43 修饰边缘后的效果

“输出”区域中的各参数解释如下。

- 净化颜色：选择此选项后，下面的“数量”滑块被激活，拖动调整其数值，可以去除选择后的图像边缘的杂色。需要注意的是，在净化颜色的过程中，要注意别将原图像中必要的颜色也过滤掉。
- 输出到：在此下拉菜单中，可以选择输出的结果。

需要注意的是，“调整边缘”命令相对于通道或其他专门用于抠图的软件及方法，其功能还是比较简单的，因此无法苛求它能够抠出高品质的图像，通常可以在要求不太高的情况下，或图像对比非常强烈时使用，以快速达到抠图的目的。

3.5.2 扩大或缩小选区

选择“选择”|“修改”|“扩展”或“选择”|“修改”|“收缩”命令，在两个命令的弹出对话框中，输入数值分别定义选区的扩大及缩小量，可以扩大或缩小选择区域。

图3-44所示为原选择区域，图3-45所示为扩大选区和缩小选区后的效果。

图3-44 原选择区域

（a）

（b）

图3-45 扩大选区和缩小选区后的效果

可以看出，通过执行扩大选区操作，可用选择区域的形状向外扩展，从而将原来不属于选择区域内的图像选择进来；而通过执行缩小选区操作，则可以用选择区域的形状排除原属于选择区域内的图像。

3.5.3 羽化选区

在前面所讲述的若干创建选区工具的选项栏中基本都有“羽化”文本框，在此输入数值可以羽化以后将要创建的新选区。

而对于当前已存在的选区，要进行羽化则必须选择“选择”|“修改”|“羽化”命令，这时弹出如图3-46所示的对话框。

图3-46 “羽化选区”对话框

在“羽化半径”数值框中输入数值，则可以羽化当前选区的轮廓。数值越大，柔化效果越明显。

3.5.4 边界化选区

在当前文件存在选区的状态下，选择“选择”|“修改”|“边界”命令，在弹出的“边界选区”对话框的“宽度”文本框中输入像素值，可以将当前选区边框化。

3.6 拓展训练——制作晶格化边缘效果

（1）打开随书所附光盘中的文件“第3章\3.6-拓展训练——制作晶格化边缘效果-素材.jpg”，如图3-47所示。

（2）选择“椭圆选框工具”，按住Alt键从人物的中心向外拖动，绘制如图3-48所示的选区。

图3-47 素材图像

图3-48 绘制选区

（3）选择“选择”|“修改”|“羽化”命令，设置弹出的对话框如图3-49所示，单击“确定”按钮退出对话框。按Ctrl+Shift+I键执行“反向”操作，此时选区状态如图3-50所示。设置前景色为白色，按Alt+Delete键用前景色填充选区，得到的效果如图3-51所示。

图3-49 “羽化选区”对话框

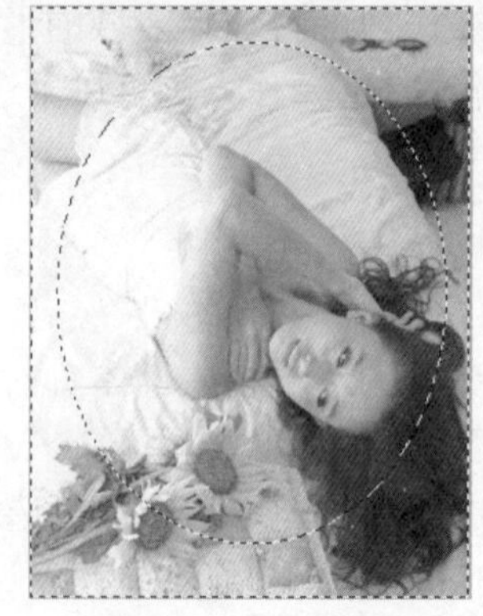

图3-50 执行“反向”命令后的选区

图3-51 填充白色后的效果

（4）保持选区，选择“滤镜”|“像素化”|“晶格化”命令，弹出的对话框设置如图3-52所示，确定后按Ctrl+D键取消选区，得到如图3-53所示的最终效果。

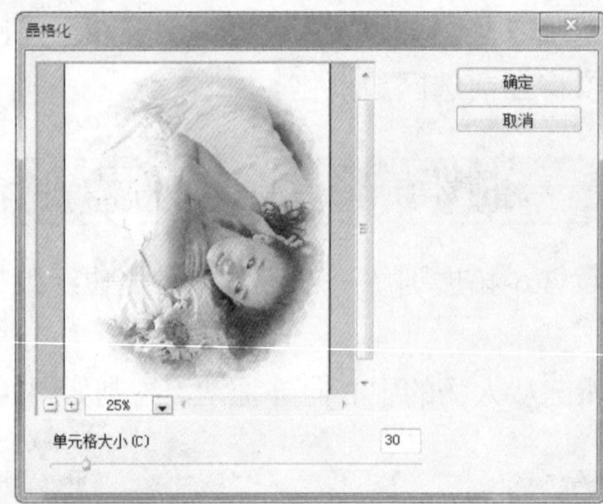

图3-52 “晶格化”对话框

图3-53 最终效果

3.7 课后练习

1. 单选题

（1）通常为选区填充实色后，选区边缘的颜色有锐利的分界边缘，要使此处的颜色过渡比较柔和，简单有效的操作方法是下列哪一项。（ ）

A. 利用模糊工具在选区边缘拖动

B. 在选区中先填充渐变，然后再填充所需要的实色

C. 利用画笔工具在选区边缘拖动

D. 利用羽化命令将选区羽化1～2个像素

（2）下面哪一个选择工具或命令，没有“消除锯齿”的复选框。（ ）

A. 魔棒工具　B. 矩形选择工具　C. 套索工具　D. “选择”|“色彩范围”命令

（3）利用单行或单列选框工具选中的是。（ ）

A. 拖动区域中的对象　B. 图像横向或竖向的像素

C. 一行或一列像素　D. 当前图层中的像素

（4）使用磁性套索工具进行操作时，要创建一条直线，按住哪个快捷键单击即可？（ ）

A. Alt键　　B. Ctrl键　　C. Tab键　　D. Shift键

（5）在绘制选区的过程中想移动选区的位置，可以按住什么键拖动鼠标？（ ）

A. Ctrl 键　　B. 空格键　　C. Alt 键　　D. Esc 键

（6）在使用矩形选框工具的情况下，按住哪两个键可以创建一个以落点为中心的正方形的选区。（ ）

A. Ctrl+Alt键　　B. Ctrl+Shift键　　C. Alt+Shift键　　D. Shift键

2. 多选题

（1）如果当前存在一个选择区域，则下列叙述正确的是哪几项。（ ）

A. 如果在使用矩形选择工具或套索选择工具制作选择区域时，按Shift键，则能够起到增加选择区域的效果

B. 如果在使用矩形选择工具或套索选择工具制作选择区域时，按Alt键，则能够起到减少选择区域的效果

C. 如果在使用矩形选择工具或套索选择工具制作选择区域时，按Ctrl+Alt键，则能够起到减少选择区域的效果

D. 如果在使用矩形选择工具或套索选择工具制作选择区域时，按Ctrl+Shift键，则能够起到增加选择区域的效果

（2）要闭合多边形套索创建的选区，可以执行下列操作中的哪些方法？（ ）

A. 按Esc 键　　B. 按Enter 键　　C. 单击工具箱中的其他工具　　D. 按Ctrl键单击

（3）使用魔棒工具单击图像，选中色彩范围的大小与哪些选项有密切关系？（ ）

A. 容差值　　B. “连续的”选项　　C. “用于所有图层”　　D. 单击的位置

（4）如果使用矩形选择工具无法绘制出比例与大小任意的矩形，其原因可能是下列哪几项。（ ）

A. 此工具的“样式”被定义为“固定比例”

B. 此工具的“样式”被定义为“固定大小”

C. 定义了一个较大的羽化值

D. “消除锯齿”选项被选中了

（5）如果当前图像中存在一个选择区域，在下列哪一个工具被选中的情况下，按Shift键+光标键能够移动选择区域。（ ）

A. 矩形选择工具　　B. 移动工具　　C. 钢笔工具　　D. 魔棒工具

（6）“调整边缘”命令的功能可以覆盖以下哪些选区编辑命令？（ ）

A. “羽化”命令　　B. “收缩”命令　　C. “扩展”命令　　D. “变换选区”命令

3. 判断题

（1）套索工具用于创建规则选区。（ ）

（2）在使用“多边形套索工具”制作选择区域的过程中，按Ctrl键可以暂时切换为“套索工具”。（ ）

（3）在绘制选区时，按住Shift键可以加选选区。（ ）

（4）不规则选区可由3种套索工具创建：套索工具、多边形套索工具和磁性套索工具。（ ）

（5）在Photoshop中修改选区，可以选择边界、平滑、扩展、收缩和羽化。（ ）

4．操作题

打开随书所附光盘中的文件“第3章\3.7-操作题-素材1.psd~3.7-操作题-素材3.psd”，如图3-54所示。结合本章中讲解的选区运算及填充等功能，制作得到如图3-55所示的效果。制作完成后的效果可以参考随书所附光盘中的文件“第3章\3.7-操作题.psd”。

（a）　（b）

图3-54 素材图像　　图3-55 完成效果

第4章

绘制与编辑图像

本章导读

本章主要讲解Photoshop的绘画及图像编辑功能，其中包括对画笔工具的深入讲解与广泛示例、使用渐变工具创建各类渐变效果的方法、使用选区进行描边填充的方法，除此之外，还讲解图像的变换功能。

上述工具及命令的使用频率都非常高，因此建议各位读者认真学习这些工具与命令使用方法。

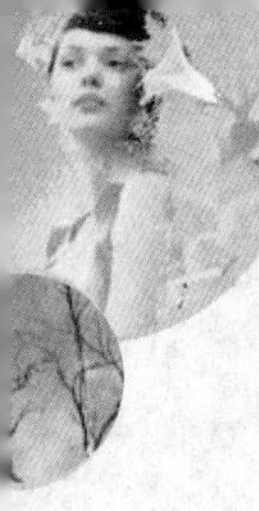

4.1 设置颜色

就像画画一样，画笔再好，没有墨水，什么也画不出来。使用Photoshop绘画也是一样，首先应该了解所使用的颜色和绘图工具的基本状况。

4.1.1 前景色和背景色

在Photoshop 中绘图与传统手绘有相似之处，也有不同之处。

相似之处在于，无论是传统绘画还是使用Photoshop 绘图，都需要使用画笔与颜色；不同之处在于，在Photoshop中绘画所使用的画笔具有很强的可调性，而颜色选择的范围也很大。

Photoshop中的画布颜色和绘图色彩都能够进行调整，这两种颜色通常通过工具箱中的前景色与背景色来设置。

前景色是用于做图的颜色，可以将其理解为传统绘画时所使用的颜料。

要设置前景色，可以单击工具箱中的前景色图标，在弹出的如图4-1所示的“拾色器”对话框中进行设置。

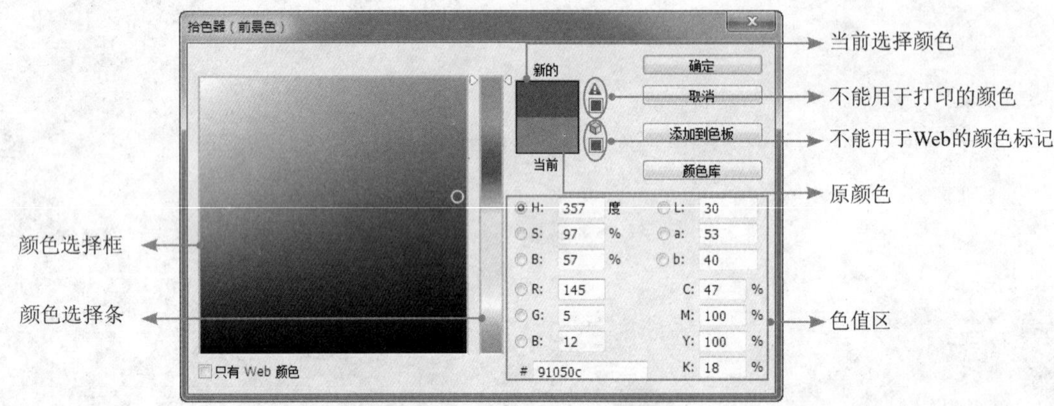

图4-1 “拾色器”对话框

设置前景色的操作步骤如下所述。

（1）拖动颜色选择条中的滑块，以设定一种基色。

（2）在颜色选择框中单击选择所需要的颜色。

（3）如果明确知道所需颜色的色值，可以在色值区的数值输入框中直接输入颜色值或颜色代码。

（4）在当前选择颜色图标的右侧，如果有▲标记，表示当前选择的颜色不能用于四色印刷，单击该标记，Photoshop自动选择可用于印刷并与当前选择最接近的颜色。

（5）在当前选择颜色图标的右侧，如果有标记，表示当前选择的颜色不能用于Web的显示，单击该标记，Photoshop自动选择可用于Web显示并与当前选择最接近的颜色。

（6）单击选中“只有 Web 颜色”选项，“拾色器”对话框显示如图4-2所示，其中的颜色均可用于Web显示。

（7）根据需要设置颜色后，单击“确定”按钮，工具箱中的前景色图标即显示相应的颜色。

背景色是画布的颜色，根据做图的要求，可以设置不同的颜色，单击背景色图标，即显示“拾色器”对话框，其设置方法与前景色相同，这里不再一一详述。

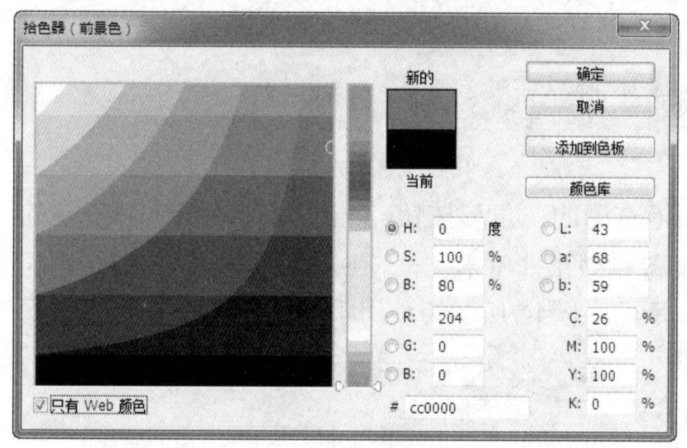

图4-2 “只有Web颜色”的“拾色器”对话框

4.1.2 使用“吸管工具”拾取颜色

除了使用“拾色器”对话框选择所需要的颜色外，选择颜色时使用较多的还有“吸管工具”。使用“吸管工具”可以读取图像的颜色，并将取样颜色设置为前景色。

提示：

在Photoshop中，可以按Alt+Delete键使用前景色进行快速填充；而按Ctrl+Delete键则可以使用背景色进行快速填充。

4.1.3 使用“颜色”面板设置颜色

使用“颜色”面板可以定义颜色，选择“窗口”|“颜色”命令或按F6键可弹出如图4-3所示的“颜色”面板。使用此面板，可以非常容易地在各种不同模式下选择前景色与背景色，或选择能够在各种网络环境下可显示的网络安全色。

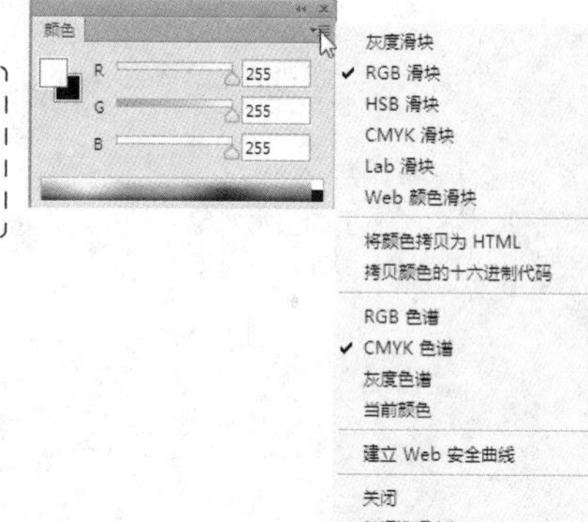

图4-3 “颜色”面板

4.2 使用“画笔工具”绘图

4.2.1 “画笔工具”简介

“画笔工具”是Photoshop中最重要的绘图工具，使用此工具能够完成复杂的绘画制作。

在使用“画笔工具”进行工作时，需要注意的操作要点有两个，即需要选择正确的前景色及正确的画笔工具选项或参数。

对于选择前景色，在4.1.1节中已经有较为详细的讲解了，下面讲解如何设置工具的选项或参数。

在工具箱中选择“画笔工具”，工具选项条将显示如图4-4所示，在此可以选择画笔的笔刷类型并设置做图透明度及叠加模式。

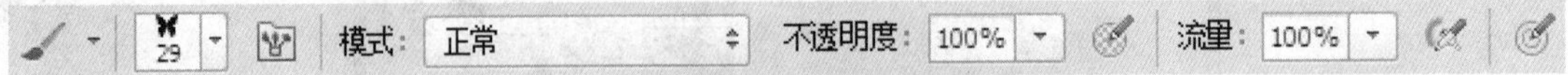

图4-4 画笔工具选项条

单击工具选项条中画笔右侧的三角形按钮，在弹出的如图4-5所示的“画笔”面板中选择需要的笔刷。Photoshop内置的笔刷效果非常丰富，使用这些笔刷能够绘制出不同效果的图像，Photoshop内置的笔刷效果，如图4-6所示，图4-7所示为使用不同的笔刷绘制出的不同效果。

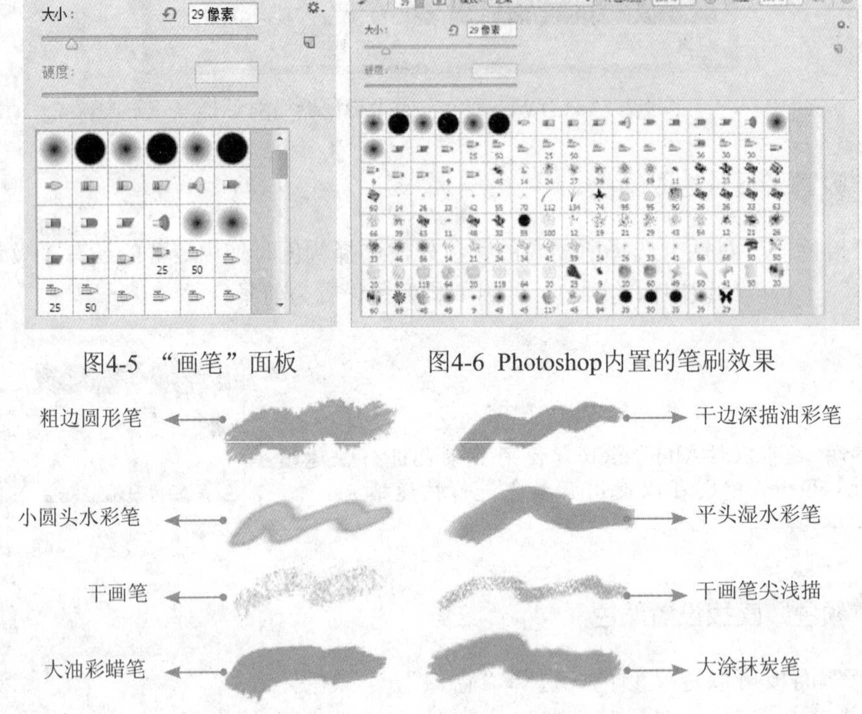

图4-5 “画笔”面板　　图4-6 Photoshop内置的笔刷效果

图4-7 使用不同的笔刷绘制出的不同效果

单击工具选项条中“模式”下拉菜单按钮，选择使用“画笔工具”作图时所使用的颜色与底图的混合效果，有关各种模式的解释请参阅本书第8.3节。

在“不透明度”文本框中输入百分数或单击右侧按钮调节三角形滑块，设置绘制图形的透明度。百分比数值越小在绘制时得到的图像的颜色越淡。图4-8所示为设置不同画笔不透明度数值后为国画中的蟠桃着色的过程。

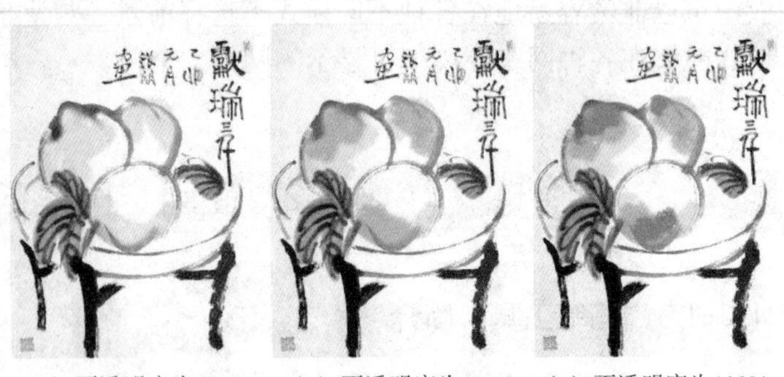

（a）不透明度为20%　（b）不透明度为50%　（c）不透明度为100%

图4-8 选择不同的不透明度为蟠桃着色

选中经过设置可以启用喷枪功能按钮可将画笔的工作状态转换为喷枪绘图状态，在此绘图状态下使用“画笔工具”能绘制出笔刷淤集的效果，如图4-9所示。

在使用绘图板进行涂抹时，选中“绘图板压力控制画笔尺寸”按钮后，将可以依据给予绘图板的压力控制画笔的尺寸。

在使用绘图板进行涂抹时，选中“绘图板压力控制画笔透明”按钮后，将可以依据给予绘图板的压力控制画笔的不透明度。

（a）未选中喷枪工具绘制的效果 （b）选中喷枪工具后绘制的效果

图4-9 喷枪工具操作示例

4.2.2 了解“画笔”面板

选择“窗口”|“画笔”命令，弹出如图4-10所示的“画笔”面板。下面对“画笔”面板中各区域的作用进行简单的介绍。

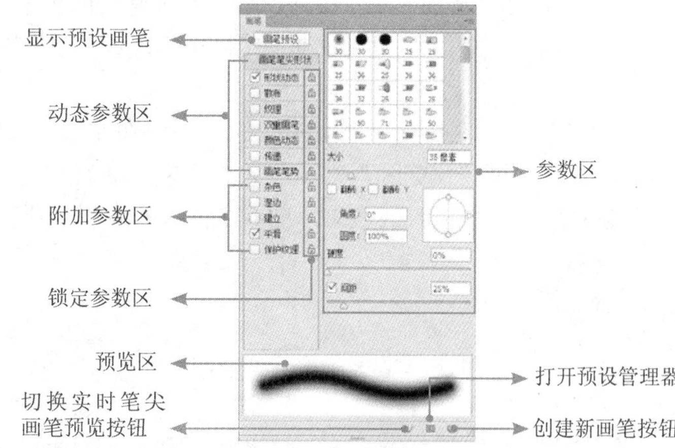

图4-10 “画笔”面板

- 单击“画笔预设”选项，可以调出“画笔预设”面板，以管理画笔预设。关于此面板的讲解，请参见第5.4节的内容。
- 动态参数区：在该区域中列出了可以设置动态参数的选项，其中包含“画笔笔尖形状”、“形状动态”、“散布”、“纹理”、“双重画笔”、“颜色动态”、“传递”和“画笔笔势”8个选项。
- 附加参数区：在该区域中列出了一些选项，选择它们可以为画笔增加杂色及湿边等效果。
- 锁定参数区：在该区域中单击锁形图标使其变为状态，就可以将该动态参数所做的设置锁定起来，再次单击锁形图标使其变为状态即可解锁。
- 参数区：该区域中列出了与当前所选的动态参数相对应的参数，在选择不同的选项时，该区域所列的参数也不相同。
- 预览区：在该区域可以看到根据当前的画笔属性生成的预览图。
- “切换实时笔尖画笔预览”按钮：选中此按钮后，默认情况下将在画布的左上方显示笔刷的形态，如图4-11所示，需要注意的是，必须启用“使用图形处理器”才能使用此功能。

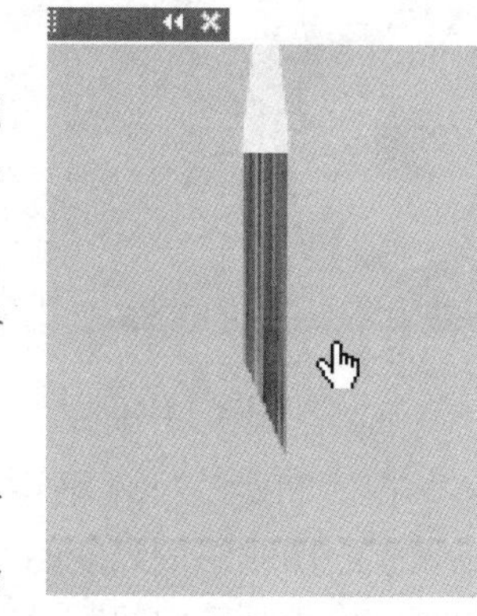

图4-11 画笔预览效果

提示：

要启用“使用图形处理器”功能，可选择“编辑”|“首选项”|“性能”命令，在此对话框的右下角位置进行选择，如图4-12所示，此功能需要显卡支持。

图4-12 启用“使用图形处理器”功能

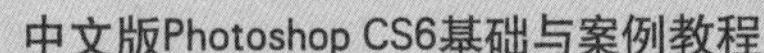

- “打开预设管理器”按钮：单击此按钮将可以调出画笔的“预设管理器”对话框，用于管理和编辑画笔预设。
- “创建新画笔”按钮：单击该按钮，在弹出的对话框中单击“确定”按钮，按当前所选画笔的参数创建一个新画笔。

4.3 画笔笔尖形状

“画笔”面板中的每一种画笔都有数种基本属性可以编辑，包括“大小”、“角度”、“间距”、“圆度”等，对于圆形画笔，还可对其“柔和度”参数进行编辑。

要编辑上述常规参数，可以单击“画笔”面板参数区的“画笔笔尖形状”选项，此时“画笔”面板如图4-13所示，上述参数均显示在参数显示区。

若要编辑上述参数，拖动相应的滑块或在文本框中输入数值即可，在调节的同时，可在预览区观察调节后的效果。例如，图4-14所示为调整“大小”参数为不同数值时的效果，图4-15所示为调整“硬度”参数为不同数值时的效果。

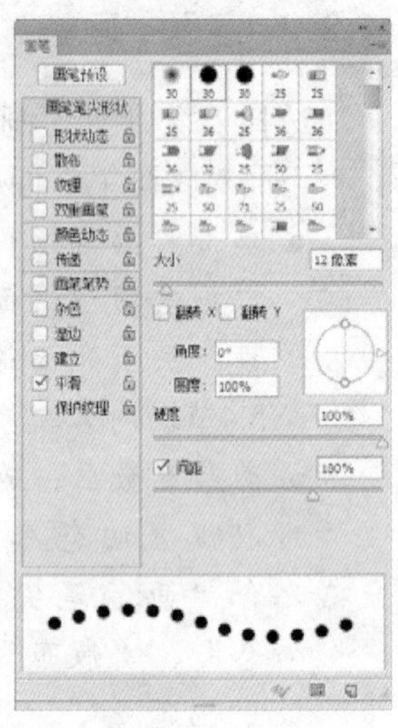

图4-13 “画笔”面板

(a)

(b)

图4-14 不同“大小”参数时的效果

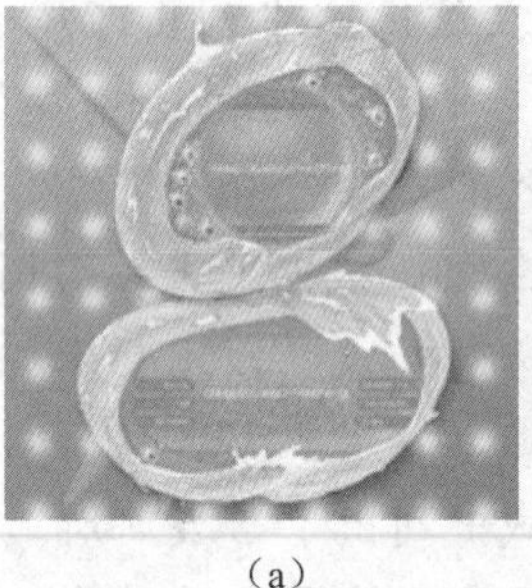

(a)

(b)

图4-15 不同“硬度”参数时的效果

在“间距”文本框中输入数值或调节滑块，可以设置绘图时组成线段的两点间的距离，数值越大间距越大。为画笔的间距设置不同的数值，则可以得到不同的效果，如图4-16所示。

(a)

(b)

图4-16 不同“间距”参数时的效果

4.3.1 形状动态

形状动态参数区域的选项包括形状动态、散布、纹理、双重画笔、颜色动态、传递和画笔笔势，配合应用各种选项可得到非常丰富的画笔效果。

选择“形状动态”选项，“画笔”面板显示如图4-17所示。

- 大小抖动：此参数控制画笔在绘制过程中尺寸的波动幅度，数值越大，波动的幅度越大，图4-18所示为使用酒瓶形画笔分别设置“大小抖动”数值为20与60时得到的不同效果。

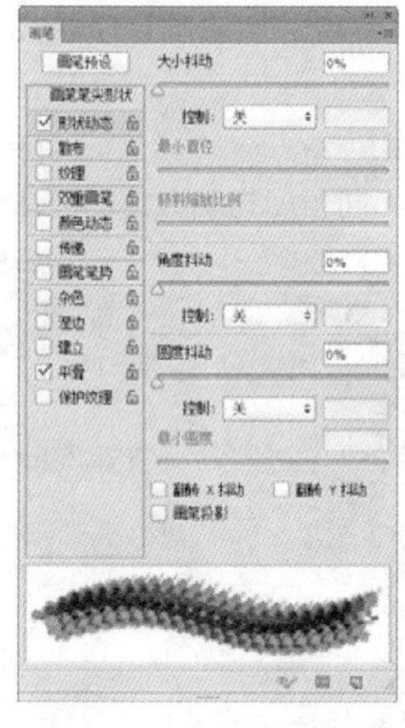

图4-17 选择“形状动态”时的“画笔”面板

（a）“大小抖动”数值为20

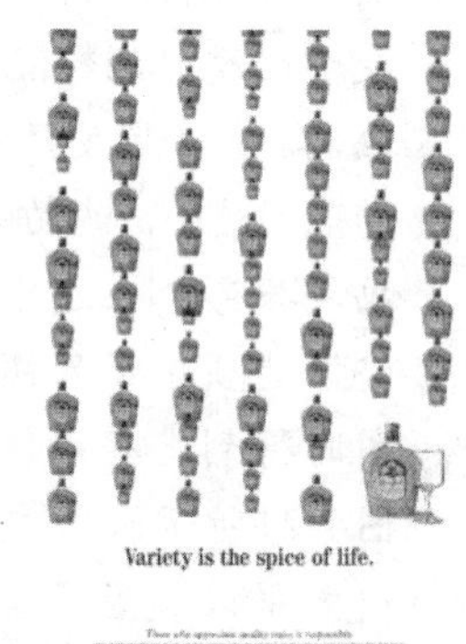

（b）“大小抖动”数值为60

图4-18 “大小抖动”数值的对比效果图

为方便示例，笔者在此为瓶子形画笔设置了一个较大的间距值，因此其间距较大。

“大小抖动”选项下方的“控制”选项，控制画笔波动的方式，其中包括关、渐隐、钢笔压力、钢笔斜度、光笔轮五种方式。

选择“渐隐”选项，将激活其右侧的数值输入框，在此可以输入数值以改变画笔笔触渐隐的步长，数值越大，画笔消失的速度越慢，因此其描绘的线段越长，对比效果如图4-19所示。

由于钢笔压力、钢笔斜度、光笔轮三种方式都需要压感笔的支持，因此如果没有安装此硬件，在“控制”下拉列表框的左侧将显示一个叹号 控制: 钢笔压力 。

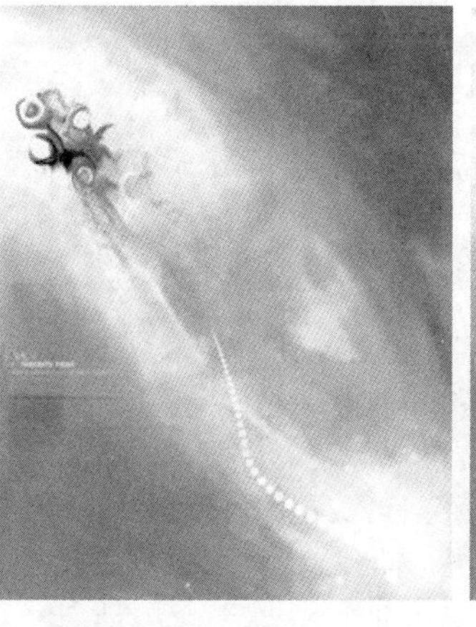

（a）“渐隐”数值为40　（b）“渐隐”数值为70

图4-19 不同渐隐数值的对比效果图

- 最小直径：此数值控制在尺寸发生波动时画笔的最小尺寸。数值越大，发生波动的范围越小，波动的幅度也会相应变小，画笔的尺寸动态达到最小尺寸时尺寸越大。
- 角度抖动：此参数控制画笔在角度上的波动幅度，数值越大，波动的幅度也越大，画笔显得越紊乱，其效果如图4-20所示的酒瓶形画笔的绘制效果。
- 圆度抖动：此参数控制画笔在圆度上的波动幅度，数值越大，波动的幅度也越大。
- 最小圆度：此数值控制画笔在圆度发生波动时画笔的最小圆度尺寸值，数值越大则发生波动的范围越小，波动的幅度也会相应变小。
- 画笔投影：在选中此选项后，并在“画笔笔势”选项中设置倾斜及旋转参数，可以在绘图时得到带有倾斜和旋转属性的笔尖效果。图4-21所示未选中“画笔投影”选项时的描边效果（设置了当前图层的混合模式为“叠加”），图4-22所示是在选中了“画笔投影”选项，并在“画笔笔势”选项中设置了“倾斜x”和“倾斜y”为100%时的描边效果。

（a）“角度抖动”值为20　（b）“角度抖动”值为100

图4-20 不同角度抖动数值的对比效果图

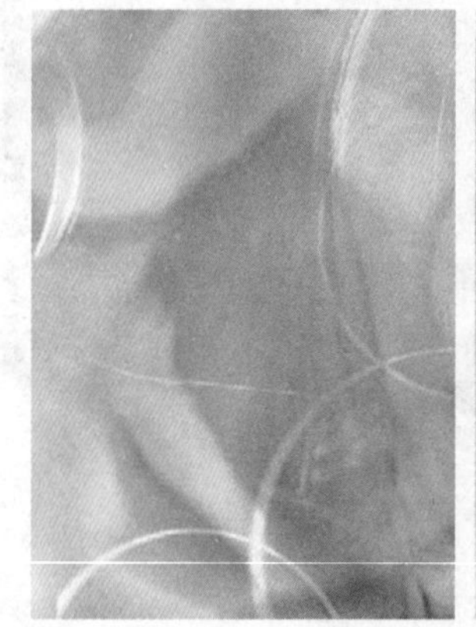

图4-21 未选择“画笔投影”选项时的效果

图4-22 选中“画笔投影”选项时的效果

4.3.2 散布

在“画笔”面板中选择“散布”选项，“画笔”面板如图4-23所示。

图4-24所示为原图像，在使用画笔制作实例的过程中，为便于读者对比效果，将按照如图4-25所示的白色画笔进行涂抹。另外，为了得到更加漂亮的效果，在画笔工具选项条中设置其模式为“颜色减淡”。

图4-23 选择“散布”时的“画笔”面板

图4-24 原图像

图4-25 涂抹后的效果

选择“散布”选项时，“画笔”面板中的参数解释如下。

- 散布：此参数控制使用画笔绘制的笔画的偏离程度，百分数越大，偏离的程度越大。图4-26所示为在其他参数相同的情况下，设置不同的“散布”值时的不同绘画效果。
- 两轴：勾选此复选框，画笔在x及y两个轴向上发生分散；如果不勾选此复选框，则只在x轴向上发生分散。
- 数量：此参数可以控制绘画时画笔的数量。图4-27所示为其他参数相同的情况下，使用较小“数量”值与较大“数量”值时所得到的绘画效果。
- 数量抖动：此参数控制在绘制的笔画中画笔数量的波动幅度。

（a）参数小

（b）参数大

图4-26 不同“散布”参数时的绘画效果

（a）使用较小“数量”值

（b）使用较大“数量”值

图4-27 使用“数量”大小时的绘画效果

实例：为照片添加唯美雪花

（1）打开随书所附光盘中的文件“第4章\4.3.2-实例：为照片添加唯美雪花-素材.jpg”。

（2）在工具箱中设置前景色为白色，选择“画笔工具”，按F5键调出“画笔”面板，设置各选项的参数如图4-28所示。

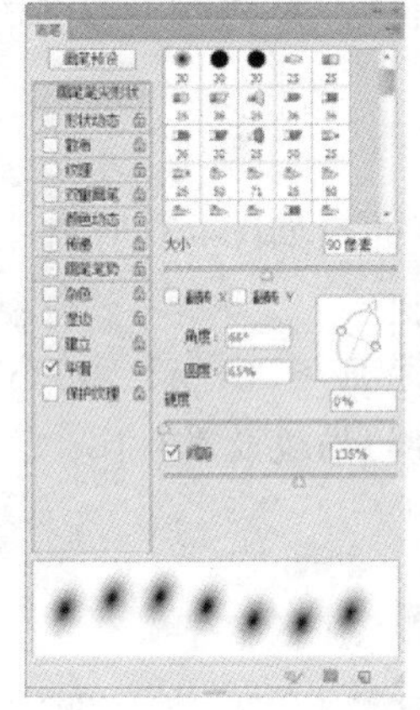
（a）

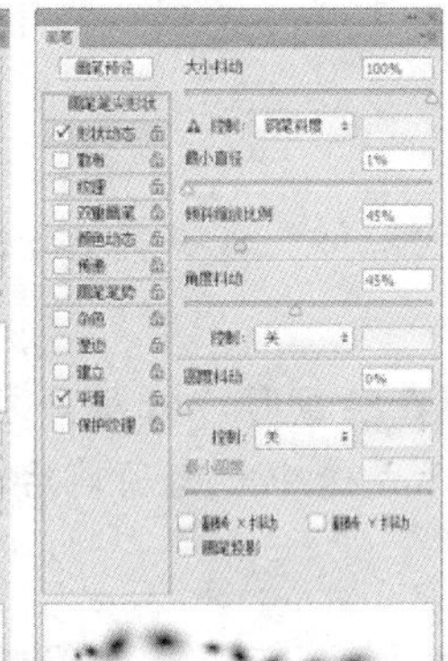
（b）

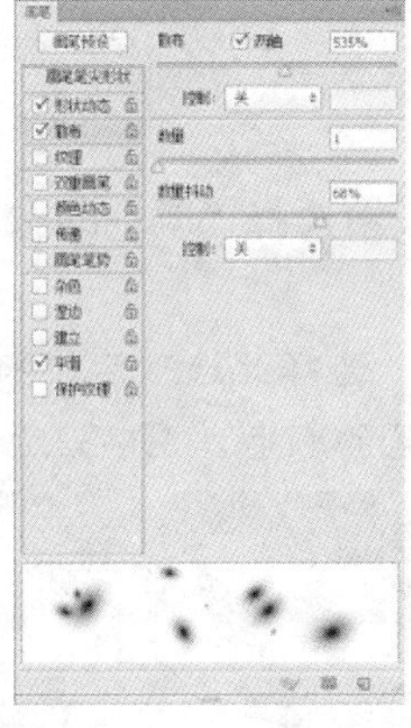
（c）

（d）

图4-28 设置各选项的参数

提示：

在“画笔”面板中，“传递”选项的详细讲解请参见第4.3.5节。

（3）应用上一步设置好的画笔在画布中涂抹，图4-29所示为添加雪花前后的对比效果。

（a）添加雪花前

（b）添加雪花后

图4-29 添加雪花前后的对比效果

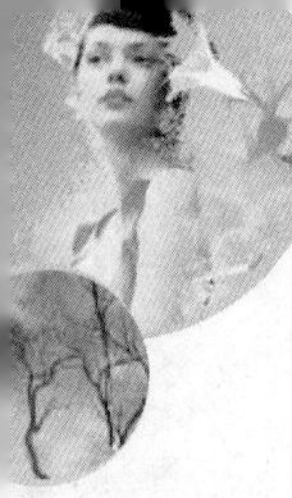

4.3.3 纹理

在“画笔”面板的参数区选择“纹理”复选框，可以在绘制时为画笔的笔迹叠加一种纹理，从而在绘制的过程中应用纹理效果。在此复选框被选中的情况下，“画笔”面板如图4-30所示。

- 选择纹理：要使用此效果，必须在“画笔”面板上方的纹理选择下拉列表中选择合适的纹理效果，此下拉列表中的纹理均为系统默认或由用户创建的纹理。
- 缩放：拖动滑块或在文本框中输入数值，可以定义所使用的纹理的缩放比例。
- 模式：在此可从10种预设模式中选择其中的某一种，作为纹理与画笔的叠加模式。
- 深度：此参数用于设置所使用的纹理显示时的浓度，数值越大则纹理的显示效果越好，反之纹理效果越不明显。
- 最小深度：此参数用于设置纹理显示时的最浅浓度，参数越大则纹理显示效果的波动幅度越小。例如,“最小深度”参数的设置值为80%，而“深度”参数值为100%，两者间的波动范围幅度仅有20%。
- 深度抖动：此参数用于设置纹理显示浓淡度的波动程度，数值越大则波动的幅度也越大。

纹理选择下拉列表

图4-30 选择“纹理”时的“画笔”面板

4.3.4 颜色动态

在“画笔”面板中选择“颜色动态”选项，其“画笔”面板如图4-31所示，选择此选项可以动态改变画笔颜色效果。

- 应用每笔尖：选择此选项后，将在绘画时，针对每个画笔进行颜色动态变化；反之，则仅使用第一个画笔的颜色。图4-32所示是选中此选项前后的描边效果对比。

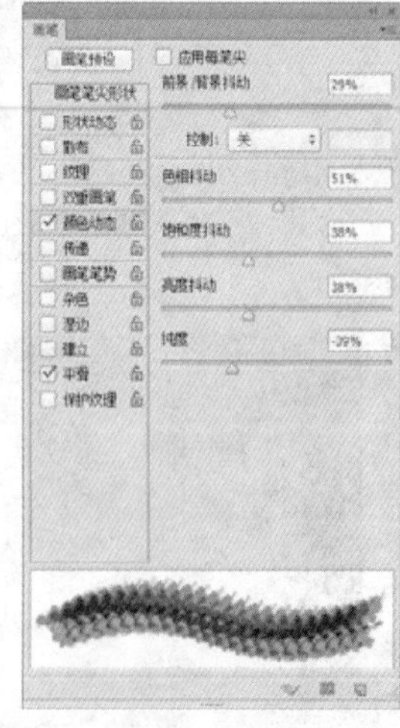

图4-31 选择“颜色动态”选项的“画笔”面板

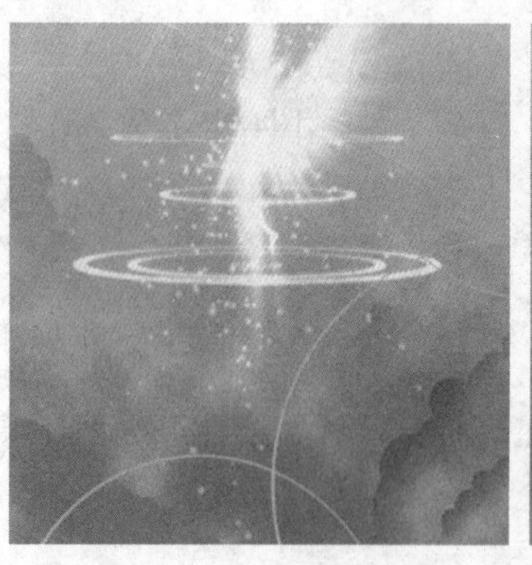

(a) 前

(b) 后

图4-32 选中“应用每笔尖”选项前后的描边效果对比

- 前景／背景抖动：在此输入数值或拖动滑块，可以在应用画笔时，控制画笔的颜色变化情况。数值越大，画笔的颜色发生随机变化时越接近于背景色，反之，数值越小，画笔的颜色发生随机变化时越接近于前景色。
- 色相抖动：此选项用于控制画笔色调的随机效果，数值越大，画笔的色调发生随机变化时越接近于背景色色相，反之，数值越小，画笔的色调发生随机变化时越接近于前景色色相。
- 饱和度抖动：此选项用于控制画笔饱和度的随机效果，数值越大，画笔的饱和度发生随机变化时越接近于背景色的饱和度，反之，数值越小，画笔的饱和度发生随机变化时越接近于前景色的饱和度。
- 亮度抖动：此选项用于控制画笔亮度的随机效果，数值越大，画笔的亮度发生随机变化时越接近于背景色色调，反之，数值越小，画笔的亮度发生随机变化时越接近于前景色亮度。
- 纯度：在此输入数值或拖动滑块，可以控制笔画的纯度，数值为-100时笔画呈现饱和度为0的效果，反之，数值为100时笔画呈现完全饱和的效果。

实例：绘制多色彩落叶

（1）打开随书所附光盘中的文件“第4章\4.3.4-实例：绘制多色彩落叶-素材.tif”。

（2）在工具箱中选择“画笔工具”，按F5键调出“画笔”面板，设置如图4-33所示。

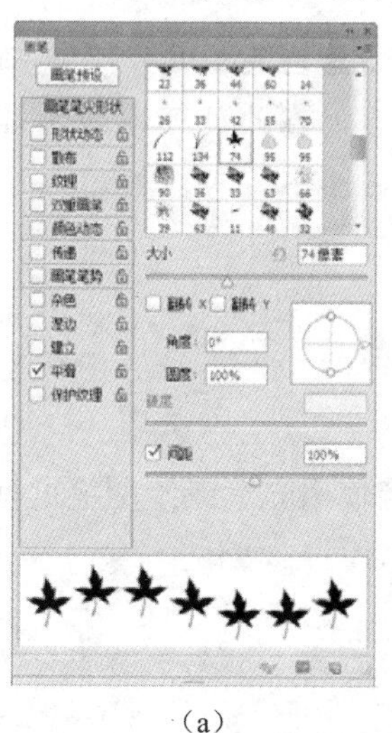

（a）

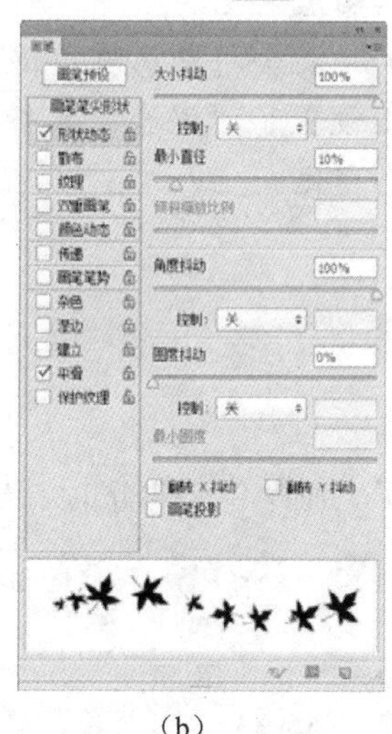

（b）

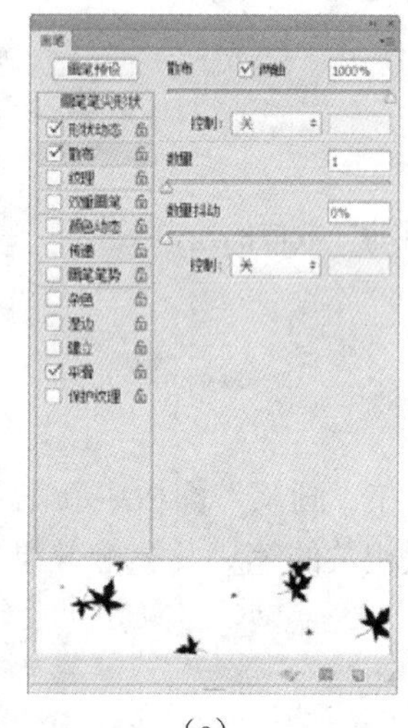

（c）

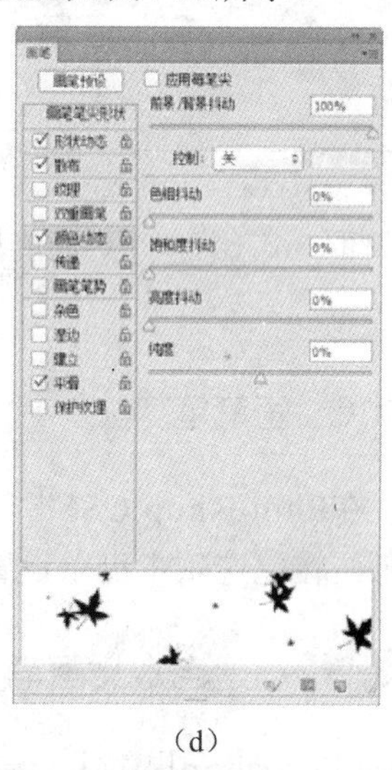

（d）

图4-33 设置各选项的参数

（3）应用第（2）步设置好的画笔在画布中涂抹，图4-34所示为涂抹前后的对比效果。

提示：

在绘制图像前，设置了前景色（f1c619）与背景色（98ec36）的颜色值。

（a）前

（b）后

图4-34 涂抹前后的对比效果

01 chapter P1—P12
02 chapter P13—P34
03 chapter P35—P50
04 chapter P51—P84
05 chapter P85—P104
06 chapter P105—P136
07 chapter P137—P162
08 chapter P163—P180
09 chapter P181—P194
10 chapter P195—P208
11 chapter P209—P220
12 chapter P221—P240
13 chapter P241—P254
14 chapter P255—P278
A chapter P279—P289

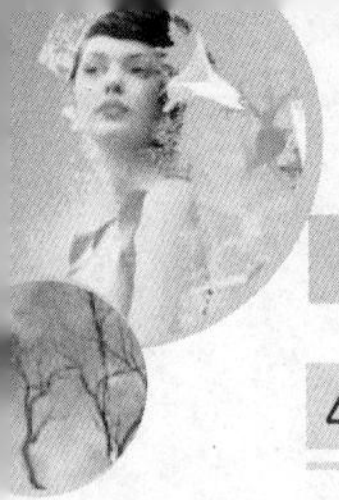

4.3.5 传递

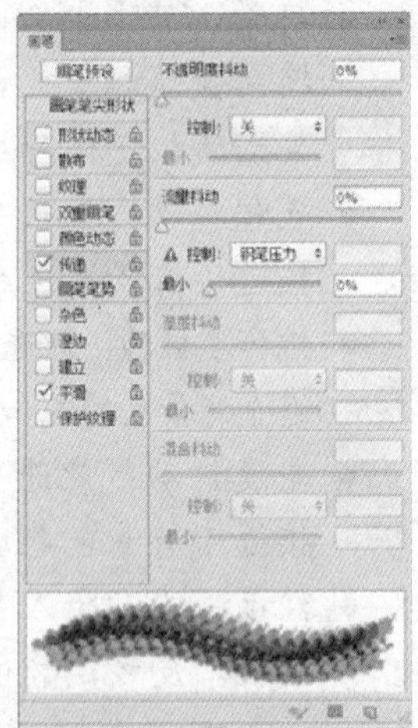

图4-35 选择“传递”选项时的“画笔”面板

在“画笔”面板中选择“传递”选项，其“画笔”面板如图4-35所示，其中“湿度抖动”与“混合抖动”2个参数主要是针对“混合器画笔工具”使用的。

- 不透明度抖动：此参数用于控制画笔的随机不透明度效果。图4-36所示为在保持其他参数不变的情况下，以不同“不透明度抖动”数值绘制图像背景的效果。另外，关于“最小”参数，其作用与“形状动态”中的“最小直径”参数基本相同，即设置不透明度抖动时的最小数值，故不再详细讲解。

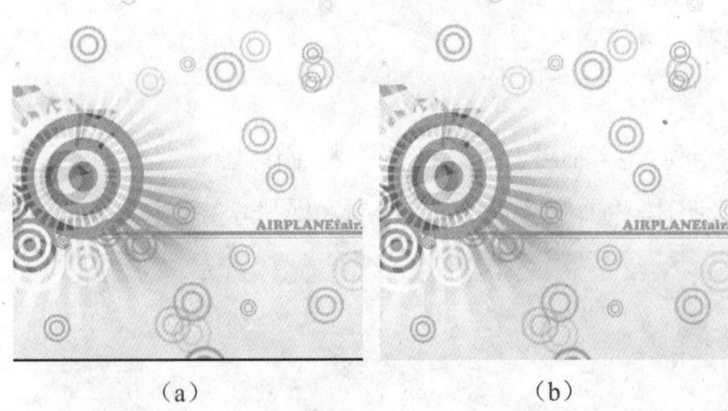

(a)　　(b)

图4-36 不同“不透明度抖动”数值的绘制效果

- 湿度抖动：在“混合器画笔工具”选项条上设置了“潮湿”参数后，在此处可以控制其动态变化。
- 混合抖动：在“混合器画笔工具”选项条上设置了“混合”参数后，在此处可以控制其动态变化。

4.3.6 画笔笔势

在Photoshop CS6中，在“画笔”面板中新增了“画笔笔势”选项，当使用光笔或绘图笔进行绘画时，在此选项中可以设置相关的笔势及笔触效果。

4.3.7 创建自定义画笔

Photoshop提供了自定义画笔的功能，用户可以根据实际需要定义不同的画笔内容，以绘制出丰富的画笔效果。其操作方法非常简单，只要利用选区将要定义为画笔的区域选中，Photoshop就可以将任意一种图像定义为画笔。

实例：将图像定义为画笔

（1）打开随书所附光盘中的文件“第4章\4.3.7-实例：将图像定义为画笔-素材.tif”，如图4-37所示。

（2）选择“编辑”|“定义画笔预设”命令，在弹出的对话框中输入新画笔的名称，如图4-38所示。

图4-37 素材图像

图4-38 “画笔名称”对话框

如果只定义图像中的某部分作为画笔，可以应用任何一种选择工具选中该部分，再进行定义。

（3）单击“确定”按钮，退出对话框即完成定义画笔。按F5键显示“画笔”面板，就可以看到刚刚定义的画笔了，如图4-39所示。图4-40所示就是利用刚刚定义的画笔来装饰图像后得到的效果。

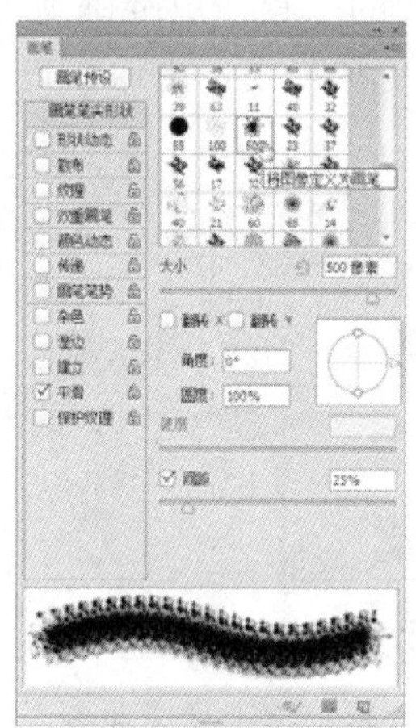

图4-39 定义的画笔

图4-40 应用后的效果

4.3.8 锁定/解锁动态参数设置

在“画笔”面板中单击锁形图标使其变为状态，就可以将该动态参数所做的设置锁定起来，再次单击锁形图标使其变为状态即可解锁。

4.4 使用“铅笔工具”绘图

“铅笔工具”用于绘制边缘较硬的线条，此工具的选项栏如图4-41所示。

图4-41 选择铅笔工具的工具选项条

“铅笔工具”选项栏中的选项与“画笔”工具选项条的选项非常相似，不同之处是在此工具被选中的情况下，“画笔”面板中所有笔刷均为硬边，如图4-42所示。

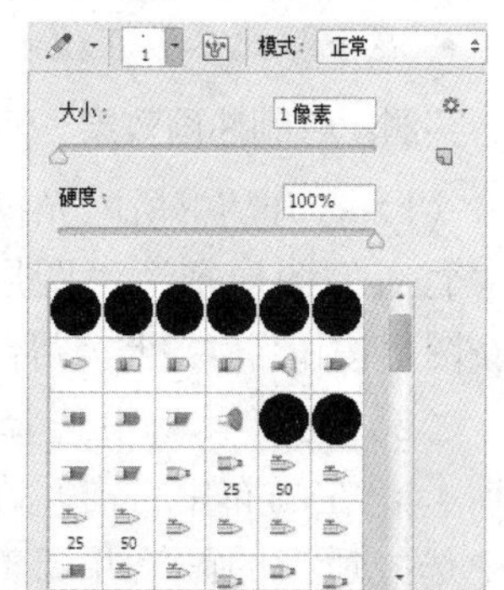

图4-42 铅笔工具的“画笔”面板

- 自动抹掉：在此复选项被选中的情况下进行绘图时，如绘图处不存在使用“铅笔工具”所绘制的图像，则此工具的作用是以前景色绘图。反之，如果存在以前使用“铅笔工具”所绘制的图像，则此工具可以起到擦除图像的作用。
- “绘图板压力控制画笔尺寸”按钮：在使用绘图板进行涂抹时，选中此按钮后，将可以依据给予绘图板的压力控制画笔的尺寸。
- “绘图板压力控制画笔透明”按钮：在使用绘图板进行涂抹时，选中此按钮后，将可以依

据给予绘图板的压力控制画笔的不透明度。

4.5 混合器画笔工具

“混合器画笔工具”是一个可用于绘图的工具，更准确地说，它可以模拟绘画的笔触进行艺术创作，如果配合手写板进行操作，将会变得更加自由，更像在自己的画板上绘画，其工具选项条如图4-43所示。

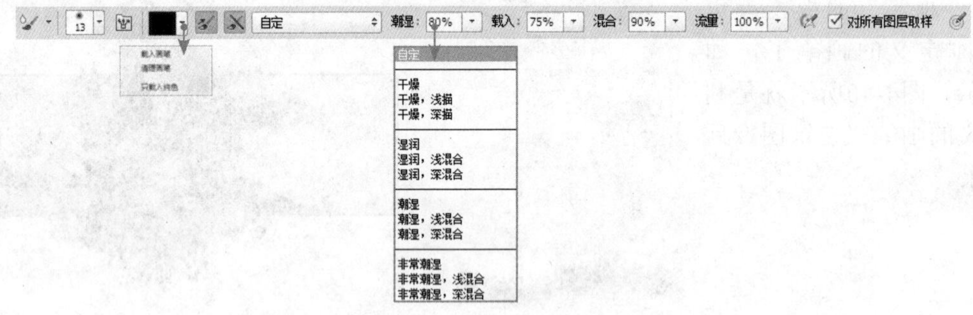

图4-43 混合器画笔工具选项条

下面来讲解一下各参数的含义。

- 当前画笔载入：在此可以重新载入或清除画笔。在此下拉菜单中选择“只载入纯色”命令，此时按住Alt键将切换至“吸管工具”吸取要涂抹的颜色，如果没有选中此命令，则可以像仿制图章工具一样，定义一个图像作为画笔进行绘画。直接单击此缩览图，可以调出“拾色器（混合器画笔颜色）”对话框，选择一个要绘画的颜色。
- “每次描边后载入画笔”按钮：选中此按钮后，将可以自动载入画笔。
- “每次描边后清理画笔”按钮：选中此按钮后，将可以自动清理画笔，也可以将其理解成为画家绘画一笔之后，是否要将画笔洗干净。
- 画笔预设：在此下拉菜单中选择多种预设的画笔，选择不同的画笔预设，可自动设置后面的“潮湿”、“载入”及“混合”等参数。
- 潮湿：此参数可控制绘画时从画布图像中拾取的油彩量。
- 载入：此参数可控制画笔上的油彩量。
- 混合：此参数可控制色彩混合的强度，数值越大混合的越多。

实例：绘制油画效果

（1）打开随书所附光盘中的文件“第4章\4.5-实例：绘制油画效果-素材.png”，如图4-44所示。将“背景”图层拖至“图层”面板底部“创建新图层按钮”上，得到“背景 副本”。

（2）在工具箱中选择“混合器画笔工具”，在画布中右击，在弹出的画笔显示框中选择适当的画笔并调整该画笔的大小，如图4-45所示。

（3）按Alt键将切换至“吸管工具”，在画布左上方吸取要涂抹的颜色，然后设置

图4-44 素材图像

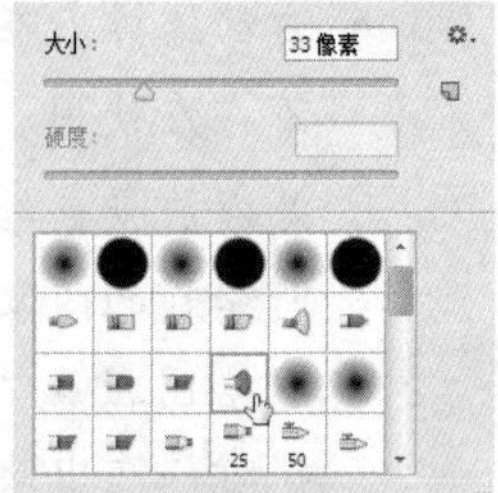

图4-45 选择画笔及设置画笔大小

混合器画笔工具选项条，如图4-46所示。

图4-46 工具选项条

（4）应用设置好的画笔在画布左上方涂抹（涂抹时顺着竹叶的方向），图4-47所示为涂抹前后的对比效果。

（5）按照上一步的操作方法，继续在画布中的其他位置涂抹，图4-48所示为涂抹中的局部效果，图4-49所示为最终整体效果。

（a）前

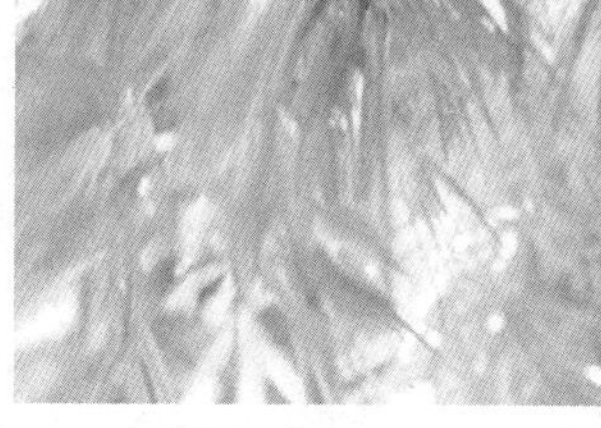

（b）后

图4-47 涂抹前后的对比效果

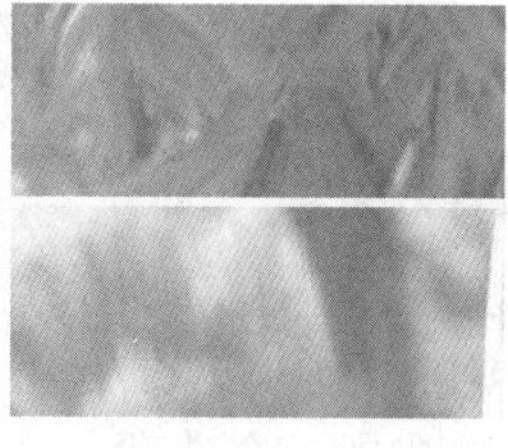

图4-48 局部效果

图4-49 最终效果

4.6 了解“画笔预设”面板

选择“窗口”|“画笔预设”命令，或在“画笔”面板中单击“画笔预设”按钮，弹出“画笔预设”面板，如图4-50所示。

“画笔预设”面板及其面板菜单中的参数解释如下。

- 画笔管理：在此区域可以创建、重命名及删除画笔。
- 视图控制：此处可以设置画笔显示的缩览图状态。
- 预设管理：在此区域可以进行载入、存储等画笔管理操作。
- “删除画笔”按钮：在选择“画笔预设”选项的情况下，选择了一个画笔后，该按钮就会被激活，单击该按钮，在弹出的对话框中单击“确定”按钮即可将该画笔删除。

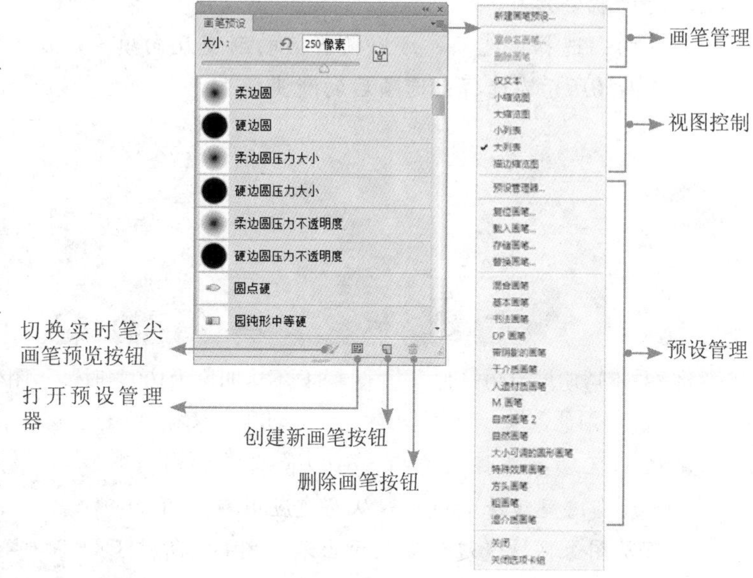

图4-50 “画笔预设”面板

4.7 渐变工具

“渐变工具”用于创建不同颜色间的混合过渡效果，Photoshop提供了可以创建5类渐变的渐变工具，即“线性渐变工具”、“径向渐变工具”、“角度渐变工具”、“对称渐变工具”、“菱形渐变工具”。

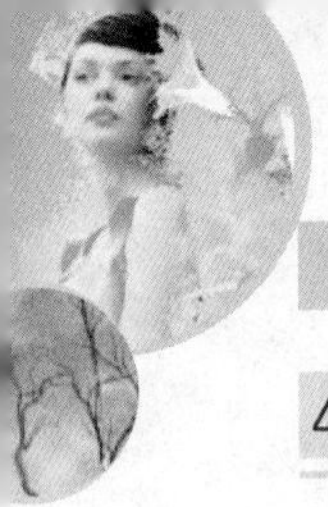

4.7.1 “渐变工具”选项条

在工具箱中选择“渐变工具” 后，工具选项条显示如图4-51所示。

图4-51 渐变工具选项条

“渐变工具” 的使用方法较为简单，其操作步骤如下。

图4-52 “渐变类型”面板

（1）在工具箱中选择“渐变工具” 。

（2）在工具选项条 中的5种渐变类型中选择需要的渐变类型。

（3）单击渐变效果框下拉菜单按钮，在弹出的如图4-52所示的“渐变类型”面板中选择需要的渐变效果。

（4）设置“渐变工具” 的工具选项条中的“模式”、“不透明度”等选项。

（5）在图像中拖动，即可得到渐变效果。

下面分别介绍工具选项条中的各个选项。

- 模式：选择其中的选项可以设置渐变颜色与底图的混合模式，关于各混合模式的详细讲述请参阅本书关于图层的章节。
- 不透明度：在此输入百分比数可设置渐变的不透明度，数值越大则渐变越不透明，反之，越透明。图4-53所示为“不透明度”为40%时的渐变效果，图4-54所示为“不透明度”为100%时的渐变效果。
- 反向：选择该选项，可以使当前的渐变反向填充。图4-55所示为选择此选项前的渐变效果，图4-56所示为选择此选项后的渐变效果。

图4-53 不透明度为40%时的渐变效果

图4-54 不透明度为100%时的渐变效果

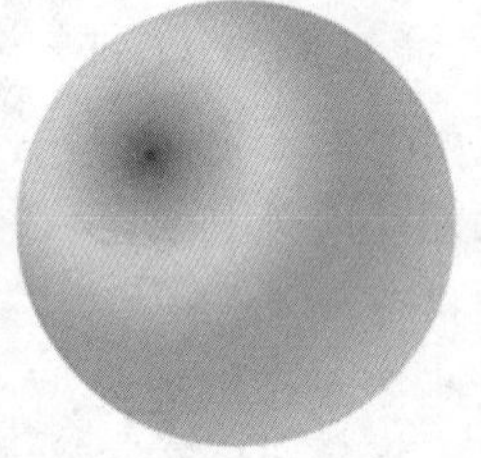

图4-55 原渐变效果

图4-56 反向渐变效果

- 透明区域：选择该选项，可以使当前的渐变按设置呈现透明效果，从而使应用渐变的下层图像区域透过渐变显示出来。图4-57所示为应用白色到透明的渐变前后对比效果。

（a）前　　（b）后

图4-57 应用透明渐变前后的对比效果

4.7.2 创建实色渐变

虽然Photoshop所自带的渐变类型足够丰富，但在有些情况下，还是需要自定义新渐变以配合图像的整体效果。要创建实色渐变可按下述步骤操作。

（1）在工具选项条中选择任一种渐变工具。

（2）单击渐变类型选择框，如图4-58所示，即可调出如图4-59所示的“渐变编辑器”对话框。

图4-58 单击渐变类型选择框

（3）单击“预置”区域中的任意一种渐变，以基于该渐变来创建新的渐变。

（4）在“渐变类型”下拉菜单中选择“实底”选项，如图4-60所示。

（5）单击起点颜色色标使该色标上方的三角形变黑，以将其选中，如图4-61所示。

图4-59 “渐变编辑器”对话框

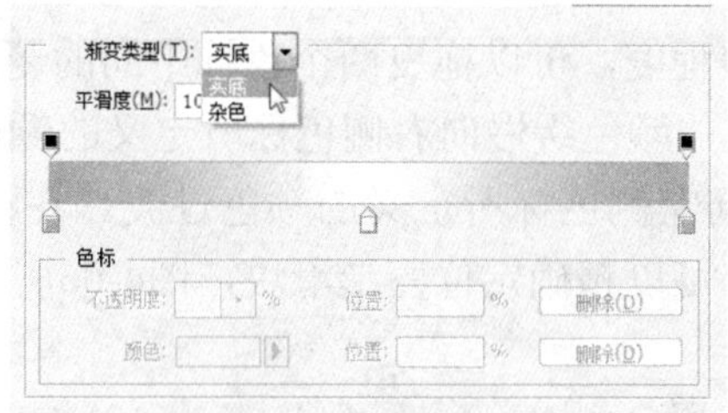

图4-60 选择渐变类型

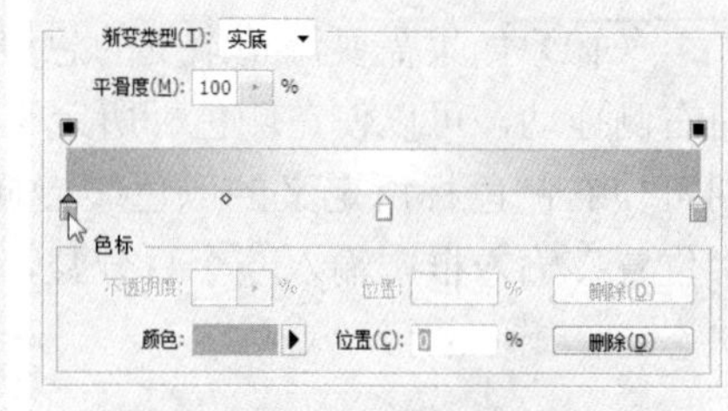

图4-61 选择颜色色标

（6）单击对话框底部的“颜色”右侧的三角按钮▶，会弹出选项菜单，该菜单中各选项的解释如下。

- 选择“前景”以将该色标定义为前景色，选择此选项可使此色标所定义的颜色将随前景色的变化而变化。
- 如果选择“背景”可以将该色标定义为背景色，选择此选项可使此色标所定义的颜色将随背景色的变化而变化。
- 如果需要选择其他颜色来定义该色标，可单击色块或双击色标，在弹出的“拾色器（色标颜色）”对话框中选择颜色。

（7）按照本示例第（5）、（6）步中所述方法为其他色标定义颜色。

（8）如果需要在起点与终点色标中添加色标以将该渐变类型定义为多色渐变，可以直接在渐变条下面的空白处单击，如图4-62所示，然后按照第（5）、（6）步中所述的方法定义该处色标的颜色。

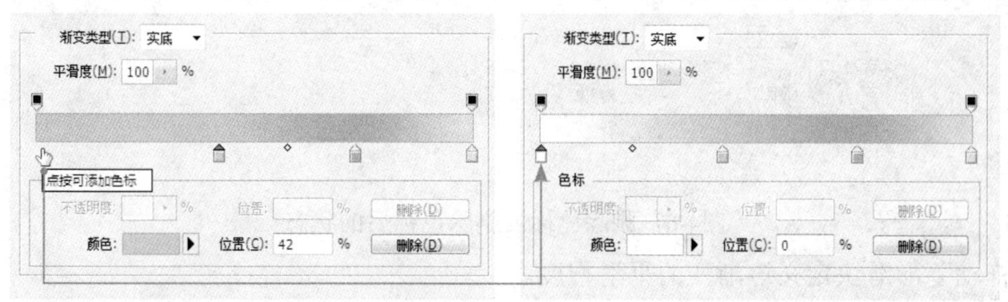

（a） （b）

图4-62 创建色标

（9）要调整色标的位置，可以按住鼠标左键将色标拖曳到目标位置，如图4-63所示，或在色标

01 chapter P1—P12
02 chapter P13—P34
03 chapter P35—P50
04 chapter P51—P84
05 chapter P85—P104
06 chapter P105—P136
07 chapter P137—P162
08 chapter P163—P180
09 chapter P181—P194
10 chapter P195—P208
11 chapter P209—P220
12 chapter P221—P240
13 chapter P241—P254
14 chapter P255—P278
A chapter P279—P289

被选中的情况下，在“位置”数值输入框中输入数值，以精确定义色标的位置，图4-64所示为改变色标位置后的状态。

图4-63 拖动色标

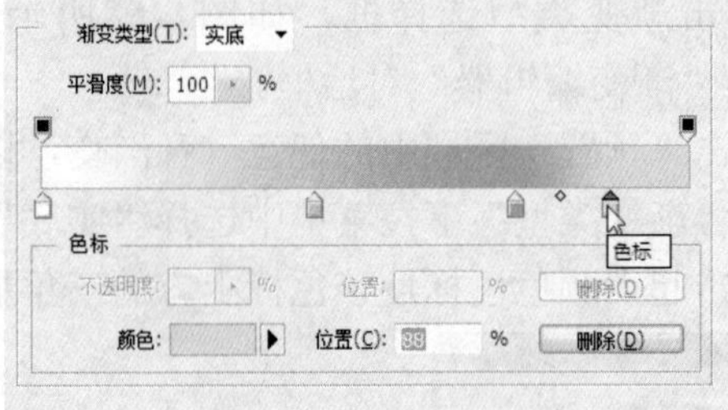

图4-64 拖动色标后状态

（10）如果需要调整渐变的急缓程度，可以拖曳两个色标中间的菱形滑块，如图4-65所示。如果向右侧拖动，可以使左侧色标所定义的颜色缓慢向右侧色标所定义的颜色过渡；反之，向左侧拖动，则可使右侧色标所定义的颜色缓慢向左侧色标所定义的颜色过渡。在菱形滑块被选中的情况下，于“位置”输入框中输入一个百分数，可以精确定位菱形滑块，图4-66所示为向右侧拖动菱形滑块后的状态。

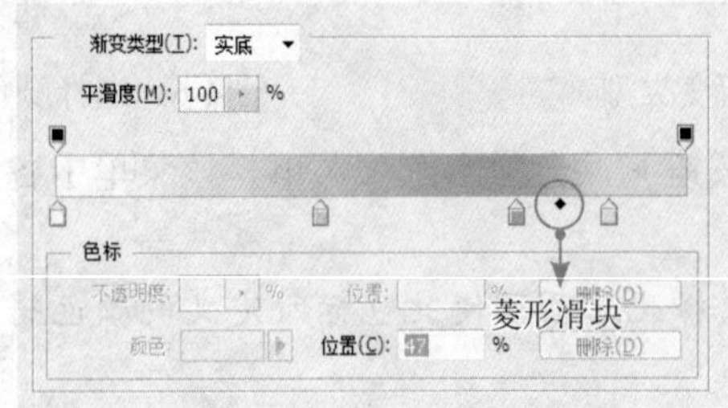

图4-65 单击选中菱形滑块

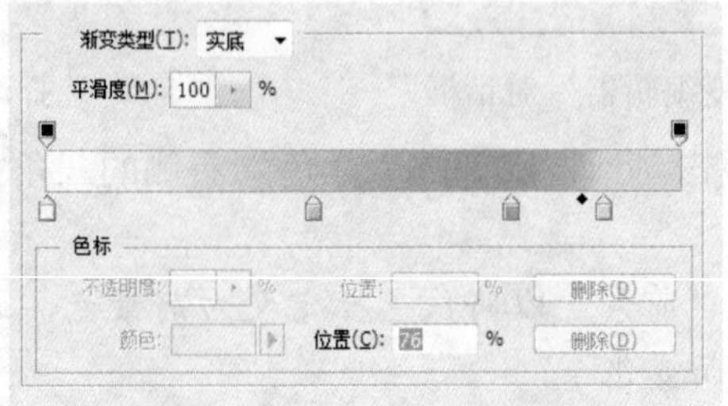

图4-66 拖动菱形滑块后的状态

（11）如果要删除处于选中状态下的色标，可以直接按Delete键，或者按住鼠标左键向下拖动，直至该色标消失为止，图4-67所示为将色标删除后的状态。

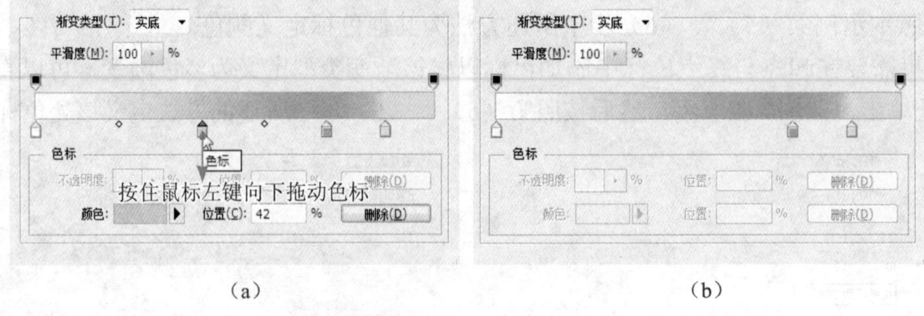

（a）　　（b）

图4-67 删除色标及删除色标后的状态

（12）拖动菱形滑块定义该渐变的平滑程度。

（13）完成渐变颜色设置后，在“名称”输入框中输入该渐变的名称。

（14）如果要将渐变存储在预设置面板中，单击“新建”按钮即可。

（15）单击“确定”按钮，退出“渐变编辑器”对话框，新创建的渐变自动处于被选中状态。

实例：更换背景

（1）打开随书所附光盘中的文件“第4章\4.7.2-实例：更换背景-素材.jpg”，如图4-68所示。按Alt键双击“背景”图层名称，使其转换为普通图层，即“图层0”。

（2）选择“魔棒工具”，在其工具选项条中设置适当的容差，并将“连续”选项勾选，在画布的空白区域单击，以将主题以外的白色区域选中，按Delete键删除选中的内容，按Ctrl+D键取消选区，此时图像状态如图4-69所示。

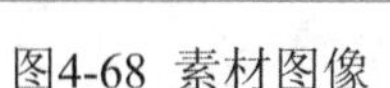

图4-68 素材图像

图4-69 删除白色背景后的效果

（3）选择“渐变工具”，在其工具选项条中单击渐变显示框，在弹出的“渐变编辑器”对话框中单击“预置”区域中的“色谱”渐变，如图4-70所示，以基于该渐变来创建新的渐变。

（4）在“渐变编辑器”对话框中选中“蓝色”色标，然后将光标移至主题图像中的绿色区域单击以吸取颜色，如图4-71所示。

图4-70 “渐变编辑器”对话框

图4-71 吸取颜色

（5）单击“确定”按钮，退出对话框，然后在渐变工具选项条中选择“径向渐变”按钮，按Ctrl键单击“图层”面板底部的“创建新图层”按钮，得到“图层1”。

（6）将光标置于主题图像的中心位置，单击并拖至画布右上角，如图4-72所示，释放鼠标后的效果如图4-73所示。

图4-72 拖动方向

图4-73 最终效果

4.7.3 创建透明渐变

在Photoshop中除可创建不透明的实色渐变外，还可以创建具有透明效果的渐变。

要创建具有透明效果的渐变，可以按下述步骤操作。

（1）按照上一小节所讲述的创建实色渐变的方法创建一个实色渐变。

（2）在渐变条上方需要产生透明效果处单击，以增加一个不透明色标，如图4-74所示。

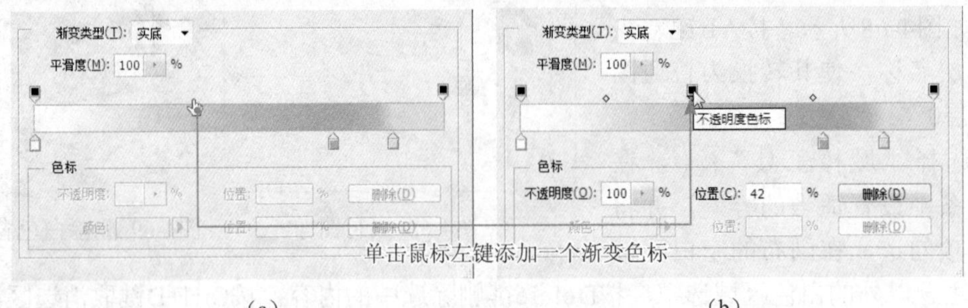

（a）　　（b）

图4-74 增加不透明色标

（3）在该透明色标处于被选中状态下，在“不透明度”数值输入框中输入数值以定义其透明度。

（4）如果需要在渐变条的多处产生透明效果，可以在渐变条上多次单击，以增加多个不透明色标。

（5）如果需要控制由两个不透明色标所定义的透明效果间的过渡效果，可以拖动两个色标中间的菱形滑块。

图4-75所示为一个非常典型的具有多个不透明色标的透明渐变，图4-76所示为原图像，图4-77所示为应用此渐变后的效果。

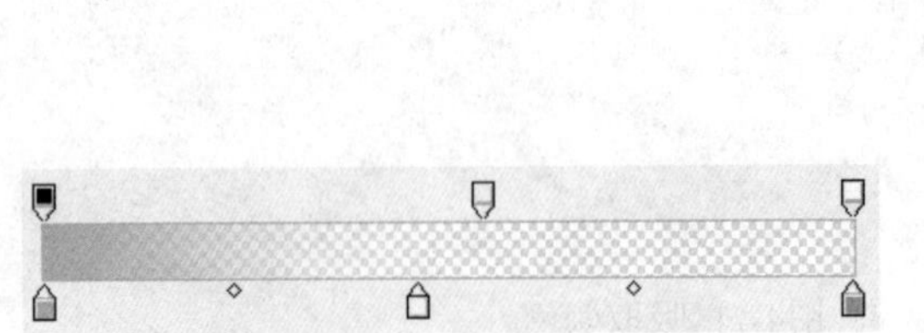

图4-75 具有多个不透明色标的渐变

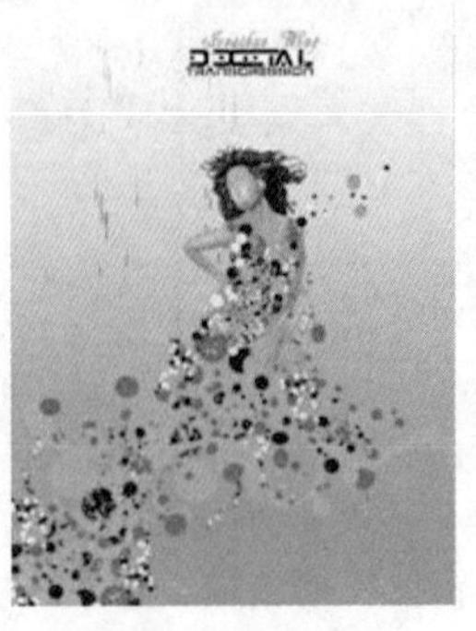

图4-76 原图

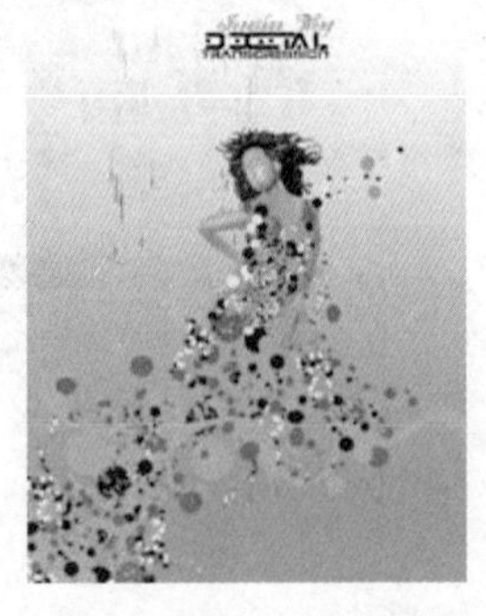

图4-77 创建透明渐变后的效果

4.8 填充图像

利用“编辑”|“填充”命令可以进行填充操作。选择“编辑”|“填充”命令，将弹出如图4-78所示的“填充”对话框。

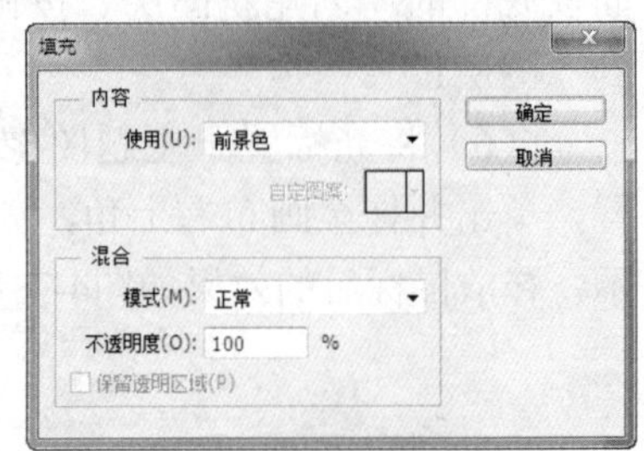

图4-78 “填充”对话框

按Shift+Back Space键或Shift+Delete键同样可以调出“填充”对话框。

“填充”对话框中各参数的含义如下。

- 使用：在此下拉列表中可以选择9种不同的填充类型，其中包括“前景色”、“背景色”、“颜色”、“内容识别”、“图案”、“历史记录”、“黑色”、“50%灰色”、“白色”。
- 自定图案：在“使用”下拉列表中选择“图案”选项后，该选项将被激活，单击其图案缩览图，在弹出的图案选择框中可以选择一个用于填充的图案，如图4-79所示。

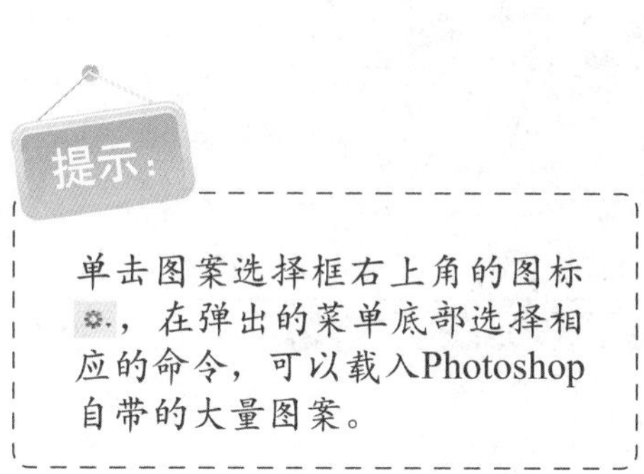
提示：

单击图案选择框右上角的图标 ，在弹出的菜单底部选择相应的命令，可以载入Photoshop自带的大量图案。

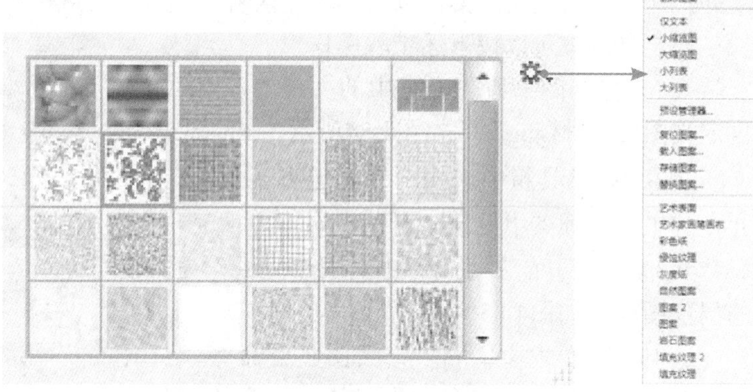
图4-79 图案选择框

- 模式/不透明度：这两个参数与画笔工具选项条中的参数意义相同。
- 保留透明区域：如果当前填充的图层中含有透明区域，勾选该复选框后，则只填充含有像素的区域。

通常，在使用此命令执行填充操作前，需要制作一个合适的选择区域，如果在当前图像中不存在选区，则填充效果将作用于整幅图像。

在“使用”下拉列表中选择“内容识别”选项后，可以根据所选区域周围的图像进行修补。就实际的效果来说，虽不能说百发百中，但确实为图像处理工作提供了一个更智能、更有效率的解决方案。

以图4-80所示的图片为例，使用“套索工具” 绘制一个选区，如图4-81所示。将其中的船只选中后，选择“编辑”|“填充”命令，在弹出的对话框中使用“内容识别”选项进行填充，如图4-82所示。取消选区后可得到如图4-83所示的效果。

通过上面的实例不难看出，该功能还是非常强大的，如果对于填充后的结果不太满意，也可以尝试缩小选区的范围，而对于细小的瑕疵，可以配合“仿制图章工具” 进行细节的二次修补，直至得到满意的结果为止。

图4-80 素材图像

图4-81 绘制选区

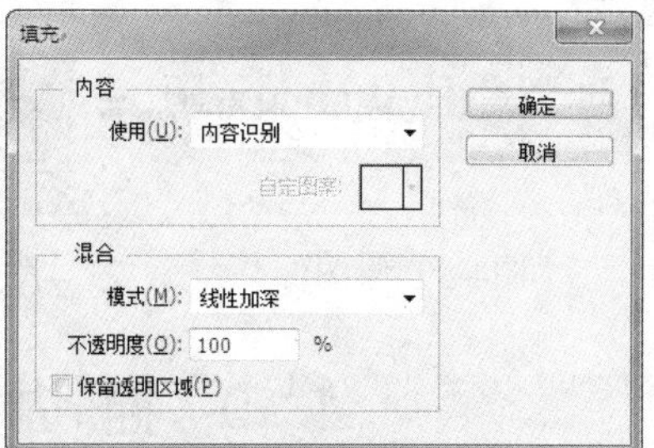

图4-82 选择“内容识别”选项

图4-83 应用“填充”命令后的效果

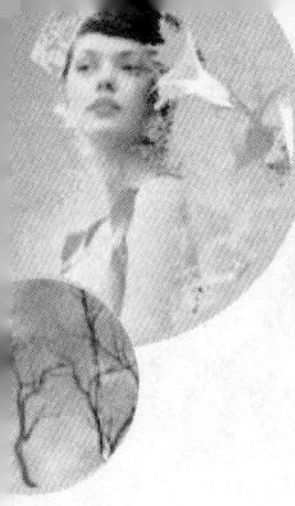

4.9 自定义图案

在Photoshop中图案具有很重要的作用，在很多工具的工具选项条及对话框中都有“图案”选项。使用“图案”选项时，除了利用系统自带的一些图案外，还可以自定义图案，以用作填充内容。

要定义图案可以按下述步骤操作。

（1）打开随书所附光盘中的文件“第4章\4.9-自定义图案-素材.jpg”，如图4-84所示。

图4-84 素材图像

图4-85 绘制选区

（2）在工具箱中选择“矩形选框工具”，并在其工具选项条中设置“羽化”值为0。

（3）在打开的图像文件中，框选区域作为图案的局部图像，如图4-85所示。

（4）选择“编辑”|“定义图案”命令，打开如图4-86所示的“图案名称”对话框，在“名称”文本框中输入图案的名称后单击“确定”按钮，完成自定义图案操作。这样即可在以后的操作中从“图案选择”列表框中选择自定义的图案进行操作，如图4-87所示。

图4-86 “图案名称”对话框

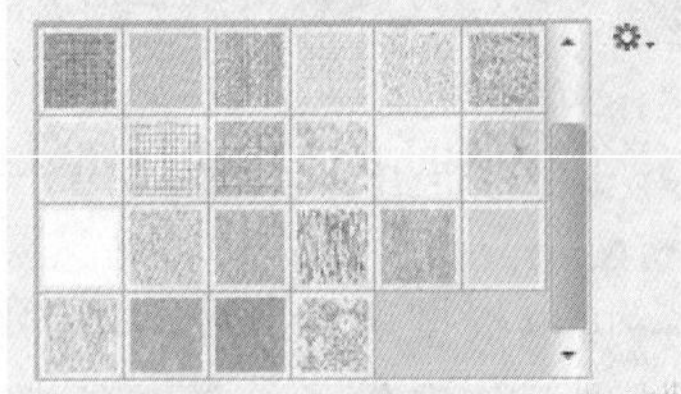

图4-87 “图案选择”列表框

图4-88 图案素材

图4-88所示为一幅图案图像，图4-89所示为原图像，图4-90所示为在背景中填充了该图案并设置适当混合模式后的效果。

图4-89 原图像

图4-90 为背景添加图案后的效果

4.10 描边图像

对选择区域进行描边，可以得到沿选择区域勾边的效果。在存在选区的状态下，选择“编辑”|“描边”命令，弹出如图4-91所示的对话框。

- 宽度：在此数值输入框中输入数值，以设置描边线条的宽度，数值越大线条越宽。
- 颜色：单击色标，在弹出的拾色器中为描边线条选择一种合适的颜色。
- 位置：此区域中的3个选项，可以设置描边线条相对于选择区域的位置，包括内部、居中和居外。图4-92所示分别为选择3个选项后所得的描边效果。

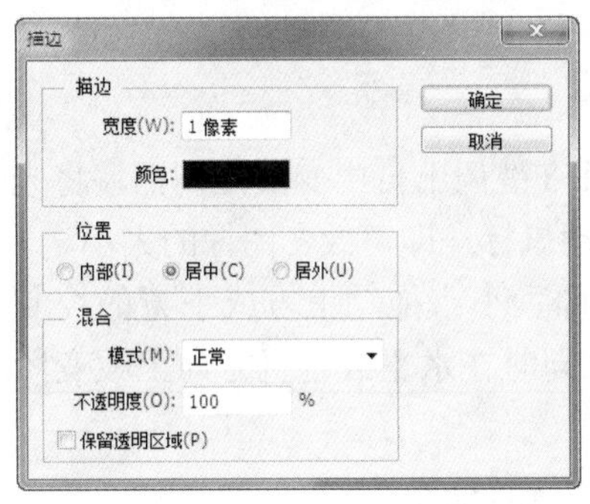

图4-91 “描边”对话框

（a）选择内部选项

（b）选择居中选项

（c）选择居外选项

图4-92 描边效果

在“描边”对话框中“混合”区域中的选项与填充对话框中的相同，在此不重述。图4-93所示为原选择区域及进行描边操作后的效果。

（a）

（b）

图4-93 为选区描边后的效果

4.11 变换图像

利用Photoshop的变换命令，可以选择区域中的图像在整体上进行变换，如可以缩放对象、倾斜对象、旋转对象、翻转对象或扭曲对象等。

要用变换命令变换对象，可以按下述步骤操作。

（1）打开一幅需要变换的图像，使用任何一种选择工具，选择需要进行变换的图像。

（2）在“编辑”|“变换”子菜单命令中选择需要使用的变换命令，此时被选择图像四周出现变换控制框，其中包括8个控制句柄及一个控制中心点，如图4-94所示。

图4-94 使用变换工具选中对象后显示的控点和中心点

（3）拖动8个控制句柄中任一个，即可对图像进行变换。

（4）得到需要的效果后，在变换控制框中双击以确定变换效果，如果要在操作中取消变换操作，则按Esc键直接退出变换操作。

（5）在操作中可以移动变换控制中心点，以改变变换控制基准点。

4.11.1 缩放图像

要缩放图像，可以选择“编辑”|“变换”|“缩放”命令或按Ctrl+T键调出自由变换控制框，将光标移至变换控制框中的变换控制句柄上，当光标变为双箭头形↔时拖动鼠标，即可改变图像的大小。

其中，拖动左侧或右侧的控制句柄，可以在水平方向上改变图像大小；拖动上方或下方的控制句柄，可以在垂直方向上改变图像大小；拖动角部的控制句柄，可以同时在水平或垂直方向上改变图像大小。图4-95所示为水平及垂直缩放图像的操作示例。

（a）

（b）

图4-95 水平及垂直缩放图像的操作示例

4.11.2 旋转图像

旋转图像的操作类似于缩放图像，只是将光标移至变换控制框附近时，光标会变为一个弯曲箭头↰，此时拖动鼠标，即可以中心点为基准旋转图像。如图4-96所示为旋转前的效果，旋转后的效果如图4-97所示。

图4-96 旋转图像前的状态

图4-97 旋转后的效果

提示：

如果需要按15°的倍数旋转图像，可以在拖动鼠标的时候按住Shift键，得到需要的效果后，双击变换控制框即可。

4.11.3 斜切图像

选择“编辑”|“变换”|“斜切”命令，将光标移至变换控制框附近，当光标变为一个箭头时拖动鼠标，即可使图像在光标移动的方向上发生斜切变形。如图4-98所示为斜切图像操作示例。

（a）

（b）

（c）

图4-98 斜切图像操作示例

4.11.4 扭曲图像

扭曲图像是应用非常频繁的一类变换操作，通过此类变换操作，可以使图像在任意一个控制句柄处发生变形，其操作方法如下所述。

（1）打开随书所附光盘中的文件“第4章\4.11.4-扭曲图像-素材1.jpg和4.11.4-扭曲图像-素材2.psd”，如图4-99所示。

（a）素材1.jpg

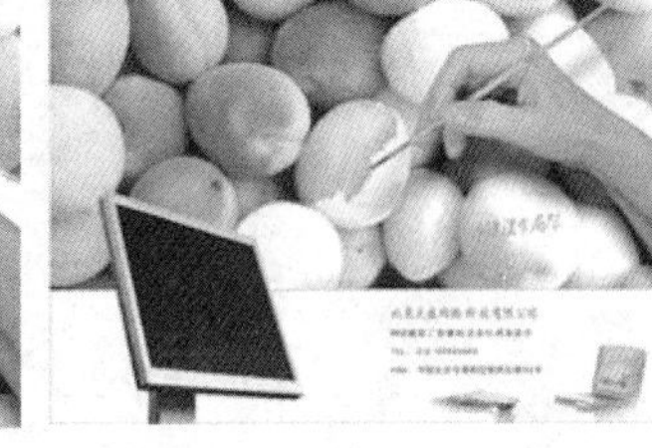

（b）素材2.jpg

图4-99 素材图像

（2）将“素材1”拖至“素材2”文件中，选择“编辑”|“变换”|“扭曲”命令。将鼠标指针移至变换控制框附近或控制句柄上，当光标变为一个箭头形状 ▹ 时拖动鼠标， 即可使图像发生拉斜变形。

（3）得到需要的效果后释放鼠标，并双击变换控制框以确认扭曲操作。

图4-100所示为通过对处于选择状态的图像执行扭曲操作的过程，图4-101所示则是对图像进行一些亮度调整等处理后得到的最终整体效果。

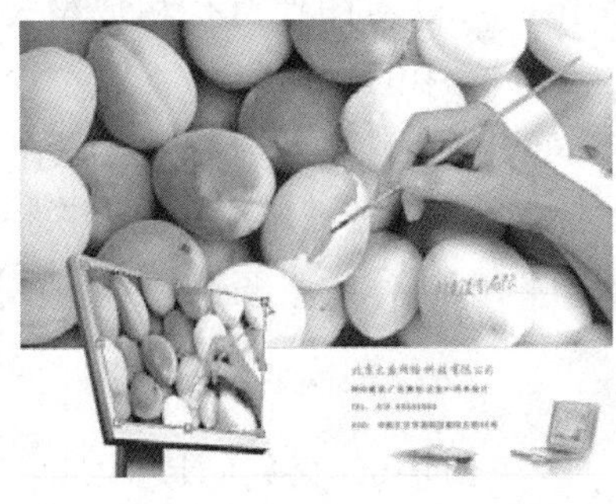

图4-100 扭曲时状态

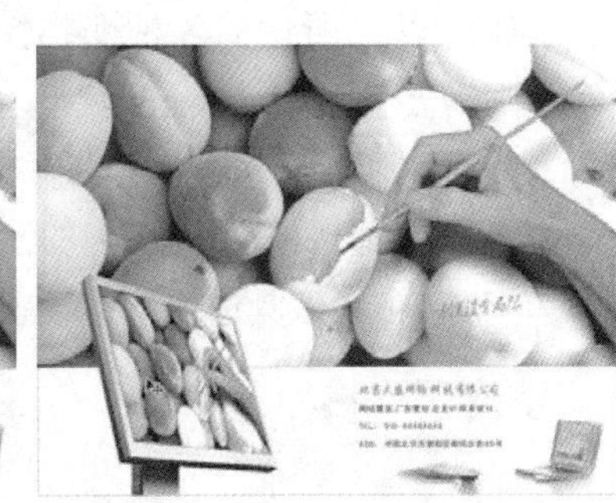

图 4-101 扭曲后的效果

01 chapter P1—P12
02 chapter P13—P34
03 chapter P35—P50
04 chapter P51—P84
05 chapter P85—P104
06 chapter P105—P136
07 chapter P137—P162
08 chapter P163—P180
09 chapter P181—P194
10 chapter P195—P208
11 chapter P209—P220
12 chapter P221—P240
13 chapter P241—P254
14 chapter P255—P278
A chapter P279—P289

4.11.5 透视图像

通过对图像应用透视变换命令，可以使图像获得透视效果，其操作方法如下所述。

（1）打开随书所附光盘中的文件“第4章\4.11.5-透视图像-素材.psd”，如图4-102所示。选择“编辑”|“变换”|“透视”命令。

（2）将光标移至变换控制句柄上，当光标变为一个箭头▷时拖动鼠标，即可使图像发生透视变形。

（3）得到需要的效果后释放鼠标，并双击变换控制框以确认透视操作。

图4-103所示效果为使用此命令并结合图层操作，制作出的具有空间透视效果的图像，图4-104所示为在变换时的自由变换控制框状态。

图4-102 素材图像

图4-103 制作的透视效果

图4-104 自由变换控制框状态

提示：

执行此操作时应该尽量缩小图像的观察比例，尽量显示多一些图像外周围的灰色区域，利于拖动控制句柄。

4.11.6 精确变换图像

通过以上所述的各种变换操作，可以对图像进行粗放型变换，如果要对图像进行精确变换操作，则需要使用“变换工具”选项条中的参数项。

要对图像进行精确变换操作，可以按下述操作指导进行操作。

（1）选中要做精确变换的图像，按Ctrl+T键调出自由变换控制框。

（2）在其工具选项条中设置图4-105所示的“变换工具”选项条中的参数项。

X: 75.50 像素 △ Y: 60.50 像素 W: 100.00% H: 100.00% △ 0.00 度 H: 0.00 度 V: 0.00 度 插值: 两次立方

图4-105 变换工具选项条

工具选项条各项参数如下所述。

- 使用参考点：在使用工具选项条对图像进行精确变换操作时，可以使用工具条中的确定操作参考点，在▦中用户可以确定九个参考点位置。例如，要以图像的左上角点为参考点，单击▦使其显示为▦形即可。

- 精确移动图像：要精确改变图像的水平位置，分别在X、Y数值输入框中输入数值。
- 如果要定位图像的绝对水平位置，直接输入数值即可，如果要使填入的数值为相对于原图像所在位置移动的一个增量，应该单击△按钮，使其处于被按下的状态。
- 精确缩放图像：要精确改变图像的宽度与高度，可以分别在Width、Height数值输入框中输入数值。
- 如果要保持图像的宽高比，应该单击∞按钮，使其处于被按下的状态。
- 精确旋转图像：要精确改变图像的角度，需要在△数值输入框中输入角度数值。
- 精确斜切图像：要改变图像水平及垂直方向上的斜切变形，可以分别在H:、V:数值输入框中输入角度数值。在工具选项条中完成参数设置后，可以单击✓按钮确认，如果要取消操作可以单击⊘按钮。

4.11.7 再次变换图像

如果已进行过任何一种变换操作，可以选择“编辑”|“变换”|“再次变换”命令，以相同的参数值再次对当前操作图像进行变换操作，如果上一次变换操作为将操作图像旋转90°，选择此命令则可以对任意操作图像完成旋转90°的操作。

如果在选择此命令的时候按住Alt键，则可以对被操作图像进行变换的同时进行复制，如果要制作多个副本连续变换操作效果，此操作非常见效，下面通过一个小示例讲解此操作。

实例：绘制放射状线条

（1）打开随书所附光盘中的文件“第4章\4.11.7-实例：绘制放射状线条-素材.psd”，如图4-106所示，此时的“图层”面板如图4-107所示。

图4-106 素材图像

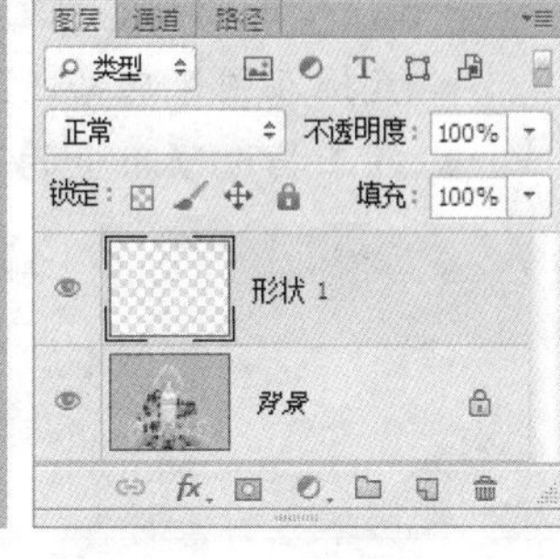

图4-107 “图层”面板

（2）按Ctrl+R键显示标尺，分别在水平和垂直方向添加一条辅助线，使其交于酒瓶的底部，如图4-108所示。此辅助线的交点就作为下面制作变换时的中心点。再次按Ctrl+R键以隐藏标尺。

（3）按Ctrl+Alt+T键调出自由变换并复制控制框，将其控制中心点移至辅助线的交点处，如图4-109中黑色圆框内所示。

图4-108 添加辅助线

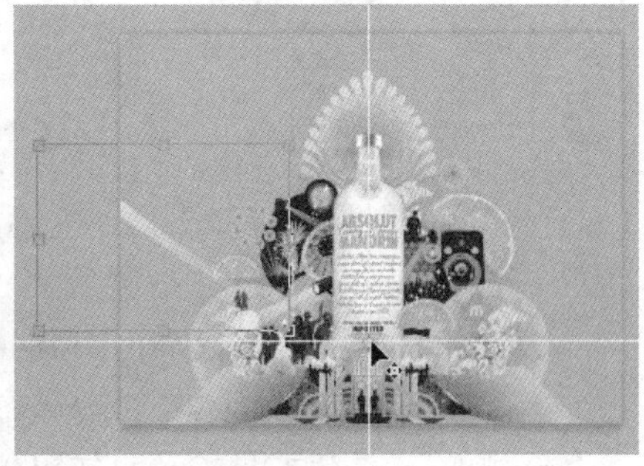

图4-109 调整变换控制点

（4）将控制框旋转10°左右，如图4-110所示，按Enter键确认变换操作。

（5）连续按Ctrl+Alt+Shift+T键执行连续变换并复制操作多次，直至得到类似如图4-111所示的效果。

图4-112所示为在前面所做的基础上，将得到的多个图层合并后，并添加蒙版隐藏部分图像所得到的最终效果。

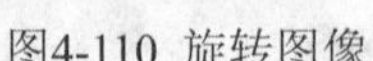

图4-110 旋转图像

图4-111 连续变换并复制

图4-112 最终效果

4.11.8 变形图像

变形用于对图像进行更灵活、细致、复杂的变形操作，常用于制作页面折角及翻转胶片等效果。

选择“编辑”|“变换”|“变形”命令即可调出变形网格，同时工具选项条将变为如图4-113所示的状态。

图4-113 工具选项条

在调出变形控制框后，可以采用2种方法对图像进行变形操作。

- 直接在图像内部、节点或控制句柄上拖动，直至将图像变形为所需的效果。
- 在工具选项条上的“变形”下拉菜单中选择适当的形状，如图4-114所示。

图4-114 工具选项条中的下拉菜单

变形工具选项条上的各个参数解释如下。

- 变形：在该下拉菜单中可以选择15种预设的变形选项，如果选择自定选项则可以随意对图像进行变形操作。

提示：

在选择了预设的变形选项后，则无法随意地对图像变形控制框进行编辑，而需要在“变形”下拉列表框中选择“自定”选项后才可以继续编辑。

- 在自由变换和变形模式之间切换按钮：单击该按钮可以改变图像变形的方向。
- 弯曲：在此输入正或负数可以调整图像的扭曲程度。
- H、V文本框：在此输入数值可以控制图像扭曲时在水平和垂直方向上的比例。

实例：将云彩图像变形为拖影效果

（1）打开随书所附光盘中的文件“第4章\4.11.8-实例：将云彩图像变形为拖影效果-素材.jpg”，如图4-115所示。首先来扭曲云彩图像。使用“套索工具”沿云彩图像上方绘制选区以将其选中，如图4-116所示。

（2）选择“编辑”|“变换”|“变形”命令以调出变形控制框，如图4-117所示。然后在控制区域内拖动，此时变形控制框将变为如图4-118所示的状态。

图4-115 素材图像

图4-116 绘制选区

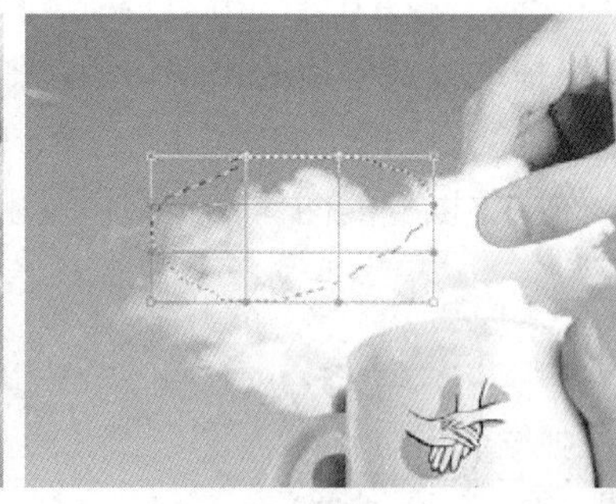
图4-117 变形控制框

（3）按Enter键确认变形操作，再按Ctrl+D键取消选区，得到如图4-119所示的效果。

（4）图4-120所示为按照第（1）～（3）步的操作方法制作的另外一款拖影效果。

图4-118 变形图像

图4-119 变形后的效果

图4-120 变形另外一款效果

4.11.9 内容识别比例变换功能

使用内容识别比例变换功能对图像进行缩放处理，可以在不更改图像中重要可视内容（如人物、建筑、动物等）的情况下调整图像大小。选择要缩放的图像后，选择“编辑”|“内容识别比例”命令，此时工具选项条如图4-121所示。

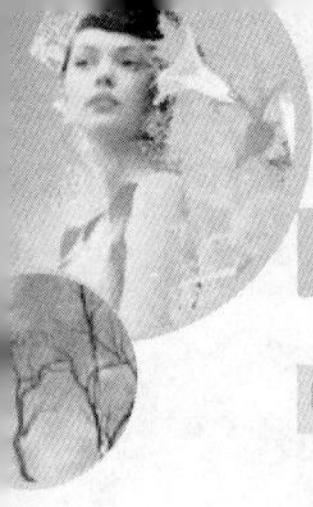

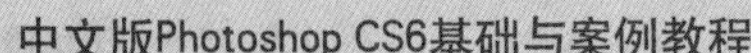

图4-121 内容识别比例工具选项条

- 数量：在此可以指定内容识别缩放与常规缩放的比例。
- 保护：如果要使用Alpha通道保护特定区域，可以在此选择相应的Alpha 通道。
- “保护肤色”按钮：如果试图保留含肤色的区域，可以单击选中此按钮。

提示：

此功能不适用于处理调整图层、图层蒙版、各个通道、智能对象、3D 图层、视频图层、图层组，或者同时处理多个图层。

实例：使用内容识别比例改变照片构图

（1）打开随书所附光盘中的文件“第4章\4.11.9-实例：使用内容识别比例改变照片构图-素材.jpg”，如图4-122所示。

（2）按Alt键双击“背景”图层，以将其转换为普通图层，在工具箱中选择“裁剪工具”，向上拖动上方中间的控制句柄，如图4-123所示，按Enter键确认裁剪操作，以扩展画布。

（3）选择“编辑”|“内容识别比例”命令，调出变换控制框，向上拖动上方中间的控制句柄以拉高主体以外的图像（当主体发生变动时停止），如图4-24所示，按Enter键确认操作。

图4-122 素材照片

图4-123 调整裁剪框

图4-124 变换状态1

（4）再次选择“编辑”|“内容识别比例”命令，按照上一步的操作方法调整控制框，如图4-125所示。按Enter键确认操作。

（5）重复上一步的操作方法，应用内容识别比例变换功能，将剩余的透明区域填满，得到的最终效果如图4-126所示。“图层”面板如图4-127所示。

图4-125 变换状态2

图4-126 最终效果

图4-127 “图层”面板

4.11.10 规则图像变换操作

规则图像变换就是指平面上全部的点按照一定的规则进行翻转，其操作包括水平翻转和垂直翻转两种，操作如下所述。

- 如果要水平翻转图像，可以选择“编辑”|“变换”|“水平翻转”命令。
- 如果要垂直翻转图像，可以选择“编辑”|“变换”|“垂直翻转”命令。

4.11.11 操控变形

操控变形是一个用于控制对象变形的功能，它拥有着更为精致的网格，通过添加图钉的方式在网格中添加控制点，然后进行变形处理。

实例：改变物体的形态

下面通过一个简单的实例，来讲解此命令的使用方法。

（1）打开随书所附光盘中的文件“第4章\4.11.11-实例：改变物体的形态-素材.jpg”，如图4-128所示。在本例中，对人物的手臂进行变形处理，让它抬得更高一些。

（2）使用“磁性套索工具”将人物的手臂选中，如图4-129所示。按Ctrl+J键将其复制到新图层中，然后选择“编辑”|“操控变形”命令，以调出变形的网格，如图4-130所示。

图4-128 素材图像

图4-129 绘制选区

图4-130 变形网格

（3）使用鼠标左键在网格内单击以添加图钉，在此不需要对手臂的上半部分进行变形处理，因此可以在上半部分添加图钉。如图4-131所示。

（4）按照上一步的方法在手臂的下半部分添加图钉，然后拖动图钉进行变形处理，使手臂抬高，如图4-132所示。

（5）变形完毕后，按Enter键确认变形操作，得到如图4-133所示的效果。

图4-131 添加图钉

图4-132 调整图钉位置以变形图像

图4-133 变形后的效果

（6）按照第（2）～（5）步的方法，再选中丝巾图像，并对其进行变形处理，如图4-134所示，图4-135所示是按Enter键确认变形操作所得到的效果。

（7）最后，可以使用“仿制图章工具”，对多余出来的手臂图像进行去除处理，直至得到如图4-136所示的最终效果，此时的“图层”面板如图4-137所示。

图4-134 变形丝巾图像

图4-135 变形后的丝巾图像效果

图4-136 最终效果

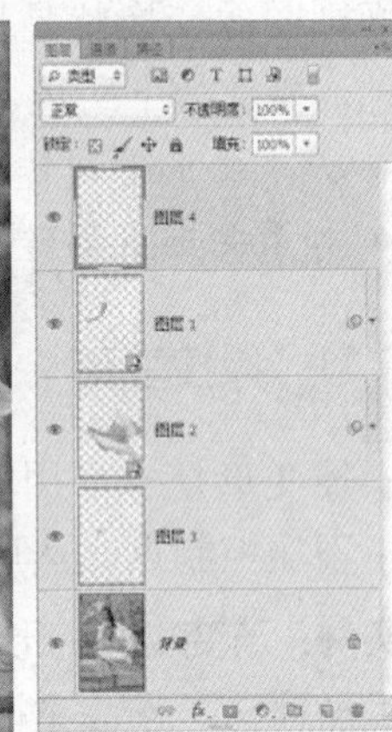

图4-137 “图层”面板

4.12 拓展训练——涂鸦效果

（1）打开随书所附光盘中的文件“第4章\4.12-拓展训练——涂鸦效果-素材.tif”，如图4-138所示，设置前景色的颜色为黑色，选择“画笔工具”，并在其工具选项条中设置“不透明度”为40%，并设置适当的画笔大小，在图像中绘制一个如图4-139所示的圆形，类似一个人物的头部。

（2）重复上一步的操作方法，用“画笔工具”绘制出简易的人物和太阳的线条，如图4-140所示。

图4-138 素材图像

图4-139 用画笔工具绘制

图4-140 绘制人物和太阳

（3）设置前景色的颜色值为125d12，选择“画笔工具”，并在其工具选项条中的“模式”下拉菜单中选择“叠加”选项，在画布中右击，在弹出的画笔选择框中设置画笔 “硬度”为0%，设置适当的“大小”，对左侧人物的头部进行涂抹，得到如图4-141所示的效果。

（4）设置前景色的颜色值为d60f0f，重复上一步的操作方法，对小孩的头部涂抹，得到如图4-142所示的效果。

（5）设置前景色的颜色值为efe729，重复上一步的操作方法，对太阳涂抹，得到如图4-143所示的效果。

图4-141 用画笔工具涂抹后的效果

图4-142 在小孩的头上涂抹后的效果

图4-143 最终效果

4.13 课后练习

1. 单选题

（1）下列工具中能够用于制作可用于定义为画笔及图案的选区的工具是下列各项中哪一个。（ ）

A. 圆形选择工具　　B. 矩形选择工具　　C. 套索选择工具　　D. 魔棒选择工具

（2）利用渐变工具创建从黑色至白色的渐变效果，如果想使两种颜色的过渡非常平缓，下面操作有效的是哪一项？（ ）

A. 使用渐变工具做拖动操作，距离尽可能拉长

B. 将利用渐变工具拖动时的线条尽可能拉短

C. 将利用渐变工具拖动时的线条绘制为斜线

D. 将渐变工具的不透明度降低

（3）渐变工具不能在下面哪一种颜色模式下的图像中使用。（ ）

A. RGB颜色模式　　B. CMYK颜色模式　　C. Lab颜色模式　　D. 索引颜色模式

（4）按什么键在“颜色”面板下方的颜色条上单击，可以改变颜色条所显示的色谱的类型。（ ）

A. Ctrl键　　B. Alt键　　C. Shift键　　D. Ctrl+Alt键

（5）如果前景色为红色，背景色为蓝色，直接按D键，然后按X键，前景色与背景色将分别是什么颜色。（ ）

A. 前景色为蓝色，背景色为红色　　B. 前景色为红色，背景色为蓝色

C. 前景色为白色，背景色为黑色　　D. 前景色为黑色，背景色为白色

（6）要使“图层1”中的图像缩小，而“背景”层的大小保持不变，应该怎样操作？（ ）

A. 选择“图层1”，按Ctrl+T键调出变换控制框，并向内拖动控制框

B. 选择“图层1”，按Ctrl+ 一键

C. 选择“图层1”，利用“裁剪工具”裁剪“图层1”中的图像

D. 选择“图层1”，利用“切片工具”切割“图层1”中的图像

2. 多选题

（1）当前图像中存在一个选择区域，但“编辑”菜单中的“填充”命令无法被激活，其原因可能是下列哪几项。（ ）

A. 选区太小了　　B. 当前选择的图层是一个隐藏的图层

C. 当前选择的图层是文字图层　　D. 当前选择的是一个图层组

（2）Ctrl+T是自由变换的快捷键，在有一个选区的情况下，按Ctrl+T键依靠快捷键能够完成下列哪些变换操作。（ ）

A. 缩放　　B. 旋转　　C. 透视变形　　D. 扭曲

（3）“自动抹除”选项不属于下列哪种工具的工具选项条中的功能？（ ）

A. 画笔工具　　B. 喷笔工具　　C. 铅笔工具　　D. 直线工具

（4）使用下列哪些工具可以绘制图像。（ ）

A. 画笔工具　　B. 铅笔工具　　C. 颜色替换工具　　D. 混合器画笔工具

（5）在“画笔”面板中，形状动态参数区域的选项包括下面哪些选项。（ ）

A. 形状动态和散布　　B. 纹理和双重画笔

C. 颜色动态和传递　　D. 画笔笔势

（6）导致使用“定义图案”命令操作失败的原因可能是下面的哪几个？（ ）

A. 没有选择区域　　B. 选择区域具有羽化效果

C. 选择区域所选择的图像区域没有任何像素　　D. 有一条路径处于被选中的状态

3．判断题

（1）显示“画笔”面板的快捷键是F5键。（ ）

（2）使用“渐变工具”可以绘制出6种类型的渐变。（ ）

（3）在使用“渐变工具”创建渐变效果时，选择“仿色”选项的原因是模仿某种颜色。（ ）

（4）按Alt+Delete键使用前景色可以快速填充当前图层，按Ctrl+Delete键则可以使用背景色快速填充当前图层。（ ）

（5）按F6键可以快速显示“颜色”面板以定义颜色。（ ）

4．操作题

打开随书所附光盘中的文件“第4章\4.13-操作题-素材.psd”，如图4-144所示。结合本章讲解的“变形”功能将瓶子图像的形态与瓶内的人物图像的形态相吻合，如图4-145所示。制作完成后的效果可以参考随书所附光盘中的文件“第4章\4.13-操作题.psd”。

图4-144 素材图像

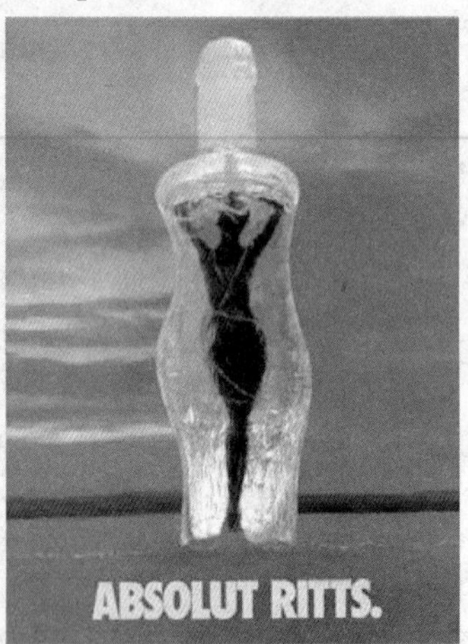

图4-145 完成后的效果

第5章 绘制与编辑路径

本章导读

本章主要对路径与形状这两种矢量型对象进行了深入与全面的讲解，不仅介绍了如何使用各种工具绘制路径与形状，而且还讲解了如何编辑路径、对路径进行填充及描边和路径与选区间的转换等操作，除此之外，“路径”面板也是本章讲解的比较重要的知识。

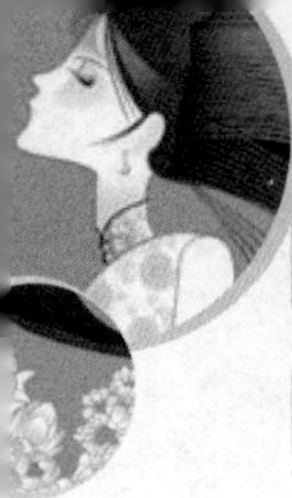

5.1　路径的基本概念

路径是Photoshop的重要辅助工具，不仅可以用于绘制图形，更为重要的是能够转换成为选区，从而又增加了一种制作选区的方法。

一条路径由路径线、节点、控制句柄3个部分组成，节点用于连接路径线，节点上的控制句柄用于控制路径线的形状，如图5-1所示为一条典型的路径，图中使用小圆标注的是节点，而使用小方块标注的是控制句柄，节点与节点之间则是路径线。

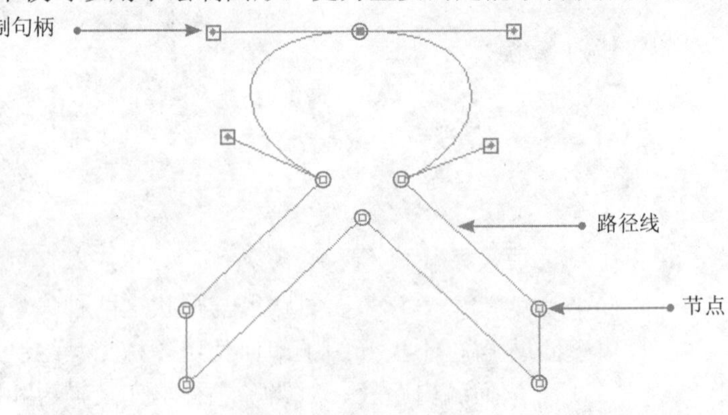

图5-1 路径示意图

在Photoshop中有两种绘制路径的工具，即“钢笔工具”和“形状工具”，使用“钢笔工具”可以绘制出任意形状的路径，使用“形状工具”可以绘制出具有规则外形的路径。

通过本章的学习，读者将能够掌握绘制路径、几何图形及编辑路径的方法，并熟悉路径运算及与”路径”面板有关的各项操作。

5.2　绘制路径

5.2.1　3种绘图模式

1. 创建形状图层

在工具箱中选择形状工具中的任一种工具，并在其工具选项条中选择“形状”选项，在图像上拖动鼠标即可绘制一个新形状图层。

可以将创建的形状对象看作一个矢量图形，它们不受分辨率的影响，并可以为矢量图像添加样式效果。

在Photoshop CS6中，在矢量绘图方面有了更强大的功能，在使用“矩形工具”、“椭圆工具”、“自定形状工具”等图形绘制工具时，可以在画布中单击，此时会弹出一个相应的对话框，以使用“椭圆工具”在画布中单击为例，将弹出如图5-2所示的参数设置对话框，在其中设置适当的参数并选择选项，然后单击“确定”按钮，即可精确创建圆角矩形。

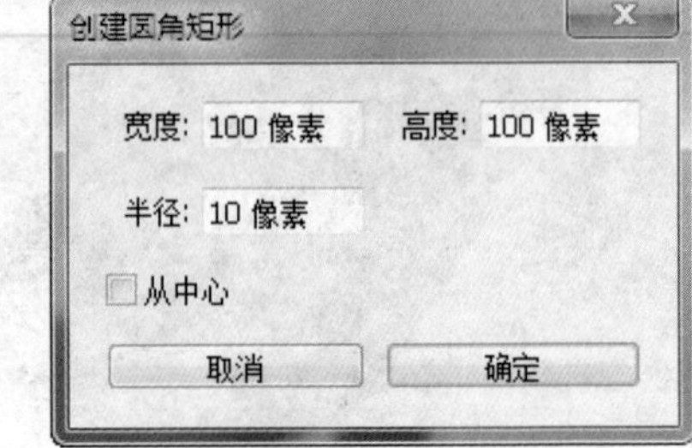

图5-2 “创建圆角矩形”对话框

2. 创建工作路径

在工具箱中选择形状工具中的任一种工具，并在其工具选项条中选择“路径”选项，即可在图像上绘制路径。

3. 创建图形

在工具箱中选择形状工具中的任一种工具，并在其工具选项条中选择“像素”选项，将以前景色为填充色，可以在图像上绘制以当前前景色填充的图像。

5.2.2 规则图形绘制工具

1. 矩形工具

选择“矩形工具”，将显示如图5-3所示的矩形工具选项条。

图5-3 矩形工具选项条

单击工具选项条右侧的花形图标，弹出如图5-4所示的面板，在此可以根据需要设置相应的选项。

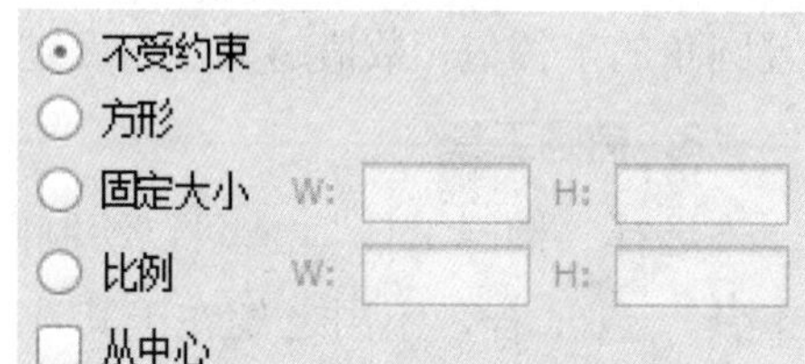

图5-4 矩形工具选项

下面讲述面板中的重要参数选项。

- 不受约束：选择该选项，可以绘制长宽比任意的矩形。
- 方形：选择该选项，可以绘制不同大小的正方形。
- 固定大小：选择该选项后，可以在W和H文本框输入数值，定义矩形的宽度与高度。
- 比例：选择该选项，可以在W和H文本框输入数值，定义矩形宽、高比例。
- 从中心：选择该选项，可使绘制的矩形从中心向外扩展。

图5-5所示为使用“矩形工具”创作的图案及设计作品中的矩形效果。

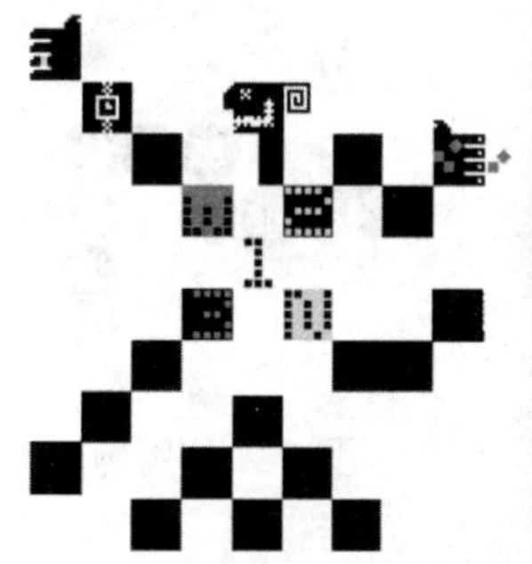

（a）

（b）

（c）

图5-5 使用矩形工具创作的图案及设计作品中的矩形效果

> **提示：**
> 在使用矩形绘制图形时，按Shift键可以直接绘制出正方形，而无需选择矩形选项对话框中的“方形”选项。按住Alt键可实现从中心开始向四周扩展绘图的效果，在Alt键与Shift键同时被按下的情况下，可以实现从中心绘制出正方形的效果。在释放左键之前如果按住空格键，可以移动当前正在绘制的矩形。

2. 圆角矩形工具

与“矩形工具”不同，此工具所创建的矩形具有圆角，这在一定程度上消除了矩形坚硬、方正的感觉，使矩形具有光滑及时尚感，此工具的应用实例如图5-6所示。

（a）

（b）

图5-6 圆角矩形工具应用实例

在工具箱中选择“圆角矩形工具”，可以绘制圆角矩形，其工具选项条与“矩形工具”的相似，选项设置与“矩形工具”的完全一样，如图5-7所示。

图5-7 圆角矩形工具选项条

与“矩形工具”不同的是，该工具多了一个“半径”选项，在该文本框中输入数值，可以设置圆角的半径值，数值越大，角度越圆滑。

3. 椭圆工具

选择“椭圆工具”可以绘制圆和椭圆，其使用方法与“矩形工具”一样，不同之处在于其选项与“矩形工具”有略微区别，如图5-8所示。

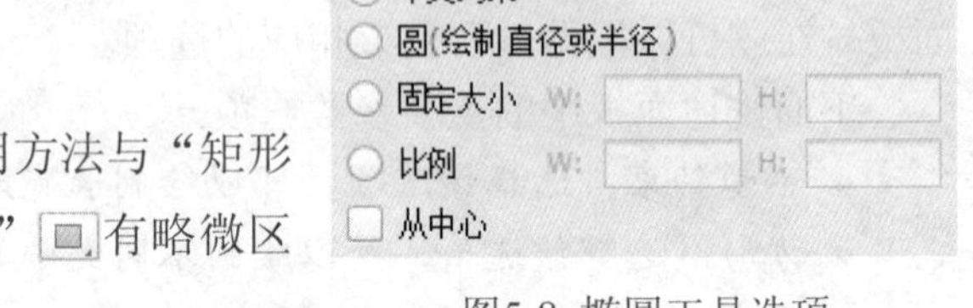

图5-8 椭圆工具选项

在椭圆工具选项中选择“圆”选项，可绘制正圆形。其他选项与“矩形工具选项”相同，故不再赘述。

图5-9所示为使用“椭圆工具”创作的图案及设计作品中的圆形效果。

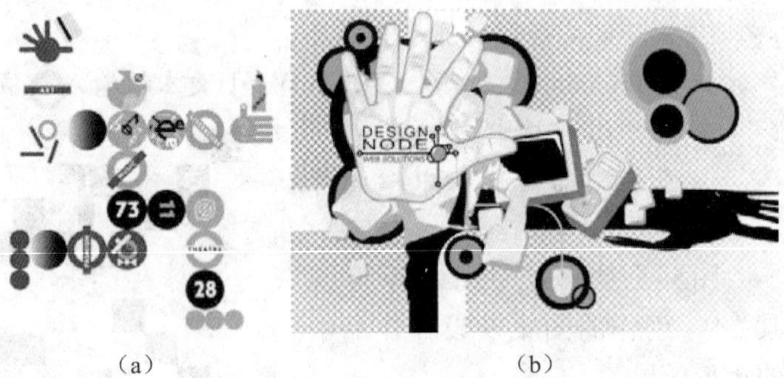

（a）（b）

图5-9 使用椭圆工具创作的图案及设计作品中的圆形效果

4. 多边形工具

选择“多边形工具”可绘制不同边数的多边形或星形，其工具选项条如图5-10所示。

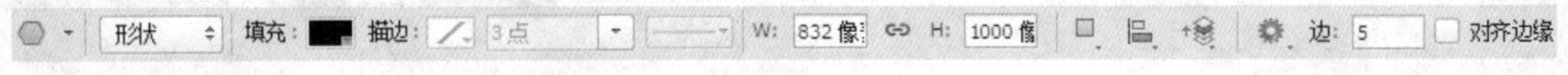

图5-10 多边形工具选项条

在“边”数值输入框中输入数值，可以确定多边形或星形的边数，单击“边”左侧的图标，弹出如图5-11所示的选项面板。

- 半径：在该数值输入框中输入的数值，可以定义多边形的半径值，如图5-12所示。
- 平滑拐角：选择该复选项，可以平滑多边形的拐角，如图5-13所示。
- 星形：选择此复选项可以绘制星形，并激活下面的2个选项，控制星形的形状如图5-14所示。
- 缩进边依据：在此数值输入框中输入百分数，可以定义星形的缩

图5-11 多边形工具选项面板 图5-12 未选中平滑拐角选项

图5-13 选中平滑角选项

进量，数值越大星形的内缩效果越明显，如图5-15所示。其范围为1%～99%，图5-16所示为不同缩进值的星形。

图5-14 星形

图5-15 数值为50%时的星形效果

图5-16 数值为80%时的星形效果

5. 直线工具

直线是设计元素中很重要的一种，在各类设计作品中直线的应用非常频繁，如图5-17所示的设计作品中均使用了直线。

在工具箱中选择“直线工具”，可以绘制不同形状的直线，根据需要还可以为直线增加箭头，其工具选项条及选项面板如图5-18所示。

(a)

(b)

图5-17 使用直线工具设计作品

图5-18 工具选项条及面板

6. 自定形状工具

使用“自定形状工具”可以绘制出形状多变的图像，其工具选项条如图5-19所示。

图5-19 自定形状工具选项条

单击工具选项条右侧的花形图标，将弹出如图5-20所示的选项面板。

提示：

由于自定形状工具选项中的各选项在前面已有所述，故在此不再赘述。

单击绘图图标右侧三角按钮，弹出如图5-21所示的“形状”面板。在“形状”面板中选择任意图形后在页面中拖动，即可得到相应形状的图像。

图5-21所示为默认情况下“形状”面板中的形状，要调出更多Photoshop预置形状，可以选择面板弹出菜单中的“全部”选项，在弹出的如图5-22所示的对话框中单击“追加”按钮。

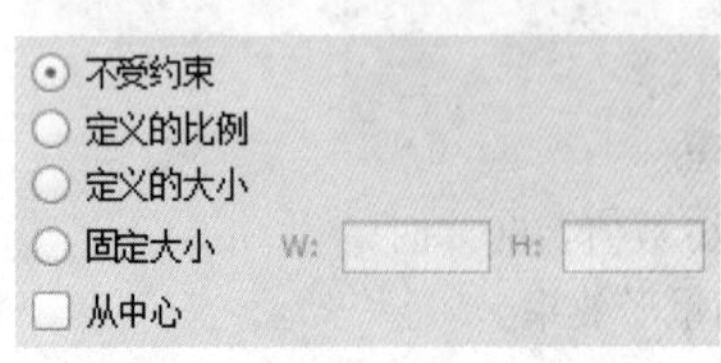

图5-20 自定形状工具选项

图5-21 “形状”面板

图5-22 增加形状对话框

实例：制作公司招贴

本例主要利用了各类形状工具绘制的矢量图形及调整图层，制作出了一幅矢量感觉的公司招贴。

本例在制作过程中使用到了一些与图层相关的操作，读者可以参见本书相关章节内容的讲解。

（1）按Ctrl+N键新建一个文件，设置弹出的对话框如图5-23所示。

（2）设置前景色的颜色值为dde5ff，按Alt+Delete键填充当前图层，以改变当前图像的背景色，如图5-24所示。

（3）选择“椭圆工具”，并在其工具选项条上选择“形状”选项，设置前景色为黑色，按住Shift键在新建文件左中部绘制一个正圆，得到“椭圆 1”，得到如图5-25所示的效果。

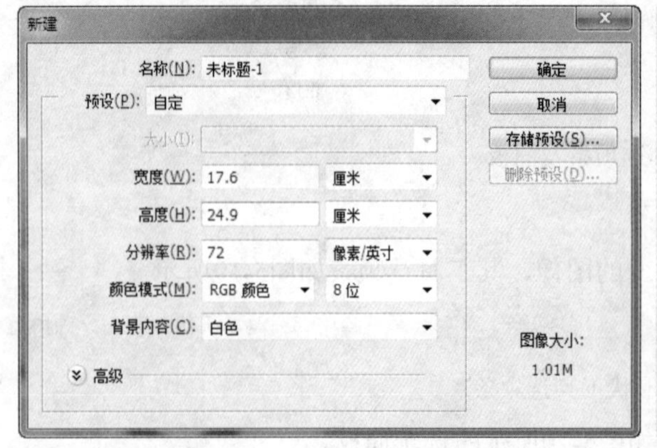

图5-23 “新建”对话框

图5-24 设置颜色后的效果　图5-25 绘制黑色正圆

（4）确定“椭圆 1”矢量路径选中的状态下，在椭圆工具选项条上选择“合并形状”选项，按住Shift键在黑圆左下方绘制一小圆，得到如图5-26所示的效果。

（5）继续按住Shift键在小圆右侧绘制一大圆，然后按Esc键以将“椭圆 1”路径隐藏，得到如图5-27所示的效果。

提示：

在绘制正圆时，不可能一下绘制成需要的效果，此时可以选择“路径选择工具”，选中需要调整的圆，将其拖动到合适位置。

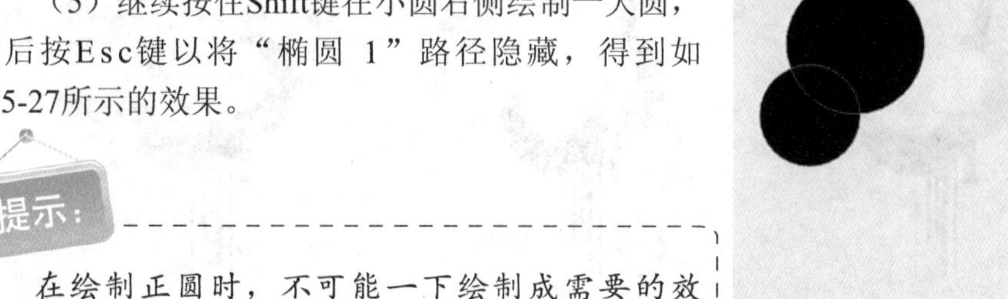

图5-26 绘制黑色正圆

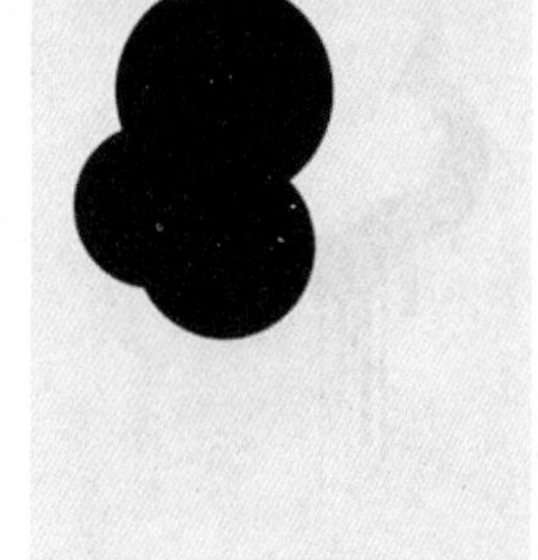

图5-27 绘制正圆

（6）选择“圆角矩形工具”，并在其工具选项条上选择“形状”选项，设置“半径”数值为5 px，在第（3）～（5）步绘制的正圆下方绘制竖向圆角矩形条，得到“圆角矩形 1”，如图5-28所示。

（7）确定“圆角矩形 1”矢量路径选中的状态下，在圆角矩形工具选项条上选择“合并形状”选项，在圆角矩形条的右侧绘制长短不一的矩形条，得到如图5-29所示的效果，然后按Esc键以将“圆角矩形 1”路径隐藏。

（8）选择“椭圆工具”，并在其工具选项条上选择“形状”选项，设置前景色颜色值为72cbfd，按照第（3）～（5）步的操作方法，在黑圆上面绘制3个蓝色正圆，得到“椭圆 2”，得到如图5-30所示的效果。

（9）选择“椭圆工具”，并在其工具选项条上选择“形状”选项，设置前景色颜色值为cbcc45，继续在蓝色正圆上面绘制一个稍小的正圆，得到“椭圆 3”，得到如图5-31所示的效果。

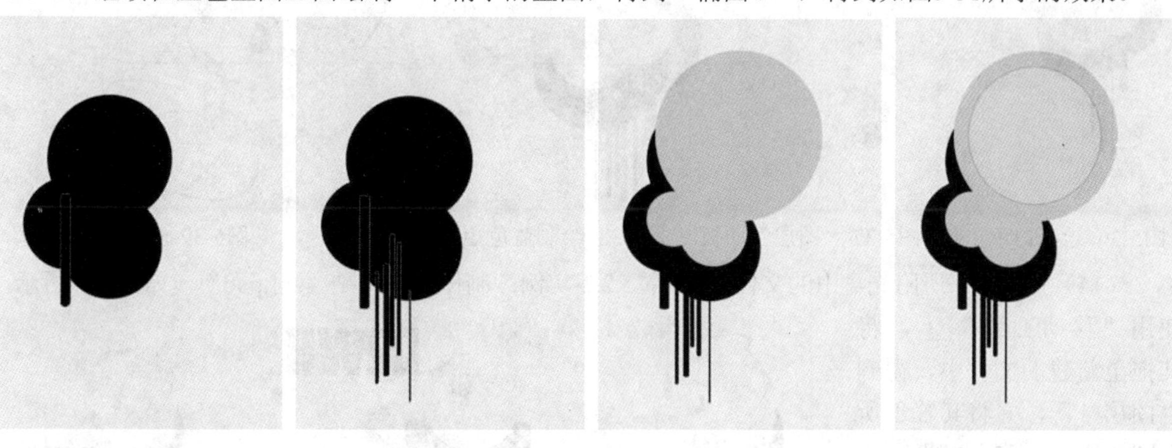

图5-28 绘制矩形条　图5-29 绘制长短不一的矩形条　图5-30 绘制蓝色正圆　图5-31 绘制绿色正圆

（10）设置前景色分别为白色和颜色值为72cbfd，继续按照第（3）～（5）步的操作方法，在文件中绘制如图5-32与图5-33所示的正圆，分别得到形状图层为“椭圆 4”和“椭圆 5”。

（11）设置前景色颜色值为da0000，继续按照第（3）～（5）步的操作方法，在文件中央绘制如图5-34所示的红色正圆，得到形状图层为“椭圆 6”，并将其拖至“椭圆 1”的上方，得到如图5-35所示的效果。

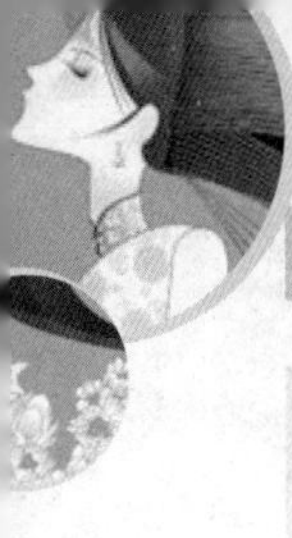

图5-32 绘制白色正圆

图5-33 绘制蓝色正圆

图5-34 绘制红色正圆

图5-35 移动图层顺序后的效果

（12）复制“椭圆 3”得到“椭圆 3 副本”，并将其拖至“椭圆 6”上方，更改其颜色为白色，按Ctrl+T键调出自由变换控制句柄，按Shift键缩小正圆，按Enter键确认变换操作，得到如图5-36所示的效果，然后按Esc键以将“椭圆 3 副本”路径隐藏。此时“图层”面板如图5-37所示。

（13）选中“椭圆 6”为当前操作图层，选择“圆角矩形工具”，并在其工具选项条上选择“形状”选项，设置“半径”数值为5 px，设置前景色颜色值为72cbfd，按照第（6）～（7）步的操作方法，在红色圆环上面绘制横向圆角矩形条，得到“圆角矩形 2”，得到如图5-38所示的效果。

图5-36 绘制白色正圆

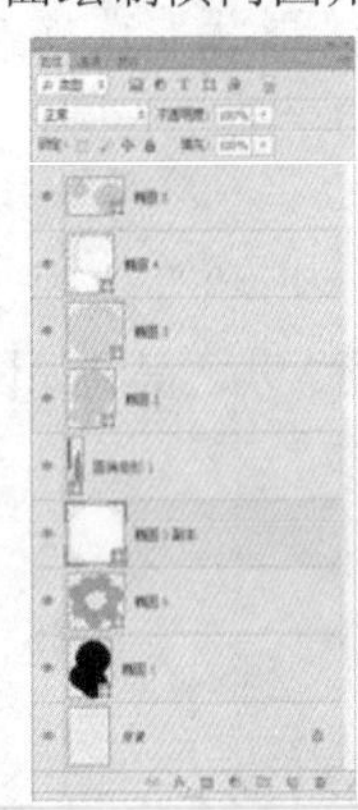

图5-37“图层”面板

图5-38 绘制蓝色矩形条

图5-39 素材图像

（14）打开随书所附光盘中的文件“第5章\5.2.2-实例：制作公司招贴-素材.psd”，如图5-39所示，使用“移动工具”，将其拖至新建的文件中，得到“图层 1”，并将其置于所有图层上方，得到如图5-40所示的效果。

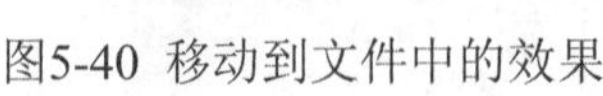

图5-40 移动到文件中的效果

图5-41 输入文字

图5-42 最终效果

（15）选择“横排文字工具”，并在其工具选项条上设置适当的字体和字号，字体颜色为黑色，在蓝色矩形条上方输入“DZWH.com”英文，在竖向黑色条右侧输入说明文字，得到如图5-41所示的效果，最终效果如图5-42所示，与之对应的“图层”面板如图5-43所示。

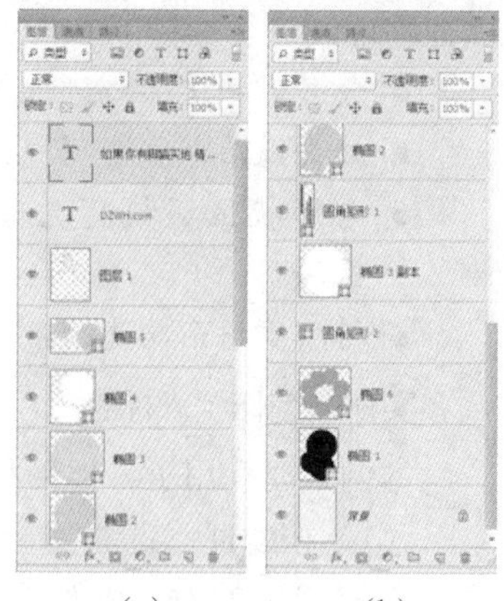
（a）　（b）
图5-43 “图层”面板

5.2.3 钢笔工具

默认情况下，工具选项条中的“钢笔工具”处于选中状态，单击工具选项条上的花形图标，将弹出如图5-44所示的面板。

橡皮带

图5-44 面板状态

选中的“橡皮带”复选框，绘制路径时可以依据节点与钢笔光标间的线段，标识出下一段路径线的走向，如图5-45（a）所示，否则没有任何标识，如图5-45（b）所示。

利用“钢笔工具”绘制路径时，单击可得到直线型点，按此方法不断单击可以创建一条完全由直线型节点构成的直线型路径，如图5-46所示，为直线型路径填充实色并描边后的效果，如图5-47所示。

（a）选中“橡皮带”选项

（b）未选中“橡皮带”选项

图5-45 绘制路径

图5-46 直线型路径

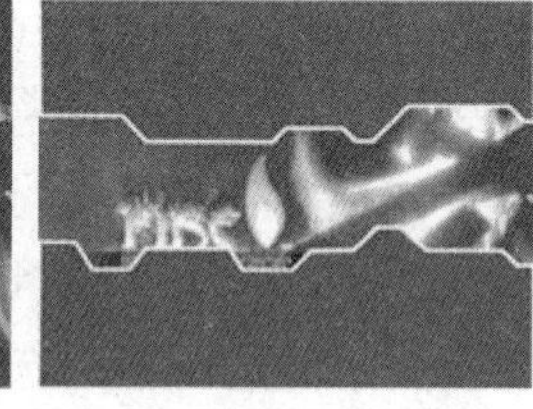
图5-47 填充后的效果

如果在单击节点后拖动鼠标，则在节点的两侧会出现控制句柄，该节点也将变为圆滑型节点，按此方法可以创建曲线型路径。图5-48所示为曲线型路径填充前景色后的效果，为此路径填充实色后的效果如图5-49所示。

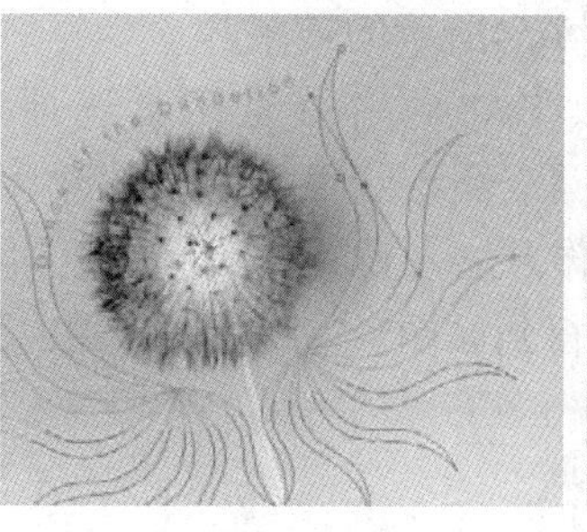
图5-48 曲线型路径

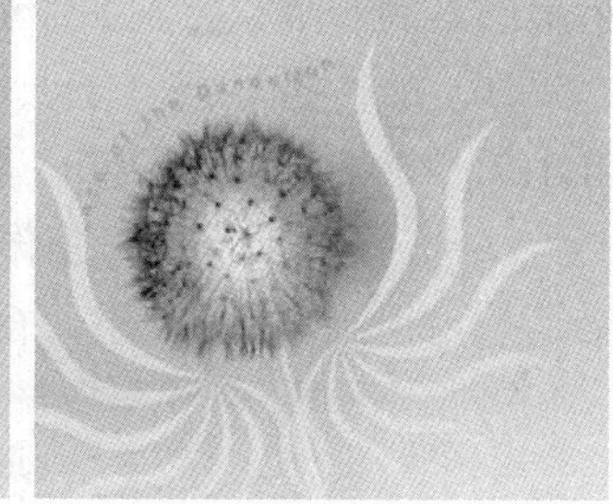
图5-49 填充后的效果

在绘制路径结束时如要创建开放路径，在工具箱中切换为“直接选择工具”，然后在工作页面上单击一下，放弃对路径的选择。

如果要创建闭合路径，将光标放在起点上，当钢笔光标下面显示一个小圆时单击，即可绘制闭合路径。

在绘制路径的过程中，除了需要掌握绘制各类路径的方法外，还应该了解如何在工具选项条上选择命令选项，如DZ5-50所示，

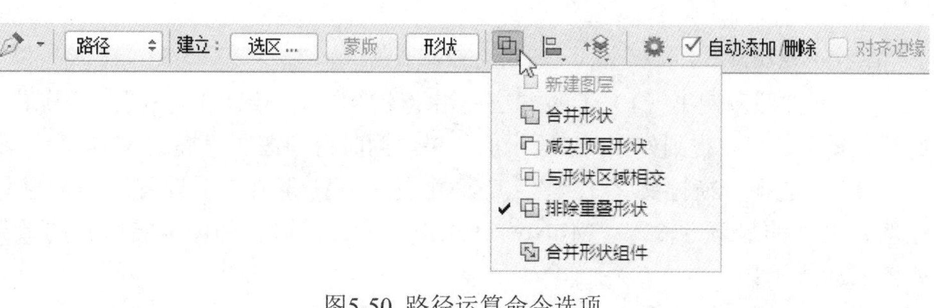

图5-50 路径运算命令选项

01 chapter P1—P12
02 chapter P13—P34
03 chapter P35—P50
04 chapter P51—P84
05 chapter P85—P104
06 chapter P105—P136
07 chapter P137—P162
08 chapter P163—P180
09 chapter P181—P194
10 chapter P195—P208
11 chapter P209—P220
12 chapter P221—P240
13 chapter P241—P254
14 chapter P255—P278
A chapter P279—P289

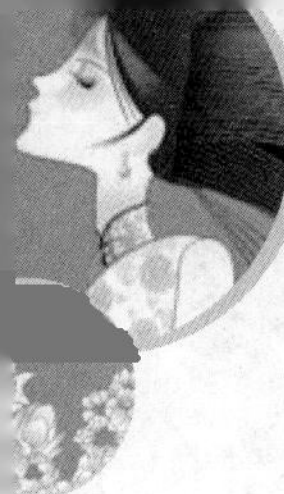

以在路径间进行运算。

- 合并形状选项：选择该选项可向现有路径中添加新路径所定义的区域。
- 减去顶层形状选项：选择该选项可从现有路径中删除新路径与原路径的重叠区域。
- 与形状区域相交选项：选择该选项后生成的新区域被定义为新路径与现有路径交叉的区域。
- 排除重叠形状选项：选择该选项定义生成新路径和现有路径的非重叠区域。

实例：制作个人标志

本例主要利用了各类形状工具绘制的矢量图形，制作出一幅简洁、易懂的标志。

（1）按Ctrl+N键新建一个文件，设置弹出的对话框如图5-51所示。

（2）选择“椭圆工具”，并在其工具选项条上选择“形状”选项，设置前景色颜色值d0ee2e，按住Shift键在文件右上角绘制一正圆头型，得到“椭圆1”，得到如图5-52所示的效果。

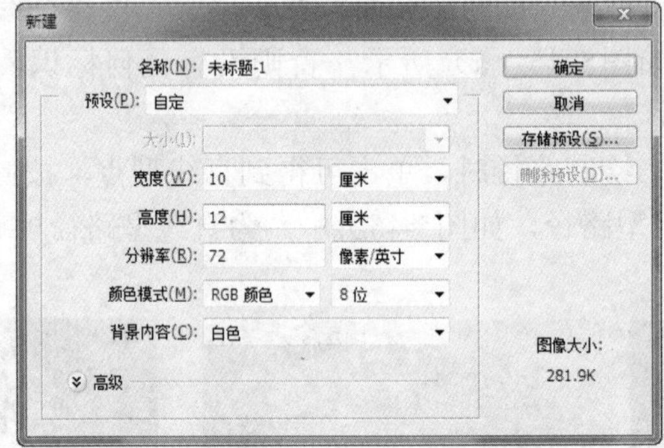

图5-51 “新建”对话框

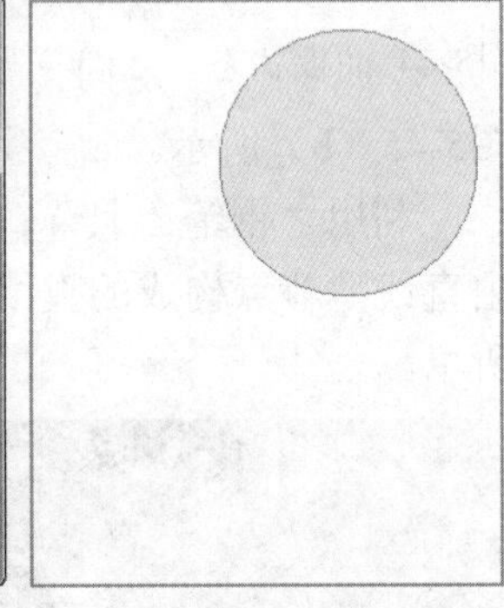

图5-52 绘制绿色正圆

（3）选择“椭圆工具”，并在其工具选项条上选择“形状”选项，设置前景色颜色值0bb2f8，按住Shift键在右上角正圆上绘制一小正圆左眼，得到“椭圆 2”，得到如图5-53所示的效果。

（4）接着在椭圆工具选项条上选择“合并形状”选项，在第（2）步绘制的正圆上，绘制两个小扁圆右眼和嘴，得到如图5-54所示的效果。

（5）选择“钢笔工具”，并在其工具选项条上选择“形状”选项，设置前景色颜色值ffbd17，在新建文件绿色正圆左侧绘制胳膊型，得到“形状 1”，得到如图5-55所示的效果。

（6）按照上一步的操作方法，设置前景色颜色值0bb2f8，应用“钢笔工具”在胳膊右侧绘制铅笔型，得到“形状 2”，得到如图5-56所示的效果。

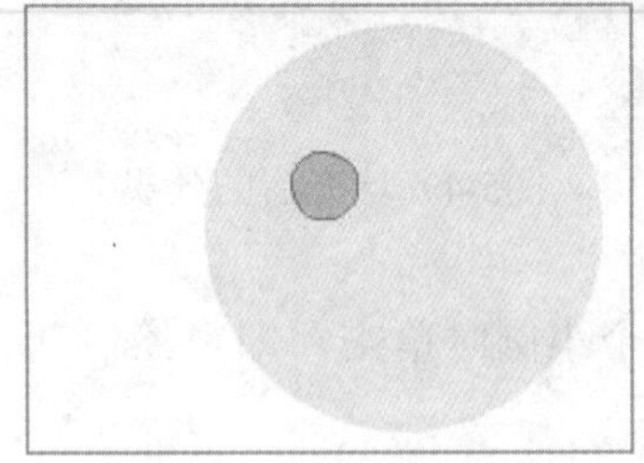

图5-53 绘制蓝色正圆

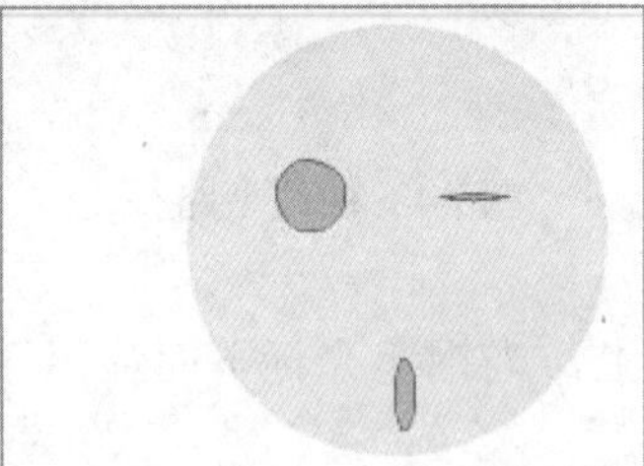

图5-54 绘制蓝色扁圆

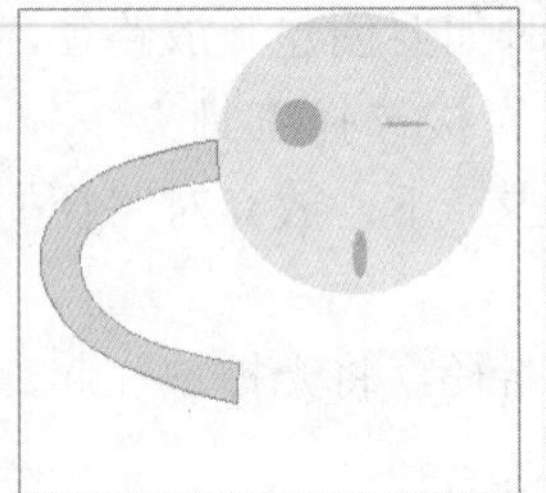

图5-55 绘制胳膊型

图5-56 绘制铅笔型

（7）按照本例第（1）步的方法在铅笔上绘制一个绿色的正圆，并将其置于与胳膊结合，类似能抓住铅笔即可，得到如图5-57所示的效果，同时得到图层“椭圆 3”。

（8）选择“横排文字工具”，并在其工具选项条上设置适当的字体、字号和字体颜色，在新建文件的最下方输入“Moole Studio”英文，得到如图5-58所示的效果，此时“图层”面板如图5-59所示。

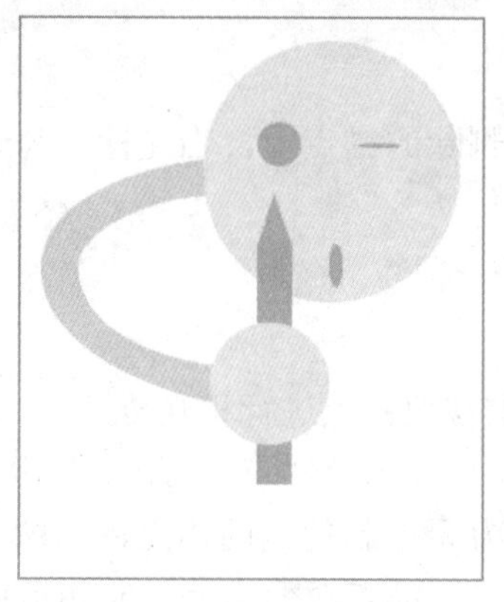
图5-57 绘制绿色正圆手型

图5-58 输入文字

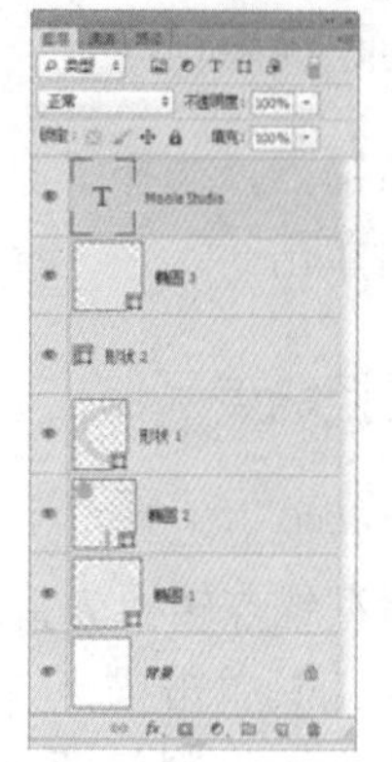
图5-59 “图层”面板

5.3 编辑路径

5.3.1 选择路径

对已绘制完成的路径进行编辑操作，往往需要选择路径中的节点或整条路径。执行选择操作，需使用工具箱中的选择工具组。如图5-60所示。

■ 路径选择工具 A
直接选择工具 A

图5-60 选择工具组

要选择路径中的节点，需要使用工具箱中的“直接选择工具”，在节点处于被选定的状态下，节点呈黑色小正方形，未选中的节点呈空心小正方形，如图5-61所示。

如果在编辑过程中需要选择整条路径，可以使用选择工具组中的“路径选择工具”，在整条路径被选中的情况下，路径上的节点全部显示为黑色小正方形，如图5-62所示。

图5-61 选择节点示例

图5-62 选择整条路径操作示例

提示：

如果当前使用的工具是“直接选择工具”，无需切换至路径组件选择工具，只需按Alt键单击路径，即可将整条路径选中。

5.3.2 添加锚点

要添加锚点，选择“添加锚点工具”，将光标放在需要添加锚点的路径上，当光标变为添加锚点钢笔图标时单击。也可以在使用“钢笔工具”时，直接将此工具的光标放在路径线上，等光标变为添加锚点钢笔图标时单击以添加锚点。

01 chapter P1—P12
02 chapter P13—P34
03 chapter P35—P50
04 chapter P51—P84
05 chapter P85—P104
06 chapter P105—P136
07 chapter P137—P162
08 chapter P163—P180
09 chapter P181—P194
10 chapter P195—P208
11 chapter P209—P220
12 chapter P221—P240
13 chapter P241—P254
14 chapter P255—P278
A chapter P279—P289

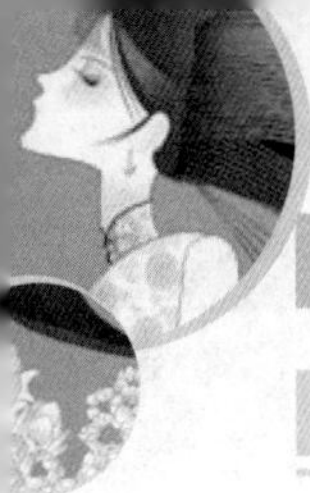

5.3.3 删除锚点

要删除锚点，选择“删除锚点工具”，将光标放在要删除的锚点上，当光标变为删除锚点钢笔图标时单击。

5.3.4 转换锚点

利用“转换点工具”可以将直角型锚点、光滑型锚点与拐角锚点进行相互转换。

将光滑型锚点转换为直线型锚点时，使用“转换点工具”单击此锚点即可。

使用此工具单击锚点，可以将具有控制句柄的锚点改变为无控制句柄的锚点，如图5-63所示。如果当前锚点无控制句柄，则用此工具在锚点上拖动，可以将该锚点改变为有控制句柄的锚点，如图5-64所示。

(a)

(b)

图5-63 将具有控制句柄的锚点改变为无控制句柄的锚点

(a)

(b)

图5-64 将无控制句柄的锚点改变为有控制句柄的锚点

5.4 填充路径

为路径填充实色的方法非常简单，选择需要进行填充的路径，然后单击“路径”面板中的“用前景色填充路径”按钮●，即可为路径填充前景色，图5-65（a）所示为一条人形路径，图5-65（b）所示为使用此方法为路径填充后的效果。

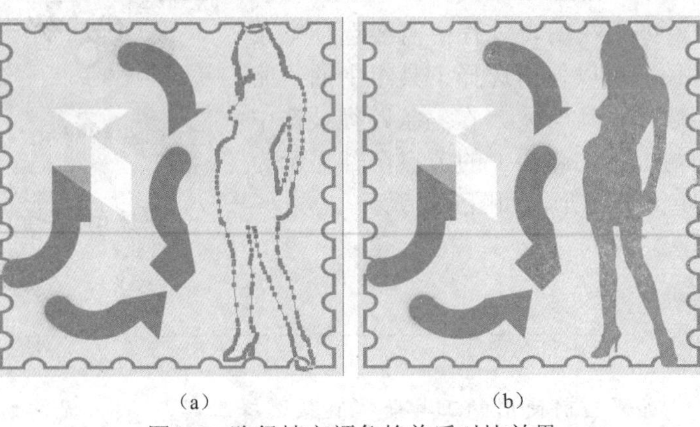

(a) (b)

图5-65 路径填充颜色的前后对比效果

如果要控制填充路径的参数及样式，可以按住Alt键单击“用前景色填充路径”按钮●，或选择“路径”面板右上角的按钮，在弹出的菜单中选择“填充路径”命令，设置弹出的对话框。如图5-66所示。

此对话框的上半部分与“编辑”|“填充”命令对话框相同，其参数的作用和应用方法也相同，在此不一一详述。

- 羽化半径：在此区域可控制填充的效果，在羽化半径数值框中输入一个大于0的数值，可以使填充具有柔边效果。图5-67所示是将“羽化半径”数值设置为6时填充前景色的效果。

选择“消除锯齿”选项，可以消除填充时的锯齿。

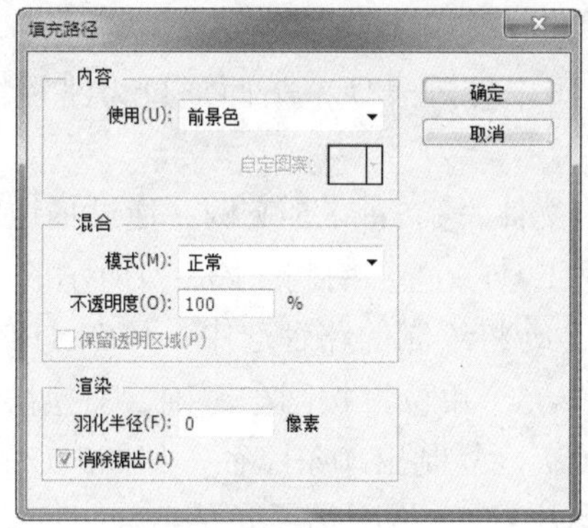

图5-66 “填充路径”对话框

图5-67 设置羽化值的填充路径效果

提示：

填充路径时，如果当前图层处于隐藏状态，则“用前景色填充路径”按钮 ● 及“填充路径”命令均不可用。

5.5 描边路径

在Photoshop中，可以为路径勾画非常丰富的边缘效果，其操作步骤如下。

（1）在“路径”面板中选择需要作描边的路径，如果“路径”面板中有多条路径，要用“路径选择工具”选择要描边的路径。

（2）在工具箱中设置前景色的颜色，以作为描边线条的颜色。

（3）在工具箱中选择用来描边的工具，可以是铅笔、钢笔、橡皮擦组、橡皮图章组、历史画笔组、涂抹、模糊、锐化、减淡、加深、海绵等工具。

（4）在工具选项条中设置用来描边的工具的参数。

（5）在“路径”面板中单击“用画笔描边路径”按钮 ○ ，当前路径得到描边效果。

（a）（b）

图5-68 描边路径效果

如图5-68所示是选择“画笔工具”为路径描边的效果。

如果在执行描边操作时，为“画笔工具”设置“形状动态”参数并选择异形画笔则可以得到图5-69所示的效果。

如果要设置描边时的参数，按住Alt键单击“用画笔描边路径”按钮 ○ ，或单击“路径”面板右上角的按钮，在弹出的菜单中选择“描边路径”命令，弹出图5-70所示对话框。

在“工具”选项下拉列表菜单中可以选择要用于描边的工具。

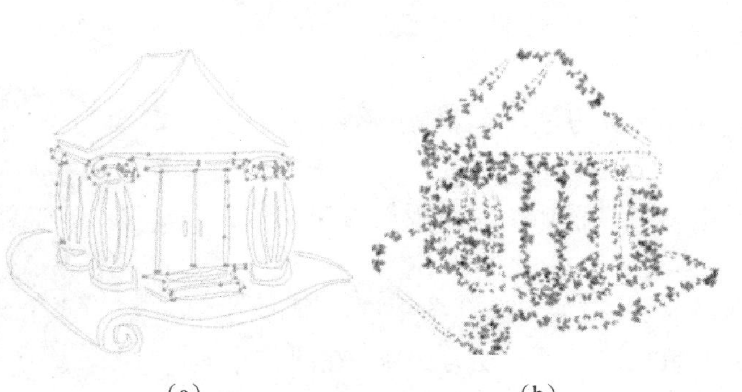

（a）（b）

图5-69 描边路径效果

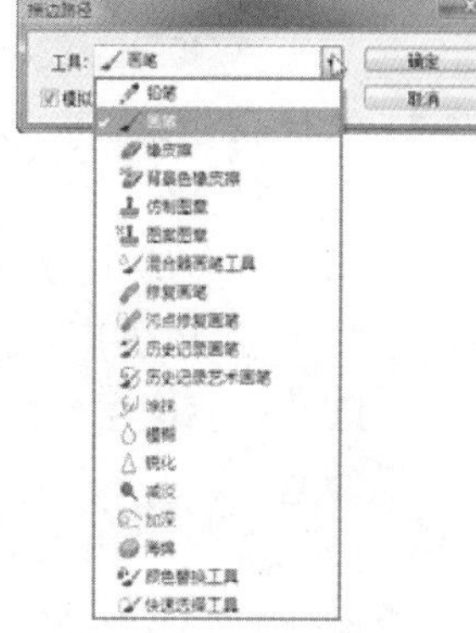

图5-70 “描边路径”对话框

01 chapter P1–P12
02 chapter P13–P34
03 chapter P35–P50
04 chapter P51–P84
05 chapter P85–P104
06 chapter P105–P136
07 chapter P137–P162
08 chapter P163–P180
09 chapter P181–P194
10 chapter P195–P208
11 chapter P209–P220
12 chapter P221–P240
13 chapter P241–P254
14 chapter P255–P278
A chapter P279–P289

实例：通过描边路径绘制头发丝

女性的缕缕飘逸长发丝在绘画中较难表现，下面通过为路径描边来表现飘逸的丝丝秀发，具体操作步骤如下。

（1）打开随书所附光盘中的文件“第5章\5.5-实例：通过描边路径绘制头发丝-素材.tif”。

（2）在工具箱中选择“钢笔工具”，绘制如图5-71所示的路径。

（3）使用“路径选择工具”将绘制的路径选中，按Ctrl+T键调出路径自由变换框，按键盘中的向下光标键5次，将路径向下移动5个单位，按回车键确认变换操作。

（4）按Ctrl+Alt+Shift+T键10次，复制出10条路径，如图5-72所示。

（5）新建一个图层得到“图层1”，设置前景色为#B4963B，选择“画笔工具”，在工具选项条中选择圆形画笔，设置画笔大小为1，硬度为100%。

（6）切换至“路径”面板中，单击面板按钮，在弹出的菜单中选择“描边路径”命令，在弹出的“描边路径”对话框中选择描边的工具为“画笔”，隐藏路径后得到如图5-73所示的效果。

图5-71 绘制路径

图5-72 复制路径后的效果

图5-73 描边路径后的效果

（7）按照第（2）～（6）步的方法绘制第2组路径并描边路径，得到如图5-74所示的效果。

（8）按照第（2）～（6）步的方法绘制第3组路径并描边路径，得到如图5-75所示的效果。

（9）按照第（2）～（6）步的方法绘制第4组路径并描边路径，得到如图5-76所示的效果。

图5-74 绘制第2组路径并描边后的效果

图5-75 绘制第3组路径并描边后的效果

图5-76 绘制第4组路径并描边后的效果

（10）按照第（2）～（6）步的方法绘制第5组路径并描边路径，得到如图5-77所示的效果。

（11）在“图层”面板中单击“添加图层蒙版”按钮，设置前景色为黑色。

（12）选择“画笔工具”，在工具选项条中选择圆形画笔，设置画笔大小为30，硬度为0%，不透明度为20%，在图层蒙版中绘制，将头发始端和尾端的多余部分隐藏，得到如图5-78所

图5-77 绘制第5组路径并描边后的效果

示的效果。此时的”图层”面板状态如图5-79所示。

本例中画笔设置可参考随书所附光盘中的文件“第5章\5.5-实例：通过描边路径绘制头发丝-画笔.abr”。

图5-78 隐藏图头发多余部分后的效果

图5-79 “图层”面板状态

5.6 为形状设置填充及描边

在Photoshop CS6中，可以直接为形状图层设置多种渐变及描边的颜色、粗细、线型等属性，从而更加方便地对矢量图形进行控制。

要为形状图层中的图形设置填充或描边属性，可以在“图层”面板中选择相应的形状图层，然后在工具箱中选择任意一种形状绘制工具或“路径选择工具”，然后在工具选项条上即可显示如图5-80所示的参数。

图5-80 工具选项条中关于形状填充及线条属性参数的设置

- 填充或描边颜色：单击填充颜色或描边颜色按钮，在弹出的如图5-81所示的面板中可以选择形状的填充或描边颜色，其中可以设置的填充或描边颜色类型为无、纯色、渐变和图案4种。
- 描边粗细：在此可以设置描边的线条粗细数值。图5-82所示是将描边颜色设置为青色，且描边粗细为6点时得到的效果。
- 描边线型：在此下拉列表中，如图5-83所示，可以设置描边的线型、对齐方式、端点及角点的样式。若单击“更多选项”按钮，将弹出如图5-84所示的对话框，在其中可以更详细的设置描边地线型属性。

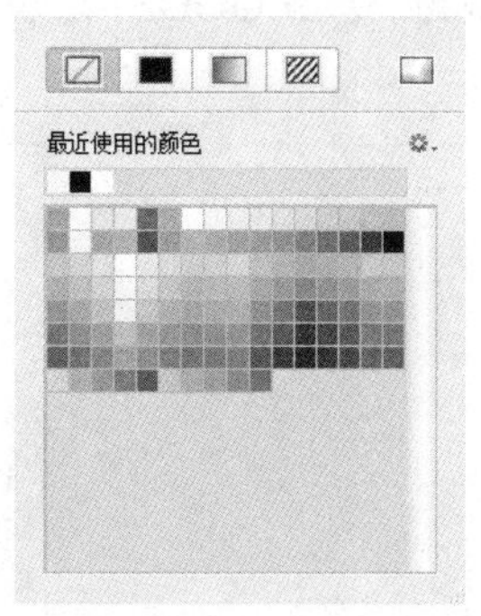

图5-81 可设置的颜色

图5-82 设置描边后的效果

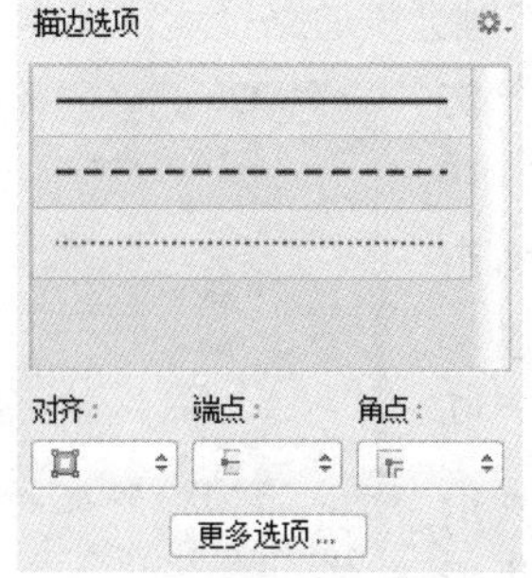

图5-83 “描边选项”面板

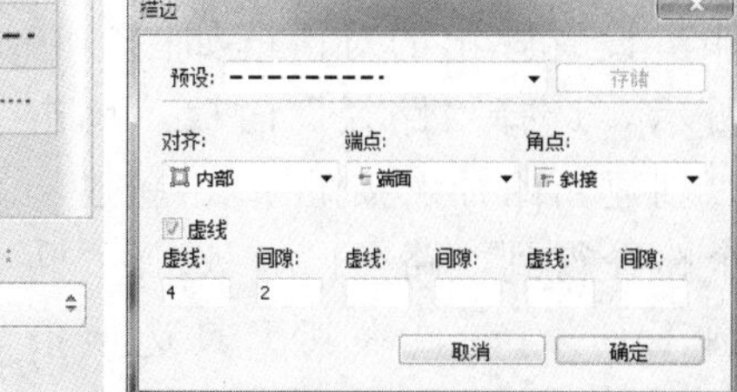

图5-84 “描边”对话框

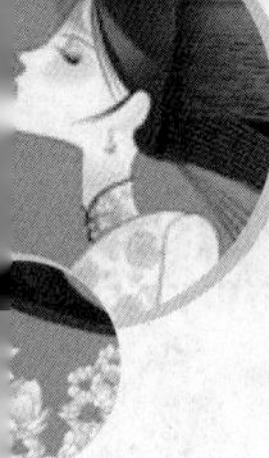

5.7 路径与选区的转换

5.7.1 将路径转换为选区

在“路径”面板中单击要转换为选区的路径栏，然后单击“路径”面板下面的“将路径作为选区载入”按钮（也可以按住Ctrl键单击“路径”面板中的路径），即可将当前路径转换为选择区域。如图5-85所示为原路径，如图5-86所示为转换后的选区。

将路径转换成为选区是路径操作类别中最为频繁的一类操作，许多形状要求精确而又无法使用其他方法得到的选区，都需要先绘制出路径，再通过将路径转换成为选区的操作得到。

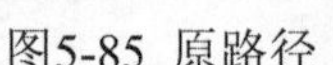

图5-85 原路径

图5-86 转换后的选区

5.7.2 将选区转换为路径

在当前页面中存在选区的状态下，单击“路径”面板中的“从选区生成工作路径”按钮，可将选区转换为相同形状的路径。如图5-87所示为原选区，如图5-88所示为转换后的路径。

通过这项操作，可以利用选区得到难以绘制的选区。

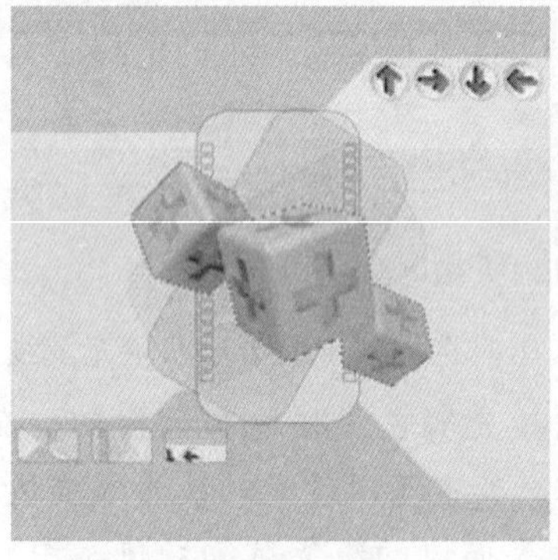

图5-87 原选区

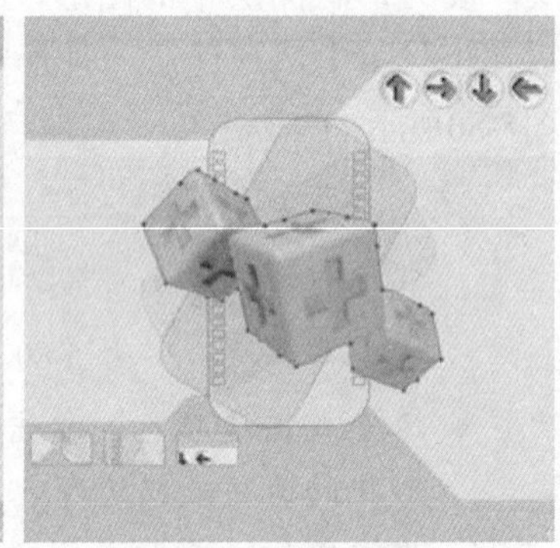

图5-88 转换后的路径

5.8 拓展训练——使用路径制作复杂LOGO

在下面的案例中，将讲解一个利用路径运算功能创建复杂路径并进行填充颜色得到复杂LOGO图案的案例，练习这个案例可以帮助读者融会贯通路径运算操作。

（1）按Ctrl+N键新建一个文件，设置弹出的对话框如图5-89所示。选择“路径”面板，单击“创建新路径”按钮，新建一个路径得到“路径1”，选择“椭圆工具”，在其工具选项条上选择“路径”选项和“合并形状”选项，按住Shift键绘制正圆，如图5-90所示。

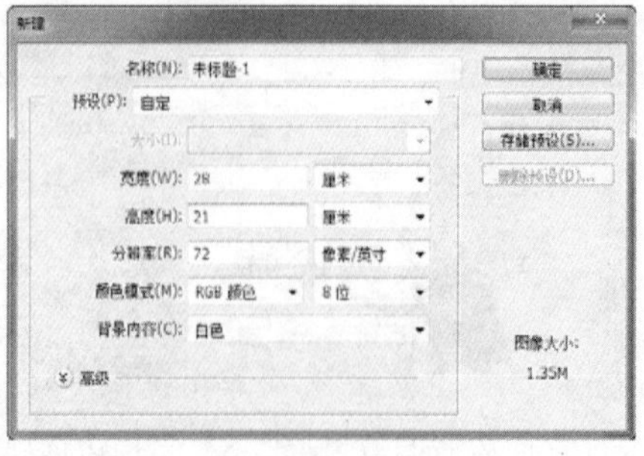

图5-89 “新建”对话框

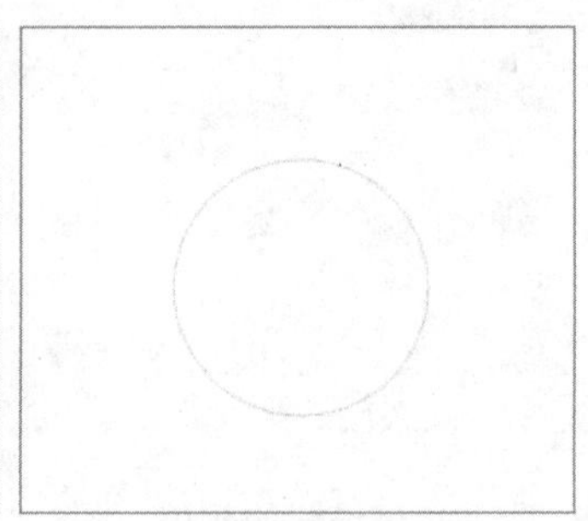

图5-90 绘制圆形路径

（2）按Ctrl+Alt+T键调出自由变换并复制控制框，按Alt+Shift键向内拖动右下角的控制句柄以等比例缩小路径，如图5-91所示，按Enter键确认变换操作。复制“路径1”，得到“路径1 副本”。

（3）选择“路径选择工具”，单击内圆路径并向左位移，如图5-92所示，在其工具选项条上单击“减去顶层形状”选项和“合并形状组件”选项，得到如图5-93所示一个月牙形状路径。

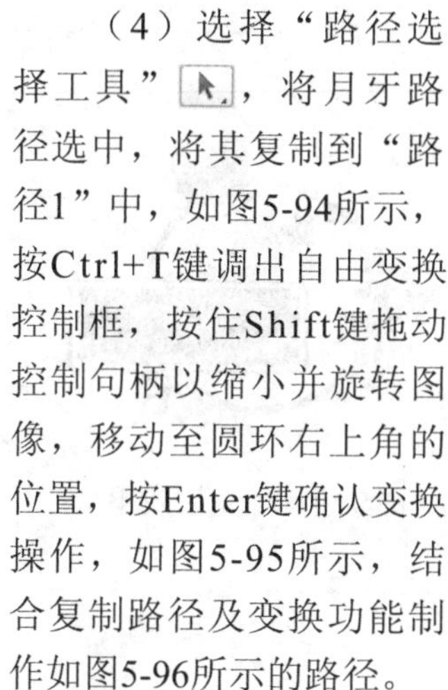

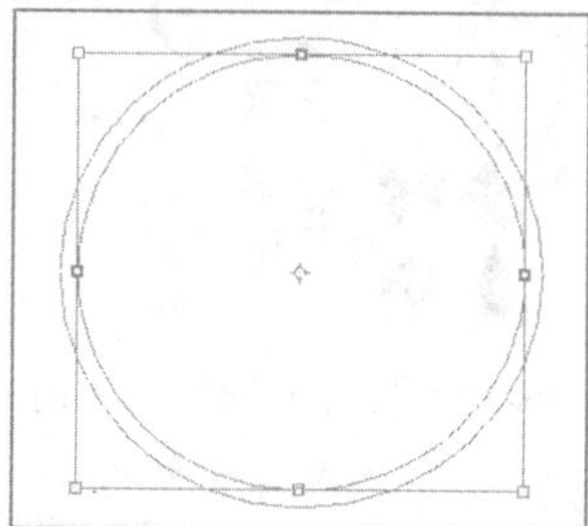

图5-91 变换状态

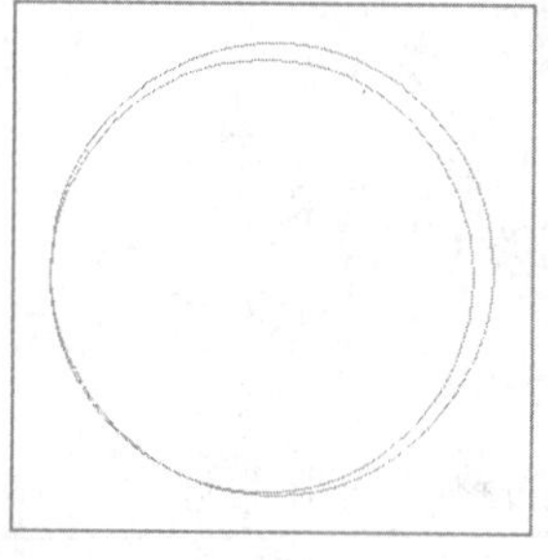

图5-92 制作圆环路径

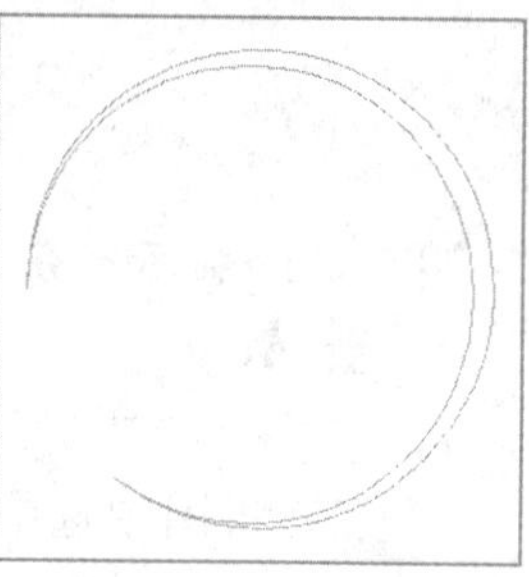

图5-93 制作月牙路径

（4）选择“路径选择工具”，将月牙路径选中，将其复制到“路径1”中，如图5-94所示，按Ctrl+T键调出自由变换控制框，按住Shift键拖动控制句柄以缩小并旋转图像，移动至圆环右上角的位置，按Enter键确认变换操作，如图5-95所示，结合复制路径及变换功能制作如图5-96所示的路径。

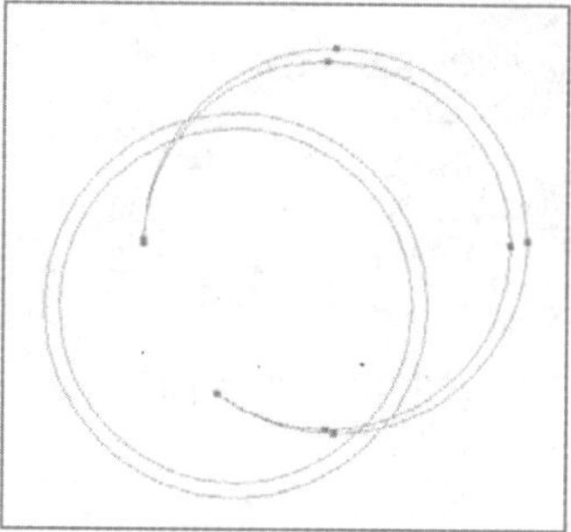

图5-94 复制月牙路径

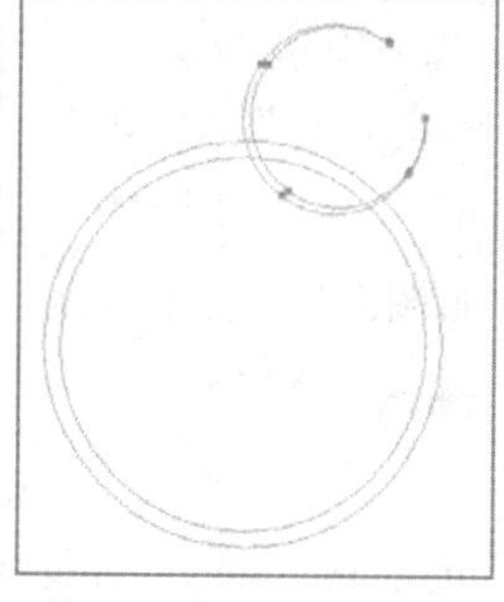

图5-95 变换后的效果

图5-96 组合路径后的效果

（5）在最大的月牙中心再绘制一个正圆并在圆环右侧绘制矩形，如图5-97所示，按照制作圆环的方法再制作一个矩形环，如图5-98所示，再在其工具选项条上选择“减去顶层形状”选项，此时的路径面板如图5-99所示。

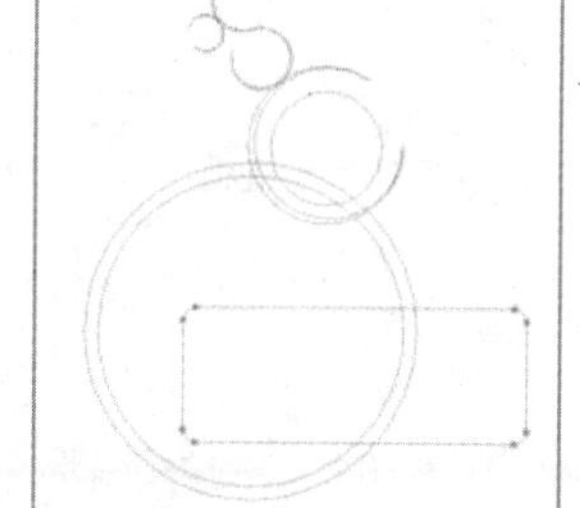

图5-97 绘制圆形和矩形路径

图5-98 制作矩形环路径

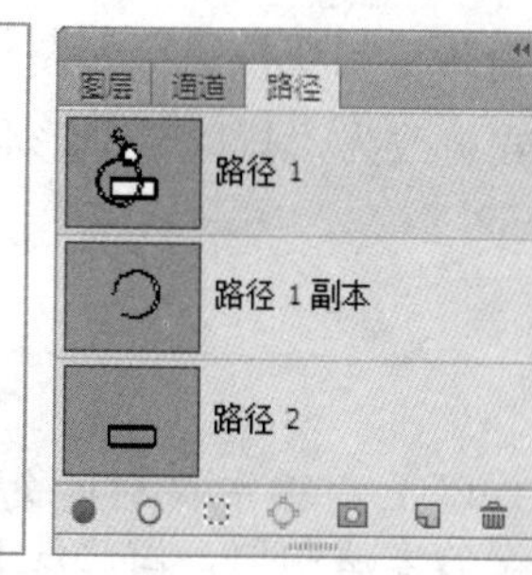

图5-99 “路径”面板

制作矩形环与制作月牙一样需要新建路径，这样可以避免其影响其它路径，并且制作完成后要将其组合。

（6）选择“自定形状工具”，在画布中右击，在弹出的如图5-100所示的形状选择框中选择不同的图形。并分别绘制并复制变换路径，如图5-101所示。

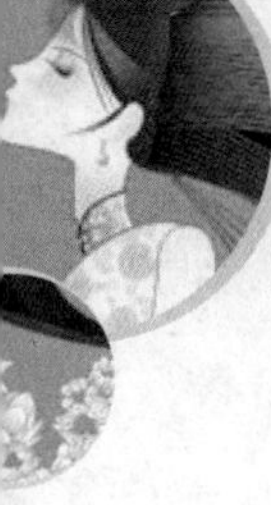

提示：

用到的绘制图形分别为、、、、、。

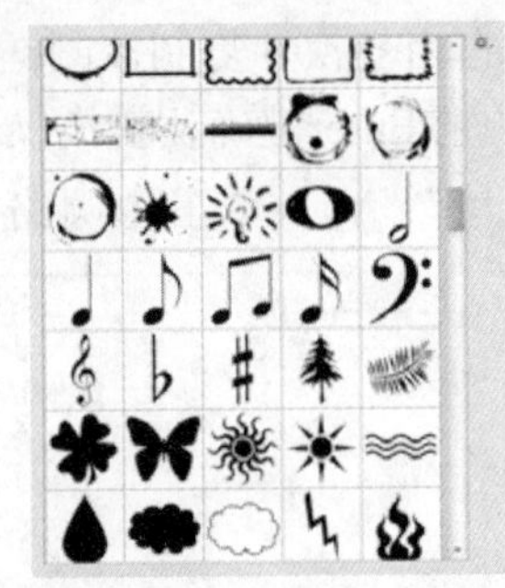

图5-100 打开形状下拉三角　　图5-101 绘制后的路径

（7）将图中选中的路径图形的计算模式更改为“排除重叠形状”选项，此时的路径面板如图5-102所示，将其转换为选区填充后的效果如图5-103所示。

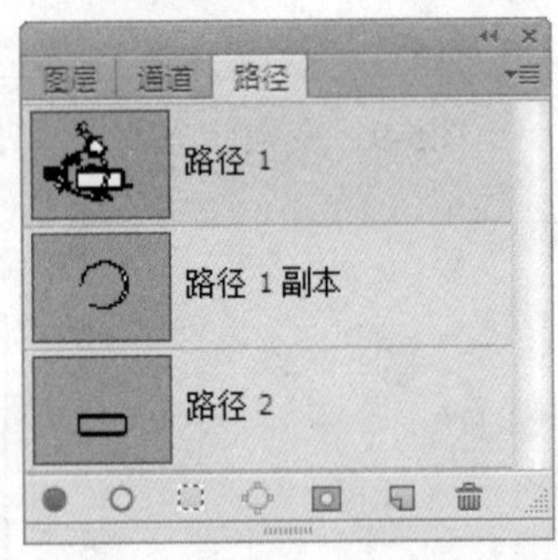

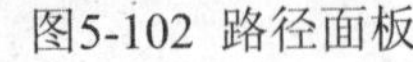

图5-102 路径面板　　图5-103 填充后效果

（8）选择“自定形状工具”，在画布中右击，在弹出的形状选择框中选择图形，绘制路径如图5-104所示。将其计算模式更改为“减去顶层形状”选项。

（9）选择“自定形状工具”，在画布中右击，在弹出的形状选择框中选择图形，绘制并复制变换路径如图5-105所示。将其计算模式更改为“排除重叠形状”选项。

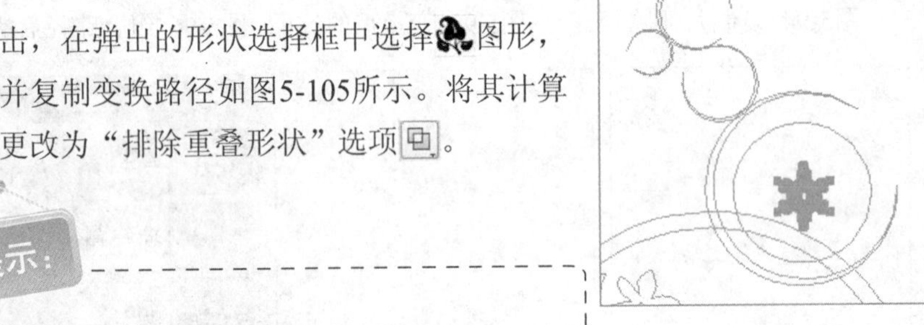

提示：

以上步骤中提到的复制变换，与第4步中的方法相同，因此没有一一详写。

图5-104 绘制图形　　图5-105 绘制图形

（10）选择“横排文字工具”，切换至图层面板，设置合适的字号和文字样式，输入“点智文化”四个字，如图5-106所示。

（11）按住Ctrl键单击文字图层缩览图以调出其选区，再切换至“路径”面板，单击面板下方的“从选区生成工作路径”按钮，将其转化为路径，如图5-107所示。分别调整文字的部分节点，得到如图5-108所示效果。

点智文化

图5-106 输入文字

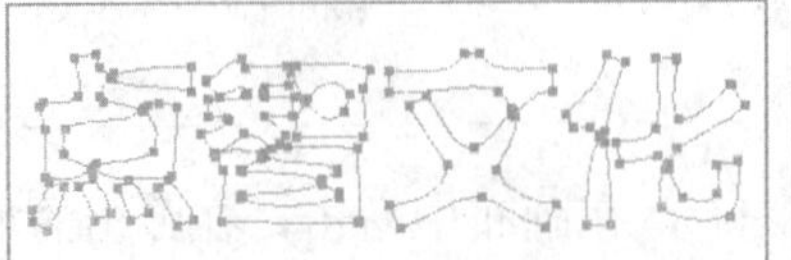

图5-107 转换为路径

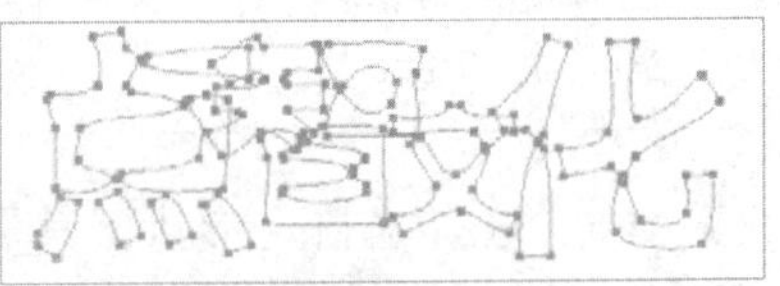

图5-108 调节部分节点

（12）将文字复制到“路径1”的方框内，按Ctrl+T键调出自由变换控制框，按住Shift键拖动控制句柄以缩小图像并移动至方框正中，按Enter键确认变换操作，将其计算模式更改为“排除重叠形状”选项，得到如图5-109所示最终效果，图5-110所示为填充后效果，图5-111所示为此案例的应用效果。

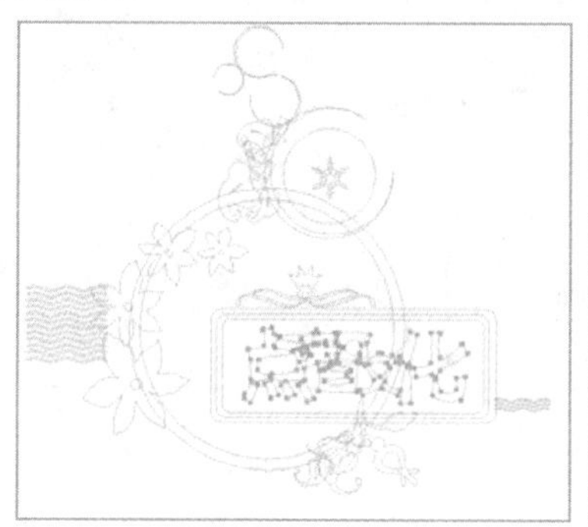

图5-109 最终效果

图5-110 填充后效果

图5-111 应用效果

5.9 课后练习

1. 单选题

（1）存在一个圆形选区的情况下，按Alt键单击“路径”面板上的“从选区建立工作路径”按钮，并在弹出的对话框中输入下列哪一个数值，得到的路径节点相对最少。（ ）

A. 0.5　　B. 1　　C. 2　　D. 3

（2）使用钢笔工具可以绘制最简单的线条是什么？（ ）

A. 直线　　B. 曲线　　C. 锚点　　D. 像素

（3）使用形状工具绘图时，有几种模式？（ ）

A. 2　　B. 3　　C. 4　　D. 5

（4）下面不属于规则图形绘制工具的是。（ ）

A. 钢笔工具　　B. 矩形工具　　C. 椭圆工具　　D. 直线工具

（5）在使用矩形工具的情况下，按住哪两个键可以创建一个以落点为中心的正方形的形状。（ ）

A. Ctrl+Alt键　　B. Ctrl+Shift键　　C. Alt+Shift键　　D. Shift键

（6）下列用于绘制路径的工具包括。（ ）

A. 钢笔工具　　B. 转换点工具　　C. 直接选择工具　　D. 添加锚点工具

2. 多选题

（1）存在选区的情况下，如果按Alt键单击路径面板上的“从选区建立工作路径”按钮，并在弹出的对话框中输入一个数值，可以确定所建立的路径与选区的逼近程度，对此叙述正确的是哪几项。（ ）

A. 数值越大，得到的路径越逼近于选区的形状

B. 数值越小，得到的路径越逼近于选区的形状

C. 此数值的上限为100

D. 此数值的下限为0.5

（2）下面哪些操作，能够将路径转换成为相应的选区。（ ）

A. 在路径被选中的情况下，按 Ctrl+Enter 键

B. 按 Ctrl 键单击路径面板上的路径缩览图

C. 在路径被选中的情况下，按数字小键盘上的 Enter 键

D. 将路径缩览图拖至将路径做为选区载入按钮上

（3）要放弃对当前路径的选择，可以利用哪些操作方法？（　）

A. 利用矩形选框工具在图像中单击　　B. 按 Esc 键

C. 利用路径组件选择工具在路径以外的位置单击　　D. 按 Delete 键

（4）下列哪几项能够正确叙述路径。（　）

A. 不可能使用图案填充路径　　B. 无法使用橡皮擦工具对路径进行描边操作

C. 通过将路径缩览图拖至创建新路径按钮上能够复制该路径

D. 可以使用涂抹工具对路径进行描边操作

（5）使用每一个形状工具都能够创建的对象，是下列哪几项。（　）

A. 路径　　B. 填充图层

C. 具有几何外形的填充区域　　D. 形状图层

（6）下列可以绘制并得到形状图层的工具包括。（　）

A. 钢笔工具　　B. 圆形矩形工具　　C. 椭圆工具　　D. 多边形工具

3．判断题

（1）将选区转换为路径时，将创建工作路径。（ ）

（2）当用户使用“矩形工具”或“椭圆工具”绘制图像时，在松开鼠标前按下Ctrl键可以移动所绘制的图形。（ ）

（3）利用“钢笔工具”在图像中绘制一条开放路径，绘制完成后，要取消对路径的选择，应按Delete键。（ ）

（4）路径是由直线、曲线和锚点组成。（ ）

（5）在使用“磁性钢笔工具”时，如果按 Alt 键单击可以绘制出直线段路径。（ ）

4．操作题

打开随书所附光盘中的文件“第 5 章\5.9- 操作题 - 素材 .psd”，如图 5-112 所示。结合本章讲解的路径运算制作一个旭日东升的图形，如图 5-113 所示。制作完成后的效果可以参考随书所附光盘中的文件“第 5 章\5.9- 操作题 .psd”。

图5-112 素材图像

图5-113 完成后的效果

第6章 润饰与调色图像

本章导读

本章主要讲解了Photoshop中图像的润饰工具及其操作方法，除此之外，重点还讲解了调整图像色彩的命令及其操作方法，如“去色”、“反相”、“色彩平衡”、“曲线”、“色阶”、“色相/饱和度”、“渐变映射”等命令。

如果读者希望在掌握Photoshop后，从事照片的修饰、加工等方面的工作，应该切实深入掌握这些命令的使用方法。

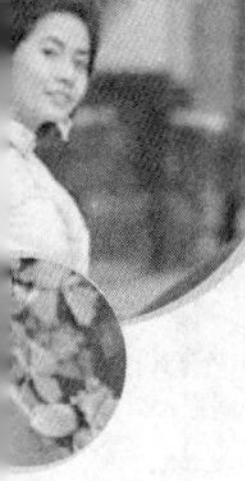

6.1 润饰图像

Photoshop提供了多种对图像进行细微调整的工具，它们各自拥有非常突出的功能，如模糊图像、锐化图像、加深图像等，本节将讲解上述工具的使用方法。

6.1.1 模糊工具

利用“模糊工具”在图像中操作，可以使操作部分的图像变得模糊，以更加突出清晰的局部，其工具选项条如图6-1所示。

图6-1 模糊工具选项条

模糊工具选项条中的重要参数解释如下。

- 模式：在此下拉列表中选择操作时的混合模式，它的意义与图层混合模式相同。
- 强度：设置此文本框中的百分数，可以控制“模糊工具”操作时笔画的压力值，百分数值越大，一次操作得到的效果越明显。
- 对所有图层取样：选中此复选框，将使“模糊工具”的操作应用于图像中的所有可见图层，否则该工作仅对当前操作的图层起作用。

实例：模拟简单的浅景深效果

在本例中，将使用“模糊工具”模糊图像中人物的裙子及车身，以得到景深照片效果，使照片看上去重点更加突出。

（1）打开随书所附光盘中的文件“第6章\6.1.1-实例：模拟简单的浅景深效果-素材.jpg”，如图6-2所示。

（2）选择“模糊工具”，设置其工具选项条如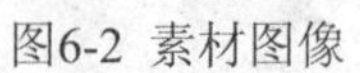所示。

（3）应用设置好的工具在裙子及车身区域涂抹，图6-3所示为涂抹后的最终效果。

图6-2 素材图像

图6-3 最终效果

6.1.2 锐化工具

“锐化工具”可以提高图像的清晰程度，以校正模糊的照片或将不太明显的细节显示出来，但在使用时要注意的是，如果锐化过度，会使画面出现较强的白线型印记，非常影响画面的美观程度。

实例：让眼睛更加明亮有神

（1）打开随书所附光盘中的文件“第6章\6.1.2-实例：让眼睛更加明亮有神-素材.jpg”，如图6-4所示。

（2）选择“锐化工具”，设置其工具选项条如所示。

（3）应用设置好的工具在眼珠区域反复单击，如图6-5所示为锐化前后的对比效果。

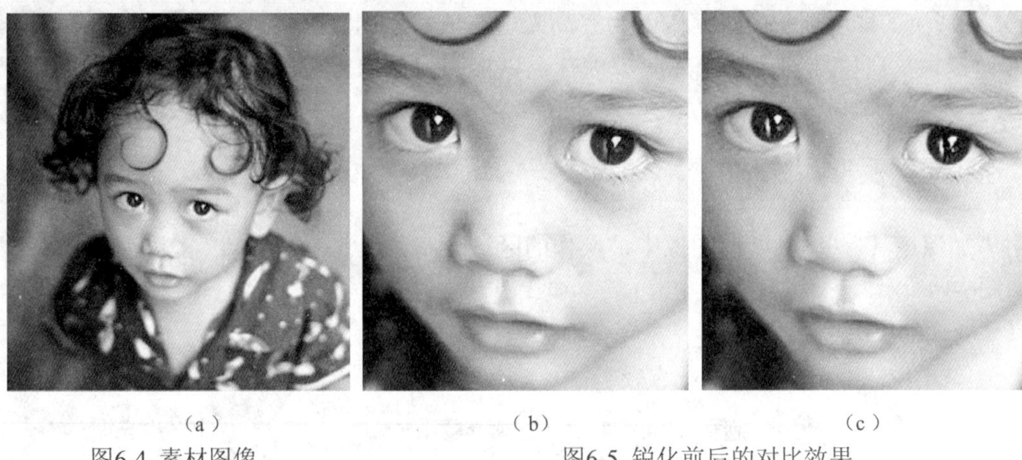

（a）　　　　（b）　　　　（c）

图6-4 素材图像　　　　图6-5 锐化前后的对比效果

6.1.3 减淡工具

使用“减淡工具”在图像中拖动，可将光标掠过处的图像色彩减淡，从而起到加亮的视觉效果，其工具选项条如图6-6所示。

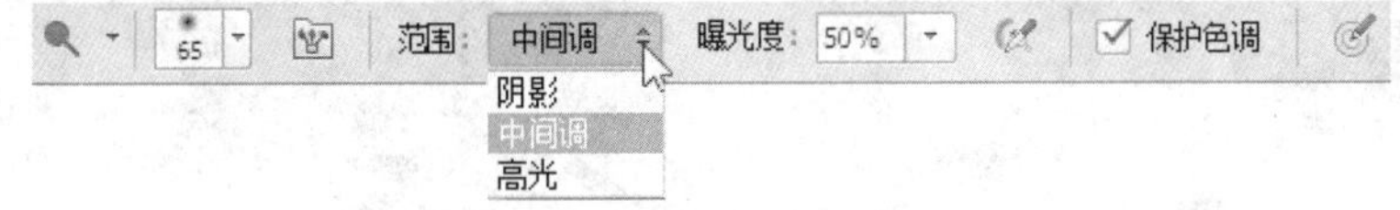

图6-6 减淡工具选项条

使用此工具需要在工具选项条中选择合适的笔刷，然后选择“范围”下拉列表中的选项，以定义“减淡工具”应用的范围。

- 范围：在此可以选择“阴影”、“中间调”及“高光”3个选择项，分别用于对图像的阴影、中间调及高光部分进行调节。
- 曝光度：此数值定义了对图像的加亮程度，数值越大亮化效果越明显。
- 保护色调：选择此选项可以在操作后图像的色调不发生变化。

实例：让珍珠更加晶莹剔透

（1）打开随书所附光盘中的文件“第6章\6.1.3-实例：让珍珠更加晶莹剔透-素材.tif”，如图6-7所示，可以看出珍珠图像整体显得不够光亮。

（2）选择“减淡工具”，设置其工具选项条如所示。然后在珍珠区域涂抹，直至得到类似图6-8所示的效果。

图6-7 素材图像

图6-8 涂抹后的效果

（3）在减淡工具选项条中将范围改为“高光”选项，并调整画笔大小为15像素，在珍珠图像的高光区域涂抹，以增强反光效果，如图6-9所示。

图6-9 最终效果

6.1.4 加深工具

使用“加深工具”可以使图像中被操作的区域变暗，其工具选项条如图6-10所示。

图6-10 加深工具选项条

此工具的工具选项条、操作方法与“减淡工具”类似，因此不再重述。图6-11所示为对原图像使用此工具操作前后的对比效果。

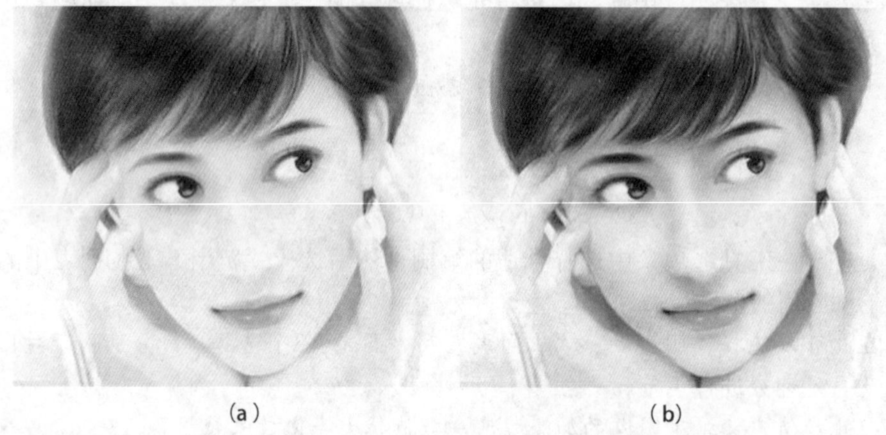

(a) (b)

图6-11 加暗图像的前后对比效果

6.1.5 内容感知移动工具

Photoshop CS6中新增的“内容感知移动工具”，其特点就是可以将选中的图像移至其他位置，并根据原图像周围的图像对其所在的位置进行修复处理，其工具选项条如图6-12所示。

图6-12 内容感知移动工具选项条

- 模式：在此下拉菜单中选择“移动”选项，则仅针对选区内的图像进行修复处理；若选择“扩展”选项，则Photoshop会保留原图像，并自动根据选区周围的图像进行自动的扩展修复处理。
- 适应：在此下拉菜单中，可以选择在修复图像时的严格程度，其中包括了5个选项供选择。

图6-13所示为原图像，图6-14所示为使用“内容感知移动工具”将位于中央的人像移至左侧三分线的位置，使画面整体显得更为自然。

图6-13 原图像

图6-14 移动后的效果

6.1.6 仿制图章工具

选择“仿制图章工具”后，其工具选项条如图6-15所示。

图6-15 仿制图章工具选项条

下面讲解其中几个重要的选项。

- 对齐：在此复选框被选择的状态下，整个取样区域仅应用一次，即使操作由于某种原因而停止，再次继续使用“仿制图案工具”进行操作时，仍可从上次结束操作时的位置开始。反之，如果未选择此复选框，则每次停止操作再继续绘画时，都将从初始参考点位置开始应用取样区域，因此在操作过程中，参考点与操作点间的位置与角度关系处于变化之中，该选项对于在不同的图像上应用图像的同一部分的多个副本很有用。
- 样本：在此下拉菜单中，可以选择定义源图像时所取的图层范围，其中包括了“当前图层”、“当前和下方图层”及“所有图层”3个选项，从其名称上便可以轻松理解在定义样式时所使用的图层范围。
- 忽略调整图层按钮：在“样本”下拉菜单中选择了“当前和下方图层”或“所有图层”时，该按钮将被激活，按下以后将在定义源图像时忽略图层中的调整图层。

实例：修除画面多余图像

（1）打开随书所附光盘中的文件“第6章\6.1.6-实例：修除画面多余图像-素材.jpg”，如图6-16所示。在此照片中，背景墙上的一些饰品使照片整体显得有些杂乱，本例就来讲解一下使用“仿制图章工具”将其修除的操作方法。

（2）选择“仿制图章工具”，在其工具选项条中选择合适的笔刷，设定“模式”、“不透明度”参数，选择“对齐”选项。

（3）按住Alt键（此时光标变为⊕形状），单击女孩头部右侧的相框下方，以定义源图像，如图6-17所示。

图6-16 素材图像

图6-17 定义源图像

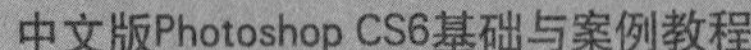

（4）释放Alt键，在要得到复制图像的区域按住鼠标左键并拖动鼠标，此时图像中将出现十字光标与圆圈光标两个光标，其中十字光标为取样点，而圆圈光标为复制处，调整适当的画笔大小并摆放至要修除的位置，注意对齐位置，此时画笔内部将显示预览图像，如图6-18所示。

（5）不断在新的位置拖动光标，即可复制取样处的图像，得到如图6-19所示的效果。

（6）按照步骤（3）～（5）的方法，继续在其他多余图像的部位定义源图像，并进行擦除，直至得到如图6-20所示的效果。

图6-18 涂抹中的状态　图6-19 修除多余的图像　　图6-20 最终效果

6.1.7 修复画笔工具

“修复画笔工具”的最佳操作对象是有皱纹或雀斑等杂点的照片，或有污点、划痕的图像，因为此工具能够根据要修改点周围的像素及色彩将其完美无缺地复原，而不留任何痕迹。选择“修复画笔工具”，其工具选项条如图6-21所示。

图6-21 修复画笔工具选项条

在“修复画笔工具”选项条中，重要的参数如下。

- 取样：用取样区域的图像修复需要改变的区域。
- 图案：用图案修复需要改变的区域。

实例：智能修除人物眼袋

（1）打开随书所附光盘中的文件“第6章\6.1.7-实例：智能修除人物眼袋-素材.jpg”，如图6-22所示。

（2）在工具箱中选择“修复画笔工具”，并设置其工具选项条如 30 模式: 正常 源: 取样 所示。

（3）将光标置于右眼眼袋附近，按Alt键单击以定义源图像，如图6-23所示。释放Alt键，在眼袋区域涂抹，如图6-24所示。

图6-22 素材图像

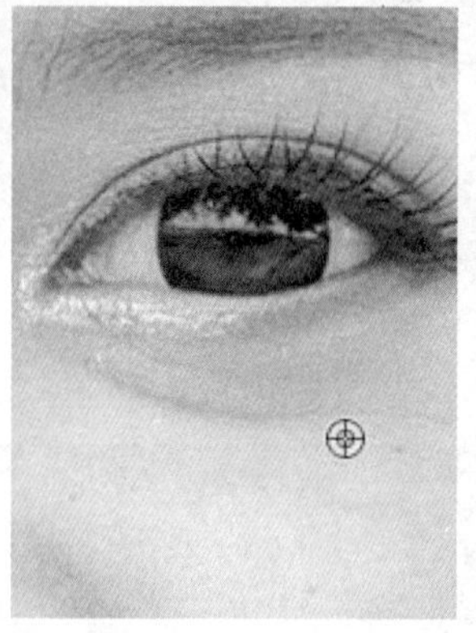

图6-23 定义源图像

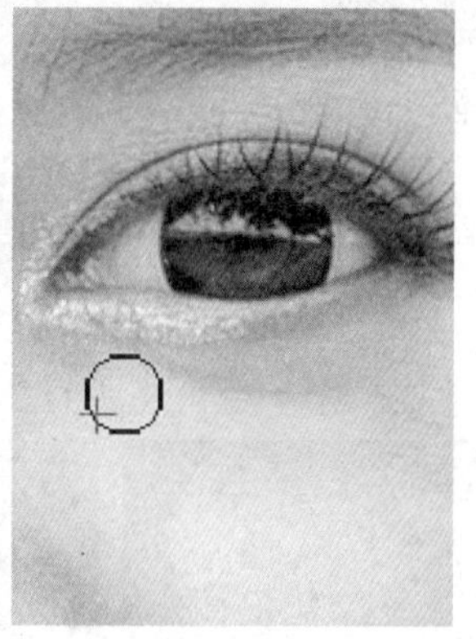

图6-24 修复中的状态

（4）按照上一步的操作，应用“修复画笔工具”通过多次定义源图像，将右眼的眼袋修除，如图6-25所示。按照修除右眼眼袋的方法将左眼的眼袋修除，如图6-26所示。最终整体效果如图6-27所示。

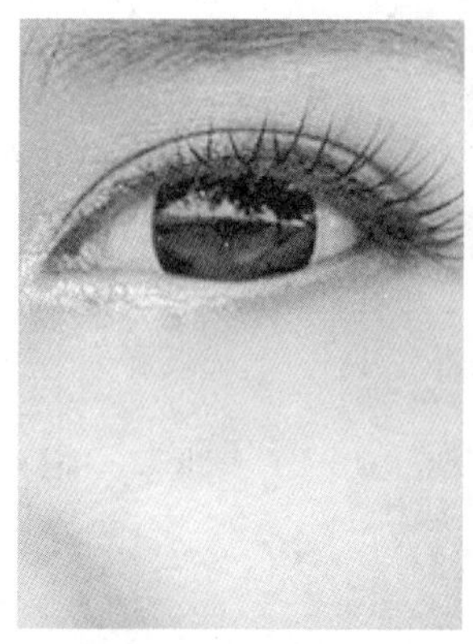

图6-25 修除右眼眼袋

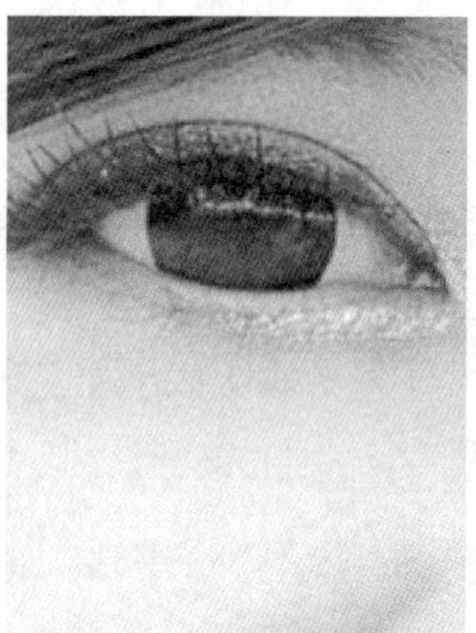

图6-26 修除左眼眼袋

图6-27 最终效果

6.1.8 污点修复画笔工具

“污点修复画笔工具”有一个非常明显的特点就是不需要定义任何源图像，只需要在有瑕疵的地方单击即可进行修复，其工具选项条如图6-28所示。

50 模式：正常 类型：近似匹配 创建纹理 内容识别 对所有图层取样

图6-28 污点修复画笔工具选项条

“污点修复画笔工具”选项条中的参数解释如下。

- 模式：在该下拉列表中可以设置修复图像时与目标图像之间的混合方式。
- 近似匹配：选中该单选按钮后，在修复图像时，将根据当前图像周围的像素来修复瑕疵。
- 创建纹理：选中该单选按钮后，在修复图像时，将根据当前图像周围的纹理自动创建一个相似的纹理，从而在修复瑕疵的同时保证不改变原图像的纹理。

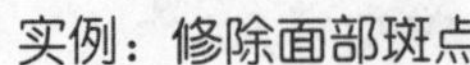

实例：修除面部斑点

（1）打开随书所附光盘中的文件“第6章\6.1.8-实例：修除面部斑点-素材.jpg”，局部效果如图6-29所示。

（2）选择“污点修复画笔工具”，并调整好适当的画笔大小，使其略大于要去除的图像。在要去除的图像上单击，即可完成修复操作，如图6-30所示。

（3）重复上述操作，直至将所有图像修复完为止，如图6-31所示。

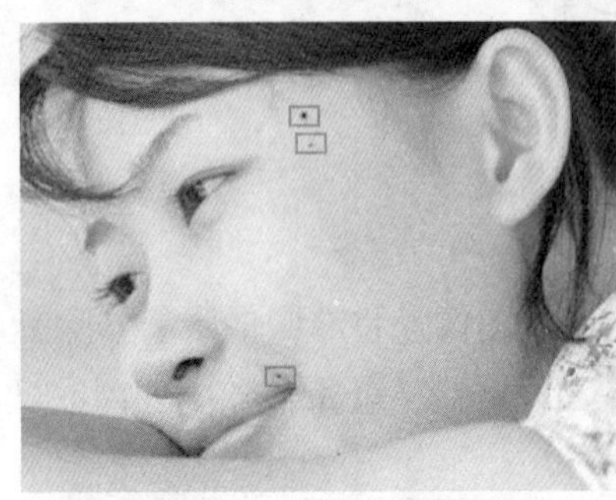

图6-29 素材图像

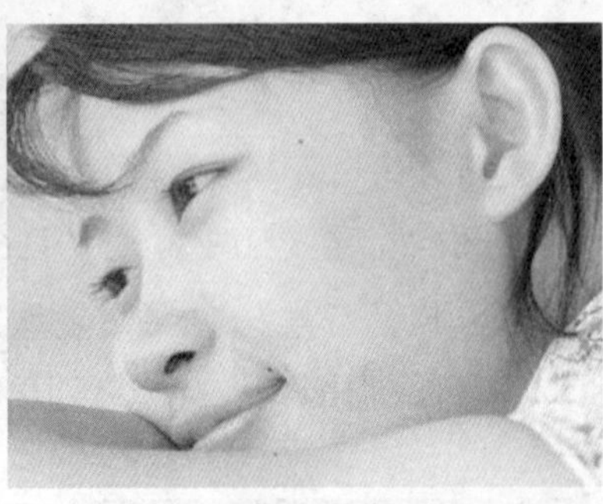

图6-30 修复一个斑点后的效果

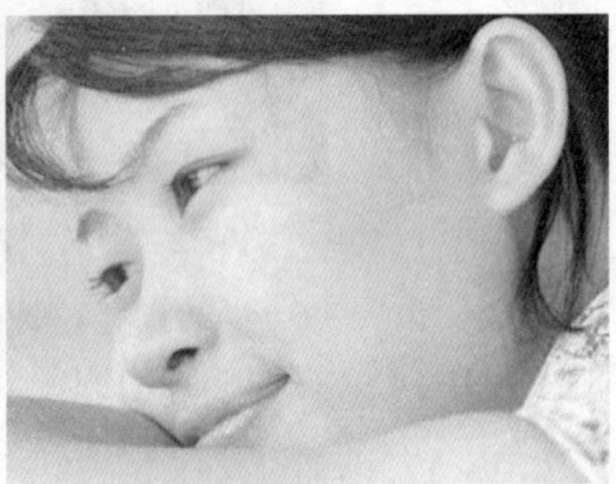

图6-31 最终效果

6.1.9 修补工具

比起“修复画笔工具”只能对图像中的某一点进行修复处理，“修补工具”的效率明显提高了很多，此工具能够按照区域的形式对图像进行修补。“修补工具”选项条如图 6-32 所示。

图6-32 修补工具选项条

修补工具选项条中的参数解释如下。

- 修补：在此下拉列表中，选择“正常”选项时，将按照默认的方式进行修补；选择“内容识别”选项时，Photoshop将自动根据修补范围周围的图像进行智能修补。
- 源：选中“源”单选按钮，当拖动选区并释放鼠标后，选区内的图像将被选区释放时所在的区域所代替。
- 目标：选中“目标”单选按钮，当拖动选区并释放鼠标后，释放选区时的图像区域将被原选区的图像所代替。
- 透明：勾选“透明”复选框后，被修饰的图像区域内的图像效果呈半透明状态。
- 使用图案：在未勾选“透明”复选框的状态下，在修补工具选项条中选择一种图案，然后单击“使用图案”按钮，则选区内将被应用为所选图案。

实例：修除纹身

（1）打开随书所附光盘中的文件“第6章\6.1.9-实例：修除纹身-素材.jpg”，如图6-33所示。

（2）选择“修补工具”，设置其工具选项条如所示。沿着纹身的轮廓绘制选区，如图6-34所示。

图6-33 素材图像

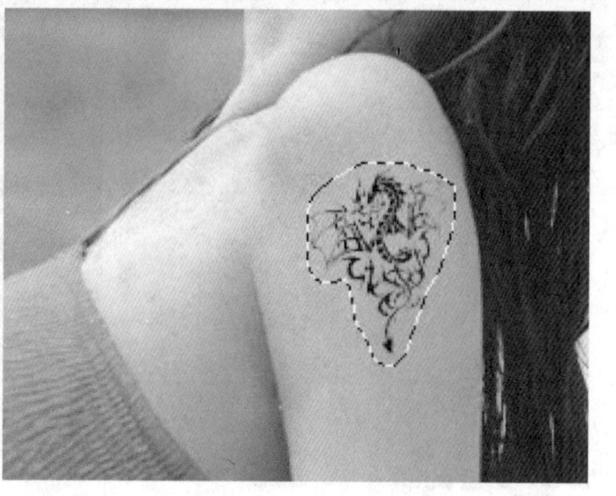

图6-34 绘制选区

（3）保持选区，将光标置于选区内，按住鼠标左键向附近的皮肤区域拖动，如图6-35所示。释放鼠标，得到的效果如图6-36所示。

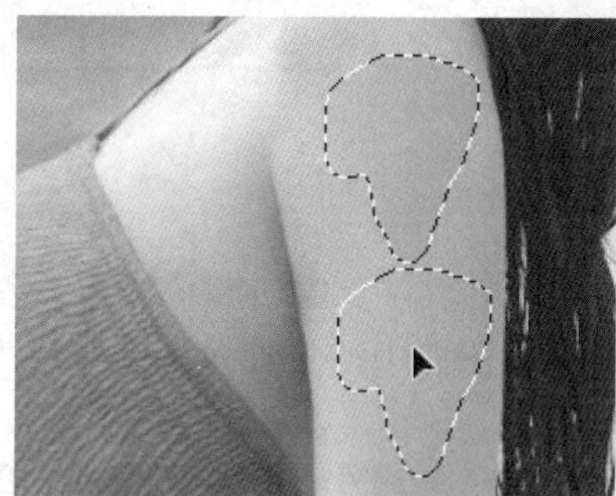

图6-35 拖动时的状态

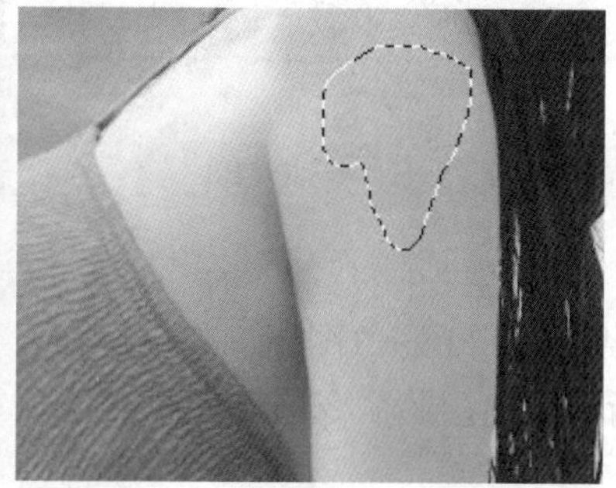

图6-36 释放鼠标后的效果

（4）按Ctrl+D键取消选区，得到的效果如图6-37所示，最终整体效果如图6-38所示。

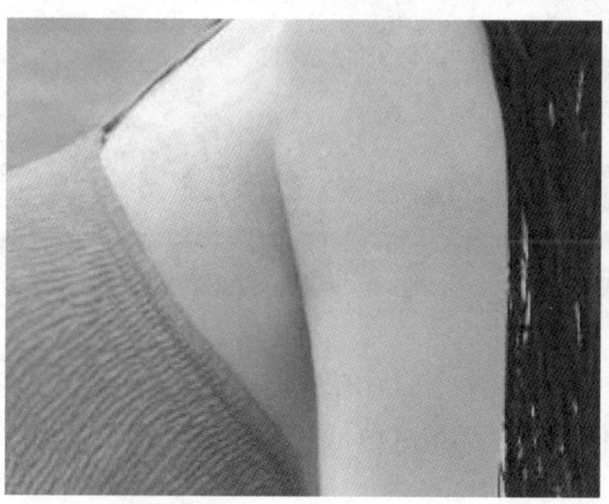

图6-37 取消选区后的效果

图6-38 最终效果

6.1.10 红眼工具

经常拍照的人都知道，夜晚拍照很容易出现红眼。虽然当前的数码相机大都具有去除红眼功能，但仍然有许多以前拍摄的照片带有红眼。如果想去掉这些红眼，可以使用“红眼工具”。图6-39所示为应用“红眼工具”去除红眼前后的对比效果。

（a）去除红眼前

（b）去除红眼后

图6-39 去除红眼前后的对比效果

6.2 调整色彩

6.2.1 “反相”命令

应用“图像”|“调整”|“反相”命令，可以反相图像。对于黑白图像而言，使用此命令可以将其转换为底片效果。而对于彩色图像，使用此命令可以将图像中的各部分颜色转换为补色取得彩色负片效果，图6-40所示为使用此命令前后效果对比。

（a）

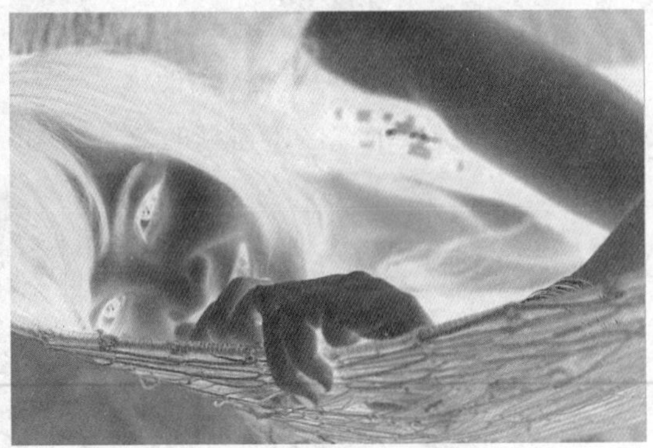

（b）

图6-40 使用“反相”命令前后的对比效果

同样如果使用此命令，对图像的局部进行操作，亦可以取得较确定的效果。

6.2.2 “阈值”命令

选择“图像”|“调整”|“阈值”命令，可以将图像转换为黑白图像。

在此命令弹出的对话框中，所有比指定的阈值亮的像素会被转换为白色，所有比该阈值暗的像素会被转换为黑色，其对话框如图6-41所示。

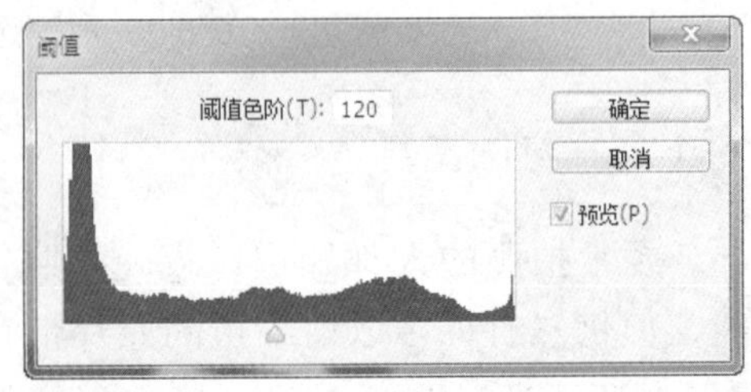

图6-41 “阈值”对话框

图6-42所示为原图像及对此图像使用“阈值”命令后得到的黑白图像效果。

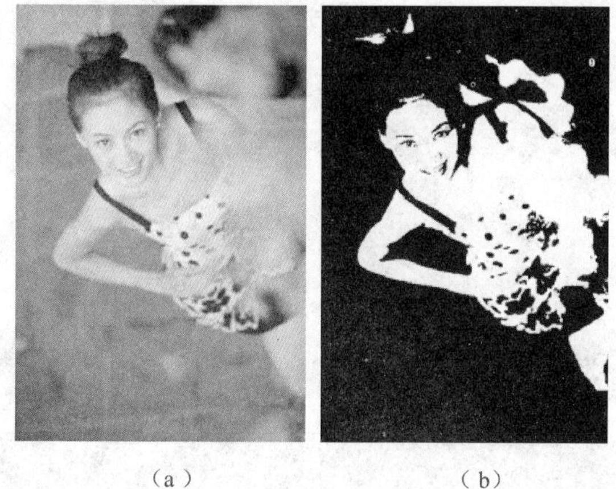

(a)　　　　(b)

图6-42 原图像及使用“阈值”命令处理后的效果图

6.2.3 “去色”命令

选择“图像”|“调整”|“去色”命令，可以去掉彩色图像中的所有颜色值，将其转换为相同颜色模式的灰度图像。与选择“图像”|“模式”|“灰度”命令不同，选择“图像”|“调整”|“去色”命令后，可在原图像的颜色模式下将图像转换为灰度效果。

如果要选择图像中非重点的区域，然后使用此命令，可以制作出使用彩色突出视觉焦点的效果。

实例：制作色彩突出的照片效果

（1）打开随书所附光盘中的文件“第6章\6.2.3-实例：制作色彩突出的照片效果-素材.jpg”，如图6-43所示。

提示：

下面结合“磁性套索工具”、“快速选择工具”以及“去色”命令，去除人物及荷花以外的图像的色彩。

（2）选择“磁性套索工具”，沿着人物的轮廓绘制选区，如图6-44所示。

图6-43 素材图像

图6-44 绘制选区

01 chapter P1–P12
02 chapter P13–P34
03 chapter P35–P50
04 chapter P51–P84
05 chapter P85–P104
06 chapter P105–P136
07 chapter P137–P162
08 chapter P163–P180
09 chapter P181–P194
10 chapter P195–P208
11 chapter P209–P220
12 chapter P221–P240
13 chapter P241–P254
14 chapter P255–P278
A chapter P279–P289

（3）保持选区，选择“快速选择工具”，并设置其工具选项条如所示。在最左侧的荷花图像上拖动，将荷花选中，如图6-45所示。同样的方法将其他荷花图像选中，如图6-46所示。

图6-45 选中一朵荷花

图6-46 选中全部荷花图像

（4）保持选区，按Ctrl+Shift+I键执行“反向”操作，以反向选择当前的选区，如图6-47所示。选择“图像”|“调整”|“去色”命令，按Ctrl+D键取消选区，得到的最终效果如图6-48所示。

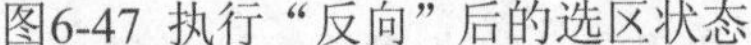

图6-47 执行“反向”后的选区状态

图6-48 最终效果

6.2.4 “亮度/对比度”命令

“亮度/对比度”命令是一个非常简单易用的命令，使用它，可以方便快捷地调整图像明暗度，其对话框如图6-49所示。

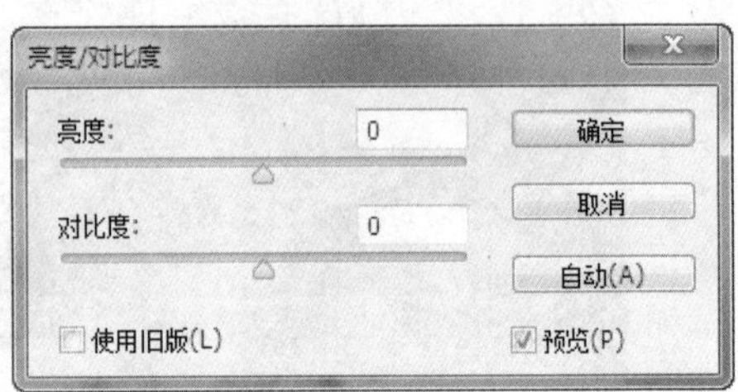

图6-49 “亮度/对比度”对话框

在“亮度/对比度”对话框中，各参数的解释如下所述。

- 亮度：用于调整图像的亮度。数值秒变大时，增加图像亮度；数值减小时，降低图像的亮度。
- 对比度：用于调整图像的对比度。数值变大时，增加图像的对比度，数值减小时，降低图像的对比度。
- 使用旧版：可以通过选择此选项使用CS3版本以前的“亮度/对比度”命令来调整图像，不建议选择此选项。
- “自动”按钮：在Photoshop CS6中，单击此按钮后，即可自动针对当前的图像进行亮度及对比度的调整。

实例：高调照片处理

（1）打开随书所附光盘中的文件“第6章\6.2.4-实例：高调照片处理-素材.jpg”，如图6-50所示。

（2）选择“图像”|“调整”|“亮度/对比度”命令，设置弹出对话框中的参数，如图6-51所示。

（3）单击“确定”按钮退出对话框，得到的最终效果如图6-52所示。

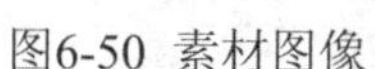

图6-50 素材图像

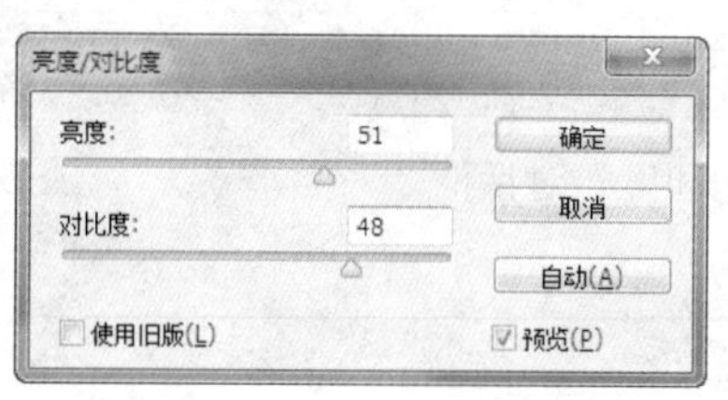

图6-51 “亮度/对比度”对话框

图6-52 最终效果

6.2.5 “自然饱和度”命令

使用“自然饱和度”命令调整图像时，可以使图像颜色的饱和度不会溢出，换言之，此命令可以仅调整与已饱和的颜色相比那些不饱和的颜色的饱和度。

选择“图像”|“调整”|“自然饱和度”命令后弹出的对话框，如图6-53所示。

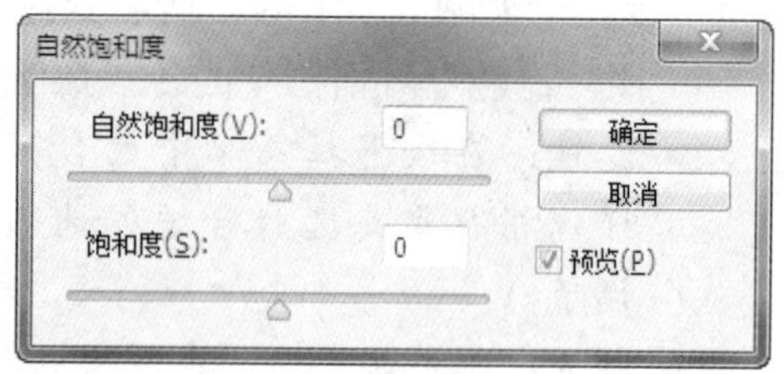

图6-53 “自然饱和度”对话框

拖动“自然饱和度”滑块可以使Photoshop调整那些与已饱和的颜色相比那些不饱和的颜色的饱和度，从而获得更加柔和自然的图像饱和度效果。

拖动“饱和度”滑块可以使Photoshop调整图像中所有颜色的饱和度，使所有颜色获得等量饱和度调整，因此使用此滑块可能导致图像的局部颜色过饱和。

使用此命令调整人像照片时，可以防止人像的肤色过度饱和。

实例：自然强化风景照的饱和度

（1）打开随书所附光盘中的文件“第6章\6.2.5-实例：自然强化风景照的饱和度-素材.jpg”，如图6-54所示。

图6-54 素材图像

（2）选择“图像”|“调整”|“自然饱和度”命令，设置弹出的对话框如图6-55所示，单击“确定”按钮退出对话框，得到的效果如图6-56所示。

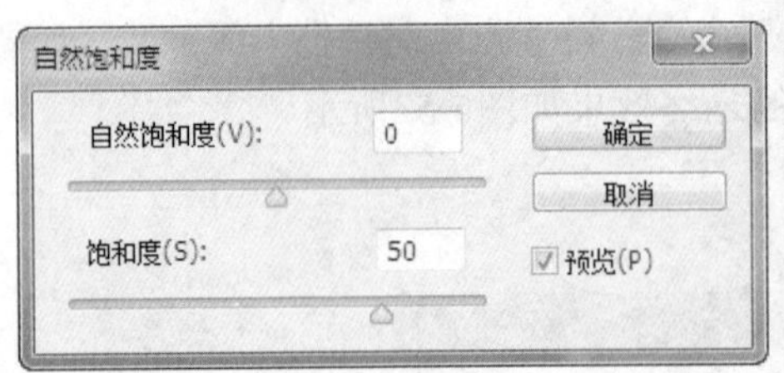

图6-55 “自然饱和度”对话框

图6-56 最终效果

6.2.6 “照片滤镜”命令

“照片滤镜”可以模拟传统光学滤镜特效，调整图像的色调，使其具有暖色调或冷色调，也可以根据实际情况自定义其他的色调。选择“图像”|“调整”|“照片滤镜”命令，则弹出如图6-57所示的对话框。

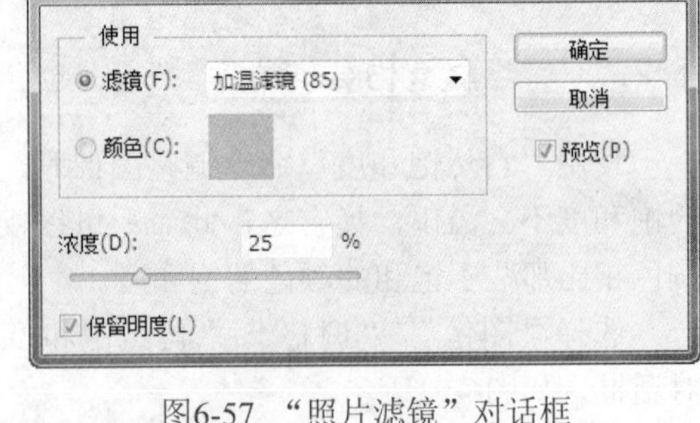

图6-57 “照片滤镜”对话框

“照片滤镜”对话框中的各参数解释如下：

- 滤镜：在该下拉菜单中包含有多个预设选项，可以根据需要选择合适的选项，以对图像进行调节。
- 颜色：单击该色块，在弹出的“拾色器（照片滤镜颜色）”对话框中可以自定义一种颜色，做为图像的色调。
- 浓度：拖动滑块条以便调整应用于图像的颜色数量，该数值越大，应用的颜色调整越大。
- 保留明度：在调整颜色的同时保持原图像的亮度。

实例：改变照片的滤镜效果

图6-58 原图像

（1）打开随书所附光盘中的文件“第6章\6.2.6-实例：改变照片的滤镜效果-素材.jpg”，如图6-58所示。

（2）选择“图像”|“调整”|“照片滤镜”命令，设置弹出的对话框如图6-59所示。

（3）单击“确定”按钮退出对话框，得到的最终效果如图6-60所示。

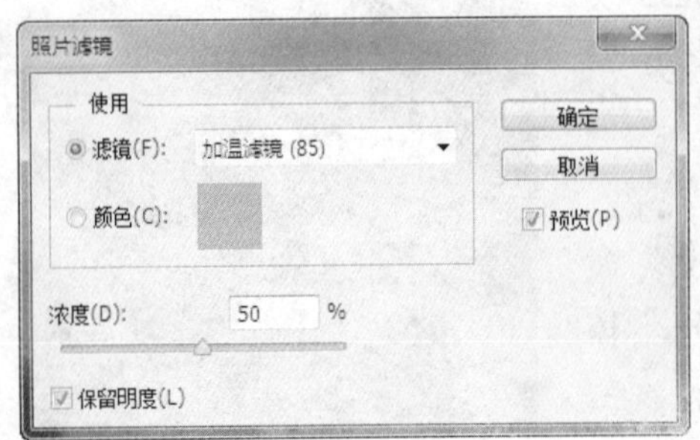

图6-59 “照片滤镜”对话框

图6-60 最终效果

6.2.7 “渐变映射”命令

使用“图像”|“调整”|“渐变映射”命令可以将指定的渐变色映射到图像的全部色阶中，从而得到一种具有彩色渐变的图像效果，此命令的对话框如图6-61所示。

此命令的使用方法较为简单，只需在对话框中选择合适的渐变类型即可。如果需要反转渐变，可以选择“反向”命令。

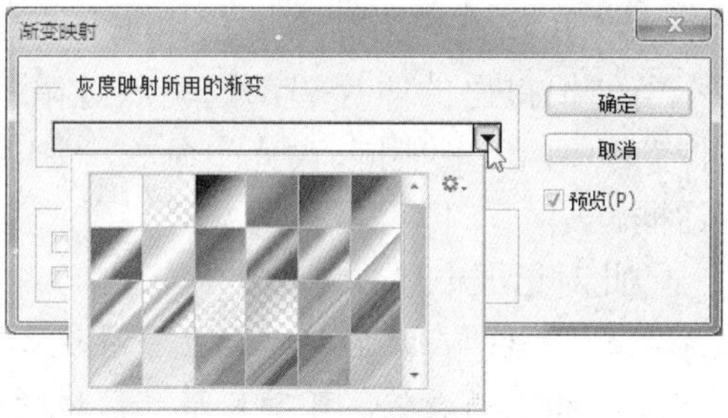

图6-61 “渐变映射”对话框

实例：自定义照片色彩的叠加

（1）打开随书所附光盘中的文件“第6章\6.2.7-实例：自定义照片色彩的叠加-素材.jpg”，如图6-62所示。

（2）选择“图像”|“调整”|“渐变映射”命令，在弹出的对话框中单击渐变类型选择框，在弹出的“渐变编辑器”对话框中自定义渐变的类型，如图6-63所示。

图6-62 素材图像

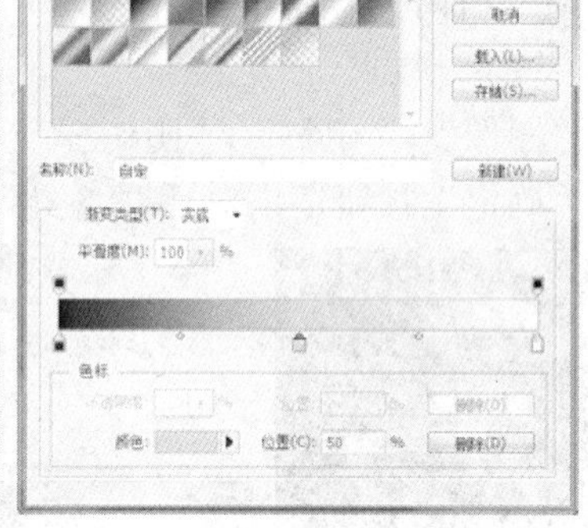

图6-63 “渐变编辑器”对话框

提示：

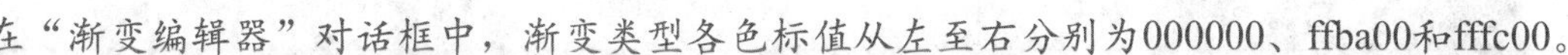

在“渐变编辑器”对话框中，渐变类型各色标值从左至右分别为000000、ffba00和fffc00。

（3）单击“确定”按钮退出返回到“渐变映射”对话框，单击“确定”按钮退出对话框即可。图6-64所示为本例的最终效果，图6-65所示为应用不同的渐变映射后的效果。

图6-64 最终效果

图6-65 应用不同渐变映射后的效果

01 chapter P1—P12
02 chapter P13—P34
03 chapter P35—P50
04 chapter P51—P84
05 chapter P85—P104
06 chapter P105—P136
07 chapter P137—P162
08 chapter P163—P180
09 chapter P181—P194
10 chapter P195—P208
11 chapter P209—P220
12 chapter P221—P240
13 chapter P241—P254
14 chapter P255—P278
A chapter P279—P289

6.2.8 "阴影/高光"命令

"阴影/高光"命令专门用于处理在摄影中由于用光不当使拍摄出的照片局部过亮或过暗的照片。选择"图像"|"调整"|"阴影/高光"命令，弹出如图6-66所示的对话框。

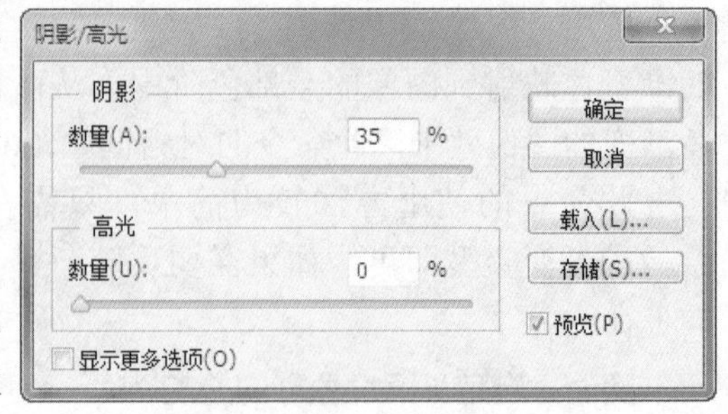

图6-66 "阴影/高光"对话框

此对话框中参数说明如下。

- 阴影：在此拖动"数量"滑块或在此文本框中输入相应的数值，可改变暗部区域的明亮程度，其中数值越大即滑块的位置越偏向右侧，则调整后的图像的暗部区域也相应越亮。
- 高光：在此拖动"数量"下方的滑块或在此文本框中输入相应的数值，即可改变高亮区域的明亮程度，其中数值越大即滑块的位置越偏向右侧，则调整后高亮区域也会相应变暗。

实例：恢复照片阴影中的细节

（1）打开随书所附光盘中的文件"第6章\6.2.8-实例：恢复照片阴影中的细节-素材.jpg"，如图6-67所示。

（2）选择"图像"|"调整"|"阴影/高光"命令，设置弹出的对话框如图6-68所示。

（3）单击"确定"按钮退出对话框，得到的最终效果如图6-69所示。

图6-67 素材图像

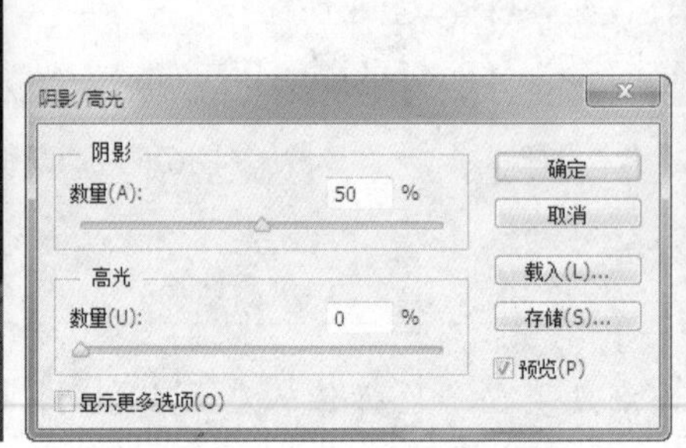

图6-68 "阴影/高光"对话框

图6-69 最终效果

6.2.9 "色彩平衡"命令

使用"颜色平衡"命令可以在图像或选择区中，增加或减少处于高亮度色\中间色及阴影色区域中特定的颜色。

选择"图像"|"调整"|"色彩平衡"命令，将弹出如图6-70所示的对话框。

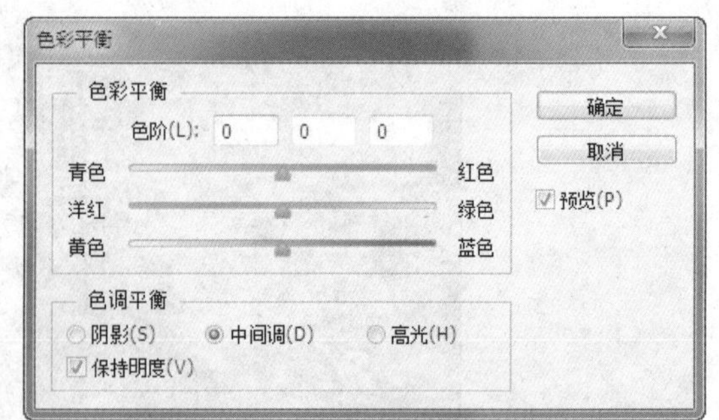

图6-70 "色彩平衡"对话框

在"色彩平衡"对话框中，有如下选项可调整图像的颜色平衡。

- 颜色调节滑块：颜色调节滑块区显示互补的

CMYK和RGB色。在调节时可以通过拖动滑块增加该颜色在图像中的比例，同时减少该颜色的补色在图像中的比例。例如，要减少图像中的蓝色，可以将“蓝色”滑块向“黄色”方向拖动。

- 阴影、中间调、高亮：选中对应的按钮，然后用拖动滑块可以调整图像中这些区域的颜色值。
- 保持明度：选中“保持明度”复选框，可以保持图像的亮调。即在操作时只有颜色值可被改变，像素的亮度值不可改变。

实例：铁质人像调整成为黄铜质感

（1）打开随书所附光盘中的文件“第6章\6.2.9-实例：铁质人像调整成为黄铜质感-素材.tif”，如图6-71所示。

（2）综合使用各种选择方法，将图像中的人像选择出来，如图6-72所示。

图6-71 素材图像　　图6-72 选择出人像

（3）选择“图像”|“调整”|“色彩平衡”命令，分别选取“阴影”、“中间调”、“高光”3个选项，分别设置对话框中的参数如图6-73所示。

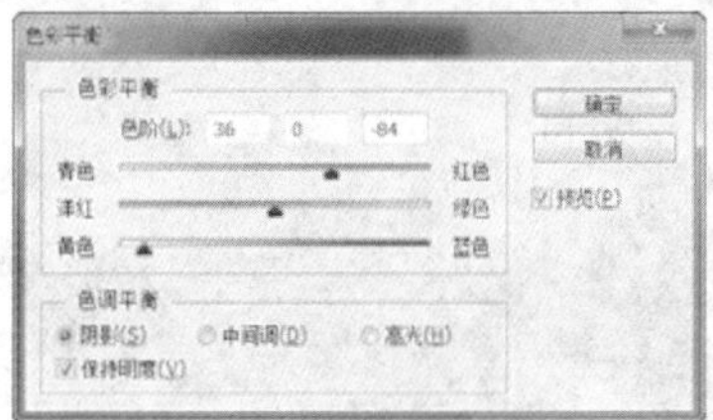

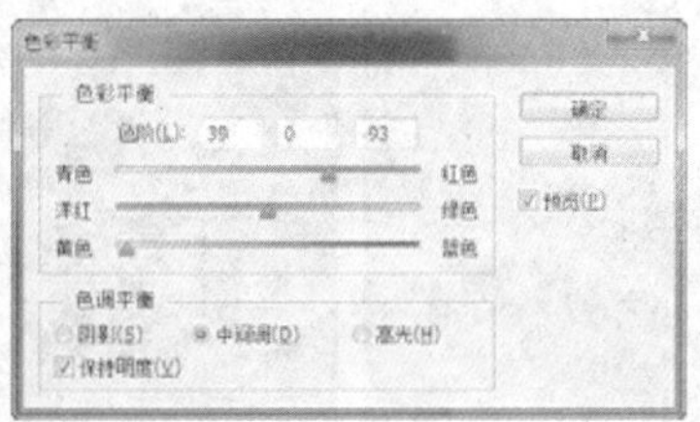

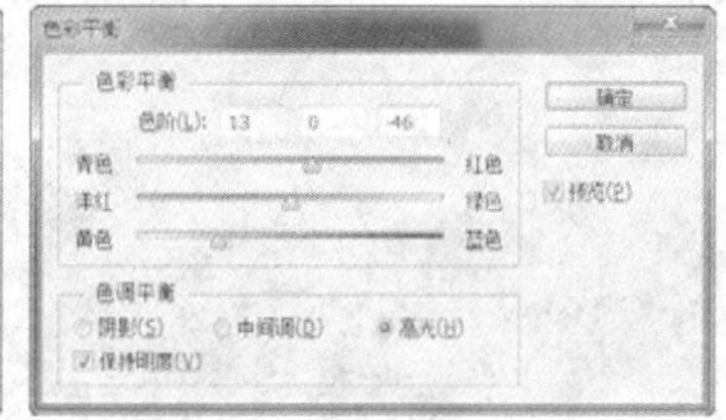

图6-73 设置“色彩平衡”对话框

（4）单击“确定”按钮退出对话框，按Ctrl+D键取消选择区域，得到如图6-74所示的效果。

图6-74 调整后的效果

6.2.10 “黑白”命令

“黑白”命令可以将图像处理成为灰度图像效果，也可以选择一种颜色，将图像处理成为单一色彩的图像。

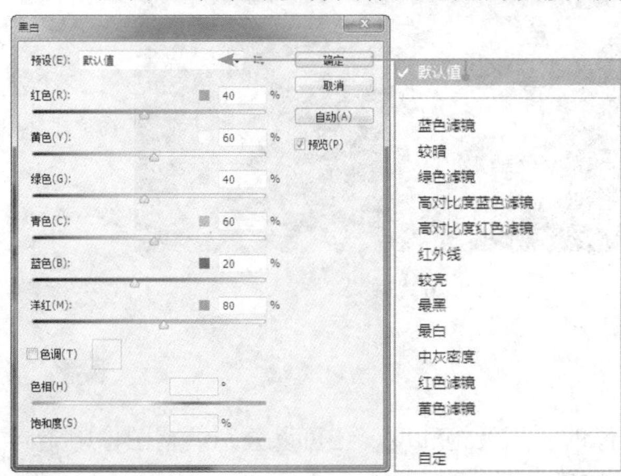

图6-75 “黑白”对话框

选择“图像”|“调整”|“黑白”命令，即可调出如图6-75所示的对话框。

在“黑白”对话框中，各参数的解释如下。

- 预设：在此下拉菜单中，可以选择Photoshop自带的多种图像处理方案，从而将图像处理成为不同程度的灰度效果。
- 颜色设置：在对话框中间的位置，存在着6个滑块，分别拖动各个滑块，即可对原图像中对应

01 chapter P1–P12
02 chapter P13–P34
03 chapter P35–P50
04 chapter P51–P84
05 chapter P85–P104
06 chapter P105–P136
07 chapter P137–P162
08 chapter P163–P180
09 chapter P181–P194
10 chapter P195–P208
11 chapter P209–P220
12 chapter P221–P240
13 chapter P241–P254
14 chapter P255–P278
A chapter P279–P289

色彩的图像进行灰度处理。

- 色调：选择该选项后，对话框底部的2个色条及右侧的色块将被激活，如图6-76所示。其中2个色条分别代表了“色相”与“饱和度”，在其中调整出一个要叠加到图像上的颜色，即可轻松地完成对图像的着色操作；另外，也可以直接单击右侧的颜色块，在弹出的“拾色器（色调颜色）”对话框中选择一个需要的颜色即可。

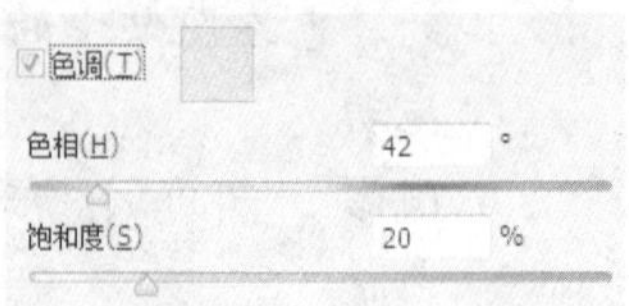

图6-76 激活后的色彩调整区

实例：快速制作黑白照片

（1）打开随书所附光盘中的文件“第6章\6.2.10-实例：快速制作黑白照片-素材.jpg”，如图6-77所示。

（2）选择“图像”|“调整”|“黑白”命令，在弹出的对话框中直接单击“确定”按钮退出，用默认的设置制作黑白照片，如图6-78所示。

图6-77 素材图像

图6-78 应用“黑白”命令后的效果

（3）选择“图像”|“调整”|“亮度/对比度”命令，设置弹出的对话框如图6-79所示，得到如图6-80所示的最终效果。

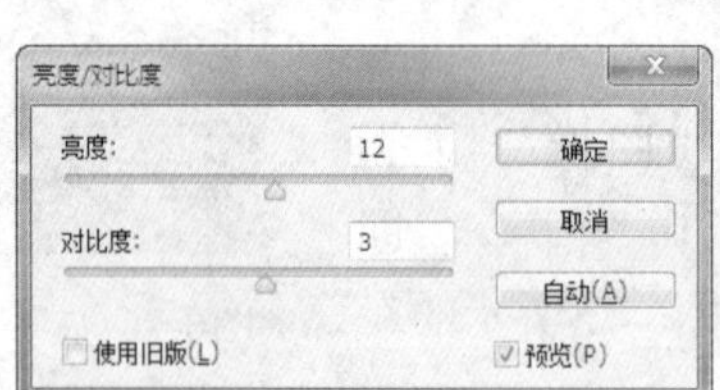

图6-79 “亮度/对比度”对话框

图6-80 最终效果

6.2.11 “色相/饱和度”命令

利用“色相/饱和度”命令不但可以调整整幅图像的色相及饱和度，还可以分别调整图像中不同颜色的色相及饱和度，或为图像着色，使图像成为一幅单色调图像。

选择“图像”|“调整”|“色相/饱和度”命令，即可显示图6-81所示的“色相/饱和度”对话框。

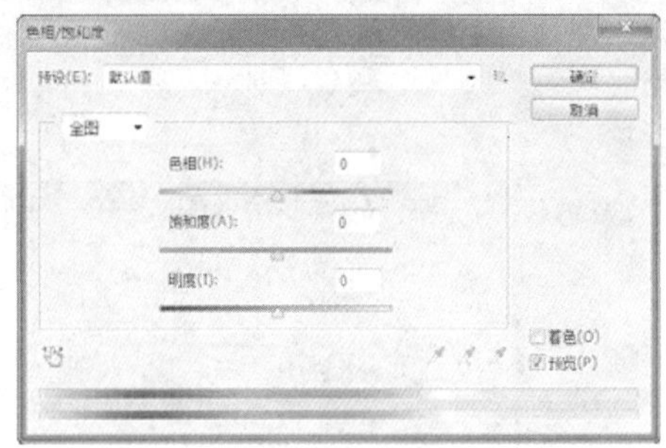

图6-81 “色相/饱和度”对话框

对话框中各参数及选项的意义如下所述。

- 调整目标：如果在该下拉列表中选择“全图”选项，则同时对图像中的所有颜色进行调整；如果选择“红色”、“黄色”、“绿色”、“青色”、“蓝色”或“洋红”选项中的一个，则仅对图像中相对应的颜色进行调整。
- 着色：勾选该复选框，可以将图像调整为一种单色调效果。
- 色带：在“色相/饱和度”对话框底部显示了两条色带，位于上面的一条是原色带，它在调整颜色的过程中是不变的，而下面的一条是调整后的色带，它会随着颜色的变化而变化。
- 拖动调整工具：在对话框中单击选中此工具后，在图像中单击某一种颜色，并在图像中向左或向右拖动，可以减少或增加包含所单击像素的颜色范围的饱和度；如果在执行此操作时按住了Ctrl键，则左右拖动可以改变相对应区域的色相。与前面讲解的“曲线”对话框中的“拖动调整工具”类似，此处的工作也是不同操作方式、但调整原理相同的一个替代功能，读者可以在后面学习了此命令基本的颜色调整方法后，再尝试使用此工具对图像颜色进行调整。

提示：

图像调整工具大大简化了参数调整操作，建议各位读者在实际操作中优先考虑使用。

如果选择的不是“全图”选项，颜色条则显示对应的颜色区域，如图6-82所示。

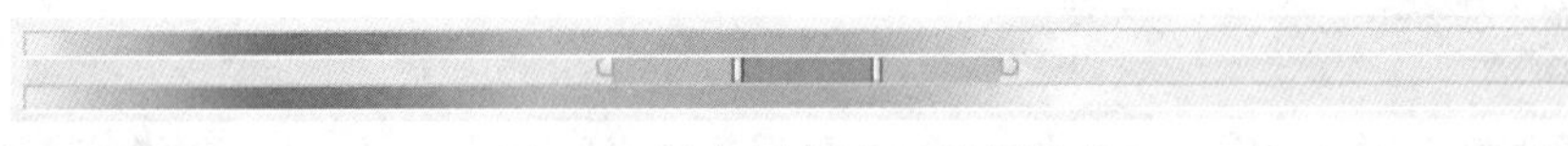

图6-82 具有颜色选区的颜色条

如果使用色相调节滑块作出调整并将颜色条拖到一个新的范围，下面的色条则会在色盘中移动，以标定新的调整颜色。

实例：更换照片色彩

（1）打开随书所附光盘中的文件“第6章\6.2.11-实例：更换照片色彩-素材.jpg”，如图6-83所示。

（2）调整色相。选择“图像”|“调整”|“色相/饱和度”命令，设置弹出对话框中的参数如图6-84和图6-85所示，得到如图6-86所示的效果。

图6-83 素材图像

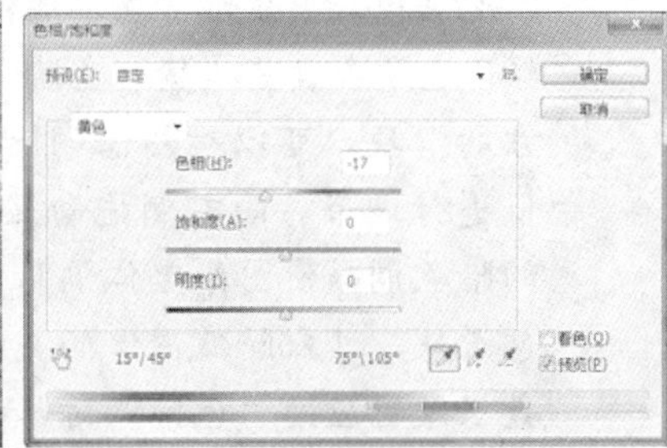

图6-84 “黄色”选项

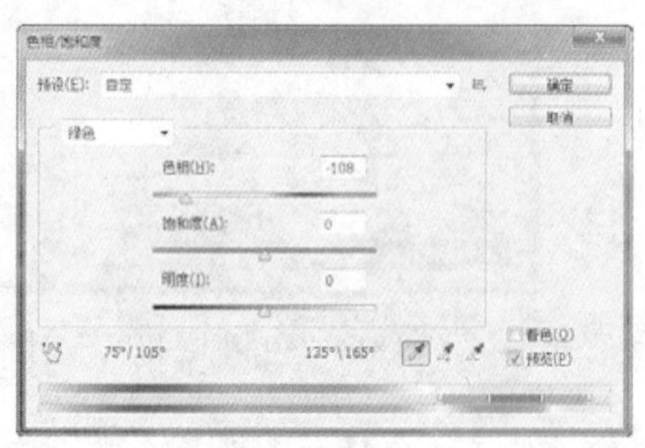

图6-85 “绿色”选项

图6-86 应用“色相/饱和度”命令后的效果

（3）调整亮度及对比度。选择“图像”|“调整”|“亮度/对比度”命令，设置弹出的对话框如图6-87所示，得到如图6-88所示的最终效果。

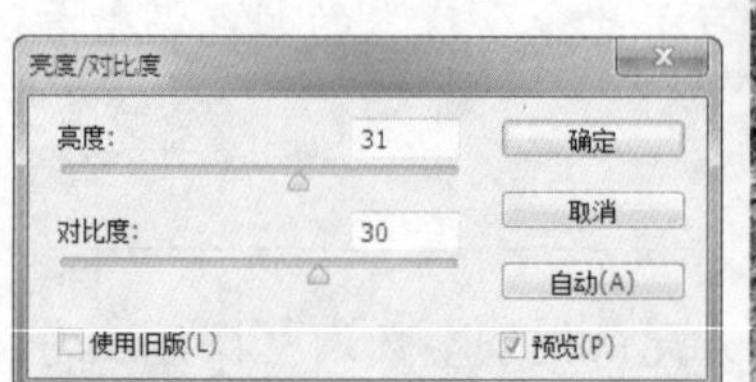

图6-87 “亮度/对比度”对话框

图6-88 最终效果

6.2.12 “色阶”命令

“图像”|“调整”|“色阶”命令是一个非常强大的调整命令，使用此命令可以对图像的色调、亮度进行调整。选择“图像”|“调整”|“色阶”命令，将弹出如图6-89所示的对话框。

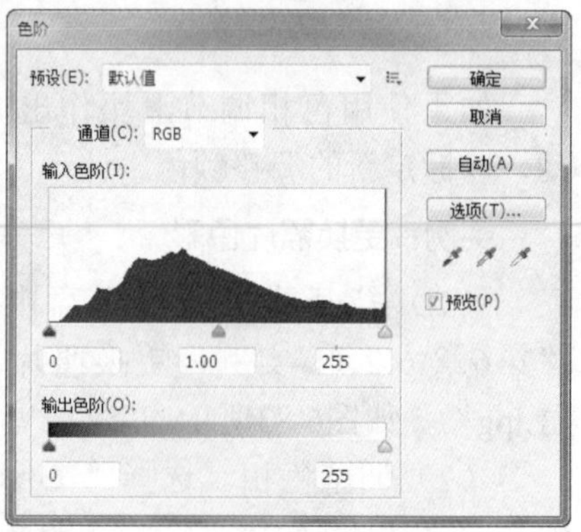

图6-89 “色阶”对话框

对话框中各参数及选项的意义如下所述。

- 通道：在“通道”下拉菜单中可以选择一个通道，从而使色阶调整工作基于该通道进行，此处显示的通道名称依据图像颜色模式而定，RGB模式下显示红、绿、蓝，CMYK模式下显示青色、洋红、黄色、黑色。
- 输入色阶：设置“输入色阶”文本框中的数值或拖动其下方的滑块，可以对图像的暗色调、高亮色和中间色的数值进行调节。向右侧拖动黑色滑块，可以增加图像颜色的暗色调，使图像整体偏暗。图6-90所示为原图像及对应的“色阶”对话框，向右侧拖动黑色滑块，可以降低图像的亮度使图像整体发暗，图6-91所示为向右侧拖动黑色滑块后的图像效果及对应的“色阶”对话框。向左侧拖动白色滑块，可提高图像的亮度使图像整体发亮，图6-92所示为向左侧拖动白色滑块后的图像效果及对应的色阶对话框。对话框中的灰色滑块代表图像的中间色调，向右拖动此滑块可使图像整体变暗，向左拖动可使图像整体变亮。

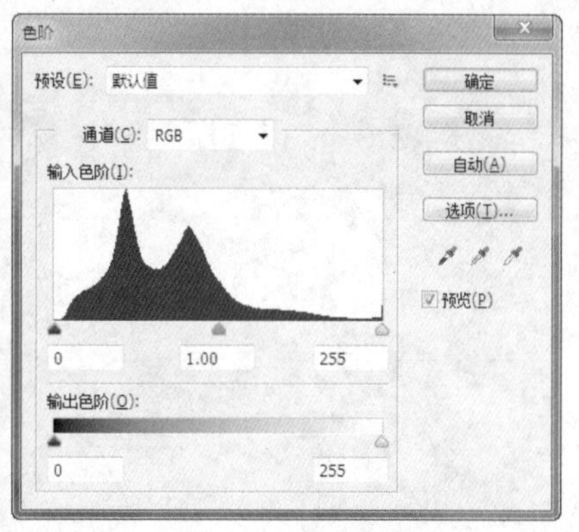

（a） （b）

图6-90 原图像及其“色阶”对话框

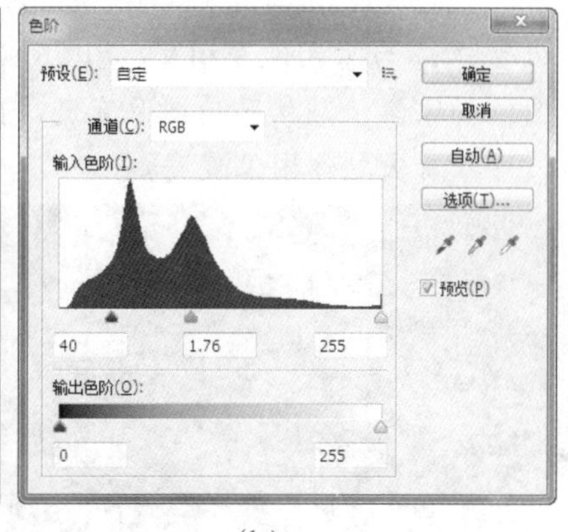

（a） （b）

图6-91 向右侧拖动黑色滑块后的图像效果及其“色阶”对话框

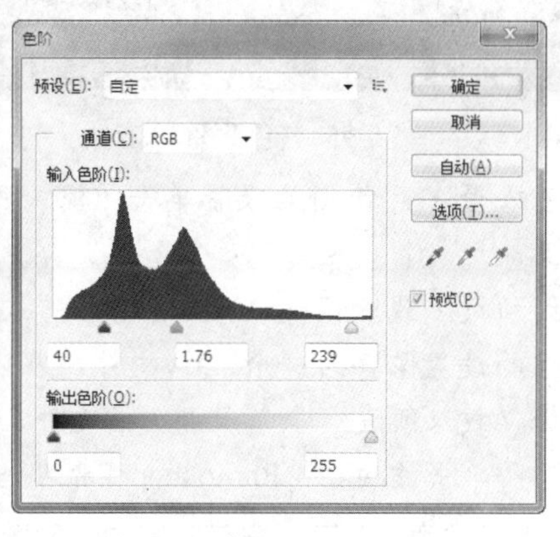

（a） （b）

图6-92 向左侧拖动白色滑块后的图像效果及其“色阶”对话框

- 输出色阶：设置“输出色阶”文本框中的数值或拖动其下方的滑块，可以减少图像的白色与黑色，从而降低图像的对比度。向右拖动黑色小三角滑块可以减少图像中的暗色调从而加亮图像；向左拖动白色小三角滑块，可以减少图像中的高亮色，从而加暗图像。
- 黑色吸管：使用该吸管在图像中单击，Photoshop将定义单击处的像素为黑点，并重新分布图像的像素，从而使图像变暗。图6-93所示为黑色吸管单击处，图6-94所示为单击后的效果，

可以看出整体图像变暗。

图6-93 黑色吸管单击处

图6-94 单击后的效果

- 白色吸管：与黑色吸管相反，Photoshop将定义使用白色吸管单击处的像素为白点，并重新分布图像的像素值，从而使图像变亮。图6-95所示为白色吸管单击处，图6-96所示为单击后的效果，可以看出整体图像变亮。

图6-95 白色吸管单击处

图6-96 单击后的效果

- 灰色吸管：使用此吸管单击图像，可以从图像中减去此单击位置的颜色，从而校正图像的色偏。
- 存储预设 / 载入预设：单击“预设”右侧的按钮，选择“存储预设”命令，可以将当前对话框的设置保存为一个*.alv文件，在以后的工作中如果遇到需要进行同样设置的图像，可以选择“载入预设”命令，调出该文件，以自动调整对话框的设置。
- 自动：单击该按钮，Photoshop可根据当前图像的明暗程度自动调整图像。

实例：使用“色阶”预设显示阴影中的图像

（1）打开随书所附光盘中的文件“第6章\6.2.12-实例：使用“色阶”预设显示阴影中的图像-素材.jpg”，如图6-97所示。

（2）提亮图像。选择“图像”|“调整”|“色阶”命令，设置弹出的对话框如图6-98所示，得到的效果如图6-99所示。

图6-97 素材图像

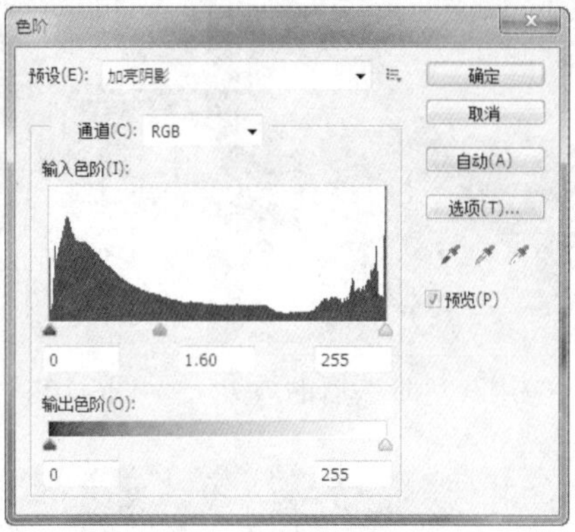

图6-98 “色阶”对话框

提示：

此时，观看由“色阶”预设中的“加亮阴影”选项调整后的图像可以看出，阴影部分已显亮，但效果还不够突出，下面继续调整“色阶”对话框中的参数，来解决这个问题。

（3）在“色阶”对话框中调整“输入色阶”栏中的参数，如图6-100所示，得到如图6-101所示的效果。

图6-99 应用“加亮阴影”后的效果

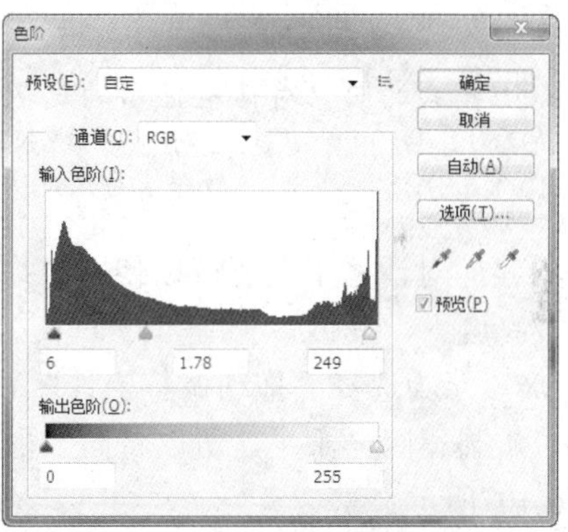

图6-100 “色阶”对话框中调整“输入色阶”栏中的参数

提示：

下面利用“自然饱和度”命令使调整后的图像色彩更加鲜艳。

（4）选择“图像”|“调整”|“自然饱和度”命令，设置弹出的对话框如图6-102所示，得到的最终效果如图6-103所示。

图6-101 应用“色阶”后的效果

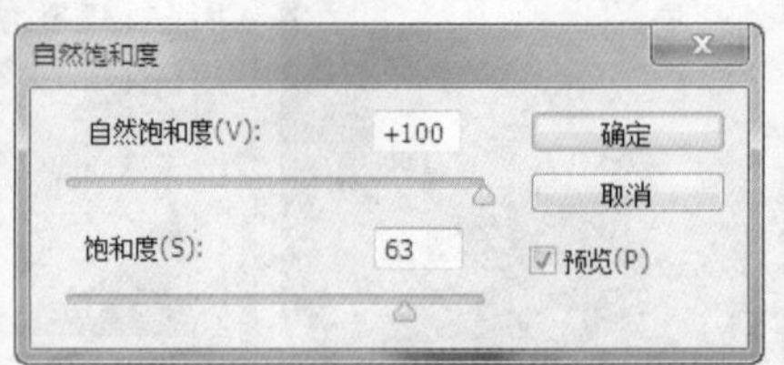

图6-102 “自然饱和度”对话框

图6-103 最终效果

6.2.13 “曲线”命令

与“色阶”调整方法一样，使用“曲线”可以调整图像的色调与明暗度，与“色阶”命令不同的是，“曲线”命令可以精确调整高光、阴影和中间调区域中任意一点的色调与明暗。

选择“图像”|“调整”|“曲线”命令，将显示图6-104所示的“曲线”调整对话框。

在此对话框中最重要的工作是调节曲线，曲线的水平轴表示像素原来的色值，即输入色阶，垂直轴表示调整后的色值，即输出色阶。

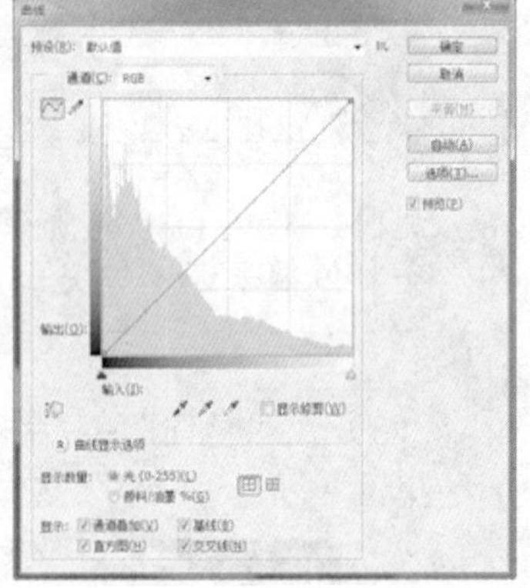

图6-104 “曲线”对话框

提示：

对于RGB模式的图像对话框显示的是从0～255的亮度值，其中阴影（数值为0）位于左边，而对于CMYK模式的图像对话框显示的是0～100的百分数，高光（数值为0）在左边。

在“曲线”对话框中，还可以使用“拖动调整工具”，在图像中通过拖动的方式快速调整图像的色彩及亮度。

图6-105所示为选择“拖动调整工具”后在要调整的图像位置摆放光标时的状态，由于当前摆放光标的位置显得曝光不足，所以将向上拖动光标以提亮图像，如图6-106所示，此时的“曲线”对话框如图6-107所示。

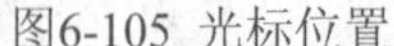

图6-105 光标位置

图6-106 向上拖动提亮图像

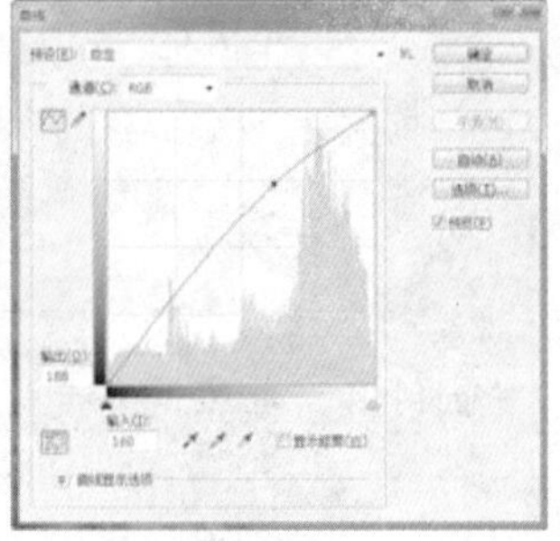

图6-107 “曲线”对话框

在上面处理图像的基础上，再将光标置于阴影区域要调整的位置，如图6-108所示，按照前面所述的方法，此时将向下拖动光标以调整阴影区域，如图6-109所示，此时的“曲线”对话框如图6-110所示。

图6-108 光标位置

图6-109 向下拖动提亮图像

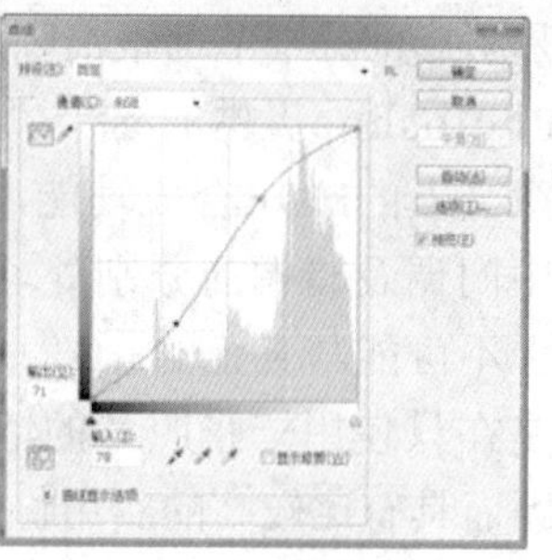

图6-110 “曲线”对话框

实例：调整照片曝光高级技法

（1）打开随书所附光盘中的文件“第6章\6.2.13-实例：调整照片曝光高级技法-素材.png”，如图6-111所示。确定需要调整的区域，在此数码照片中需要将暗部区域适当加亮。

图6-111 素材图像

（2）选择“图像”|“调整”|“曲线”命令，弹出“曲线”对话框，由于本例需要调整不同部分的亮部，因此在“通道”下拉列表中分别调整红、绿、蓝通道，如图6-112所示，得到如图6-113所示的效果。

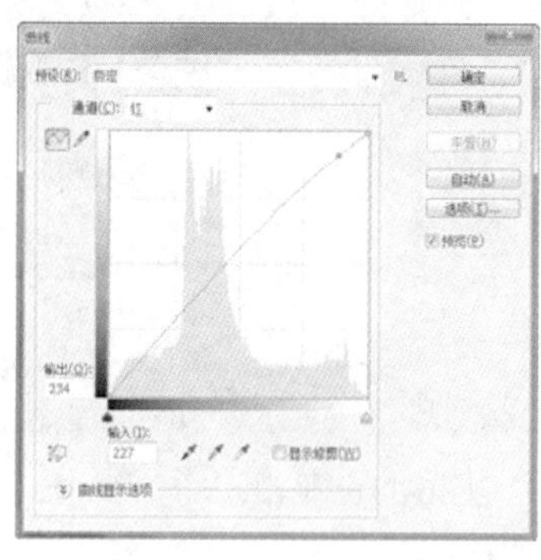

（a）

（b）

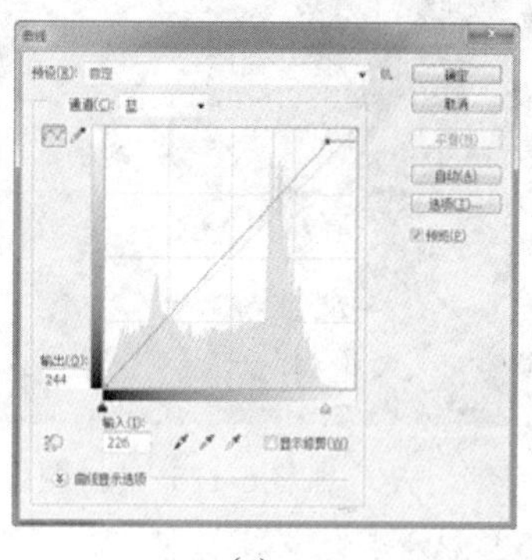

（c）

图6-112 “曲线”对话框

图6-113 最终效果

6.2.14 “HDR色调”命令

HDR是近年来一种极为流行的摄影表现手法，或者更准确地说，它是一种后期图像处理技术，而所谓的HDR，英文全称为High-Dynamic Range，指“高动态范围”，简单来说，就是让照片无论高

01 chapter P1–P12
02 chapter P13–P34
03 chapter P35–P50
04 chapter P51–P84
05 chapter P85–P104
06 chapter P105–P136
07 chapter P137–P162
08 chapter P163–P180
09 chapter P181–P194
10 chapter P195–P208
11 chapter P209–P220
12 chapter P221–P240
13 chapter P241–P254
14 chapter P255–P278
A chapter P279–P289

光还是阴影部分细节都很清晰。

Photoshop提供的这个“HDR色调”命令，其实并非具有真正意义上的HDR合成功能，而是在同一张照片中，通过对高光、中间调及暗调的分别处理，模拟得到类似的效果，当然在细节上不可能与真正的HDR照片作品相提并论，但其最大的优点就是在只使用一张照片的情况下，就可以合成得到不错的效果，因而具有比较高的实用价值。

选择“图像”|“调整”|“HDR色调”命令，即可调出其对话框，如图6-114所示。

与其他大部分图像调整命令相似，此命令也提供了预设调整功能，选择不同的预设能够调整得到不同的HDR照片结果。以图6-115所示的原图像为例，图6-116~图6-118所示就是几种不同的调整结果。

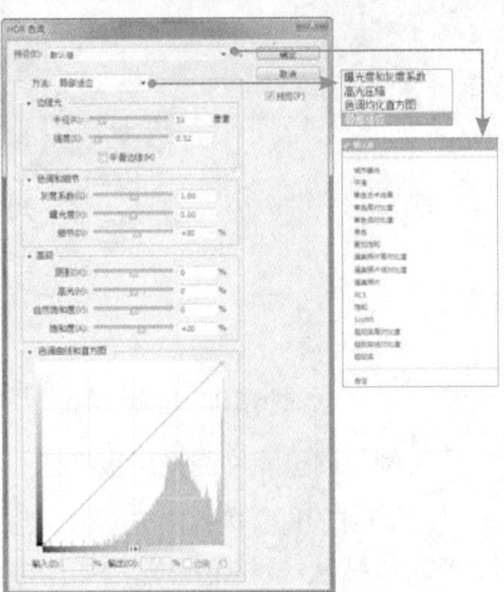

图6-114 “HDR色调”对话框

图6-115 素材图像

图6-116 平滑

图6-117 逼真照片

图6-118 超现实低对比度

实例：使用单张照片进行HDR合成

（1）打开随书所附光盘中的文件“第6章\6.2.14-实例：使用单张照片进行HDR合成-素材.jpg”，如图6-119所示。选择“图像”|“调整”|“HDR 色调”命令，弹出如图6-120所示的对话框。

图6-119 素材图像

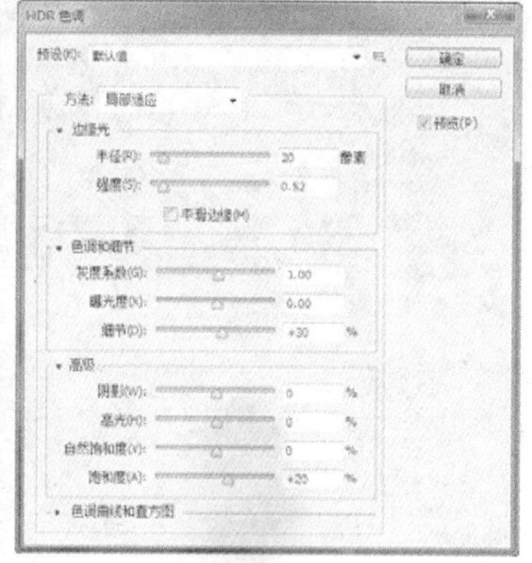

图6-120 “HDR 色调”对话框

（2）在“HDR 色调”对话框中设置“半径”参数，如图6-121所示，以扩大发光的范围，此时图像效果如图6-122所示。

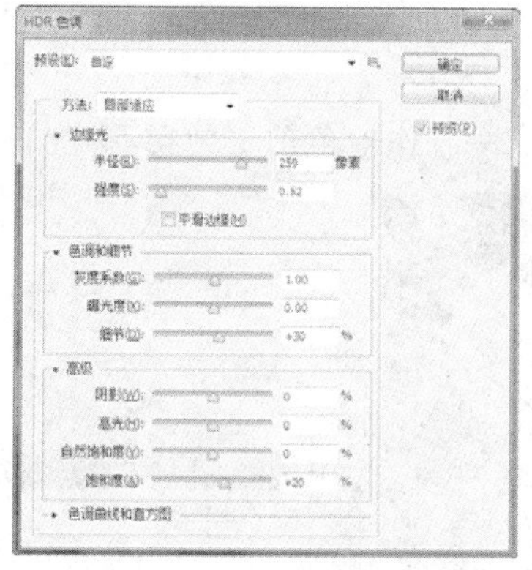

图6-121 设置“半径”参数

图6-122 扩大发光范围的图像效果

（3）调整色调和细节。在“色调和细节”参数设置区域中，分别向右拖动“灰度系数”和“细节”滑块，如图6-123所示，以降低图像的亮度、显示更多的细节内容，此时图像效果如图6-124所示。

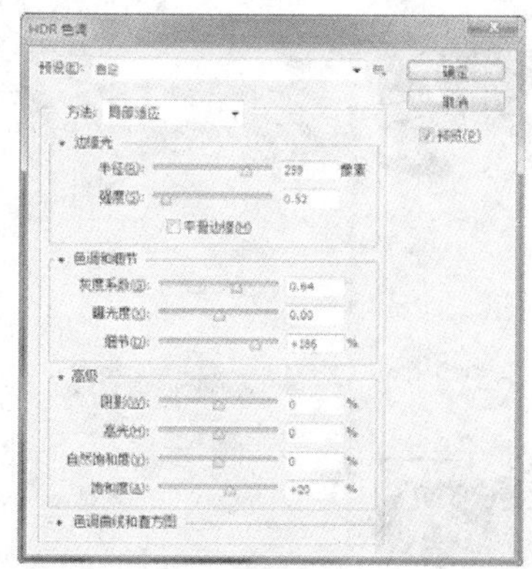

图6-123 设置“灰度系数”和“细节”参数

图6-124 调整亮度及细节

（4）最后，在“颜色”参数设置区域中，向右拖动“自然饱和度”滑块，如图6-125所示，从而获得更加柔和自然的图像饱和度效果，如图6-126所示。

01 chapter P1—P12
02 chapter P13—P34
03 chapter P35—P50
04 chapter P51—P84
05 chapter P85—P104
06 chapter P105—P136
07 chapter P137—P162
08 chapter P163—P180
09 chapter P181—P194
10 chapter P195—P208
11 chapter P209—P220
12 chapter P221—P240
13 chapter P241—P254
14 chapter P255—P278
A chapter P279—P289

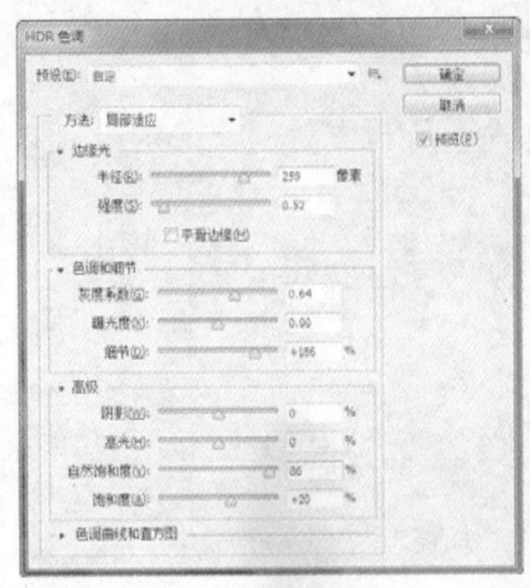

图6-125 设置“自然饱和度”参数

图6-126 最终效果

6.3 拓展训练

拓展训练1——制作双色剪影效果

（1）打开随书所附光盘中的文件“第6章\6.3-拓展训练1——制作双色剪影效果-素材.jpg”，如图6-127所示。

（2）制作黑白图像。选择“图像”|“调整”|“阈值”命令，设置弹出的对话框如图6-128所示，得到如图6-129所示的效果。

图6-127 素材图像

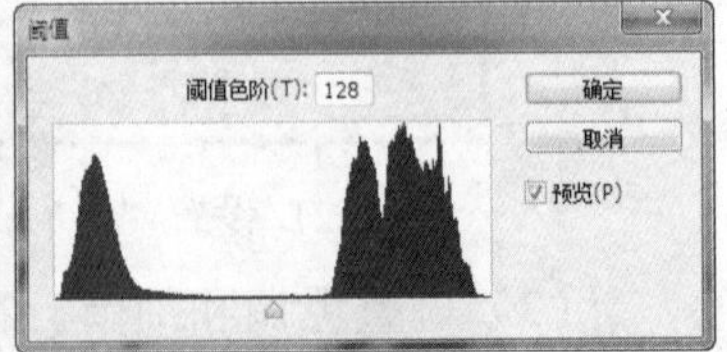

图6-128 “阈值”对话框

（3）制作双色效果。选择“图像”|“调整”|“渐变映射”命令，在弹出的对话框中单击渐变显示框，设置弹出的“渐变编辑器”对话框如图6-130所示。

图6-129 应用“阈值”后的效果

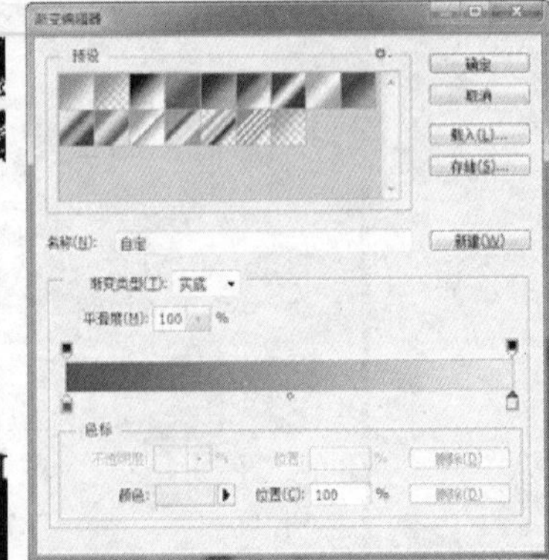

图6-130 “渐变编辑器”对话框

提示：

在“渐变编辑器”对话框中，渐变类型为“从522f1b到ede6c1”。

（4）单击“确定”按钮退出“渐变编辑器”对话框，返回到“渐变填充”对话框，单击“确定”按钮退出对话框，得到如图6-131所示的最终效果。

图6-131 最终效果

拓展训练2——校正色彩平淡的相片

（1）打开随书所附光盘中的文件“第6章\6.3-拓展训练2——校正色彩平淡的相片-素材.jpg”，如图6-132所示。

图6-132 素材图像

（2）调整阴影。选择“图像”|“调整”|“阴影/高光”命令，设置弹出的对话框如图6-133所示，单击“确定”按钮退出对话框，得到的效果如图6-134所示。

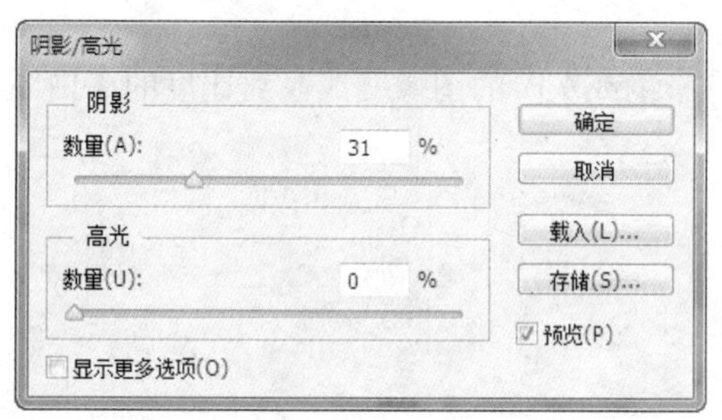

图6-133 “阴影/高光”对话框

图6-134 应用“阴影/高光”命令后的效果

（3）调整亮度、对比度。选择“图像”|“调整”|“亮度/对比度”命令，设置弹出的对话框如图6-135所示，得到的效果如图6-136所示。

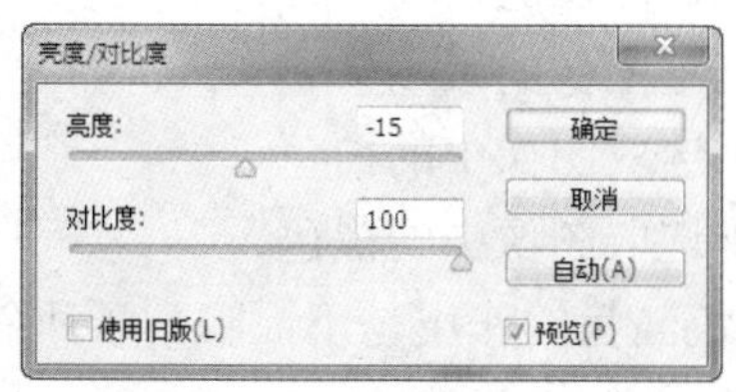

图6-135 “亮度/对比度”对话框 图6-136 应用“亮度/对比度”命令后的效果

（4）调整自然饱和度。选择“图像”|“调整”|“自然饱和度”命令，设置弹出的对话框如图6-137所示，得到的最终效果如图6-138所示。

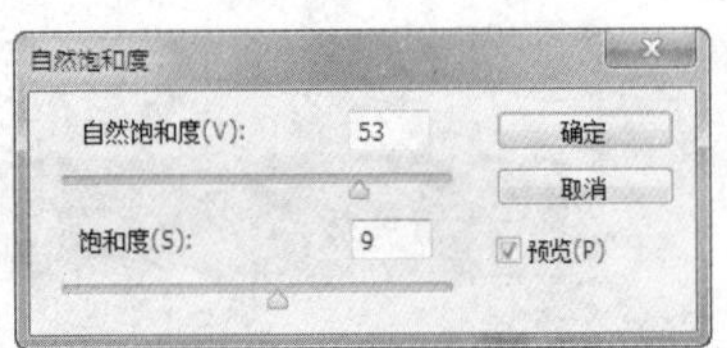

图6-137 “自然饱和度”对话框

图6-138 最终效果

6.4 课后练习

1. 单选题

（1）在Photoshop中“图像”|“调整”|“去色”命令的含义是下列哪一项。（ ）

A. 将图像中所有颜色的色相值设置为0

B. 将图像中所有颜色的亮度设置为0

C. 将图像中所有颜色的饱和度设置为0

D. 以上答案都不对

（2）在不改变图像色彩模式的情况下，要将彩色或灰阶的图像变成高对比度的黑白图像，可以用下面哪一个命令。（ ）

A. “图像”|“调整”|“色相/饱和度”命令

B. “图像”|“调整”|“位图”命令

C. “图像”|“调整”|“阈值”命令

D. “图像”|“调整”|“去色”命令

（3）若想同时调整图像的色相、饱和度和明度，应用执行哪一个命令？（ ）

A. “图像”|“调整”|“色彩平衡”命令

B. “图像”|“调整”|“对比度”命令

C. “图像”|“调整”|“色相/饱和度”命令

D. 以上答案都不对

（4）在“图像”|“调整”|“色阶”对话框中，黑白滴管的作用分别是下面哪一项所叙述的？（ ）

A. 黑色滴管用于确定图像的黑场，白色滴管用于确定图像的白场

B. 黑色滴管用于确定图像的白场，白色滴管用于确定图像的黑场

C. 黑色滴管用于选取图像中的黑色，白色滴管用于选取图像中的白色

D. 黑色滴管用于选取图像中的白色，白色滴管用于选取图像中的黑色

（5）在“图像”|“调整”|“色阶”对话框中，灰色滴管的作用是下面哪一项所叙述的。（ ）

A. 此滴管可以确定图像的中色调

B. 用此滴管单击图像可以为图像填充灰色

C. 此滴管可以用于消除图像的偏色

D. 此滴管用于拾取灰色

（6）下面命令中对于无法正确确定图像最亮点与最暗点的是哪一项。（ ）

A. “图像”|“调整”|“色阶”命令能够确定最亮点与最暗点

B. “图像”|“调整”|“曲线”命令能够确定最亮点与最暗点

C. “图像”|“调整”|“色相/饱和度”命令能够确定最亮点与最暗点

D. 只有“色阶、曲线”命令能够确定最亮点与最暗点

2. 多选题

（1）下面的描述哪些是正确的？（ ）

A. 色相、饱和度和亮度是颜色的3种属性

B. 色相 / 饱和度命令具有基准色方式、色标方式和着色方式3种不同的工作形式

C. 替换颜色命令实际上相当于使用颜色范围与色相 / 饱和度命令来改变图像中局部的颜色变化

D. 色相的取值范围为-180°～180°

（2）在Photoshop CS6中，带有预设的调整命令包括。（ ）

A. 黑白　　B. 色相/饱和度　　C. 曲线　　D. 亮度 / 对比度

（3）色阶用于修整曝光不足（偏灰）的图像，可以调整其什么色阶？（ ）

A. 输入　　B. 输出　　C. 阈值　　D. 高光

（4）色彩平衡可以在彩色图像中改变颜色的混合，更改的色调平衡范围有哪些？（ ）

A. 对比度　　B. 阴影　　C. 中间调　　D. 高光

（5）在Photoshop CS6中，下列哪些命令不可以针对单一照片进行HDR合成。（ ）

A. 黑白　　B. HDR色调　　C. 去色　　D. 反相

（6）下列可以用于修复图像的工具包括。（ ）

A. 仿制图章工具　　B. 污点修复画笔工具　　C. 修复画笔工具　　D. 修补工具

3. 判断题

（1）“去色”命令可以去除图像颜色。（ ）

（2）“色调均化”命令可以用来调整色偏。（ ）

（3）减淡工具和“亮度/对比度”命令都可以提亮图像。（ ）

（4）使用“色相/饱和度”命令可以增加图像的对比度。（ ）

（5）“内容感知移动工具”可以智能地移动或复制图像到另外的地方。（ ）

4. 操作题

打开随书所附光盘中的文件“第6章\6.4-操作题-素材.jpg”，如图6-139所示。结合本章讲解的各种修复工具将人物的眼袋修除，如图6-140所示。制作完成后的效果可以参考随书所附光盘中的文件“第6章\6.4-操作题.jpg”。

图6-139 素材图像

图6-140 修复后的效果

第 7 章 创建与使用图层

本章导读

本章主要讲解Photoshop的核心功能之一——图层，其中包括图层的基础操作，如新建、选择、复制、改变图层顺序等，以及图层组、对齐和分布图层、智能对象图层、调整图层、图层样式等。

由于Photoshop中的任何操作都是基于图层的，因此本章是本书的重点章节之一，希望读者认真学习这一章的内容。

7.1 了解图层的概念

“图层”顾名思义就是图像的层次，在Photoshop中可以将图层想象成是一张张叠起来的透明胶片，如果图层上没有图像，就可以一直看到底下的图层，其示意图如图7-1所示。

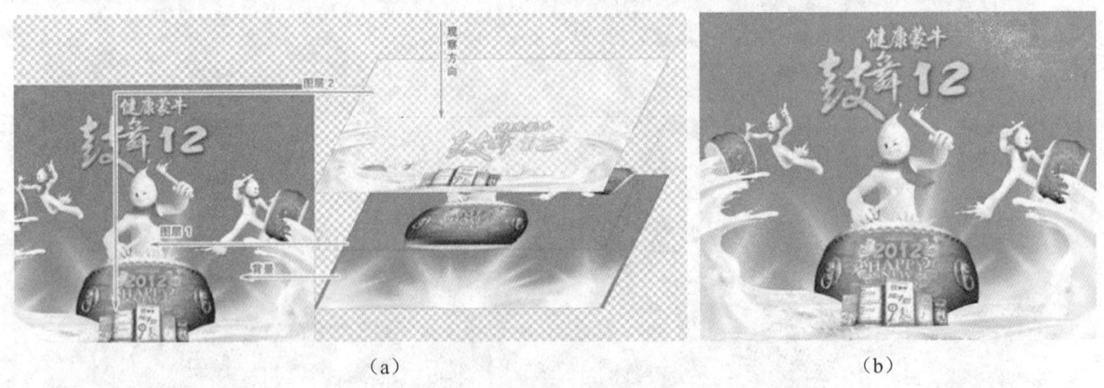

(a) (b)

图7-1 透明胶片示意图

使用图层绘图的优点在于，可以非常方便地在相对独立的情况下对图像进行编辑或修改，可以为不同胶片（即Photoshop中的图层）设置混合模式及透明度。可以通过更改图层的顺序和属性改变图像的合成效果，而且对其中的一个图层进行处理时，不会影响到其他图层中的图像。

如上所述，在Photoshop中透明胶片被称为图层。对应于如图7-1所示的分层胶片，实际上就是不同的图层，如图7-2所示。

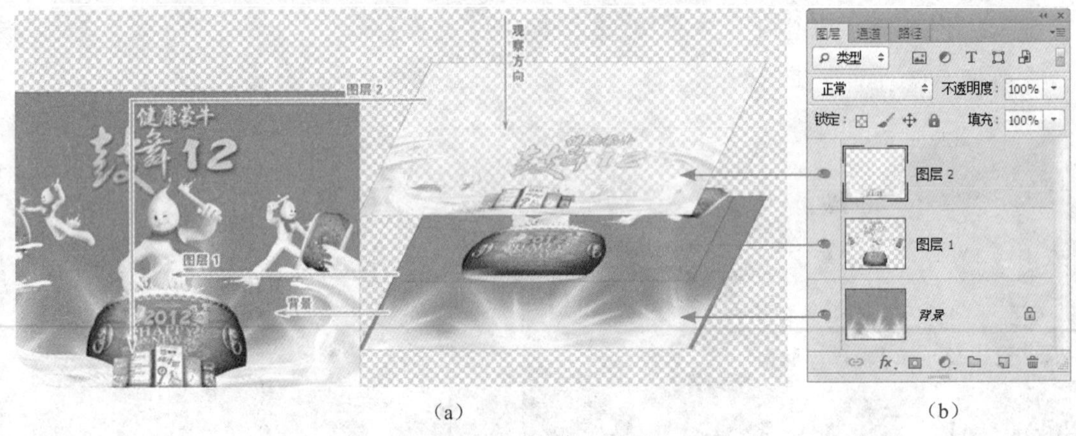

(a) (b)

图7-2 透明胶片对应的图层

由于每个图层相对独立，因此可以向上或向下移动图层，从而达到改变图层相互覆盖关系的目的，得到各种不同效果的图像。

7.2 了解“图层”面板

使用“图层”面板对图层进行操作是Photoshop处理图层的常用手段，虽然也可以使用“图层”菜单下各命令对图层进行操作，但其简便程度与使用“图层”面板相比相去甚远。

Photoshop的图层功能几乎都可以通过“图层”面板来实现，因此要掌握图层操作，必须掌握“图层”面板的操作方法，图7-3所示是一个典型Photoshop的“图层”面板，下面介绍其中各个图标的含义。

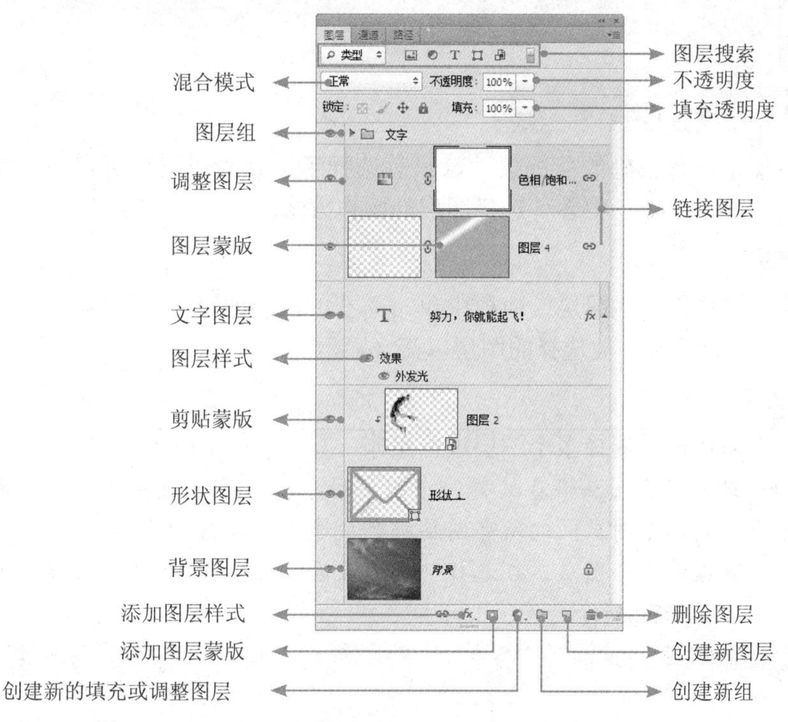

图7-3 “图层”面板

- 类型：在其下拉菜单中可以快速查找、选择及编辑不同属性的图层。
- 正常 混合模式：在此下拉列表菜单中可以选择图层的混合模式。
- 不透明度: 100%：在此填入数值，可以设置图层的不透明度。
- 锁定:：在此单击不同按钮可以锁定图层的位置、可编辑性等属性。
- 填充: 100% 填充透明度：在此填入数值，可以设置图层中绘图的笔划的不透明度。
- 显示标志：此图标用于标志当前图处于显示状态。
- 文字 图层组：此图标用于标记图层组。
- “添加图层蒙版”按钮：单击此按钮可以为当前选择的编辑图层增加蒙版。
- “创建新组”按钮：单击此按钮可以新建一个图层组。
- “创建新的填充或调整图层”按钮：单击此按钮并在弹出的菜单中选择一个调整命令，可以新建一个调整图层。
- “创建新图层”按钮：单击此按钮可以新建一个图层。
- “删除图层”按钮：单击此按钮可以删除一个图层。

提示：

“图层”面板中的功能性图标还有许多，在此不能尽列，有关内容将在以下的章节中详细讲解。

7.3 图层的基本操作

了解图层的概念后，将逐步从新建、复制、删除图层等对图层的基本操作开始，掌握图层的使用方法和功能。

7.3.1 选择图层

正确地选择图层是操作正确的前提条件，只有选择了正确的图层，所有基于此图层的操作才有意义。下面将详细讲解Photoshop中各种选择图层的操作方法。

1. 选择一个图层

要选择某一图层，只需在“图层”面板中单击需要的图层即可，如图7-4所示。处于选择状态的图层与普通图层具有一定区别，被选择的图层以蓝底显示。

2. 选择多个图层

在Photoshop中，可以同时选择多个图层进行操作，其方法如下所述。

- 如果要选择连续的多个图层，在选择一个图层后，按住Shift键在“图层”面板中单击另一图层的图层名称，则两个图层间的所有图层都会被选中，如图7-5所示。
- 如果要选择不连续的多个图层，在选择一个图层后，按住Ctrl键在“图层”面板中单击另一图层的图层名称，如图7-6所示。

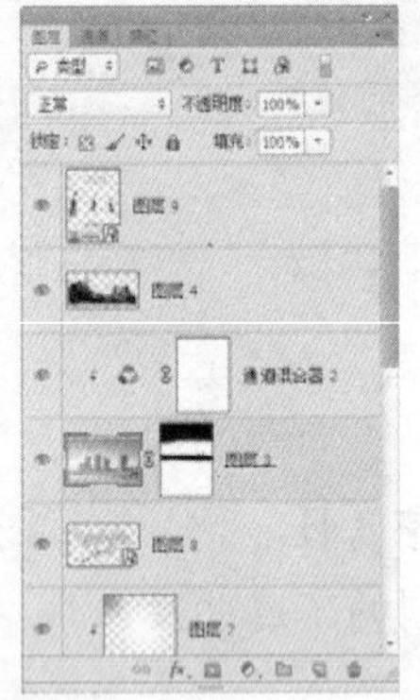

图7-4 当前选择图层

图7-5 选择连续的多个图层

图7-6 选择不连续的多个图层

3. 在图像中选择图层

除了在“图层”面板中选择图层外，还可以直接在图像中使用“移动工具”来选择图层，其方法如下所述。

- 选择“移动工具”，直接在图像中按住Ctrl键单击要选择的图层中的图像，如果已经在此工具的工具选项条中选择“自动选择”选项，则不必按住Ctrl键。
- 如果要选择多个图层，可以按住Shift键直接在图像中单击要选择的其他图层的图像，则可以选择多个图层。

7.3.2 显示/隐藏图层

由于图层具有透明特性，因此对一幅图像而言，最终看到的是所有已显示的图层的最终叠加效果。通过显示或隐藏某些图层，可以改变这种叠加效果，从而只显示某些特定的图层。

在“图层”面板中，单击图层左侧的眼睛图标即可隐藏此图层；再次单击可重新显示该图层。

提示：

要只显示某一个图层而隐藏其他多个图层，可以按Alt键单击此图层的眼睛图标，再次单击则可重新显示所有图层。

7.3.3 新建图层

新建图层是Photoshop中极为常用的操作，其创建方法有很多种，但最为常用的则是通过功能按钮和快捷键两种方法，下面分别进行介绍。

1. 使用按钮创建图层

单击“图层”面板底部的“创建新图层”按钮，可直接创建一个Photoshop默认值的新图层，这也是创建新图层最常用的方法。

提示：

按照此方法创建新图层时如果需要改变默认值，可以按住Alt键单击，然后在弹出的对话框中进行修改；按住Ctrl键的同时单击“创建新图层”按钮，则可在当前图层下方创建新图层。

2. 使用快捷键新建图层

使用快捷键新建图层，可以执行以下操作之一。

- 按Ctrl+Shift+N键，弹出“新建图层”对话框，设置适当的参数，单击“确定”按钮即可在当前图层上方新建一个图层。
- 按Ctrl+Alt+Shift+N键即可在不弹出“新建图层”对话框的情况下，在当前图层上方新建一个图层。

7.3.4 将“背景”图层转换为普通图层

选择“图层”|“新建”|“背景图层”命令，在弹出的对话框中单击“确定”按钮，或者按Alt键双击“背景”图层名称，即可将“背景”图层转换为普通图层。

7.3.5 复制图层

要复制图层，可按以下任意一种方法操作。

- 在图层被选中的情况下，选择“图层”|“复制图层”命令。
- 在“图层”面板弹出菜单中选择“复制图层”命令。
- 将图层拖至面板下面的“创建新图层”按钮上，待高光显示线出现时释放鼠标。

7.3.6 重命名图层

在新建图层时，Photoshop以默认的图层名为其命名，对于其他类图层如文字图层，Photoshop以图层中的文字内容为其命名，但这些名称通常都不能满足需要，因此必须改变图层的名称，从而使其更便于识别。

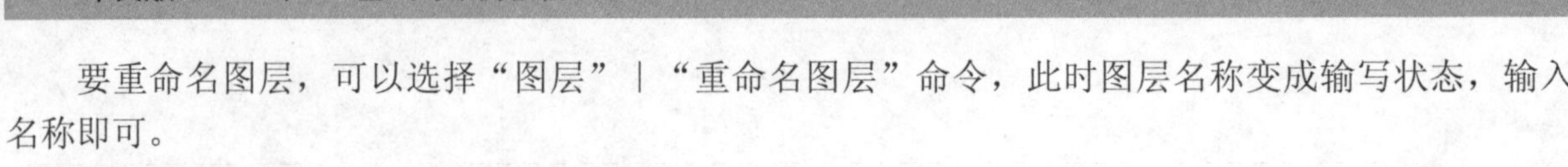

要重命名图层，可以选择“图层”｜“重命名图层”命令，此时图层名称变成输写状态，输入名称即可。

7.3.7 改变图层顺序

如前所述，由于上下图层间具有相互覆盖的关系，因此在需要的情况下应该改变其上下次序来改变上下覆盖的关系，从而改变图像的最终视觉效果。

可以在“图层”面板中直接用鼠标拖动图层，以改变其顺序，当高亮线出现时释放鼠标，即可将图层放于新的图层顺序中，从而改变图层次序。

图7-7所示为改变顺序前的图像及“图层”面板，图7-8所示为改变顺序后的效果。

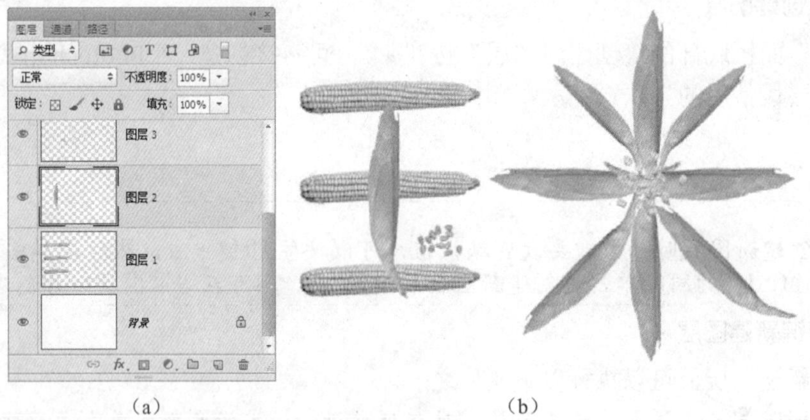

(a)　　(b)

图7-7 改变图层顺序前的效果

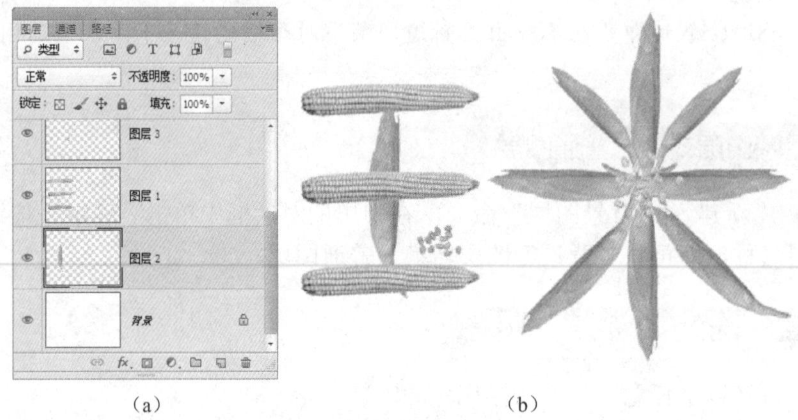

(a)　　(b)

图7-8 改变图层顺序后的效果

要改变图层次序也可以在“图层”面板中选择需要移动的图层，选择“图层”|“排列”子菜单中的命令，其中可选命令如下。

- 选择“置为顶层”命令可将该图层移至所有图层的上方，成为最顶层。
- 选择“前移一层”命令可将该图层上移一层。
- 选择“后移一层”命令可将该图层下移一层。
- 选择“置为底层”命令可将该图层移至除背景层外所有图层的下方，成为最底层。

- 选择“反向”命令可以逆序排列当前选择的多个图层。

> **提示：**
> 可以按Ctrl+]键将一个选定图层上移一层，按Ctrl+[键可将选择的图层下移一层，按Ctrl+Shift+]键将当前图层置为最顶层，按Ctrl+Shift+[键将当前图层置为底层。

7.3.8 过滤图层

在Photoshop CS6中，新增了根据不同图层类型、名称、混合模式及颜色等属性，对图层进行过滤及筛选的功能，从而便于用户快速查找、选择及编辑不同属性的图层。

要执行图层过滤不同的操作，可以在“图层”面板左上角单击“类型”按钮，在弹出的菜单中可以选择图层过滤的条件，如图7-9所示。

当选择不同的过滤条件时，在其右侧会显示不同的选项，如在图7-9中，当选择“类型”选项时，其右侧分别显示了像素图层滤镜、调整图层滤镜、文字图层滤镜、形状图层滤镜及智能对象滤镜5个按钮，单击不同的按钮，即可在“图层”面板中仅显示所选类型的图层。

图7-10所示是单击“调整图层滤镜”按钮时，“图层”面板中显示了所有的调整图层。图7-11所示是单击“文字图层滤镜”按钮后的效果，由于当前文件中不存在文字图层，因此显示了“没有图层匹配此滤镜”的提示。

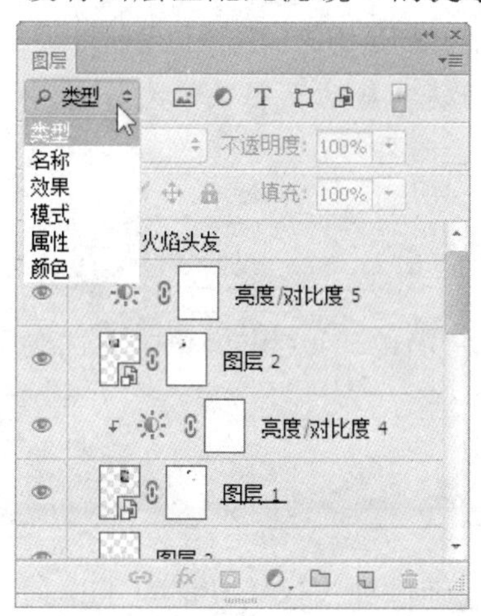

图7-9 选择不同的过滤条件

图7-10 过滤调整图层时的状态

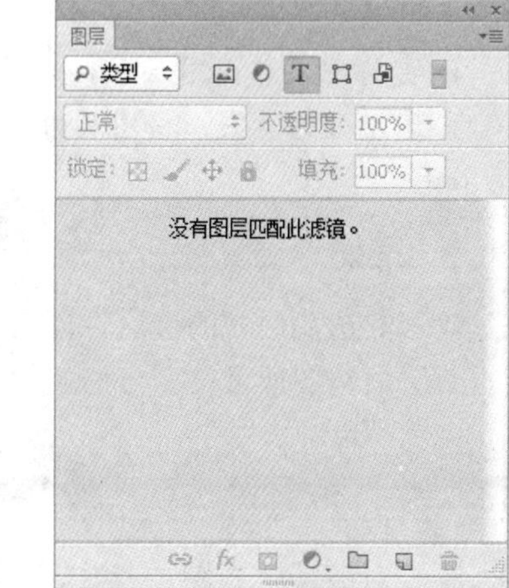

图7-11 过滤文字图层时的状态

若要关闭图层过滤功能，则可以单击过滤条件最右侧的“打开或关闭图层滤镜”按钮，使其变为状态即可。

7.4 图层组及嵌套图层组

图层组的使用方法有些类似于文件夹，即用于保存同一类图层。例如，可以将文字类图层放于一个图层组中，线条类图像的图层放于一个图层组，从而使用户对这些图层的管理更容易。另外，通过复制、删除图层组，可以非常方便地复制或删除该图层组所保存的所有图层。

7.4.1 新建图层组

单击“图层”面板下方的“创新建组”按钮，即可在当前操作图层的上方创建一个新的图层组。

默认情况下，Photoshop将新的图层组命名为“组1”，再次使用此方法创建图层组时，则各个图层组的名称将依次类推被命名为“组2”、“组3”……

7.4.2 将图层移入、移出图层组

图层组的灵活之处还在于可以将图层组中的图层随需要移出或加入，其操作如下所述。

- 如果目标图层组处于折叠状态，则将图层拖动到图层组文件夹或图层组名称上，当图层组文件夹和名称高光显示时，释放鼠标左键，则图层被添加于图层组的底部。
- 如果目标图层组处于展开状态，则将图层拖动到图层组中所需的位置，当高光显示线出现在所需位置时，释放鼠标按键即可。图7-12 所示为操作过程及操作结果。

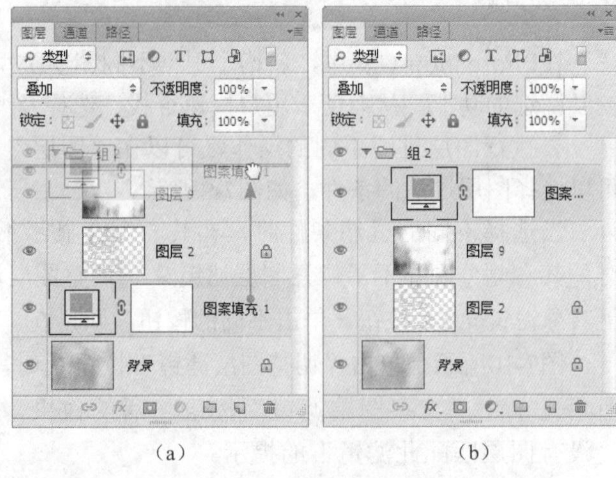

图7-12 将图层移入图层组的操作过程及结果

- 要将图层移出图层组，只需在“图层”面板中单击该图层，并将其拖动至图层组文件夹或图层组名称上，当图层组文件夹和名称高光显示时，释放鼠标左键即可。

7.5 载入非透明区域的选区

载入非透明区域的选区，即将有图像的区域选取。其操作方法非常简单，按Ctrl键单击要选取图像的图层缩览图即可。

7.6 排列与分布图层

通过对齐或分布图层操作，可以使分别位于多个图层中的图像规则排列，这一功能对于排列分布于多个图层中的网页按钮或小标志特别有用。

在按下述方法执行对齐或分布图层操作前，需要将对齐及分布的图层链接起来，或同时选中多个图层。

7.6.1 对齐图层

选择“图层”|“对齐”命令下的子菜单命令，可以将所有链接/选中图层的内容与当前操作图层的内容相互对齐。

- 选择“顶边”命令：可将链接/选中图层最顶端像素与当前图层的最顶端像素对齐。图7-13为未对齐前图层及图层面板，图7-14为按顶边对齐后效果。

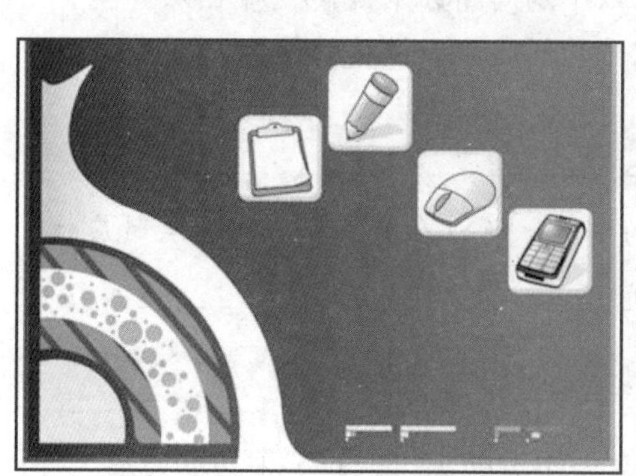

(a)

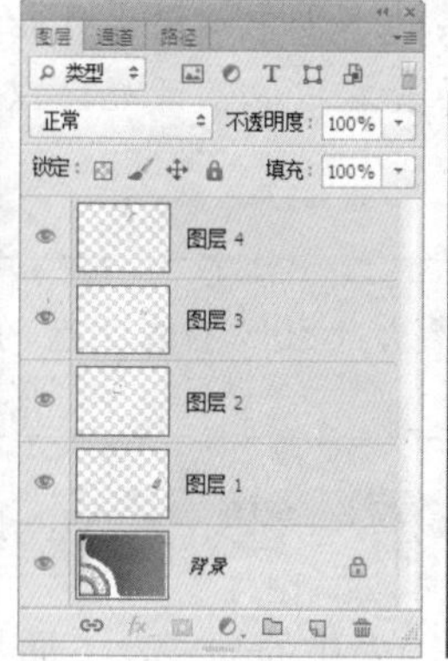

(b)

图7-13 未对齐前图层效果及“图层”面板

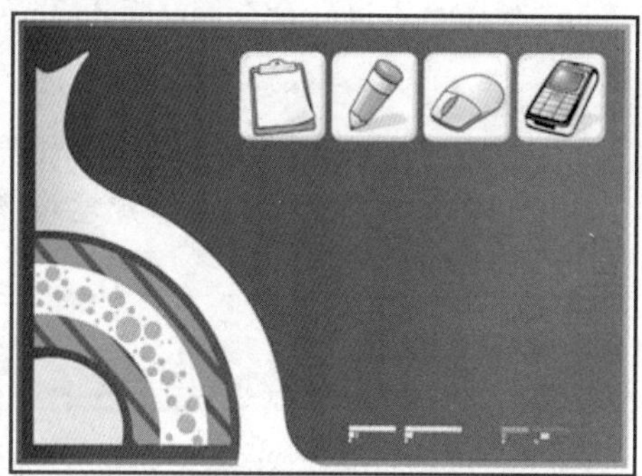

图7-14 按顶边对齐后效果

- 选择“垂直居中”命令：可将链接/选中图层垂直方向的中心像素与当前图层垂直方向中心的像素对齐。
- 选择“底边”命令：可将链接/选中图层最底端的像素与当前图层最底端的像素对齐。
- 选择“左边”命令：可将链接/选中图层最左端的像素与当前图层最左端的像素对齐。
- 选择“水平居中”命令：可将链接/选中图层的水平方向的中心像素与当前图层的水平方向的中心像素对齐。
- 选择“右边”命令：可将链接/选中图层最右端的像素与当前图层最右端的像素对齐。

7.6.2 分布图层

选择“图层”|“分布”命令下的子菜单命令，可以平均分布链接/选中图层，其子菜单命令如下所述。

- 选择“顶边”命令：从每个图层的顶端像素开始，以平均间隔分布链接的图层。
- 选择“垂直居中”命令：从图层的垂直居中像素开始以平均间隔分布链接/选中图层。
- 选择“底边”命令：从图层的底部像素开始，以平均间隔分布链接的图层。 如图7-15所示为原图像及使用此命令执行分布操作后的效果。

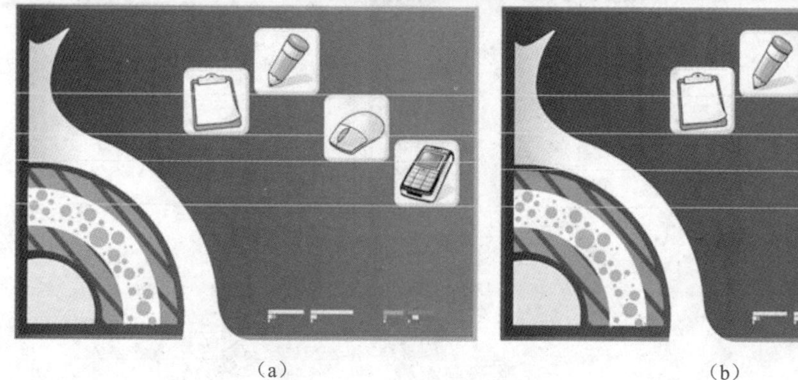

(a)　　(b)

图7-15 源图像及按底边分布后的效果

- 选择“左边”命令：从图层的最左边像素开始，以平均间隔分布链接的图层。

- 选择“水平居中”命令：从图层的水平中心像素开始以平均间隔分布链接/选中图层。
- 选择“右边”命令：从每个图层最右边像素开始，以平均间隔分布链接的图层。

提示：

Photoshop只能对齐和分布那些像素大于50%不透明度的图层，所以在对齐和分布图层时应注意满足此条件。

7.7 智能对象

智能对象是Photoshop提供的一项较先进的功能，下面从几个方面来讲解有关于智能对象的理论知识与操作技能。

7.7.1 智能对象的基本概念及其特点

简单地说，可以将智能对象理解为一个容器，一个封装了位图或矢量信息的容器，换言之，可以用智能对象的形式将一个位图文件或一个矢量文件嵌入到当前工作的Photoshop文件中。

从嵌入这个概念上说，可以将以智能对象形式嵌入到Photoshop文件中的位图或矢量文件理解为当前Photoshop文件的子文件，而Photoshop文件则是其父级文件。

以智能对象形式嵌入到Photoshop文件中的位图或矢量文件，与当前工作的Photoshop文件能够保持相对的独立性，当修改当前工作的Photoshop文件或对智能对象执行缩放、旋转、变形等操作时，不会影响到嵌入的位图或矢量文件的源文件。

实际上，当改变智能对象时，只是在改变嵌入的位图或矢量文件的合成图像，并没有真正改变嵌入的位图或矢量文件。

在Photoshop中智能对象表现为一个图层，类似于文字图层、调整图层或填充图层，在图层的缩览图右下方有明显的标志。

下面通过一个具体的实例来认识智能对象，图7-16所示的作品，龙的图像使用了智能对象，图7-17所示为此图像的“图层”面板，在此智能对象即图层“0”。

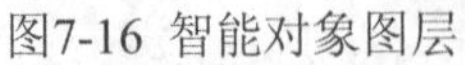

图7-16 智能对象图层

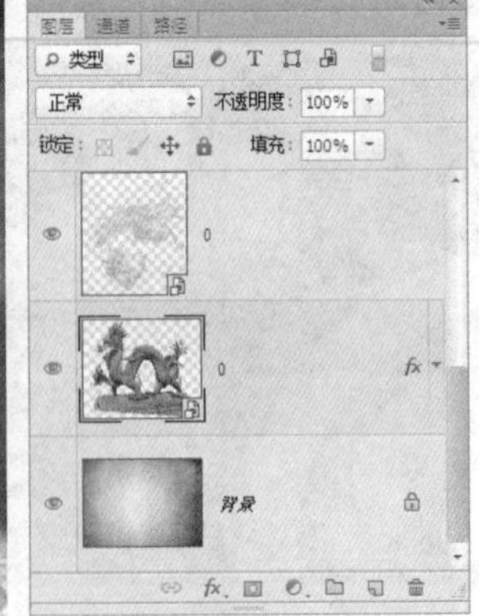

图7-17 对应的“图层”面板

双击图层“0”，则Photoshop将打开一个新文件，此文件就是嵌入到智能对象图层“0”中的子文件，可以看出该智能对象由2个图层构成，“图层”面板如图7-18所示，其效果如图7-19所示。

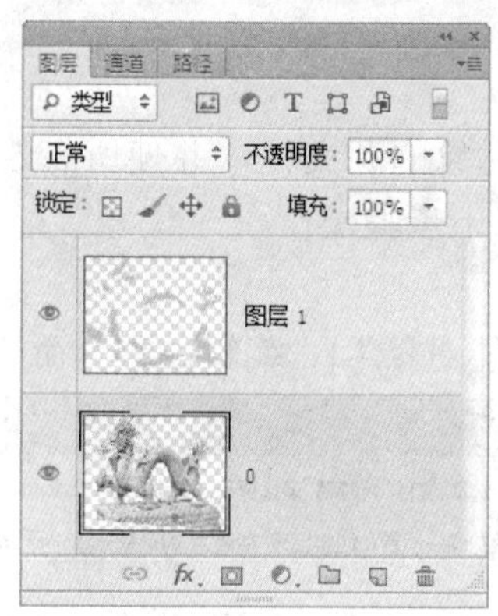

图7-18 智能对象对应的“图层”面板

图7-19 智能对象效果

关于智能对象的特点，本书将其总结如下。

- 智能对象能够以一个独立文件的形式包含若干个图层，并且可以以一个特殊图层——即智能对象图层的形式存在于图像文件中，因此当智能对象中的对象被编辑时，当前插入智能对象的图像也同时更新到最新状态。
- 如果在Photoshop中对图像进行频繁缩放，会引起图像信息的损失，最终导致图像变得越来越模糊，但如果将一个智能对象进行频繁缩放，则不会使图像变得模糊，因为并没有改变外部子文件的图像信息。
- 由于Photoshop不能处理矢量文件，因此所有置入到Photoshop中的矢量文件会被位图化，避免这个问题的方法就是以智能对象的形式置入矢量文件，从而既能够在Photoshop文件中使用矢量文件的图形效果，又保证了外部的矢量文件在发生改变时，Photoshop的效果能够发生相应的变化。

7.7.2 创建智能对象

用户可以通过以下方法创建智能对象。

- 使用“置入”命令为当前工作的Photoshop文件置入一个矢量文件或位图文件，甚至是另外一个有多个图层的Photoshop文件。
- 选择一个或多个图层后，在“图层”面板菜单中选择“转换为智能对象”命令或选择“图层”|“智能对象”|“转换为智能对象”命令。
- 在AI软件中对矢量图像执行复制操作，到Photoshop中执行粘贴操作。
- 使用“文件”|“打开为智能对象”命令，将一个符合要求的文件直接打开成为一个智能对象。
- 从外部直接拖入到当前图像的窗口内，即可将其以智能对象的形式置入到当前图像中。

7.7.3 复制智能对象

可以任意复制智能对象图层，其操作方法与复制图层完全相同，而其最大优点就是无论复制了多少图层，在对其中任意一个智能对象进行编辑后，其他所有相关的智能对象的状态都会发生相应的变化。

7.7.4 编辑智能对象源文件

如前所述，智能对象的优点是能够在外部编辑智能对象的源文件，并使所有改变反应在当前工作的Photoshop文件中，要编辑智能对象的源文件可以按以下步骤操作。

（1）在“图层”面板中选择智能对象图层。

（2）直接双击智能对象图层，或选择“图层”|“智能对象”|“编辑内容”命令，也可以直接在“图层”面板的菜单中选择“编辑内容”命令。

（3）无论是使用上面的哪一种方法，都会弹出如图7-20所示的对话框，以提示操作者。

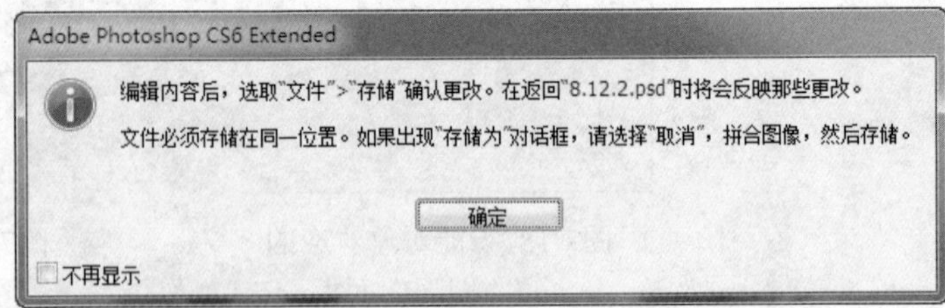

图7-20 提示对话框

（4）直接单击“确定”按钮，则进入智能对象的源文件中。

（5）在源文件中进行修改操作，然后选择“文件”|“存储”命令，并关闭此文件。

（6）执行上面的操作后，则修改后源文件的变化会反映在智能对象中。

如果希望取消对智能对象的修改，可以按Ctrl+Z键，此操作不仅能够取消在当前Photoshop文件中智能对象的修改效果，而且还能够使被修改的源文件也回退至未修改前的状态。

7.7.5 导出智能对象

通过导出智能对象的操作，可得到一个包含所有嵌入到智能对象中位图或矢量信息的文件。要导出智能对象，只需要选择要导出的智能对象图层，然后选择 “图层”|“智能对象”|“导出内容”命令，在弹出的“存储”对话框中为文件选择保存位置并对其进行命名。

7.7.6 栅格化智能对象

由于智能对象具有许多编辑限制，因此如果希望对智能对象进行进一步操作时，如使用滤镜命令对其操作，则必须要将其栅格化，即转换成为普通的图层。

选择智能对象图层后，选择“图层”|“智能对象”|“栅格化”命令即可将智能对象转换成为图层。另外，也可以直接在智能对象图层的名称上右击，在弹出的菜单中选择“栅格化图层”命令即可。

7.8 调整图层

在本书前面的内容中已经讲解了大量的调色功能，而调整图层则是在其中常用调色功能的基础上，同时具备图层特性的产物，下面来讲解一下调整图层的使用方法。

7.8.1 了解“调整”面板

“调整”面板的作用就是在创建调整图层时，将不再通过对应的调整命令对话框设置其参数，而是转为在此面板中。

在没有创建或选择任意一个调整图层的情况下，选择“窗口”|“调整”命令将调出如图7-21所示的“调整”面板。

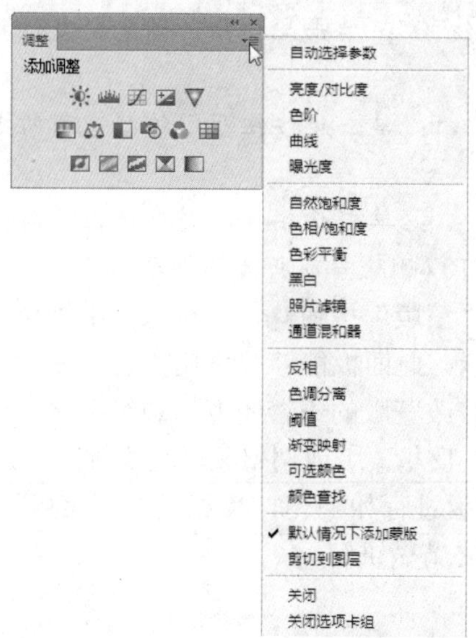

图7-21 默认状态下的“调整”面板

在选中或创建了调整图层后，则根据调整图层的不同，在面板中显示出对应的参数，如图7-22所示是在选择了不同调整图层时的面板状态。

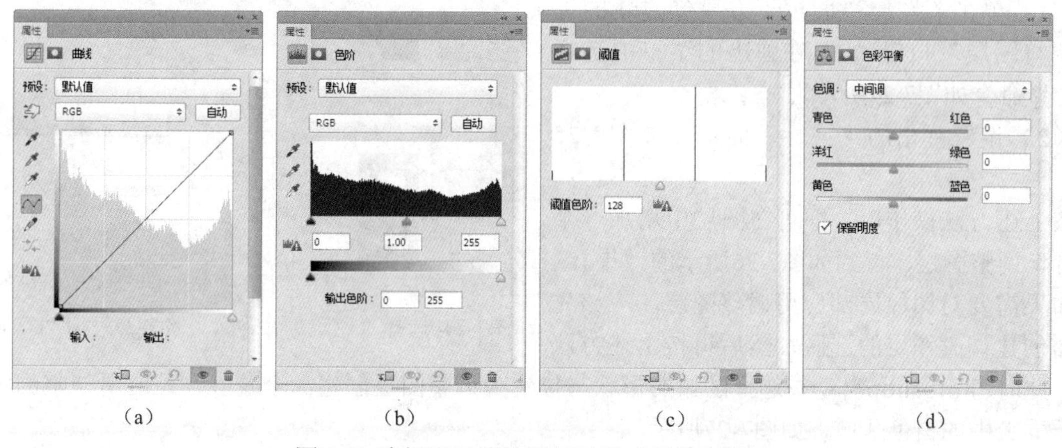

图7-22 选择不同调整图层时的“属性”面板

在此状态下，面板底部的按钮功能解释如下。

- “剪切到图层”按钮：单击此按钮可以在当前调整图层与下面的图层之间创建剪贴蒙版，再次单击则取消剪贴蒙版。
- “查看上一状态”按钮：在按住此按钮的情况下，可以预览调整参数前与调整参数后的对比状态。

提示：

这里所说的“本次编辑调整图层参数时”，是指刚刚创建调整图层，或切换至其他图层后再重新选择此调整图层。

- “复位到调整默认值”按钮：单击此按钮，则完全复位到该调整图层默认的参数状态。
- “切换图层可见性”按钮：单击此按钮可以控制当前所选调整图层的显示状态。
- “删除此调整图层”按钮：单击此按钮，并在弹出的对话框中单击“确定”按钮，则可以删除当前所选的调整图层。

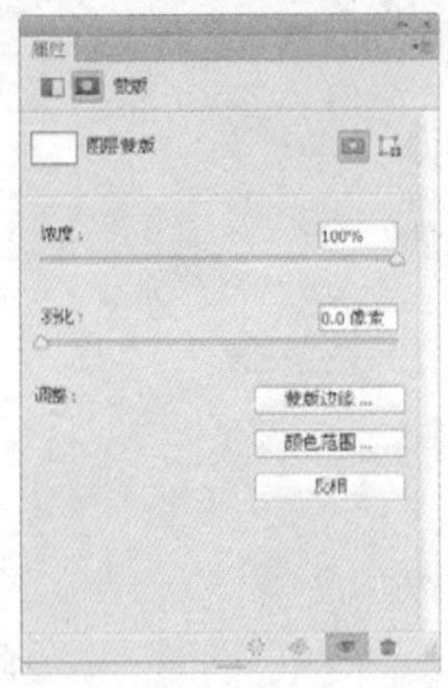
图7-23 调整图层蒙版编辑状态

在Photoshop CS6中，单击“蒙版”按钮，将进入选中的调整图层的蒙版编辑状态，如图7-23所示。此面板能够提供用于调整蒙版的多种控制参数，使操作者可以轻松修改蒙版的不透明度、边缘柔化度等属性，并可以方便地增加矢量蒙版、反相蒙版或调整蒙版边缘等。

使用“属性”面板可以对蒙版进行如羽化、反相及显示/隐藏蒙版等操作，具体的操作将在本书第8.5节做讲解。

7.8.2 创建调整图层

在此以增加“色阶”命令调整图层为例，讲解如何创建调整图层，其操作步骤如下所述。

（1）单击“图层”面板下方“创建新的填充或调整图层”按钮，在弹出的菜单中选择“色阶”命令如图7-24所示。

（2）设置弹出的“属性”面板。如图7-25所示。

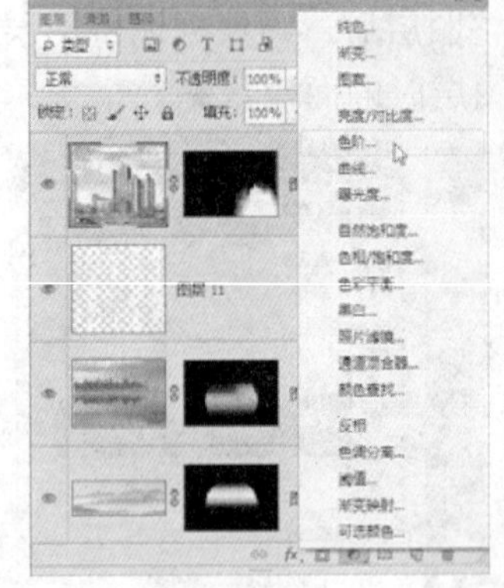
图7-24 选择“色阶”命令

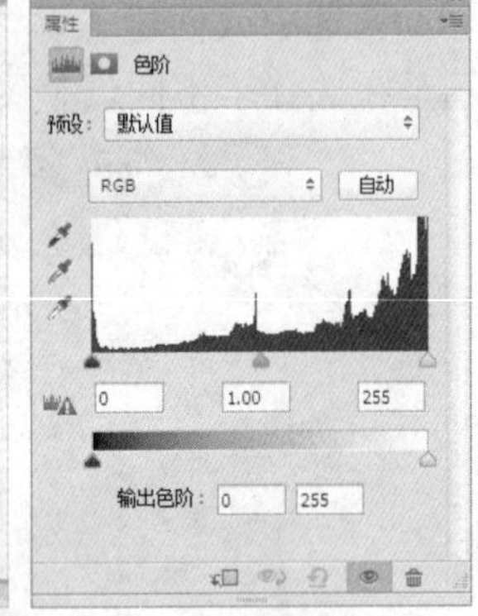
图7-25 “属性”面板

按上述方法操作后，即可在图层中增加一个“色阶”调整图层，得到如图7-26所示的效果。

如果需要对图像局部应用调整图层，应该先创建需创建调整图层的选区，然后再按上述方法操作，此时Photoshop自动按选择区域的形状与位置为调整图层创建一个蒙版，此时所调整的区域将仅限于蒙版中的白色区域，如图7-27所示。

“调整”面板是CS4版本新增的功能，相对于CS3、CS2版本用户而言，实际上的不同仅仅在于原本应该调整出的颜色调整命令对话框，被改变为面板的形式出现。

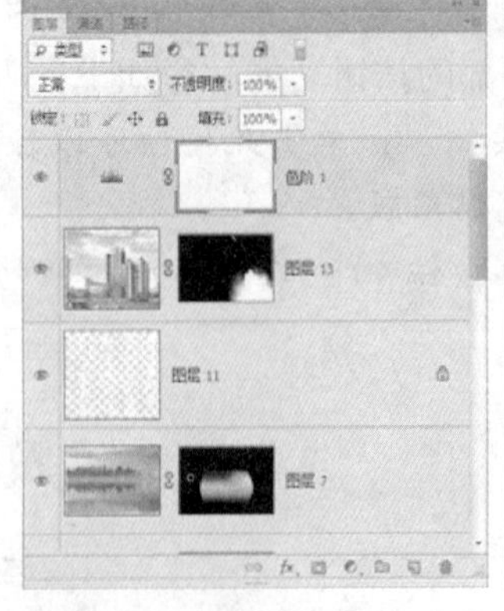
图7-26 增加“色阶”调整图层的效果

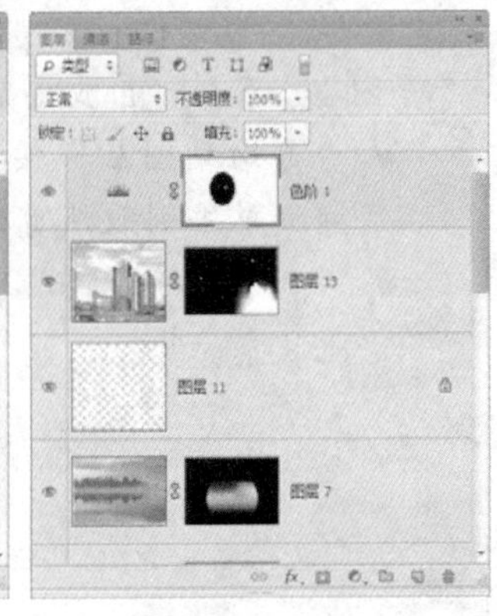
图7-27 在有选区的情况下增加调整图层

7.8.3 重新设置调整图层的选项

重新设置调整图层中所包含的命令参数，可以先选择要修改的调整图层，然后双击调整图层的图层缩览图，即可在“属性”面板中调整其参数。

提示：

如果用户当前已经显示了“属性”面板，则只需要选择要编辑参数的调整图层，即可在面板中进行修改。如果用户添加的是“反相”调整图层，则无法对其进行调整，因为该命令没有任何参数。

7.9 图层样式

图层样式定义了若干种程序化的视觉效果，其中包括投影、外发光、内发光、斜面和浮雕、描边等常见效果。

图层样式的所有操作都从属于某一个图层，即只有图层中存在图像时才可以看出来图层样式的效果，由于图层样式具有程序化的特点，因此可以随时对每种效果的细节进行调整，从而得到不同的视觉效果，在工作中频繁使用图层样式，既能够满足制作精美图像的要求，又能够提高工作效率。

7.9.1 斜面和浮雕

使用“斜面和浮雕”图层样式，可以创建具有斜面或浮雕效果的图像，其对话框如图7-28所示。

- 样式：选择“样式”中的各选项可以设置效果各种不同的效果。在此分别可以选择外斜面、内斜面、浮雕效果、枕状浮雕、描边浮雕5种效果，其中在此基础上也可设置“平滑”“雕刻清晰”“雕刻柔和”3种效果，其效果如图7-29所示。

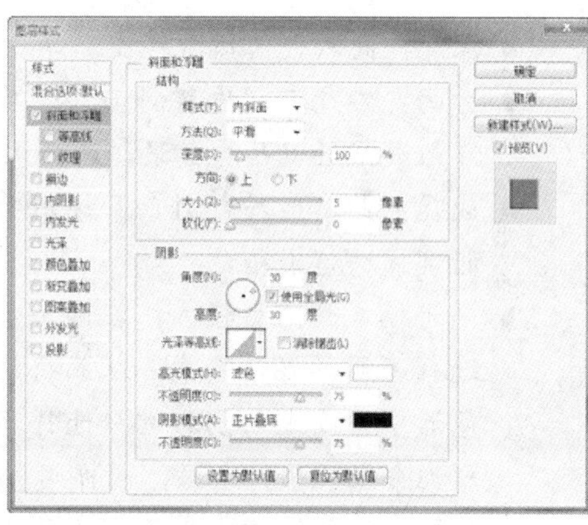

图7-28 “斜面和浮雕”对话框

（a）外斜面

（b）内斜面

01 chapter P1—P12
02 chapter P13—P34
03 chapter P35—P50
04 chapter P51—P84
05 chapter P85—P104
06 chapter P105—P136
07 chapter P137—P162
08 chapter P163—P180
09 chapter P181—P194
10 chapter P195—P208
11 chapter P209—P220
12 chapter P221—P240
13 chapter P241—P254
14 chapter P255—P278
A chapter P279—P289

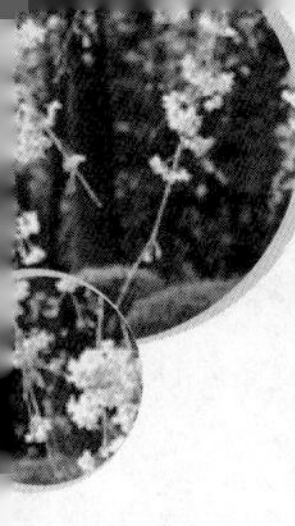

（c）浮雕效果　　（d）枕状浮雕　　（e）描边浮雕

（f）平滑　　（g）雕刻清晰　　（h）雕刻柔和

图7-29 创建“斜面和浮雕”效果的方法

- 深度：此参数值控制斜面和浮雕效果的的深度，数值越大则效果越明显。
- 方向：在此可以选择斜面和浮雕效果的视觉方向，如果选择“上”选框，则在视觉上斜面和浮雕效果呈现凸起效果，选择“下”复选框，则在视觉上斜面和浮雕效果呈现凹陷效果。
- 软化：此参数控制斜面和浮雕效果亮部区域与暗部区域的柔和程度，数值越大则亮部区域与暗部区域越柔和。
- 高光模式、阴影模式：在两个下拉列表框中，可以为形成导角或浮雕效果的高光与阴影部分选择不同的混合模式，从而得到不同的效果。如果分别单击左侧颜色块，还可以在弹出的拾色器中为高光与阴影部分选择不同的颜色，因为在某些情况下，高光部分并非完全为白色，可能会呈现某种色调，同样阴影部分也并非完全为黑色。

在“图层样式”对话框中，单击“设置为默认”按钮可以将当前的参数保存成为默认的数值，以便后面应用；单击“复位为默认值”则可以复位到系统或用户之前保存过的默认参数。

7.9.2 描边

使用“描边”样式可以用颜色、渐变或图案三种方式为当前图层中的图像勾画轮廓，其对话框如图7-30所示。

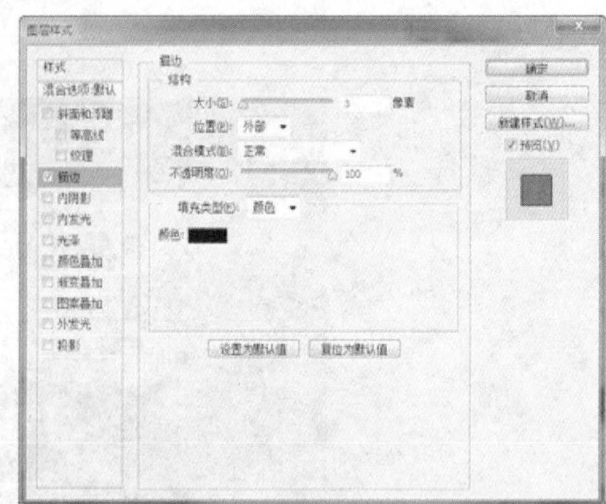

图7-30 “描边”对话框

- 大小：此参数用于控制描边的宽度，数值越大则生成的描边宽度越大。
- 位置：在此下拉列表框中，可以选择外部、内部、居中三种位置。选择“外部”选项，描边效果完全处于图像的外部；选择“内部”选项，描边效果完全处于图像的内部；选择“居中”选项，描边效果一半处于图像的外部，一半处于图像内部。

- 填充类型：在此下拉表框中，可以设置描边类型，其中有颜色、渐变及图案三个选项。

可以使用描边图层样式来模拟金属的边缘，如图7-31所示为添加描边样式前的效果，如图7-32所示为添加描边样式后的效果。

图7-31 添加描边样式前的效果

图7-32 添加描边样式后的效果

7.9.3 内阴影

使用“内阴影”图层样式，可以为非背景图层添加位于图层不透明像素边缘内的投影效果，其对话框如图7-33所示。

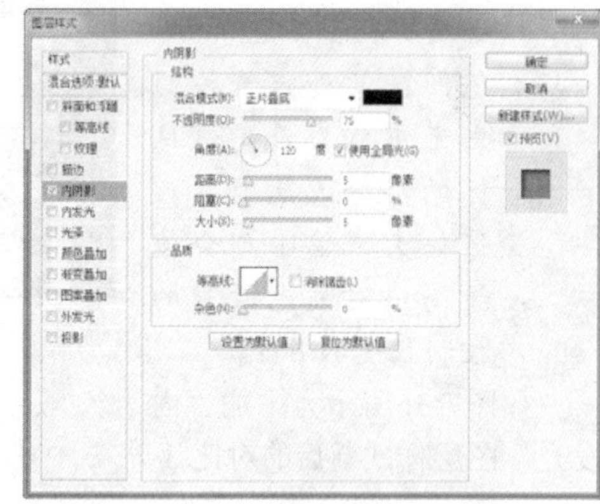

图7-33 “内阴影”对话框

- 混合模式：在此下拉列表框中，可以为内阴影选择不同的混合模式，从而得到不同的内阴影效果。单击左侧颜色块，可在弹出的“拾色器（内阴影颜色）”对话框中为内阴影设置颜色。
- 不透明度：在此可以输入一个数值定义内阴影的不透明度，数值越大则内阴影效果越清晰，反之越淡。
- 角度：在此拨动角度轮盘的指针或输入数值，可以定义内阴影的投射方向。如果“使用全局光”复选框被选中，则内阴影使用全局性设置，反之可以自定义角度。
- 距离：在此输入数值，可以定义内阴影的投射距离，数值越大则内阴影的三维空间效果越确定，反之内阴影越贴近投射内阴影的图像。
- 大小：此参数控制内阴影的柔化程度大小，数值越大则内阴影的柔化效果越大，反之越小。
- 等高线：使用等高线可以定义图层样式效果的外观，其原理类似于“图像”|“调整”|“曲线”命令中曲线对图像的调整原理。
- 消除锯齿：选择此复选框，可以使应用等高线后的内阴影更细腻。

如图7-34所示为添加“内阴影”图层样式前后的对比效果。

(a)

(b)

图7-34 应用“内阴影”图层样式前后的对比效果

7.9.4 内发光

使用“内发光”图层样式，可以为图像增加内发光的效果，其对话框如图7-35所示。

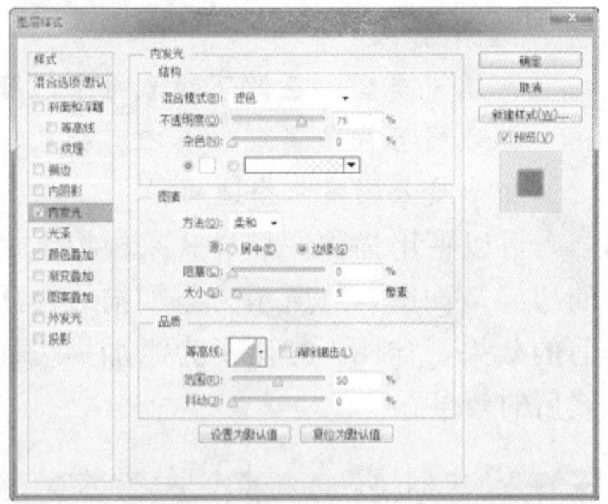

图7-35 “内发光”对话框

由于此对话框中大部分参数选项与“内阴影”图层效果样式相同，故在此仅讲述不同的参数与选项。

- 发光方式：在此对话框中可以设置两种不同的发光方式，一种为纯色光，另一种为渐变式光。如果要得到渐变式发光效果，需要在对话框中选择渐变类型选择下拉列表框，并在弹出的渐变类型选择面板中选择一种渐变效果。
- 方法：在该下拉列表框中可以设置发光的方法，选择“柔和”，所发出的光线边缘柔和；选择“精确”，光线按实际大小及扩展度表现。
- 范围：此处数值控制发光中作为等高线目标的部分或范围，数值偏大或偏小都会使等高线对发光效果的控制程度不明显。

如图7-36所示为添加“内发光”图层样式前后的对比效果。

(a)

(b)

图7-36 添加“内发光”图层样式前后的对比效果

7.9.5 光泽

使用“光泽”图层样式，可以在图层内部根据图层的形状应用投影，通常用于创建光滑的磨光及金属效果，其对话框中各参数与选项均有相关介绍，故不再重述。

此参数的使用要点在于选择不同的等高线类型，在设计中常被用来模拟图像内部流动的光晕。如图7-37（a）图所示为添加此图层样式前的图像，如图7-37（b）图所示为添加此图层样式后的效果。

(a)

(b)

图7-37 应用等高线取得光泽前后的对比效果

7.9.6 颜色叠加

选择“颜色叠加”样式，可以为图层中的图像叠加某种颜色，其对话框非常简单，只有“混合模式”、“不透明度”两个常规参数及一个颜色设计参数。

7.9.7 渐变叠加

使用“渐变叠加”图层样式，可以为图层叠加渐变效果，其对话框如图7-38所示。

- 样式：在此下拉列表框中可以选择线性、径向、角度、对称的、菱形5种渐变类型。
- 与图层对齐：在此复选框被选中的情况下，渐变由图层中最左侧的像素应用至最右侧的像素。

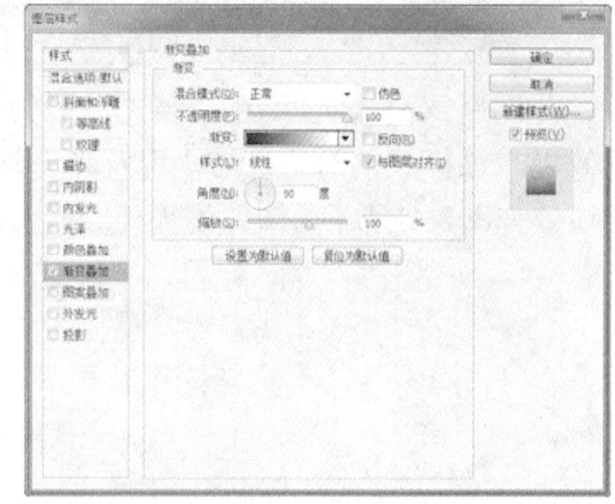

图7-38 “渐变叠加”对话框

如图7-39所示为添加“渐变叠加”图层样式前后对比效果。

（a）

（b）

图7-39 添加“渐变叠加”图层样式前后的对比效果

7.9.8 图案叠加

使用“图案叠加”图层样式，可以在图层上叠加图案，其对话框及操作方法与“颜色叠加”样式相似，如图7-40所示为在“图案”下拉列表中选择不同的图案时得到的不同效果。

（a）

（b）

（c）

图7-40 选择不同的图案得到不同的图案叠加效果

7.9.9 外发光

使用“外发光”图层样式，可为图层增加外发光效果，该样式的对话框与“内发光”样式相同，不再重述。如图7-41所示为图像添加外发光前后的对比效果。

（a）

（b）

图7-41 应用“外发光”命令前后的效果对比

7.9.10 投影

使用“投影”图层样式，可以为图像添加投影效果。其对话框如图7-42所示。

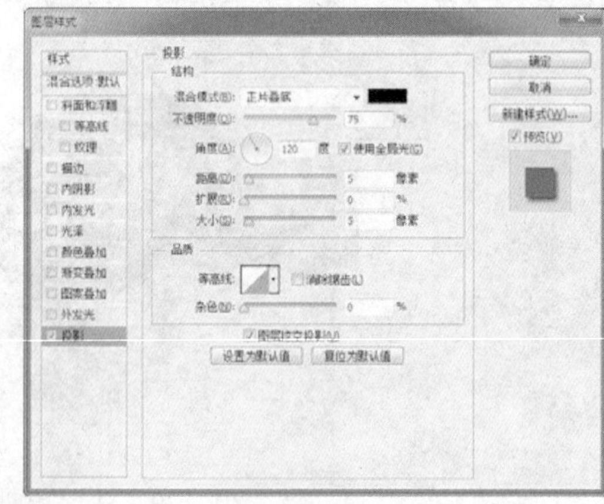

图7-42 “投影”对话框

- 扩展：在此输入数值，可以增加投影的投射强度，数值越大则投影的强度越大，图7-43所示为其他参数值不变的情况下，扩展数值分别为5与50情况下的投影效果。

（a）

（b）

图7-43 扩展数值为5与50时的投影效果

虽然使用上述任何一种图层样式都可以获得非常确定的效果，但在实际应用中通常同时使用数种图层样式。

实例：模拟制作光滑水银质感印章

本例利用了图案与图层样式相结合的方法，制作出了一幅民族味道极强的公益广告。

（1）按Ctrl+N键新建一个文件，设置弹出的对话框，如图7-44所示。

（2）设置前景色的颜色值为8e1013，按Alt+Delete键用前景色填充图层。

（3）打开随书所附光盘中的文件“第7章\7.9-实例：模拟制作光滑水银质感印章-素材.psd”，如图7-45所示。使用“移动工具”将其移动到正在操作的文件中央，得到“图层 1”，如图7-46所示。

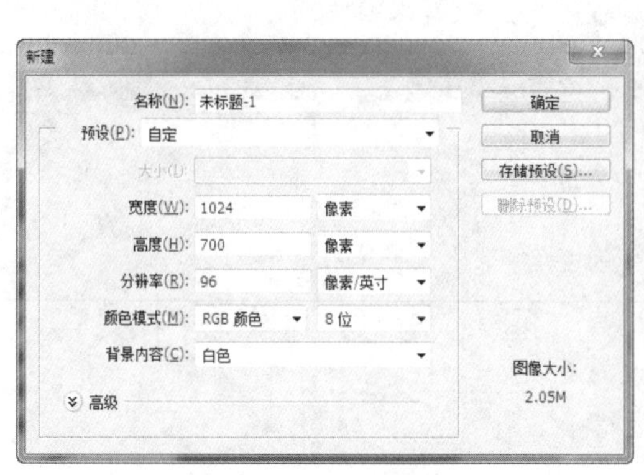

图7-44 “新建”对话框

图7-45 素材图像

（4）单击“添加图层样式”按钮，在弹出的菜单中选择“投影”命令，设置弹出的对话，框如图7-47所示，再在对话框中选择“斜面和浮雕”选项和其中的“等高线”选项，设置弹出的对话框，如图7-48和图7-49所示，单击“确定”按钮退出对话框，得到如图7-50所示的效果。

图7-46 调整位置后的效果

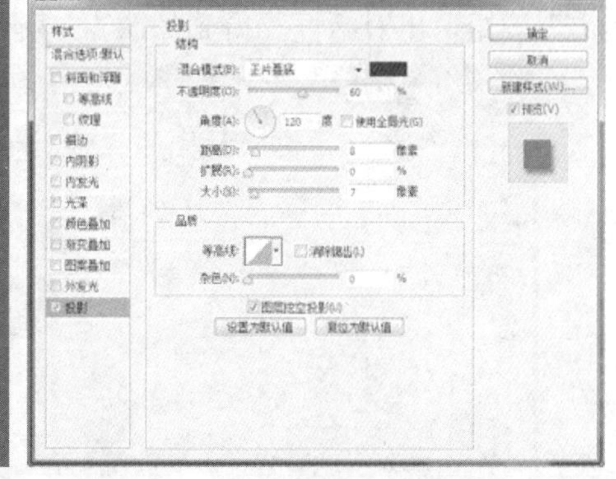

图7-47 “投影”对话框

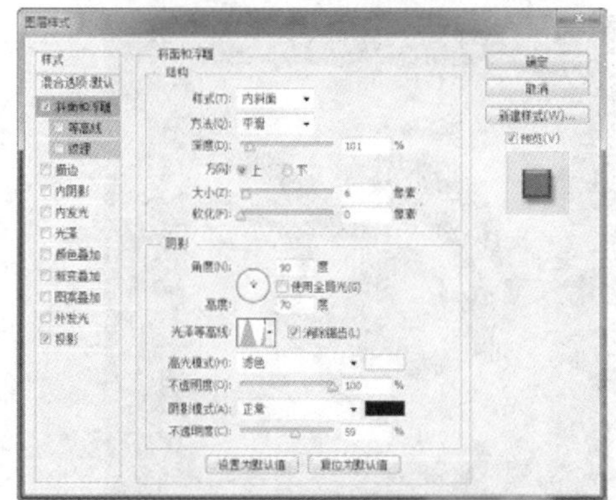

图7-48 选择“等高线”选项

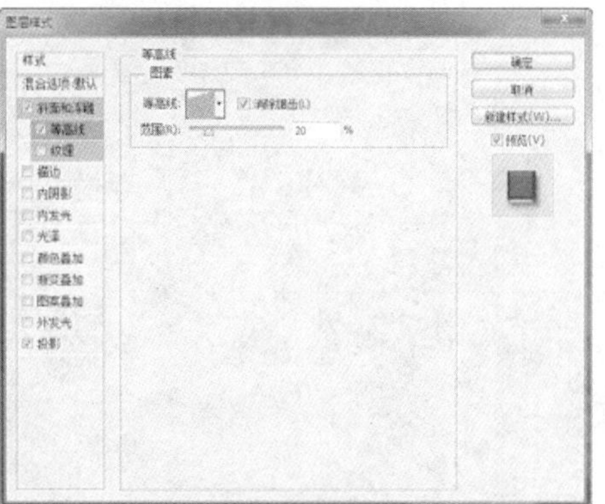

图7-49 设置“等高线”选项

提示：

在“投影”对话框中，颜色块的颜色值为4a0305，在“斜面和浮雕”对话框中，设置“光泽等高线”的“等高线编辑器”对话框，如图7-51所示，在“等高线”选项中，设置“等高线编辑器”对话框如图7-52所示。

图7-50 添加样式后的效果

图7-51 “斜面和浮雕”中的等高线编辑器对话框

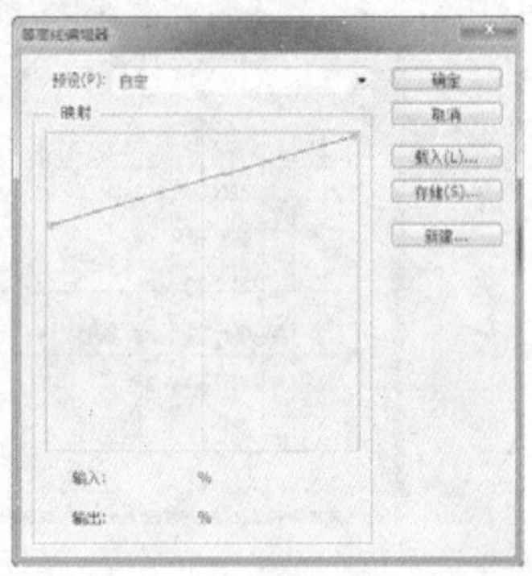

图7-52 “等高线”中的等高线编辑器对话框

（5）保持第（4）的设置不变，再在对话框中选择“颜色叠加”和“光泽”选项，设置弹出的对话框，如图7-53和图7-54所示，在“光泽”对话框中设置“等高线编辑器”对话框，如图7-55所示，单击“确定”按钮退出对话框，得到如图7-56所示的效果。

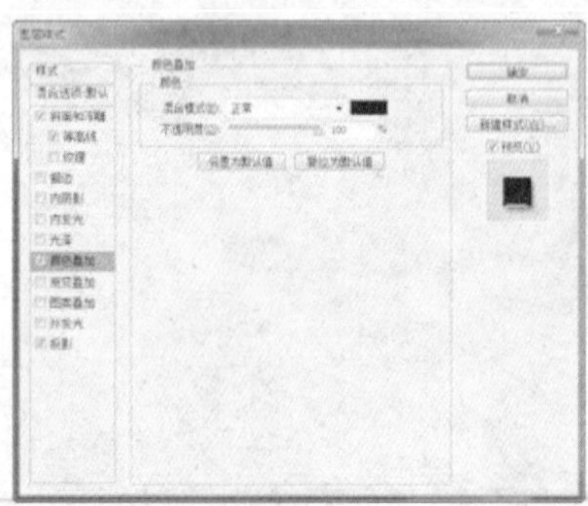

图7-53 “颜色叠加”对话框

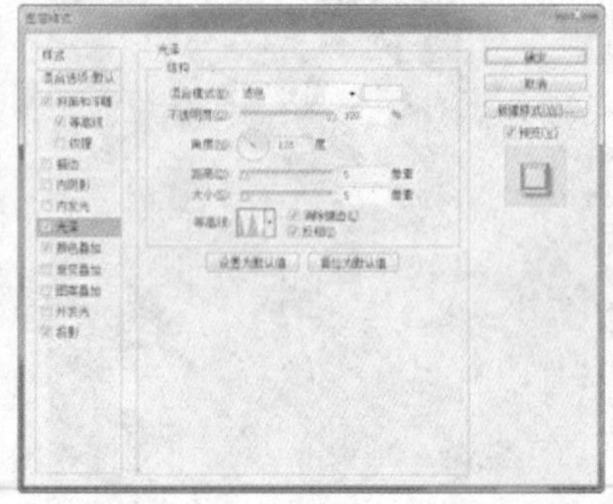

图7-54 “光泽”对话框

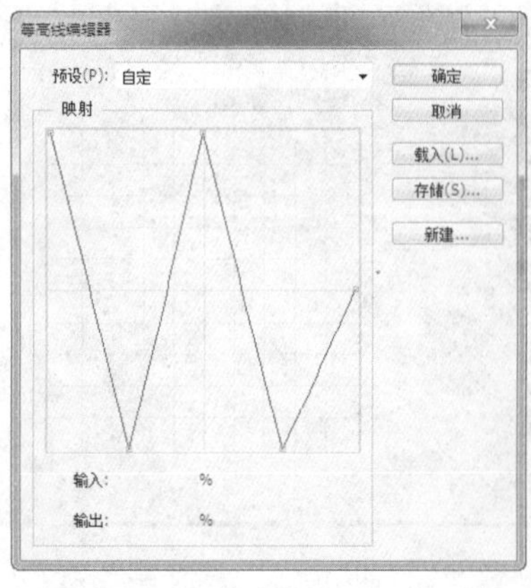

图7-55 “等高线编辑器”对话框

图7-56 添加图层样式后的效果

（6）设置前景色的颜色值为ff0000，选择“横排文字工具” [T] 并在其工具选项条上设置适当的字体和字号，在图案下方输入文字“民族印 中华情”，得到相应的文本图层，其效果如图7-57所示。

（7）保持第（6）步设置的前景色不变，选择“椭圆工具” [椭圆]，并在工具选项条上选择“形状”选项，按Shift键在“印”字和“中”字中央绘制一个圆点，得到形状图层“椭圆 1”，按Esc键隐藏路径，得到如图7-58所示的效果。

图7-57 输入文字

图7-58 绘制形状

（8）设置前景色的颜色为黑色，选择“矩形工具” [矩形]，并在其工具选项条上选择“形状”选项，在正在操作的文件的底部绘制一个黑条，得到“矩形 1”，如图7-59所示。

（9）设置前景色的颜色为白色，选择“横排文字工具” [T] 并在其工具选项条上设置适当的字体和字号，在黑色条上输入文字“公益为民·点智文化”，得到相应的文本图层，得到如图7-60所示的最终效果。

图7-59 绘制形状后的效果

图7-60 最终效果

7.9.11 修改图层样式

对于图层样式的修改操作较为简单，双击要修改的图层样式名称，或者在图层样式名称上右击，在弹出的菜单中选择要修改的图层样式命令，在弹出的“图层样式”对话框中即可对相应的参数进行调整。

7.9.12 复制与粘贴图层样式

如果两个图层需要设置同样的图层样式，可以通过复制与粘贴图层样式操作，减少重复性操

作。要复制图层样式，可按下述步骤操作。

（1）在“图层”面板中选择包含要复制的图层样式的图层。

（2）选择“图层”|“图层样式”|“拷贝图层样式”命令，或在图层上右击，在弹出的菜单中选择“拷贝图层样式”命令。

（3）在“图层”面板中选择需要粘贴图层样式的目标图层。

（4）选择“图层”|“图层样式”|“粘贴图层样式”命令，或在图层上右击在弹出的菜单中选择“粘贴图层样式”命令。

除使用上述方法外，按住Alt键将图层效果直接拖至目标图层中，也可以起到复制图层样式的效果。

7.10 拓展训练——制作低彩风景照片效果

（1）打开随书所附光盘中的文件“第7章\7.10-拓展训练——制作低彩风景照片效果-素材.jpg”，如图7-61所示。

（2）单击“创建新的填充或调整图层”按钮，在弹出的菜单中选择“色相/饱和度”命令，设置面板中的参数，如图7-62所示，得到如图7-63所示的效果。同时得到图层“色相/饱和度1”。

图7-61 素材图像

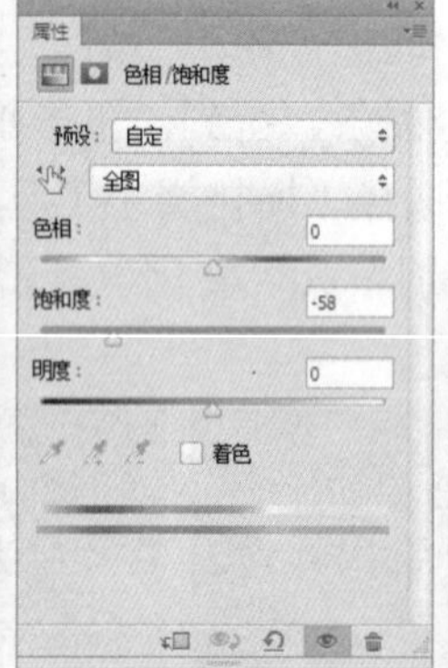

图7-62 “色相/饱和度”面板

图7-63 应用“色相/饱和度”命令后的效果

（3）单击“创建新的填充或调整图层”按钮，在弹出的菜单中选择“色阶”命令，得到“色阶1”，设置面板中的参数，如图7-64所示，得到如图7-65所示的最终效果。

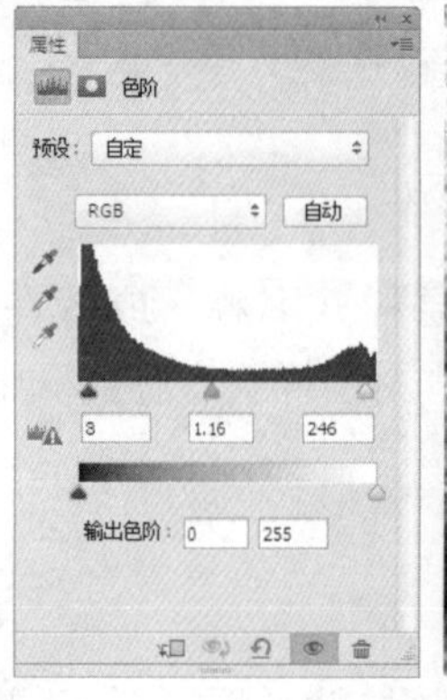

图7-64 “色阶”面板

图7-65 最终效果

7.11 课后练习

1. 单选题

（1）要想移动背景图层中图像的位置，下列哪一项操作是正确有效的？（ ）

A. 利用移动工具拖动

B. 按Ctrt+A键全选背景图层，然后利用移动工具拖动

C. 按Ctrt+T键调出变换控制框，然后利用移动工具拖动

D. 单击背景层左侧的眼睛图标将其隐藏，然后利用移动工具拖动

（2）选择“图层1”，然后单击“图层”面板底部的“创建新的填充”或“调整图层”按钮，在弹出的下拉菜单中选择“反相”命令，此时，“背景”图层上的图像颜色应该做何变化？（ ）

A. 保持不变　　B. 变为灰度

C. 如果背景图层全部填充为蓝色，则将显示为黄色　　D. 被反相

（3）下面哪一图层不可以被转换成为背景图层。（ ）

A. 文字图层　　B. 调整图层　　C. 渐变填充图层　　D. 形状图层

（4）“图层1”具有“投影”、“外发光”两种图层样式，图层中的图像为一只小鸭子，其周围是完全透明的像素，如果将“图层”面板中的填充数值调为0，下列哪项能够正确描述所得到的效果？（ ）

A.图层样式与小鸭子都不可见

B. 小鸭子可见但图层样式效果不可见

C. 图层样式效果可见，但小鸭子不可见

D. 图层样式与小鸭子都变得暗淡

（5）如果要展开或折叠某一图层组中所有图层应用的图层样式，正确的操作应该是下面哪一项？（ ）

A.按Alt键单击任意一个图层组名称左侧的三角形

B. 按Alt键单击该图层组名称左侧的三角形

C.按Alt+Shift键单击任意一个图层名称右侧的三角形

D. 按Alt+Shift键单击该图层组中，任意一个图层的图层样式图标左侧的三角形

（6）在单击新建图层按钮的同时按下哪个键，可以弹出“新建图层”对话框。（ ）

A. Ctrl键　　B. Alt键　　C. Shift键　　D. Tab键

2. 多选题

（1）下面对于“背景图层”叙述正确的是。（ ）

A.所有新建的图像文件都具有“背景图层”

B. 使用工具箱中的移动工具无法移动“背景图层”

C.双击“背景”图层，可以将其转换为“图层 0”

D. 即使有多个图层，背景图层也无法被删除

（2）下面对于完成删除图层操作任务叙述正确的是。（ ）

A. 将不需要的图层拖至“图层”面板底部的删除图层按钮即可删除

B. 可以一次性删除所有链接图层

C.可以通过先将需要删除的图层放入图层组中，然后删除图层组的方法删除这些图层

D. 可以一次性删除所有隐藏图层

（3）当选择下面哪些图层时，“图层”面板上的锁定透明像素按钮⊠不可被激活。（ ）

A.背景图层　　B. 渐变填充图层

C. 色阶调整图层　　D. 文字图层

（4）在下列选项中，哪些方法可以建立新图层？（ ）

A. 双击“图层”面板的空白处

B. 单击“图层”面板下方的“新建”按钮

C. 使用鼠标将当前图像拖动到另一张图像上

D. 使用文字工具在图像中添加文字

（5）在Photoshop的图层样式中，选择使用“斜面和浮雕”模式，包括。（ ）

A.内斜面　　B. 浮雕效果　　C. 枕状浮雕　　D. 外斜面和描边浮雕

（6）下列哪些情况不可以同时对齐和分布图层？（ ）

A. 选中任意2个图层　　B. 选中一个包含多个图层的图层组

C. 选中3个形状图层　　D. 选中3个以上的隐藏图层

3．判断题

（1）当“图层”面板左侧的眼睛图标显示时，表示这个图层是可见的。（ ）

（2）将图层拖动到“图层”面板下方的“创建新图层”按钮上可以复制一个图层。（ ）

（3）要应用“斜面和浮雕”图层样式对话框中的“描边浮雕”样式，就一定要先执行“图层”|“图层样式”|“描边”命令。（ ）

（4）在“图层”面板中，按Alt+[键可进入上一图层，如果用户已经位于最顶层，则按此组合键将使Photoshop返回最下方的图层。（ ）

（5）在“图层”面板中按Ctrl键单击“创建新图层”按钮，可以在当前图层（“背景”图层除外）的下面新建一个图层。（ ）

4．操作题

打开随书所附光盘中的文件“第7章\7.11-操作题-素材.psd”，如图7-66所示。利用本章讲解的图层样式功能，制作文字“福”的立体感，如图7-67所示。制作完成后的效果可以参考随书所附光盘中的文件“第7章\7.11-操作题.psd”。

图7-66 素材图像

图7-67 完成后的效果

第 8 章
融合图像

本章导读

本章全面深入地讲解Photoshop图层的高级功能及使用方法、处理技巧。其中包括图层的不透明度、填充不透明度、混合模式、剪切蒙版、图层蒙版及矢量蒙版等。正是由于对这些功能的掌握，才使设计人员的创意有了施展的舞台，极大地释放成为一幅幅令人拍案叫绝的图像珍品。

8.1 图层不透明度

通过设置图层的不透明度值可以改变图层的透明度，当图层不透明度为100%时，当前图层完全遮盖下方的图层，如图8-1所示。

而当不透明度小于100%时，可以隐约显示下方图层的图像，如图8-2所示为不透明度分别设置为60%时及30%时的对比效果。

图8-1 不透明度为100%的效果

(a) 60%

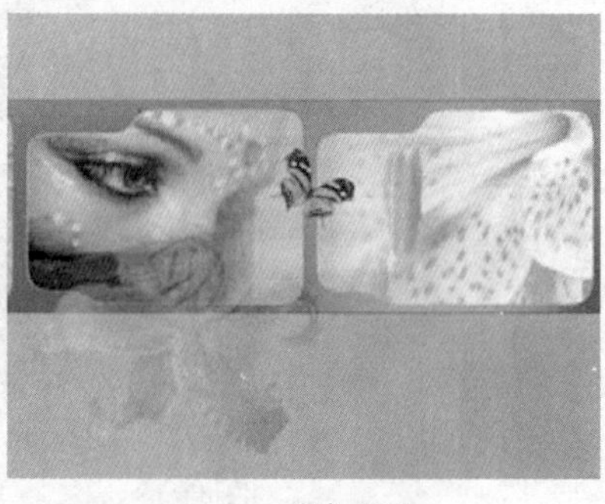

(b) 30%

图8-2 设置不透明度数值为和的效果

8.2 图层填充不透明度

与图层的不透明度不同，图层的“填充”透明度仅改变在当前图层上使用绘图类绘制得到的图像的不透明度，不会影响图层样式的透明效果。

图8-3所示为一个具有图层样式的图层，图8-4所示为将图层不透明度改变为50时的效果，图8-5所示为将填充透明度改变为50的效果。

可以看出，在改变填充透明度后，图层样式的透明度不会受到影响。

选中多个图层时，也可以在“图层”面板中设置不透明度及填充不透明度数值，如果被选中的图层分别具有不同的不透明度或填充不透明度数值，那么将以本次的设定为准。

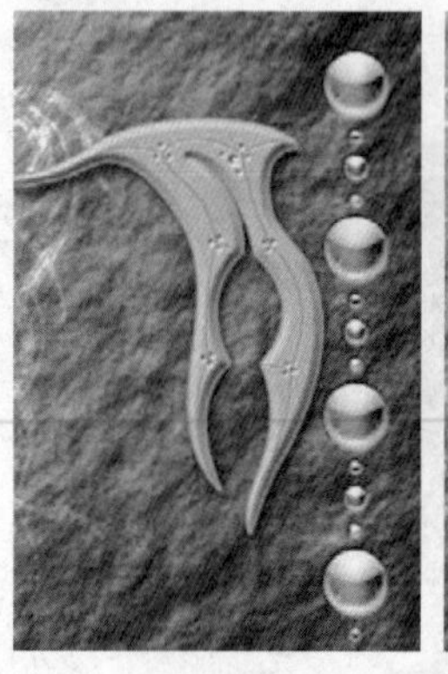

图8-3 具有图层样式的图层

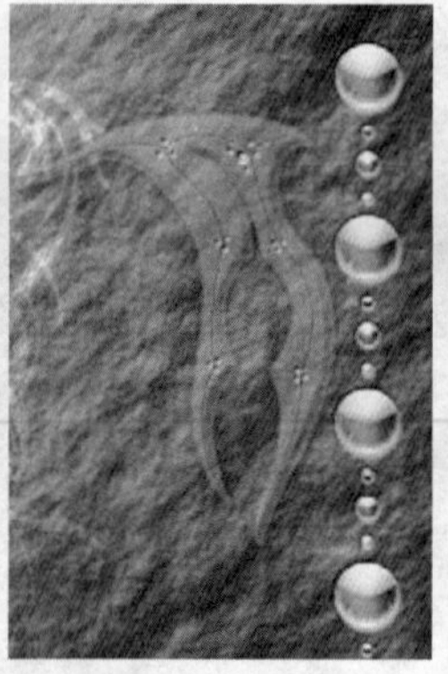

图8-4 改变不透明度后的效果

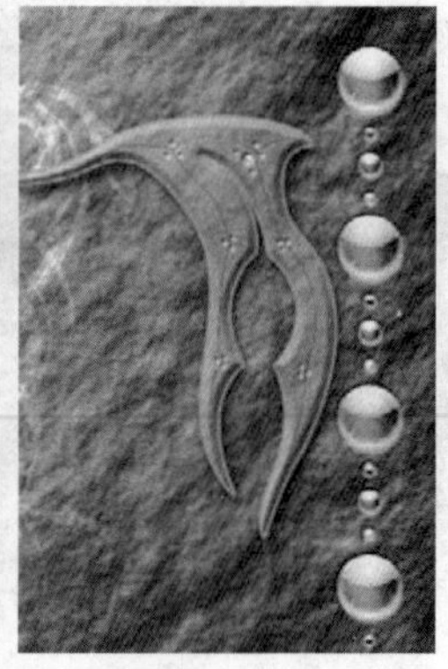

图 8-5 改变填充后的效果

8.3 图层混合模式

在Photoshop中图层的混合模式非常重要，几乎每一种绘画与编辑调整工具都有混合模式选项。正确地、灵活地运用各种混合模式，往往能得到许多匪夷所思的效果，并对调整图像的色调、亮度有相当大的作用。

单击图层混合模式下拉列表框，将弹出如图8-6所示的混合模式下拉列表菜单，其中列有27种可以产生不同效果的混合模式。

在此以上下两图层相叠加且上方图层的不透明度等于100%为例，解释各混合模式含义。

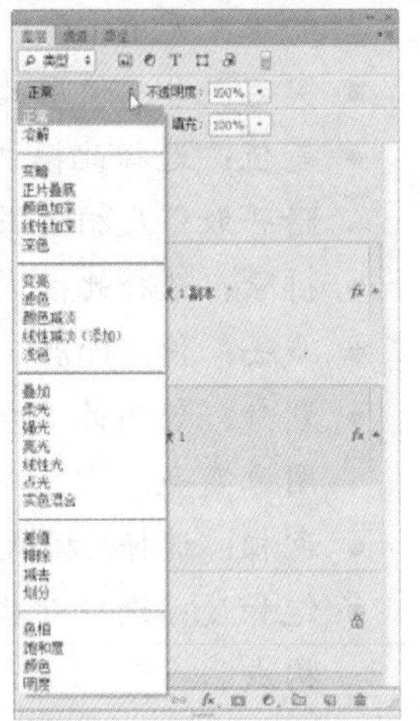

图8-6 图层面板混合模式菜单

- 正常：选择该选项，上方图层完全遮盖下方图层。
- 溶解：如果上方图像具有柔和的半透明边缘则选择该选项，可创建像素点状效果。
- 变暗：选择此模式，将以上方图层中较暗像素代替下方图层中与之相对应的较亮像素，且下方图层中的较暗区域代替上方图层中的较亮区域，因此叠加后整体图像呈暗色调。
- 正片叠底：选择此模式整体效果显示由上方图层及下方图层的像素值中较暗的像素合成的图像效果。
- 颜色加深：此模式与颜色减淡模式相反，通常用于创建非常暗的投影效果。
- 线性加深：察看每一个颜色通道的颜色信息，加暗所有通道的基色，并通过提高其他颜色的亮度来反映混合颜色，此模式对于白色无效。
- 深色：选择此模式，可以依据图像的饱和度，用当前图层中的颜色直接覆盖下方图层中的暗调区域颜色。
- 变亮：此模式与变暗模式相反，Photoshop以上方图层中较亮像素代替下方图层中与之相对应的较暗像素，且下方图层中的较亮区域代替上方图层中的较暗区域，因此叠加后整体图像呈亮色调。
- 滤色：此选项与正片叠底相反，在整体效果上显示由上方图层及下方图层的像素值中较亮的像素合成图像效果，通常能够得到一种漂白图像中颜色的效果。
- 颜色减淡：选择此模式可以生成非常亮的合成效果，其原理为上方图层的像素值与下方图层的像素值采取一定的算法相加，此模式通常被用来创建光源中心点极亮的效果。
- 线性减淡（添加）：查看每一个颜色通道的颜色信息，加亮所有通道的基色，并通过降低其他颜色的亮度来反映混合颜色，此模式对于黑色无效。
- 浅色：与“深色”模式刚好相反，选择此模式，可以依据图像的饱和度，用当前图层中的颜色，直接覆盖下方图层中的高光区域颜色。
- 叠加：选择此选项，图像最终的效果取决于下方图层。但上方图层的明暗对比效果也将直接影响到整体效果，叠加后下方图层的亮度区与投影区仍被保留。
- 柔光：使颜色变亮或变暗，具体取决于混合色。如果上方图层的像素比50% 灰色亮，则图像变亮；反之，则图像变暗。
- 强光：此模式的叠加效果与柔光类似，但其加亮与变暗的程度较柔光模式大许多。
- 亮光：如果混合色比50%灰度亮，图像通过降低对比度来加亮图像，反之通过提高对比度来使图像变暗。
- 线性光：如果混合色比50%灰度亮，图像通过提高对比度来加亮图像，反之通过降低对比度来使图像变暗。
- 点光：此模式通过置换颜色像素来混合图像，如果混合色比50%灰度亮，比源图像暗的像素会被置换，而比源图像亮的像素无变化；反之，比源图像亮的像素会被置换，而比源图像暗

的像素无变化。

- 实色混合：使用此混合模式时，可以创建一种近似于色块化的混合效果。
- 差值：选择此模式可从上方图层中减去下方图层相应处像素的颜色值，此模式通常使图像变暗并取得反相效果。
- 排除：选择此模式可创建一种与差值模式相似但对比度较低的效果。
- 减去：使用此混合模式，可以使用上方图层中亮调的图像隐藏下方的内容。
- 划分：使用此混合模式，可以在上方图层中加上下方图层相应处像素的颜色值，通常用于使图像变亮。
- 色相：选择此模式，最终图像的像素值由下方图层的亮度与饱和度值及上方图层的色相值构成。
- 饱和度：选择此模式，最终图像的像素值由下方图层的亮度和色相值及上方图层的饱和度值构成。
- 颜色：选择此模式，最终图像的像素值由下方图层的亮度及上方图层的色相和饱和度值构成。
- 明度：选择此模式，最终图像的像素值由下方图的色相和饱和度值及上方图层的亮度构成。

图8-7展示的若干幅图像都或多或少地使用了混合模式。

(a) (b) (c)

(d) (e)

图8-7 使用混合模式的图像

实例：模拟柔光镜照片效果

（1）打开随书所附光盘中的文件“第8章\8.3-实例：模拟柔光镜照片效果-素材.jpg”，如图8-8所示。

（2）复制“背景”图层得到“背景 副本”，选择“滤镜”|“模糊”|“高斯模糊”命令，在弹出的对话框中设置“半径”的数值为5像素，以模糊图像，如图8-9所示。

图8-8 素材图像

图8-9 模糊后的效果

（3）设置“背景 副本”的混合模式为“滤色”，以融合图像，得到的最终效果如图8-10所示。“图层”面板如图8-11所示。

图8-10 最终效果

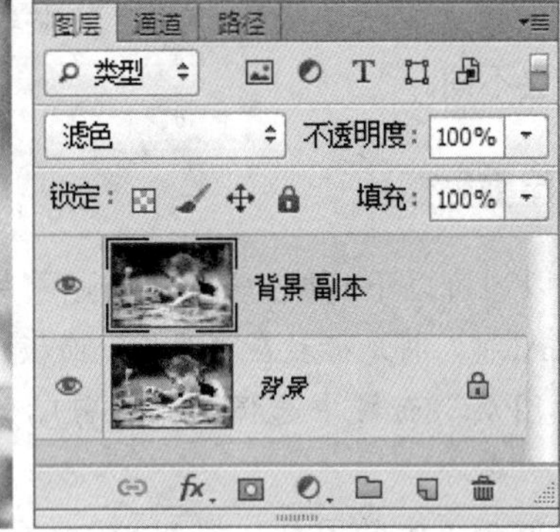

图8-11 “图层”面板

8.4 剪贴蒙版

剪贴蒙版通过使用处于下方图层的形状限制上方图层的显示状态，来创造一种剪贴画的效果。图8-12所示为创建剪贴蒙版前的图层效果及“图层”面板状态，图8-13所示为创建剪贴蒙版后的效果及“图层”面板状态。

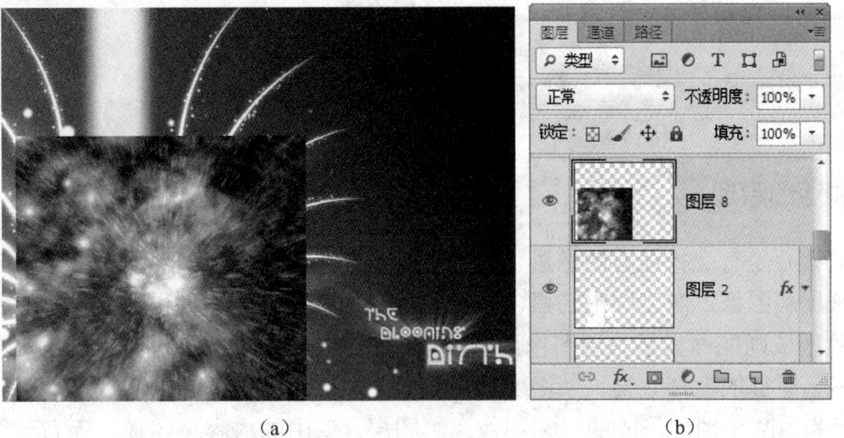

（a）（b）

图8-12 未创建剪贴蒙版的图像及“图层”面板

(a) (b)

图8-13 创建剪贴蒙版后的图像效果及“图层”面板

可以看出建立剪贴蒙版后，两个剪贴蒙版图层间出现点状线，而且上方图层的缩览图被缩进，这与普通图层不同。

8.4.1 创建剪贴蒙版

用户可以通过以下3种方法创建剪贴蒙版。

- 按住Alt键，将光标放在“图层”面板中分隔两个图层的实线上，待光标变为↓□状态时单击即可。
- 在“图层”面板中选择要创建剪贴蒙版的两个图层中的任意一个，选择“图层”|“创建剪贴蒙版”命令。
- 选择处于上方的图层，按Alt+Ctrl+G键执行“创建剪贴蒙版”操作。

8.4.2 释放剪贴蒙版

要取消剪贴蒙版，同样可以采用3种方法。

- 按住Alt键将光标放在“图层”面板中分隔两个图层的点状线上，待光标变为↘□状态时单击分隔线。
- 在“图层”面板中选择剪贴蒙版中的任意一个图层，选择“图层”|“释放剪贴蒙版”命令。
- 选择剪贴蒙版中的任意一个图层，按Ctrl+Alt+G键。

8.5 图层蒙版

8.5.1 图层蒙版的原理

图层蒙版的核心是有选择地对图像进行屏蔽，其原理是Photoshop使用一张具有256级色阶的灰度图（即蒙版）来屏蔽图像，灰度图中的黑色区域隐藏其所在图层的对应区域，从而显示下层图像，而灰度图中的白色区域则能够显示本层图像而隐藏下层图像。由于灰度图具有256级灰度，因此能够创建过渡非常细腻、逼真的混合效果。

图8-14所示为由两个图层组成的一幅图像，“图层 1”中的内容是图像，而背景图层中的图像是

彩色的，在此通过为“图层 1”添加一个从黑到白的蒙版，使“图层 1”中的左侧图像被隐藏，而显示出背景图层中的图像。

（a） （b）

图8-14 图层蒙版实例

如图8-15所示为蒙版对图层的作用原理示意图。

图8-15 蒙版对图层的作用原理示意图

对比“图层”面板与图层所显示的效果，可以看出以下特点。

- 图层蒙版中的黑色区域可以隐藏图像对应的区域，从而显示底层图像。
- 图层蒙版中的白色部分可以显示当前图层的图像的对应区域，遮盖住底层图像。
- 图层蒙版中的灰色部分，一部分显示底层图像，一部分显示当前层图像，从而使图像在此区域具有半隐半显的效果。

由于所有显示、隐藏图层的操作均在图层蒙版中进行，并没有对图像本身的像素进行操作，因此使用图层蒙版能够保护图像的像素，并使工作有很大的弹性。

8.5.2 了解“属性”面板

“属性”面板能够提供用于调整蒙版的多种控制选项，使操作者可以轻松更改蒙版的不透明度、边缘柔化程度，可以方便地增加或删除蒙版、反相蒙版或调整蒙版边缘。选择“窗口”|“属性”命令后，显示如图8-16所示的“属性”面板。

提示：

在Photoshop CS6中，必须选择一个带有图层蒙版或矢量蒙版的图层，执行“窗口”|“属性”命令，才会显示上面的面板状态。否则“属性”面板中显示“无属性”字样。

图8-16 “属性”面板

8.5.3 直接添加蒙版

要直接为图层添加蒙版，可以使用下面两种操作方法。

- 选择要添加图层蒙版的图层，单击“图层”面板底部的“添加图层蒙版”按钮，或选择“图层”|“图层蒙版”|“显示全部”命令。
- 如果在执行上述添加蒙版操作时，按住Alt键，或选择“图层”|“图层蒙版”|“隐藏全部”命令，即可为图层添加一个默认填充为黑色的图层蒙版，即隐藏全部图像。

8.5.4 利用选区添加图层蒙版

如果当前图层中存在选区，可以按下述步骤操作以创建一个显示或隐藏选区的蒙版。

- 选择“图层”|“图层蒙版”|“显示选区”命令，可以创建一个显示所选选区，并隐藏图层其余部分的蒙版。
- 如果要创建一个隐藏所选选区并显示图层其余部分的蒙版，按Alt键单击按钮，或者选择“图层”|“图层蒙版”|“隐藏选区”命令。

8.5.5 设置图层蒙版的属性（浓度、羽化）

1. 更改蒙版浓度

“属性”面板中的“浓度”滑块可以调整选定的图层蒙版或矢量蒙版的不透明度，其使用步骤如下所述。

（1）在“图层”面板中，选择包含要编辑的蒙版的图层。

（2）单击“属性”面板中的“选择图层蒙版”按钮或“选择矢量蒙版”按钮将其激活。

（3）拖动“浓度”滑块，当其数值为100%时，蒙版将完全不透明并遮挡图层下面的所有区域，此数值变低，蒙版下的更多区域将变得可见。

图8-17所示为原图像效果及对应的“图层”面板，图8-18所示为在“属性”面板中将“浓度”数值修改为60%时的效果，可以看出由于蒙版中黑色变成为灰色，因此被隐藏的图层中的“羊群”图像也开始显现出来。

（a）

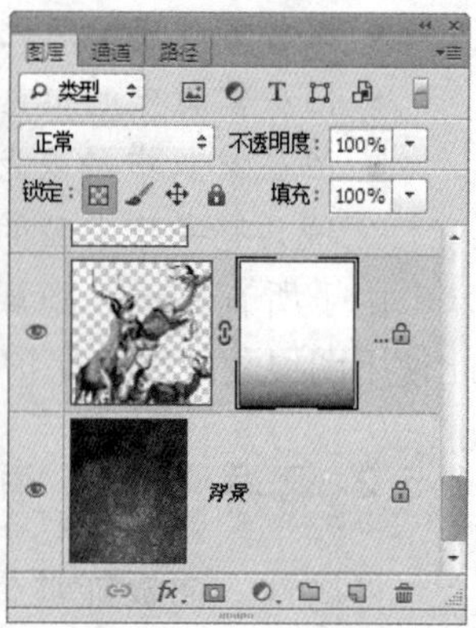

（b）

图8-17 原图像效果及对应的“图层”面板

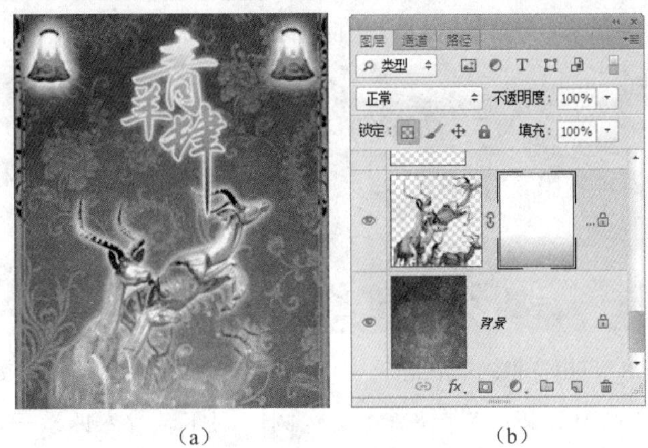

(a) (b)

图8-18 将数值设置为60%时的效果

2. 羽化蒙版边缘

可以使用“属性”面板中的“羽化”滑块直接控制蒙版边缘的柔化程度，而无需像以前一样再使用“模糊”滤镜对其操作，其使用步骤如下所述。

（1）在“图层”面板中，选择包含要编辑的蒙版的图层。

（2）单击“属性”面板中的“选择图层蒙版”按钮或“选择矢量蒙版”按钮将其激活。

（3）在“属性”面板中，拖动“羽化”滑块以将羽化效果应用至蒙版的边缘，使蒙版边缘以在蒙住和未蒙住区域之间创建较柔和的过渡。

8.5.6 调整蒙版边缘

单击“蒙版边缘”按钮，将弹出“调整蒙版”对话框，此对话框功能及使用方法等同于“调整边缘”，使用此命令可以对蒙版进行平滑、羽化等操作。

实例：制作斑驳人像效果

（1）打开随书所附光盘中的文件“第8章\8.5-实例：制作斑驳人像效果-素材1.psd和8.5-实例：制作斑驳人像效果-素材2.tif”，如图8-19和图8-20所示。使用“移动工具”将人物素材移至纹理素材中，得到“图层 1”，按Ctrl+T键调出自由变换控制框，按住Shift键将其缩放、移动状态如图8-21所示，按Enter键确认变换操作。

图8-19 素材图像

图8-20 素材图像

（2）设置“图层 1”的图层混合模式为“叠加”，单击“添加图层蒙版”按钮为“图层1”添加图层蒙版，设置前景色为黑色，使用“画笔工具”，设置适当的画笔大小后，将图像中左上角多

01 chapter P1—P12
02 chapter P13—P34
03 chapter P35—P50
04 chapter P51—P84
05 chapter P85—P104
06 chapter P105—P136
07 chapter P137—P162
08 chapter P163—P180
09 chapter P181—P194
10 chapter P195—P208
11 chapter P209—P220
12 chapter P221—P240
13 chapter P241—P254
14 chapter P255—P278
A chapter P279—P289

余部分进行涂抹以将其隐藏起来，得到如图8-22所示的效果，此时图层蒙版中的状态如图8-23所示。

图8-21 自由变换到的状态

图8-22 添加图层蒙版后的效果

（3）打开随书所附光盘中的文件“第8章\8.5-实例：制作斑驳人像效果-素材3.psd”，使用“移动工具”将其移至背景纹理中，得到“图层 2”，按Ctrl+T键调出自由变换控制框，按住Shift键将其缩放、移动到如图8-24所示的状态，按Enter键确认变换操作，设置“图层 2”的图层混合模式为“柔光”，得到如图8-25所示的效果。

图8-23 图层蒙版中的状态

图8-24 自由变换到的状态

（4）打开随书所附光盘中的文件“第8章\8.5-实例：制作斑驳人像效果-素材4.psd”，使用“移动工具”将其移至背景纹理文件中，得到“图层 3”，按Ctrl+T键调出自由变换控制框，按住Shift键将其缩放、移动到如图8-26所示的状态，按Enter键确认变换操作。

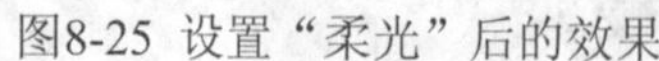

图8-25 设置“柔光”后的效果

图8-26 自由变换到的状态

（5）单击“添加图层样式”按钮fx，在弹出的菜单中选择“混合选项”命令，设置弹出的对话框如图8-27所示，单击“确定”按钮确定设置，得到如图8-28所示的效果。

提示：

按住Alt键将混合颜色带中“本图层”区域的黑、白划块向中间拖动。

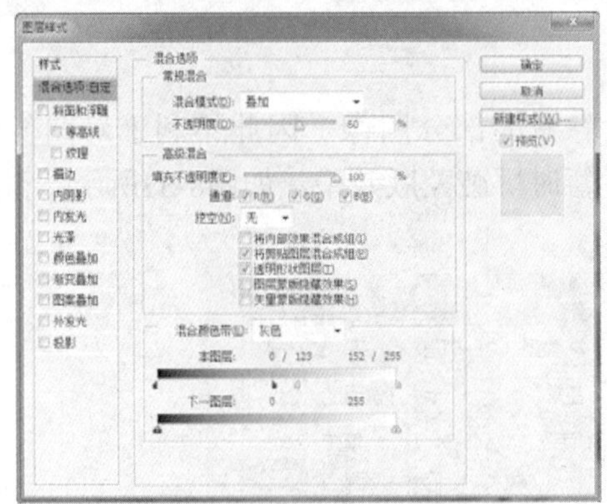

图8-27 “混合选项”对话框

图8-28 设置“混合选项”后的效果

（6）打开随书所附光盘中的文件“第8章\8.5-实例：制作斑驳人像效果-素材5.tif”，使用“移动工具”将其移至素材1中，得到“图层 4”，按Ctrl+T键调出自由变换控制框，按住Shift键将其缩放、移动到如图8-29所示的状态，按Enter键确认变换操作，按Ctrl+I键执行“反相”操作。

（7）设置“图层 4”的图层混合模式为“颜色加深”，单击“添加图层蒙版”按钮为“图层 4”添加图层蒙版，设置前景色为黑色，使用“画笔工具”，设置适当的画笔大小后，将除左上角以外的图像隐藏起来，得到如图8-30所示的效果，此时图层蒙版中的状态如图8-31所示。

图8-29 自由变换到的状态

图8-30 添加图层蒙版后的效果

（8）设置前景色为白色，选择“横排文字工具”，并在其工具选项条上设置适当的字体与字号，输入如图8-32所示的一段英文，得到最终效果。

图8-31 蒙版中的状态

图8-32 最终效果

8.5.7 停用/启用图层蒙版

在图层蒙版存在的状态下，只能观察到未被蒙版隐藏的部分图像，因此不利于对图像进行编辑，在此情况下可以按住Shift键单击图层蒙版缩览图，暂时屏蔽蒙版效果，如图8-33所示。再次按住Shift键单击蒙版缩览图，即可重新显示蒙版效果。

（a）　　（b）

图8-33 停用图层蒙版

选择“图层”|“图层蒙版”|“停用”或“启用”命令，也可以暂时屏蔽或显示图层蒙版效果。

8.5.8 应用/删除图层蒙版

应用图层蒙版是指按图层蒙版所定义的灰度，定义图层中像素分布的情况，保留蒙版中白色区域对应的像素，删除蒙版中黑色区域所对应的像素。删除图层蒙版是指去除蒙版，不考虑其对于图层的作用。由于图层蒙版在实质上是以Alpha通道的状态存在的，因此删除无用的蒙版有助于减小文件大小。要应用或删除图层蒙版，可以参考以下操作指导。

（1）如果要应用图层蒙版，可以在图层蒙版缩览图上右击，在弹出的菜单中选择“应用图层蒙版”命令。也可以选择“图层”|“图层蒙版”|“应用”命令。

（2）如果要删除图层蒙版，可以选择图层蒙版缩览图，单击“图层”面板下方的删除图层按钮，在弹出的对话框中选择“删除”按钮。也可以选择“图层”|“图层蒙版”|“删除”命令。

8.6 矢量蒙版

8.6.1 认识矢量蒙版

矢量蒙版可以用来控制图层中图像的显示与隐藏，在许多方面都与图层蒙版非常相似，不同的是，矢量蒙版是依靠路径来控制图像的显示与隐藏的，因此它创建的蒙版都具有较规则的边缘。

另外，因为图层矢量蒙版是通过钢笔或形状工具所创建的矢量图形，因此在输出时矢量蒙版的光滑程度与分辨率无关，能够以任意一种分辨率进行输出。如图8-34所示为增加图层矢量蒙版后的图像效果及对应的“图层”面板。

（a）（b）

图8-34 添加矢量蒙版后的图像效果及对应的“图层”面板

由于图层矢量蒙版在本质上仍然是一种蒙版，具有与图层蒙版相同的特点，因此上面章节中讲述的关于图层蒙版的操作方法对于矢量蒙版同样有效。

8.6.2 添加矢量蒙版

与“添加图层蒙版”一样，添加矢量蒙版同样能够得到两种不同的显示效果，即添加后完全显示图像和添加后完全隐藏图像。

在“图层”面板中选择要添加矢量蒙版的图层，选择“图层”|“矢量蒙版”|“显示全部”命令，或按Ctrl键单击“添加图层蒙版”按钮，可以得到显示全部图像的矢量蒙版。

如果选择“图层”|“矢量蒙版”|“隐藏全部”命令，或按Ctrl+Alt键单击“添加图层蒙版”按钮，则可以得到隐藏全部图像的矢量蒙版。

8.6.3 编辑矢量蒙版

由于在矢量蒙版中绘制的图像实际上是一条或若干条路径，因此可以根据需要使用“路径选择工具”、“添加锚点工具”等编辑矢量蒙版中的路径。

提示：

当图层矢量蒙版中的路径处于显示状态时，无法通过按Ctrl+T键对图像进行变换操作，此操作将对矢量蒙版中的路径进行变换。

8.6.4 删除矢量蒙版

若要删除矢量蒙版，可以执行下列操作方法之一。

- 选择要删除的矢量蒙版，单击“属性”面板底部的“删除蒙版”按钮。
- 选择要删除的矢量蒙版，直接按Delete键。
- 在要删除的矢量蒙版缩览图上右击，在弹出的菜单中选择“删除矢量蒙版”命令。

如果要删除图层矢量蒙版中的某一条或某几条路径，可以使用工具箱中的“路径选择工具”

将路径选中，然后按Delete键删除。

8.6.5 将矢量蒙版转换为图层蒙版

矢量蒙版适合于为图像添加边缘界限明显的蒙版效果，但仅能使用“钢笔工具”、“矩形工具”等工具对其进行编辑。此时可以通过将矢量蒙版栅格化将其转换为图层蒙版，再继续使用其他绘图工具或滤镜命令进行编辑。需注意，此操作是不可逆的。

要将矢量蒙版转换为图层蒙版，可以选择“图层”|“栅格化”|“矢量蒙版”命令，或在要栅格化的蒙版缩览图上右击，在弹出的快捷菜单中选择“栅格化矢量蒙版”命令。

8.7 拓展训练——人物梦幻合成

（1）打开随书所附光盘中的文件“第8章\8.7-拓展训练——人物梦幻合成-素材1.tif和8.7-拓展训练——人物梦幻合成-素材2.tif”。

（2）使用“移动工具”将“素材2”拖至“素材1”文件中，按Ctrl+T键调出自由变换控制框，按住Alt+Shift键将其缩放至与画布相同大小，按Enter键确认变换操作。设置“图层1”的混合模式为“叠加”，得到如图8-35所示的效果。

（3）复制“图层1”得到“图层1副本”，并设置该副本图层的混合模式为“强光”，不透明度为30%，得到如图8-36所示的效果。

图8-35 设置混合模式为“叠加”

图8-36 设置混合模式为“强光”不透明度为30%

（4）打开随书所附光盘中的文件“第8章\8.7-拓展训练——人物梦幻合成-素材3.tif”，如图8-37所示。使用“移动工具”将其拖至上一步制作的文件中，得到“图层2”，并设置其混合模式为“柔光”，得到如图8-38所示的效果。

图8-37 人物素材图像

图8-38 设置混合模式为“柔光”

（5）复制“图层2”得到“图层2副本”，并设置其混合模式为“线性加深”，填充数值为64%，得到如图8-39所示的效果。

此时观察图像最左侧的人物脸部，可以看出由于下面的纹理图像过暗，导致人物脸部也变得非常暗，下面将利用图层蒙版解决这个问题。

（6）选择“图层1”并单击“添加图层蒙版”按钮为当前图层添加蒙版，设置前景色为黑色，选择“画笔工具”并设置适当的画笔大小，在左侧人物的脸部涂抹，以隐藏对应的图像，如图8-40所示。

图8-39 设置图层属性后的效果

图8-40 隐藏图像

（7）按照上一步的方法为“图层1副本”添加蒙版，并隐藏与左侧人物脸部对应的图像，得到如图8-41所示的效果，此时的“图层”面板如图8-42所示。

图8-41 最终效果

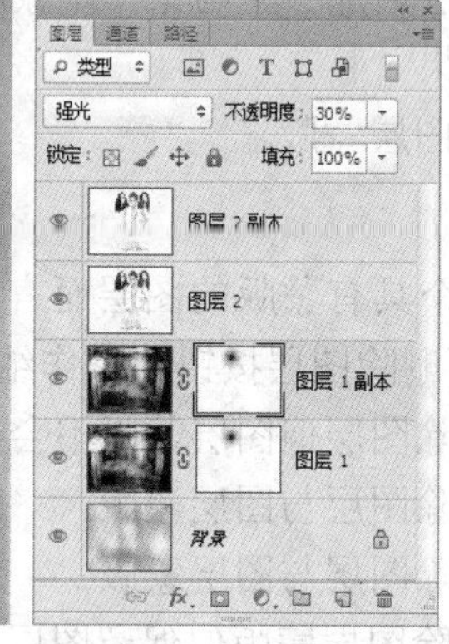

图8-42 “图层”面板

8.8 课后练习

1. 单选题

（1）在复制图像某一区域后，创建一个矩形选择区域，选择“编辑”|“选择性粘贴”|“贴入”

命令，此操作的结果是下列哪一项。（　）

A. 得到一个无蒙版的新图层

B. 得到一个有蒙版的图层，但蒙版与图层间没有链接关系

C. 得到一个有蒙版的图层，而且蒙版的形状为矩形，蒙版与图层间有链接关系

D. 如果当前操作的图层有蒙版，则得到一个新图层，否则不会得到新图层

（2）在默认情况下，如果存在一个椭圆形选择区域，而且当前操作的图层（非“背景”图层）没有蒙版，则下列哪一项正确描述了单击“添加图层蒙版”按钮后蒙版的效果。（　）

A. 得到蒙版，其中原椭圆形选区对应的位置为白色，周围为黑色，但蒙版与图层无链接关系。

B. 得到蒙版，其中原椭圆形选区对应的位置为黑色，周围为白色，但蒙版与图层无链接关系。

C. 得到蒙版，其中原椭圆形选区对应的位置为白色，周围为黑色，蒙版与图层有链接关系。

D. 得到蒙版，其中原椭圆形选区对应的位置为黑色，周围为白色，蒙版与图层有链接关系。

（3）3个链接图层，“图层1”的图层模式为“正片叠底”，“图层2”为“叠加”，“图层3”为“强光”，在“图层2”被选中的情况下执行合并链接图层操作，得到的图层的图层模式是什么？（　）

A. 正片叠底　　B. 叠加　　C. 强光　　D. 正常

（4）按住Alt键选择“编辑”|“选择性粘贴”|“贴入”命令的作用是下面哪一项？（　）

A. 没有任何作用　　B. 使得到的蒙版反相

C. 在当前操作的图层上创建蒙版　　D. 可以使原本图层图像与蒙版间自动建立链接关系

（5）按什么键单击图层蒙版，可以起到仅显示图层蒙版的效果。（　）

A. Alt键　　B. Ctrl键　　C. Shift键　　D. Ctrl+Alt键

（6）对于一个已具有图层蒙版的图层而言，如果再次单击添加图层蒙版按钮，则下列哪一项能够正确描述操作结果。（　）

A. 将为当前图层增加一个图层剪贴路径蒙版

B. 为当前图层增加一个与第一个蒙版相同的蒙版，从而使当前图层具有两个蒙版

C. 无任何结果

D. 删除当前图层蒙版

2. 多选题

（1）对于一个具有蒙版的图层而言，按Alt键拖动图层缩览图至删除图层按钮上与按Alt键拖动图层蒙版缩览图至删除图层按钮的操作结果是下列哪几项。（　）

A. 前者将删除图层但图层蒙版不会被删除

B. 后者将删除图层与图层蒙版

C. 前者将删除图层与图层蒙版

D. 后者将删除图层蒙版但保留图层

（2）下面对于图层蒙版叙述正确的是。（　）

A. 使用图层蒙版的好处在于，能够通过图层蒙版隐藏或显示部分图像

B. 使用蒙版能够很好地混合两幅图像

C. 使用蒙版能够避免颜色损失

D. 使用蒙版可以减小文件大小

（3）对于两个中色调的图层，通常情况下，在上方图层使用哪些图层叠加模式，可以得到比较亮的图像效果。（ ）

A. 滤色 B. 柔光 C. 强光 D. 变亮

（4）剪贴蒙版由哪些图层组成？（ ）

A. 形状图层 B. 剪贴图层 C. 基层 D. 内容图层

（5）下列关于图层蒙版的说法正确的有。（ ）

A. 单击“添加图层蒙版”按钮可以为当前所选的单个图层添加图层蒙版

B. 图层蒙版可以用来显示和隐藏图像内容

C. 在图层蒙版中，黑色可以隐藏图像

D. 在图层蒙版中，白色可以显示图像

（6）下列关于矢量蒙版的说法正确的有。（ ）

A. 单击“添加图层蒙版”按钮可以为当前所选的单个图层添加矢量蒙版

B. 矢量蒙版可以用来控制图层中图像的显示与隐藏

C. 在“图层”面板中选择要添加矢量蒙版的图层，选择“图层”|“矢量蒙版”|“显示全部”命令，可以得到显示全部图像的矢量蒙版。

D. 若要删除矢量蒙版，可以选择要删除的矢量蒙版，按Delete键。

3．判断题

（1）按Ctrl+~键可以使图层处于激活状态，而按Ctrl+\键可以使图层蒙版处于激活状态。（ ）

（2）要显示或屏蔽图层蒙版，可以配合Ctrl+Shift键单击图层蒙版缩览图。（ ）

（3）在“属性”面板中，通过设置浓度参数降低蒙版的不透明度。（ ）

（4）图层蒙版中的灰色部分使图像对应的区域半隐半显。（ ）

（5）要将矢量蒙版转换为图层蒙版，可以在要栅格化的蒙版缩览图上右击，在弹出的快捷菜单中选择“栅格化矢量蒙版”命令。（ ）

4．操作题

打开随书所附光盘中的文件“第 8 章 \8.8- 操作题 - 素材 1.tif 和 8.8- 操作题 - 素材 2.psd”，如图 8-43 所示。利用本章讲解的图层蒙版及混合模式等功能，制作如图 8-44 所示创意图像。制作完成后的效果可以参考随书所附光盘中的文件“第 8 章 \8.8- 操作题 .psd”。

（a）

（b）

图8-43 素材图像

01 chapter P1–P12
02 chapter P13–P34
03 chapter P35–P50
04 chapter P51–P84
05 chapter P85–P104
06 chapter P105–P136
07 chapter P137–P162
08 chapter P163–P180
09 chapter P181–P194
10 chapter P195–P208
11 chapter P209–P220
12 chapter P221–P240
13 chapter P241–P254
14 chapter P255–P278
A chapter P279–P289

图8-44 完成后的效果

第 9 章 输入与格式化文本

本章导读

本章主要讲解了在Photoshop中如何进行有关于文字的操作，其中包括如何输入横排或竖排文字、如何设置文字的属性、如何定义与应用字符或段落样式、如何将文本转换为路径或形状或图像、如何制作沿路径进行绕排的文字及如何制作具有扭曲效果的文字等。

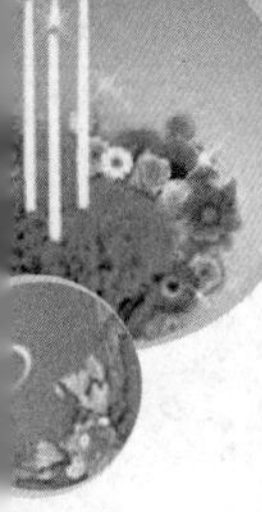

9.1 输入文本

9.1.1 输入横排或直排文本

在Photoshop中输入水平与垂直文字时，在操作步骤方面没有本质的区别。故以为图像添加水平排列的文字为例，讲解其操作步骤。

（1）在工具箱中选择“横排文字工具”T或“直排文字工具”IT，工具选项条显示如图9-1所示。

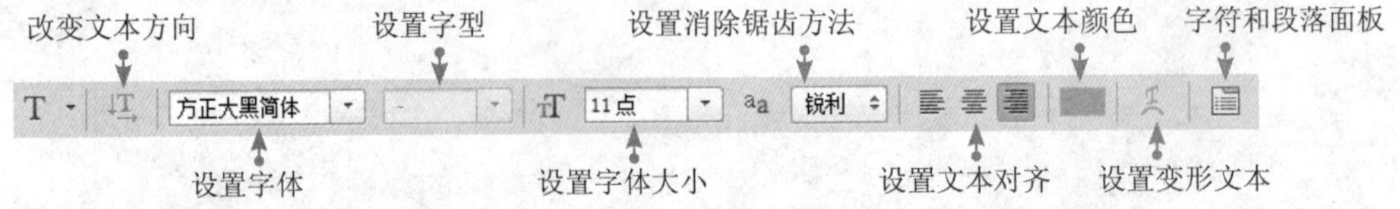

图9-1 横排文字工具选项条

（2）在工具选项条中设置文字属性参数，再在需要输入文字的位置单击一下，插入一个文本光标。

（3）输入图像中所需要的文字。

（4）完成文字输入工作后，单击文字工具选项条右侧的“提交所有当前编辑”按钮✓即可完成输入文字，单击“取消所有当前编辑”按钮⊘可取消文字的输入。

图9-2和图9-3所示分别为水平文字和垂直文字的示例。

图9-2 水平方向排列的文本

图9-3 垂直方向排列的文本

9.1.2 转换横排与直排文本

在需要的情况下，可以相互转换水平文字及垂直文字的排列方向，其操作步骤如下。

（1）在工具箱中选择“横排文字工具”T或“直排文字工具”IT。

（2）执行下列操作中的任意一种，即可改变文字方向。

- 单击工具选项栏中的“更改文字方向”按钮，可转换水平及垂直排列的文字。
- 选择“文字”|“取向”|“垂直”命令将文字转换成为垂直排列。
- 选择“文字”|“取向”|“水平”命令将文字转换成为水平排列。

9.1.3 输入点文本

点文字及段落文字是文字在Photoshop中存在的两种不同形式，无论用哪一种文字工具创建的文本都将以这两种形式之一存在。

点文字的文字行是独立的，即文字行的长度随文本的增加而变长，而不会自动换行，如果需要换行必须按Enter键。

要输入点文字可以按下面的操作步骤进行。

（1）选择“横排文字工具”T或“直排文字工具”↓T。

（2）用光标在图像中单击，得到一个文本插入点。

（3）在工具选项栏或“字符”面板和“段落”面板中设置文字选项。

（4）在光标后面输入所需要的文字后单击“提交所有当前编辑”按钮✓以确认操作。

9.1.4 输入段落文本

要创建段落文字，选择文字工具后在图像中单击并拖曳光标，拖动过程中将在图像中出现一个虚线框，如图9-4所示。释放鼠标左键后，在图像中将显示段落定界框，如图9-5所示，然后在段落定界框中输入相应的文字即可。

图9-4 原拖曳光标

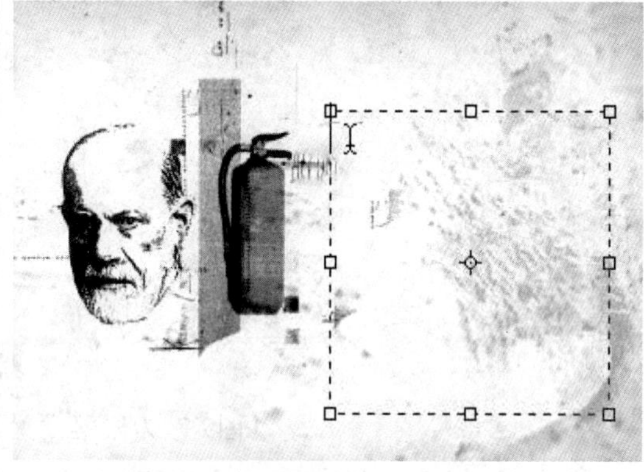

图9-5 段落定界框

9.1.5 转换点与段落文本

点文字和段落文字也可以相互转换，要转换时只需再选择“文字”|“转换为点文本”或选择“文字”|“转换为段落文本”命令即可。

9.2 格式化字符属性

除了在输入文字前通过在工具选项栏中设置相应的文字格式选项来格式化文字，还可以使用“字符”面板对其进行格式化操作，其操作如下所述。

（1）在“图层”面板中双击要设置文字格式的文字图层缩览图，或利用文字工具在图像中的文字上双击，以选择当前文字图层中要进行格式化的文字。

（2）单击工具选项栏中的“切换字符和段落面板”按钮，弹出如图9-6所示的“字符”面板。

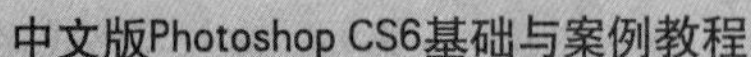

（3）在面板中设置需要改变的选项，单击工具选项栏中的“提交所有当前编辑”按钮✓确认即可。

下面介绍“字符”面板中比较常用且重要的参数，如“设置行间距”、“垂直缩放”、“水平缩放”、“设置所选字符的字距调整”、“设置基线偏移”等参数对于文字的影响。

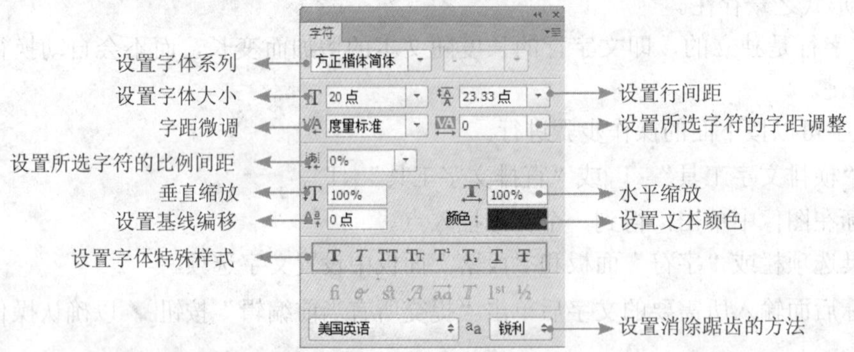

图9-6 “字符”面板

- 设置行间距：在此数值框中输入数值或在下拉列表框中选择一个数值，可以设置两行文字之间的距离，数值越大行间距越大，图9-7所示是为同一段文字应用不同行间距后的效果。

（a）　　　（b）

图9-7 为段落设置不同行间距的效果

- 垂直缩放/水平缩放：这两个数值能够改变被选中的文字的水平及垂直缩放比例，得到较“高”或较“宽”的文字效果，图9-8所示为改变文字HOW、LOSE、IN、10等文字的垂直缩放数值为150%时的效果，图9-9所示为将水平缩放数值改变为150%时的效果。

图9-8 改变文字垂直缩放后的效果　　图9-9 改变文字水平缩放后的效果

- 设置所选字符的字距调整：此数值控制了所有选中的文字的间距，数值越大间距越大，图9-10所示是设置不同文字间距的效果。

(a)

(b)

图9-10 设置不同字间距的效果

- 设置基线偏移：此参数仅用于设置选中的文字的基线值，正数向上移负数向下移，图9-11所示是原文字和将文字“自然观邸 山水听心”的基线位置调整后的效果。

(a) (b)

图9-11 调整基线位置的效果

- 设置字体特殊样式：单击其中的按钮，可以将选中的文字改变为该按钮指定的特殊显示形式。这些按钮的作用是将文字改变为粗体、斜体、全部大写字母、小型大写字母、上标、下标或为文字添加下划线和删除线。
- 设置消除锯齿的方法：在此下拉列表框中选择一种消除锯齿的方法。

9.3 定义与应用字符样式

在Photoshop CS6中，为了满足多元化的排版需求而加入了字符样式功能，它相当于对文字属性设置的一个集合，并能够统一、快速地应用于文本中，且便于进行统一编辑及修改。

要定义和应用字符样式，首先要选择“窗口” | “字符样式”命令，以显示“字符样式”面板，如图9-12所示。

要定义字符样式，可以在“字符样式”面板中单击“创建新的字符样式”按钮，即可按照默认的参数创建一个字符样式，如图9-13所示。

01 chapter P1–P12
02 chapter P13–P34
03 chapter P35–P50
04 chapter P51–P84
05 chapter P85–P104
06 chapter P105–P136
07 chapter P137–P162
08 chapter P163–P180
09 chapter P181–P194
10 chapter P195–P208
11 chapter P209–P220
12 chapter P221–P240
13 chapter P241–P254
14 chapter P255–P278
A chapter P279–P289

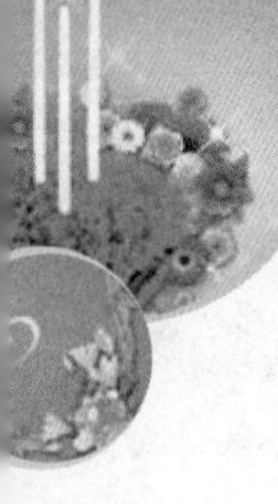

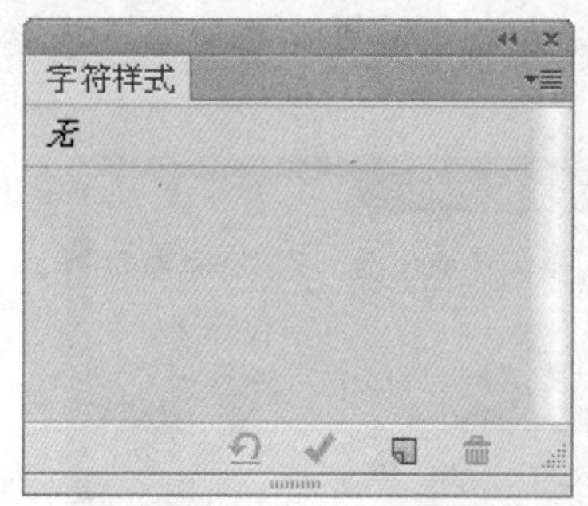

图9-12 “字符样式”面板

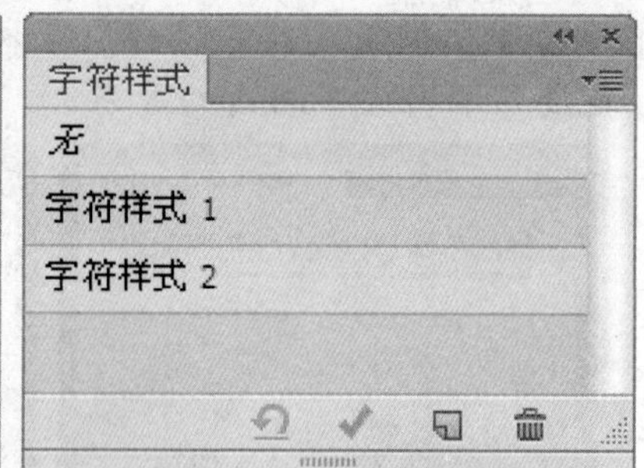

图9-13 创建字符样式

提示：

若是在定义字符样式时，刷黑选中了文本内容，则会按照当前文本所设置的格式定义新的字符样式。

当选中一个文字图层时，在“字符样式”面板中单击某个字符样式，即可为当前文字图层中所有的文本应用字符样式。若是刷黑选中文本，则字符样式仅应用于选中的文本。

9.4 格式化段落属性

在前面掌握了如何为文字设置格式，但大多数设计作品的文字段落需要同时设置文字的格式及段落的格式，如段前空、段后空、对齐方式等，下面来学习如何使用“段落”面板设置文本的段落属性。

（1）选择相应的文字工具，在要设置段落属性的文字中单击插入光标。如果要一次性设置多段文字的属性，用文字光标刷黑选中这些段落中的文字。

（2）单击“字符”面板右侧的“段落”标签，弹出如图9-14所示“段落”面板。

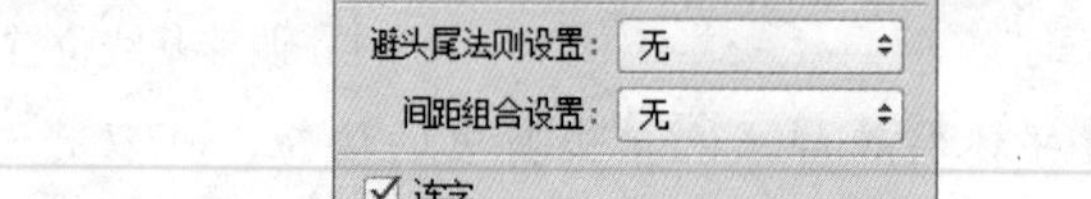

图9-14 “段落”面板

（3）设置按需要改变段落的某些属性后，单击工具选项栏中的“提交所有当前编辑”按钮✓以确认操作。

下面介绍面板中比较常用而且重要的参数。

- 对齐方式：单击其中的选项，光标所在的段落以相应的方式对齐。
- 左缩进值：设置文字段落的左侧相对于左定界框的缩进值。
- 右缩进值：设置文字段落的右侧相对于右定界框的缩进值。
- 首行缩进值：设置选中段落的首行相对其他行的缩进值。
- 段前添加空格：设置当前文字段与上一文字段之间的垂直间距。
- 段后添加空格：设置当前文字段与下一文字段之间的垂直间距。
- 连字：设置手动或自动断字，仅适用于Roman 字符。

9.5 定义与应用段落样式

在Photoshop CS6中，为了便于在处理多段文本时控制其属性而新增了段落样式功能，它包含了对字符及段落属性的设置。

要定义和应用段落样式，首先要选择“窗口”|“段落样式”命令，以显示“段落样式”面板，如图9-15所示。

定义与应用段落样式的方法，与前面讲解的定义与应用字符样式的方法基本相同，在此不再一一赘述。

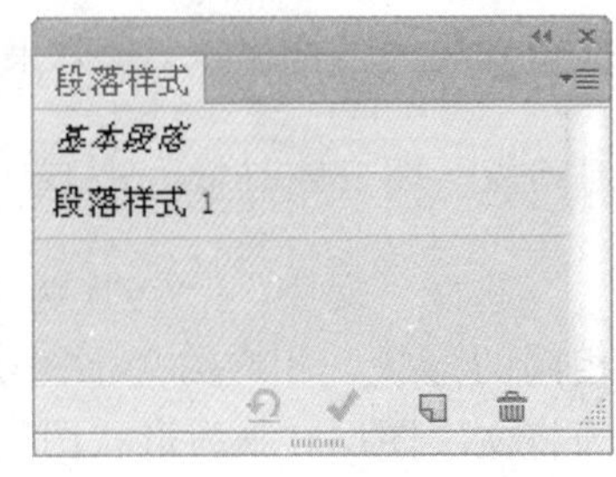

图9-15 “段落样式”面板

9.6 转换文本

9.6.1 将文本转换为路径

选择“文字”|“创建工作路径”命令，可以由文字图层得到与文字外形相同的工作路径。

图9-16所示为原文字，图9-17所示为选择此命令后生成的文字路径，图9-18所示为使用此路径执行描边操作后的效果，图9-19所示为在描边后的图像上添加图层样式后的效果。

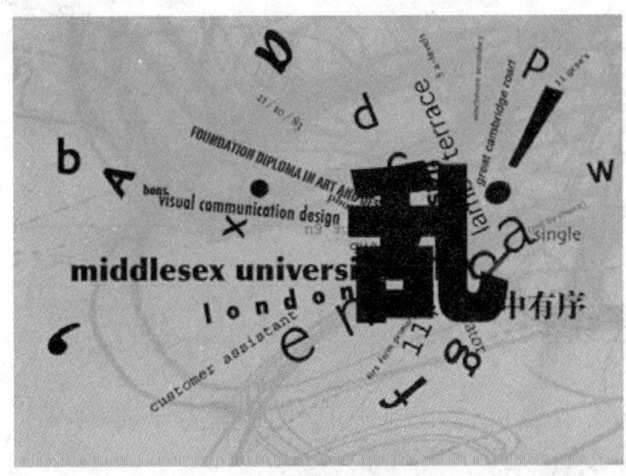

图9-16 原文字

图9-17 由文字生成路径

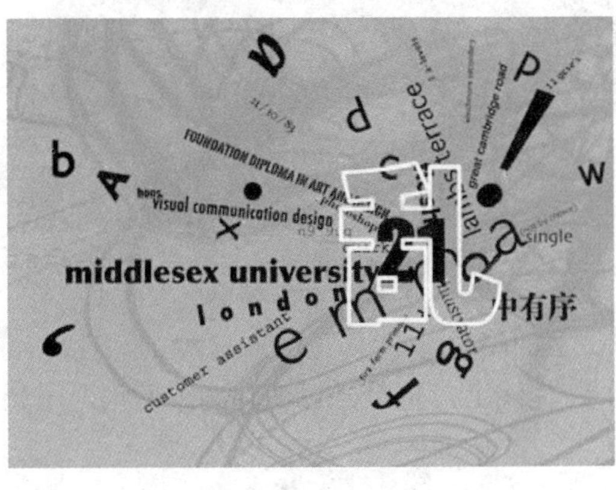

图9-18 描边后的效果

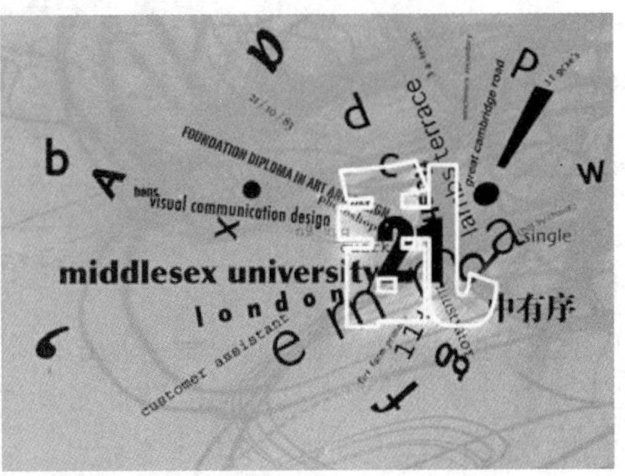

图9-19 添加图层样式后的效果

除了对文字生成的路径进行描边等操作外，还可以利用“路径选择工具”和“直接选择工具”对路径的节点、路径线进行编辑，从而得到更为多样化的文字效果。

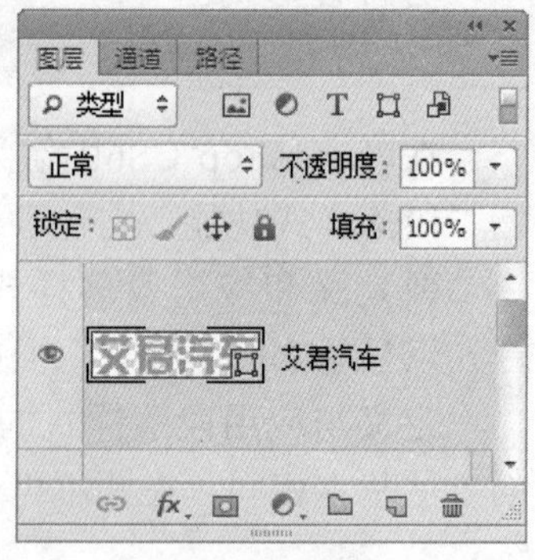

图9-20 转换为形状图层后的“图层”面板

9.6.2 将文本转换为形状

选择“文字”|“转换为形状”命令，可以将文字转换为与其轮廓相同的形状，相应的文字图层也会被转换成为形状图层，图9-20所示为将文字图层转换为形状图层后的“图层”面板。

将文字图层转换成为形状图层的优点在于，能够通过编辑形状图层中的形状路径节点得到异形文字效果。

9.6.3 将文本转换为图像

如前所述，文字图层具有不可编辑的特性，因此如果希望在文字图层中进行绘画或使用颜色调整命令、滤镜命令对文字图层中的文字进行编辑，可以选择“文字”|“栅格化文字图层”命令，将文字图层转换为普通图层。

图9-21所示为原文字图层对应的“图层”面板，图9-22所示为转换成为普通图层后的效果。

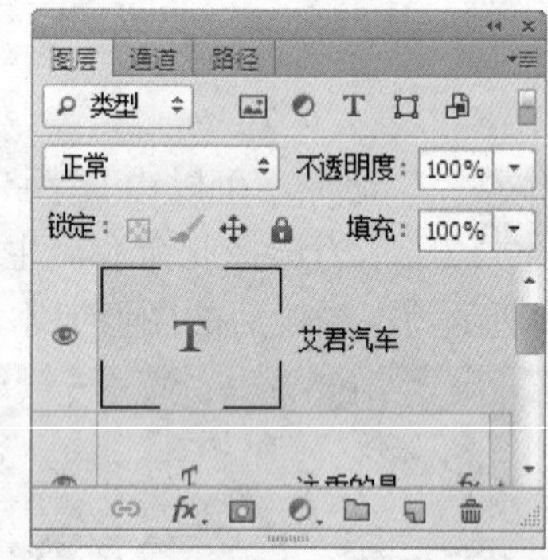

图9-21 原文字图层对应的“图层”面板

图9-22 转换成为普通图层后的效果

9.7 输入路径绕排的文本

使用路径绕排文字功能，可以帮助用户在图像及版面设计过程中制作出更为丰富的文字排列效果，使文字的排列形式不再是单调的水平或垂直形式，还可以是曲线型的。也就是说，利用此功能能够将文字绕排于任意形状的路径上，实现如图9-23所示的设计效果。

（a）

（b）

图9-23 绕排文字效果

要取得沿路径绕排文字的效果，可以按下面的步骤进行操作。

（1）选择“钢笔工具”，在工具选项条中选择“路径”选项，绘制一条用于绕排文字的路径。

（2）选择“横排文字工具”，将此工具放于路径线上，直至光标变化为形状，用光标在路径线上单击，在路径线上创建一个文本光标点。

（3）在文本光标点的后面输入所需要的文字，完成输入后单击“提交所有当前编辑”按钮✓确认，即可得到所需要的效果。

9.8 输入区域文本

除了可以使文字沿路径进行绕排外，在Photoshop中用户还可以为文字创建一个不规则的边框，从而制作具有异型轮廓的文字效果。

实例：制作异型轮廓文字效果

（1）打开光盘中的文件“第9章\9.8-实例：制作异型轮廓文字效果-素材.jpg”，如图9-24所示。

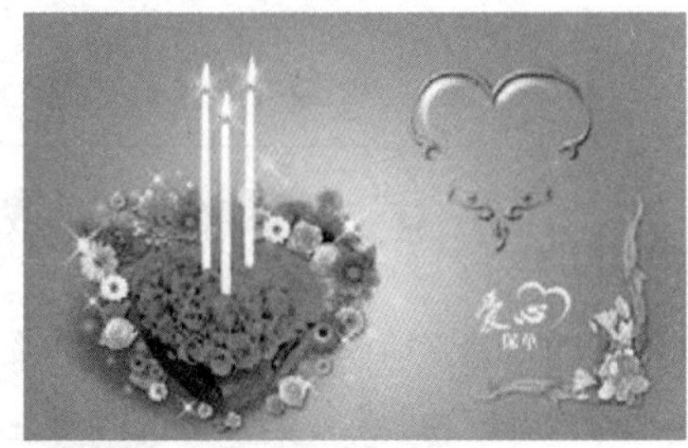

图9-24 素材图像

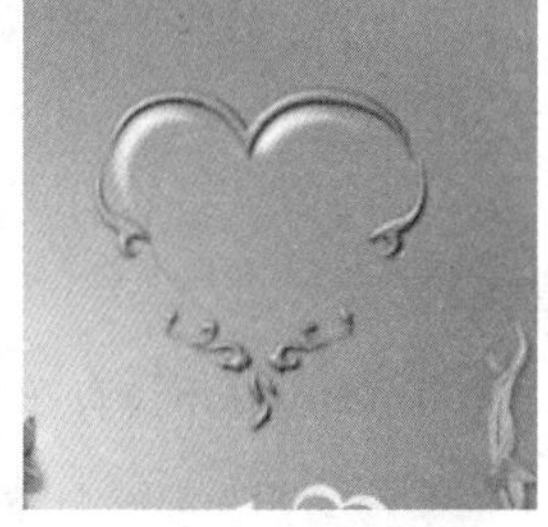

图9-25 绘制路径

（2）选择“自定形状工具”，并在其工具选项条中选择“路径”选项，在画布中右击，在弹出的形状选择框中选择“红心形卡”形状，在画布的右侧位置绘制路径，如图9-25所示。

（3）选择“横排文字工具”T（根据需要也可以选择其他文字工具），将光标置于路径中间，光标转换为Ⓘ形状，如图9-26所示。

（4）在路径中单击（不要单击路径线），得到一个文本插入点，如图9-27所示。

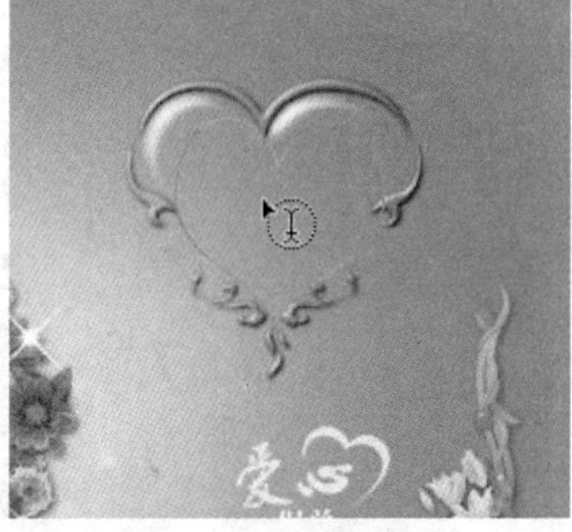

图9-26 摆放光标位置

图9-27 插入文本光标

（5）在插入光标的文本框中输入合适的文字，并设置需要的文字属性，输入完毕后，确认输入文字即可，得到的效果及“图层”面板如图9-28所示。

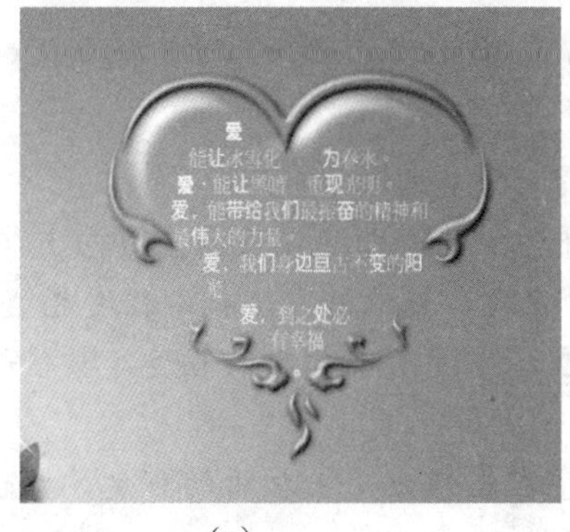

（a）

（b）

图9-28 输入文字后的效果及“图层”面板

（6）执行上述步骤后，“路径”面板中将生成一条新的轮廓路径，其名称即为路径中的文字，图9-29所示为最终效果及“路径”面板。

（a）

（b）

图9-29 最终效果及“路径”面板

9.9 制作变形文本

Photoshop具有扭曲文字的功能，值得一提的是扭曲后的文字仍然可以被编辑。在文字被选中的情况下，只需单击工具选项条上的“创建文字变形”按钮，即可弹出如图9-30所示的对话框。

在对话框下拉菜单中，可以选择一种变形选项对文字进行变形，图9-31所示的弯曲文字为对水平排列的文字使用此功能得到的效果。

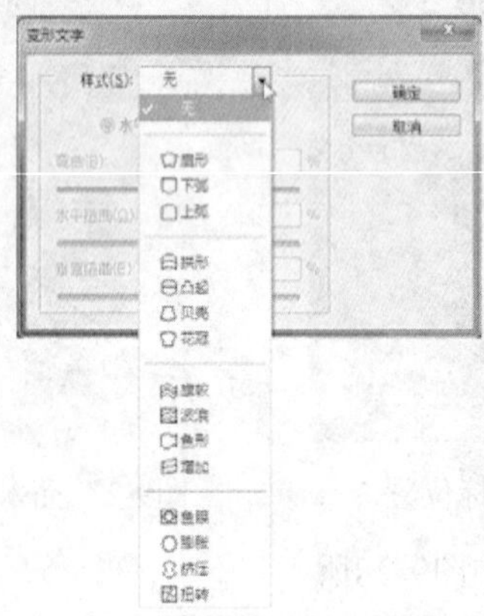

图9-30 “变形文字”对话框

图9-31 变形后的文字效果

“变形文字”对话框中的重要参数说明如下。

- 样式：在此可以选择各种Photoshop默认的文字扭曲效果。
- 水平/垂直：在此可以选择是使文字在水平方向上扭曲还是在垂直方向上扭曲。
- 弯曲：在此输入数值可以控制文字扭曲的程度，数值越大，扭曲程度也越大。
- 水平扭曲：在此输入数值可以控制文字在水平方向上扭曲的程度，数值越大则文字在水平方向上扭曲的程度越大。
- 垂直扭曲：在此输入的数值可以控制文字在垂直方向上扭曲的程度，数值越大则文字在垂直方向上扭曲的程度越大。

如果取消文字变形效果，可以在“变形文字”对话框“样式”下拉菜单中选择“无”选项。

9.10 拓展训练——设计制作个性化艺术文字效果

（1）打开光盘中的文件“第9章\9.10-拓展训练——设计制作个性化艺术文字效果-素材.tif”，如图9-32所示。设置前景色为黑色，选择“横排文字工具”T，并在其工具选项条上设置适当的字体与字号，在文件的左边输入“酷派·设计真彩”，如图9-33所示。

图9-32 素材图像

图9-33 输入“酷派·设计真彩”

（2）单击“添加图层样式”按钮 fx，在弹出的菜单中选择“描边”命令，设置弹出的对话框，如图9-34所示，得到如图9-35所示的效果。

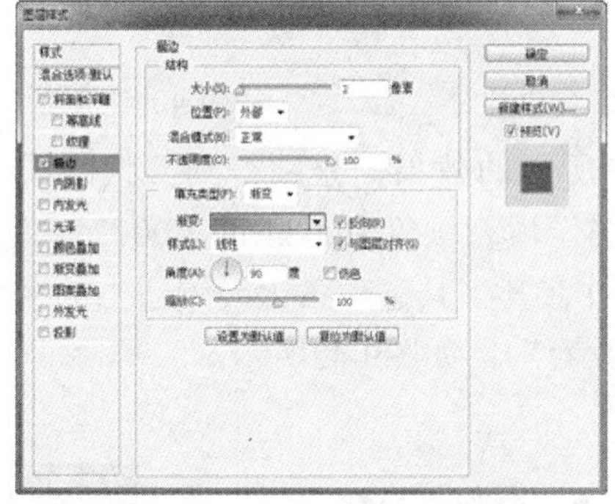

图9-34 “描边”对话框

图9-35 应用图层样式后的效果

在“描边”对话框中，渐变类型为“从ffb21b到ae6a00”。

（3）在“酷派·设计真彩”图层名称上右击，在弹出的菜单中选择“转换为形状”命令。

（4）使用“直接选择工具”，选择“派”字右边部分一捺将其激活，如图9-36所示，按Delete键删除，如图9-37所示。

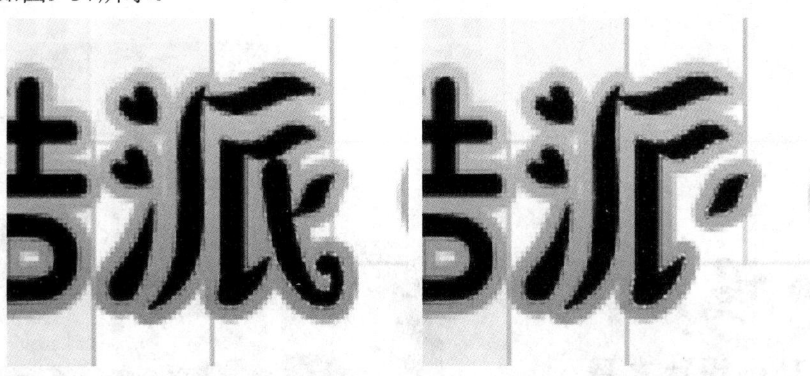

图9-36 激活“派”字右边部分一捺　图9-37 删除“派”字右边部分一捺

（5）选择“钢笔工具”，在其工具选项条上选择“形状”选项及“合并形状”选项，设置填充的颜色为黑色，在“派”字和“设”字之间绘制如图9-38所示的形状。

（6）使用“直接选择工具”，选择“彩”字右边部分三撇将其选中，按Delete键删除，如图9-39所示。

（7）选择“钢笔工具”，并在其工具选项条上选择“形状”选项，设置填充的颜色值为0ec400，在彩字的右边绘制如图9-40所示的形状，同时得到“形状1”。

图9-38 绘制形状　　图9-39 删除“彩”字右边部分三撇　　图9-40 绘制形状

（8）按照上一步的方法从上到下依次绘制出如图9-41所示的效果，分别得到形状图层“形状2”和“形状 3”，分别设置了形状图层“形状 2”和“形状 3”填充颜色为0084ff、ff0072。

（9）设置前景色为黑色，选择“横排文字工具”，并在其工具选项条上设置适当的字体与字号，在“酷派·设计真彩”的下方输入文字“第6届插画设计大赛”，如图9-42所示。

图9-41 绘制形状　　图9-42 输入文字“第6界插画设计大赛”

（10）在“酷派·设计真彩”图层名称上右击，在弹出的菜单中选择“拷贝图层样式”命令。

（11）分别在“形状 1”、“形状 2”、“形状 3”、“第6届插画设计大赛”的图层名称上右击，在弹出的菜单中选择“粘贴图层样式”命令，得到如图9-43所示的最终效果，其应用效果如图9-44所示。

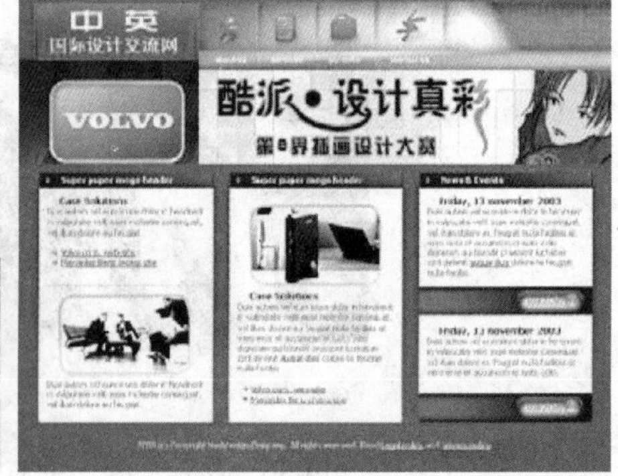

图9-43 最终效果　　图9-44 应用效果

9.11 课后练习

1. 单选题

（1）在Photoshop中共包括哪些文字工具？（ ）

A. 横排文字工具、直排文字工具、横排文字蒙版工具、直排文字蒙版工具

B. 文字工具、文字蒙版工具、路径文字工具、区域文字工具

C. 文字工具、文字蒙版工具、横排文字蒙版工具、直排文字蒙版工具

D. 横排文字工具、直排文字工具、路径文字工具、区域文字工具

（2）在“变形文字”对话框中提供了几种文字弯曲样式？（ ）

A. 14　　B. 15　　C. 16　　D. 17

（3）当对文字图层执行滤镜效果时，首先应当执行什么命令？（ ）

A. 选择“文字” | “栅格化文字图层”命令

B. 直接在滤镜菜单下选择一个滤镜 命令

C. 确认文字图层和其他图层没有链接

D. 使得这些文字变成选择状态，然后在滤镜菜单下选择一个滤镜命令

（4）如何将文字转换为形状？（ ）

A. 选择“文字”|“转换为形状”命令

B. 选择“文字”|“创建工作路径”命令

C. 选择“文字”|“文字变形”命令

D. 选择“编辑”|“操控变形”命令

（5）选择横排文字工具T，将此工具放于路径线上，当光标变化成什么形状时，用光标在路径线上单击，可以在路径线上创建一个文本光标点？（ ）

A.　　B.　　C.　　D.

2. 多选题

（1）改变文字图层内容的取向，主要用哪些文字命令？（ ）

A. 水平　　B. 水平翻转　　C. 垂直　　D.垂直翻转

（2）Photoshop中的文本对齐方式有。（ ）

A. 左对齐　　B. 居中对齐　　C. 右对齐　　D. 朝向书脊对齐

（3）在工具箱中选择横排文字工具T或直排文字工具IT，下面关于转换横排与直排文本说法正确的是。（ ）

A. 单击工具选项栏中的更改文字方向按钮，可转换水平及垂直排列的文字。

B. 选择“文字”|“取向”|“垂直”命令将文字转换成为垂直排列。

C. 选择“文字”|“取向”|“水平”命令将文字转换成为水平排列。

D. 以上说法都对。

（4）下列关于点文字和段落文字的说法正确的是。（ ）

A. 要将段落文字转换为点文字，可以选择“文字”|“转换为点文本”命令

B. 要将点文字转换为段落文字，可以选择“文字”|“转换为段落文本”命令

C. 输入点文字在换行时必须手动按Enter键才可以

D. 段落文字可以依据段落文字定界框的位置自动换行

（5）下面各项叙述中，能够正确描述具有使用“变形文字”对话框中的选项所得到的变形效果的文字的是。（ ）

A. 即使文字具有变形效果，同样可以对文字进行编辑、修改，而且修改后的文字将保持同样的变形效果

B. 即使文字具有变形效果，同样可以改变文字效果

C. 此类文字可以被栅格化

D. 此类文字无法更换字体

3．判断题

（1）文字图层中的文字信息可以进行修改和编辑是文字颜色、文字内容及文字大小。（ ）

（2）使用“字符”面板，可以改变文字的字体、字号、行间距等文字属性，但无法改变文字颜色及字距微调。（ ）

（3）段落文字定界框可以进行缩放、旋转和倾斜操作。（ ）

（4）在未将文字图层栅格化的情况下，在文字图层中可以选择“滤镜”|“模糊”|“高斯模糊”命令，模糊文字。（ ）

（5）“字符样式”功能能够统一、快速的应用于文本中，且便于进行统一编辑及修改。（ ）

4．操作题

打开光盘中的文件“第9章\9.11-操作题-素材.tif”，如图9-45所示，结合本章中讲解的知识，制作得到如图9-46所示的异形区域文字效果。制作完成后的效果可以参考随书附光盘中的文件“第9章\9.11-操作题.psd”。

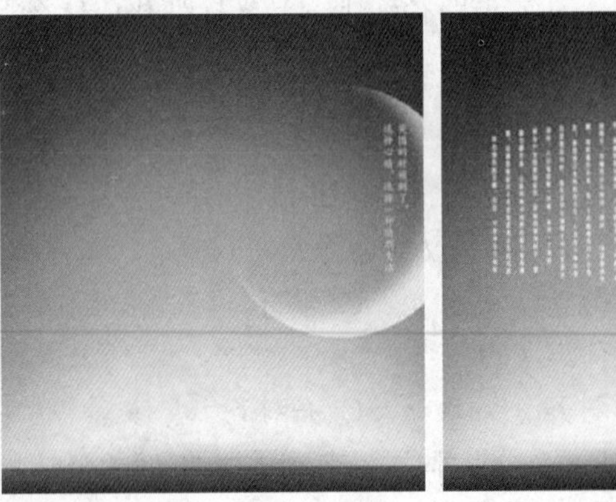

图9-45 素材图像

图9-46 完成后的效果

第10章 创建与编辑3D模型

本章导读

使用3D图层这一功能，设计师能够很轻松地将三维立体模型引入到当前操作的Photoshop图像中，从而为平面图像增加三维元素。本章将主要讲解如何获取3D模型、如何调整模型的位置及视角、纹理映射及调整3D模型的光源等。

10.1 了解3D功能

自Photoshop CS3新增了3D功能后，之后的每个版本中，3D功能都明显地让人感觉到其逐步完善、功能逐渐强大的事实。在Photoshop CS6中，在原有的强大功能基础上，又大大地简化并优化了3D对象的编辑与处理流程，并增加了新的阴影拖动、素描和卡通外观渲染等功能。

图10-1展示了导入的原始3D模型，图10-2所示为使用Photoshop的3D功能为该模型赋予纹理贴图，并渲染生成的效果。

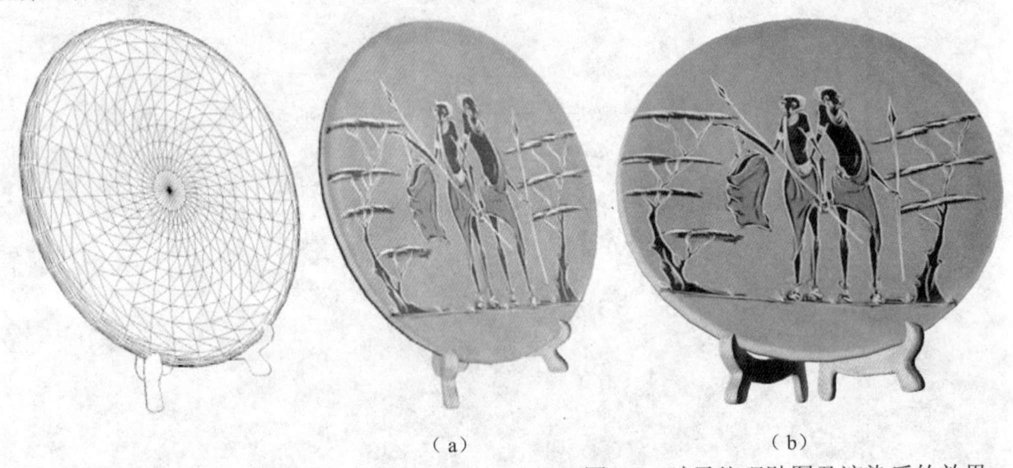

（a）（b）

图10-1 原始3D模型　　图10-2 赋予纹理贴图及渲染后的效果

10.2 了解“3D”面板

3D面板是3D模型的控制中心，选择“窗口”|“3D”命令或在“图层”面板中双击某3D图层的缩览图，都可以显示如图10-3所示的3D面板。

默认情况下，3D面板选中的是顶部的“整个场景”按钮，此时会显示每一个选中的3D图层中3D模型的网格、材质和光源，还可以在此面板对这些属性进行灵活的控制。

图10-4展示了分别单击“网格”按钮、“材质”按钮、“光源”按钮后3D面板的状态。

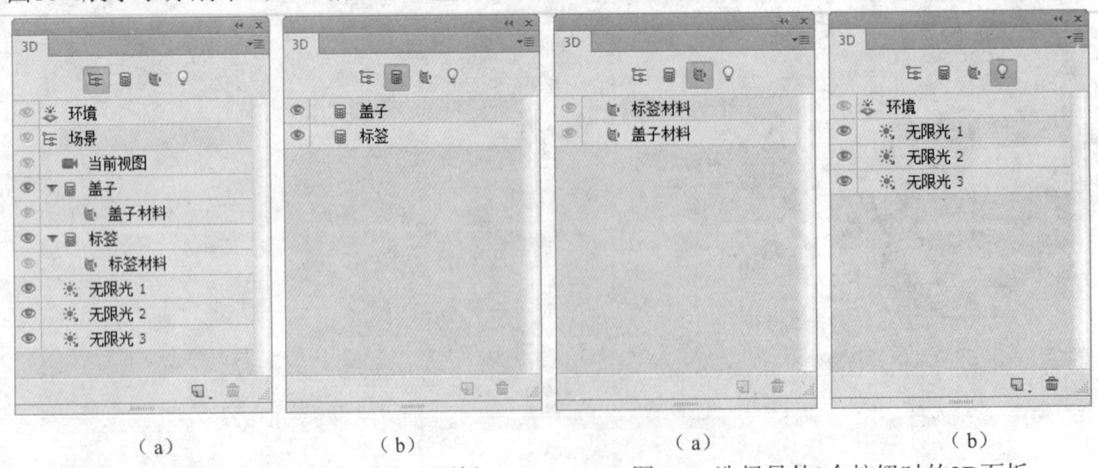

（a）（b）

图10-3 选择整个场景按钮时的3D面板

（a）（b）

图10-4 选择另外3个按钮时的3D面板

在大多数情况下，应该保持按钮被按下，以显示整个3D场景的状态，从而在面板上方的列表中单击不同的对象时，能够在“属性”面板中显示该对象的参数，以方便对其进行控制。

提示：

当在3D面板中选择不同的对象时，在画布中单击右键，即可弹出与之相关的参数面板，从而进行快速的参数设置。

10.3 获取3D模型

10.3.1 创建3D明信片

选择“3D”|“从图层新建网格”|“明信片”命令，或在选择一个普通图层的情况下，在3D面板中也可以选择“3D明信片”选项，单击面板底部的“创建”按钮即可，从而将一个平面图像转换为3D平面，平面的两面以该平面图像为贴图材质，该平面图层也相应被转换成为3D图层。

10.3.2 创建3D体积网格

在Photoshop CS6中，提供了一种新的创建网格的方法，即“体积”命令。使用它可以在选中2个或更多个图层时，依据图层中图像的明暗映射，来创建一个图像堆叠在一起的3D网格。

以图10-5所示的图像为例，将它们置于一个图像文件中，然后将它们选中，再选择“3D”|“从图层新建网格”|“体积”命令，即可创建得到如图10-6所示的3D网格，对应的“图层”面板如图10-7所示。

（a）

（b）　（c）

图10-5 素材图像

图10-6 创建得到的体积模型

图10-7 “图层”面板

10.3.3 导入3D模型

如果读者拥有一些3D资源或自己会使用一些三维软件，也可以将这些软件制作的模型导出成为3DS、DAE、FL3、KMZ、U3D、OBJ等格式，然后使用下面的方法将其导入至Photoshop中使用。

- 选择“文件”|“打开”命令，在弹出的对话框中直接打开三维模型文件，即可导入3D模型。
- 选择“3D”|“从3D文件新建图层”命令，在弹出的对话框中打开三维模型文件，即可导入3D模型。

10.3.4 栅格化3D模型

3D图层是一类特殊的图层，在此类图层中，无法进行绘画等编辑操作，要应用的话，必须将此类图层栅格化。

选择“图层”|“栅格化”|“3D”命令，或直接在此类图层中右击，在弹出的快捷菜单中选择“栅格化”命令，均可将此类图层栅格化。

10.4 调整位置及视角

10.4.1 使用3D轴调整模型

3D轴用于控制3D模型，使用3D轴可以在3D空间中移动、旋转、缩放3D模型。要显示如图10-8所示的3D轴，需要在选择“移动工具”的情况下，在3D面板中选择“场景”，如图10-9所示，此时可以对模型整体进行调整，若是选中了模型中的单个网络，则可以仅对该网络进行编辑。

在3D轴中，红色代表X轴，绿色代表Y轴，蓝色代表Z轴。

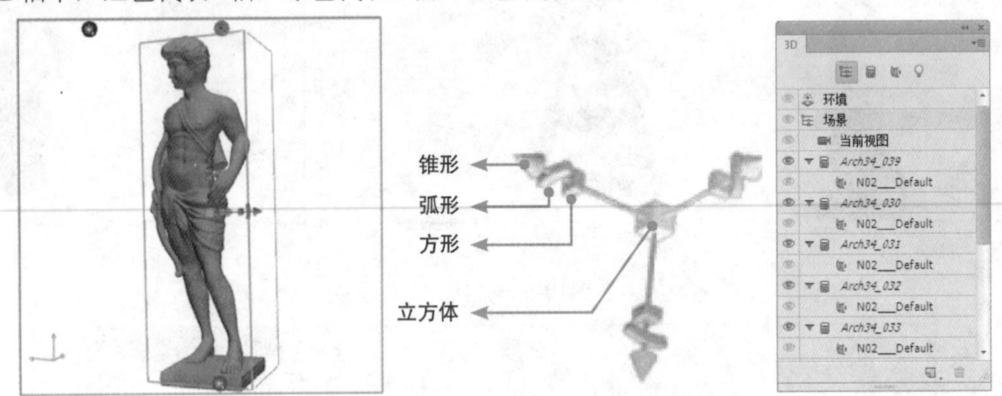

图10-8 3D轴　　图10-9 在3D面板中选择“场景”

要使用3D轴，将光标移至轴控件处，使其高亮显示，然后进行拖动，根据光标所在控件的不同，操作得到的效果也各不相同，详细操作如下所述。

- 要沿着x、y或z轴移动3D模型，将光标放在任意轴的锥形，使其高亮显示，拖动左键即可以任意方向沿轴拖动，状态如图10-10所示。
- 要旋转3D模型，单击3D轴上的弧形，围绕3D轴中心沿顺时针或逆时针方向拖动圆环，状态如图10-11所示，拖动过程显示的旋转平面指示旋转的角度。

图10-10 沿着x、y或z轴移动3D模型

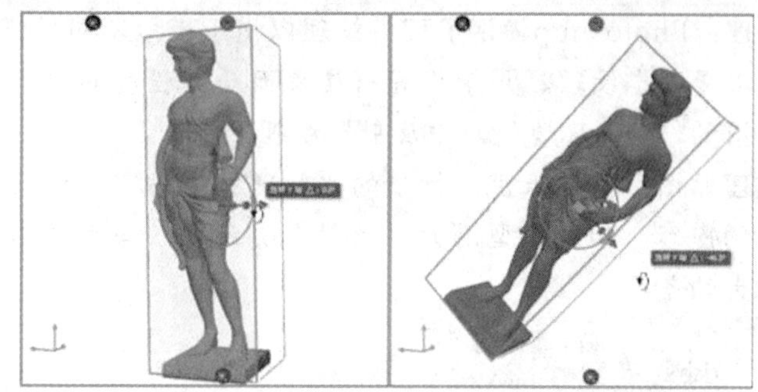

图10-11 旋转3D模型

- 要沿轴压缩或拉长3D模型，将光标放在3D轴的方形上，然后左右拖动即可。
- 要缩放3D模型，将光标放在3D轴中间位置的立方体上，然后向上或向下拖动。

10.4.2 使用3D工具调整模型

除了使用3D轴对3D模型进行控制外，还可以使用工具箱中的3D模型控制工具对其进行控制。在Photoshop CS6中，所有用于编辑3D模型的工具都被整合在“移动工具”的选项条上，选择任何一个3D模型控制工具后，移动工具的选项条将显示为如图10-12所示的状态。

图10-12 激活3D编辑工具后的移动工具选项条

工具箱中的5个控制工具与工具选项条左侧显示的5个工具图标相同，其功能及意义也完全相同，下面分别讲解。

- “旋转3D对象工具”：拖动此工具可以将对象进行旋转。
- “滚动3D对象工具”：此工具以对象中心点为参考点进行旋转。
- “拖动3D对象工具”：此工具可以移动对象的位置。
- “滑动3D对象工具”：此工具可以将对象向前或向后拖动，从而放大或缩小对象。
- “缩放3D对象工具”：此工具将仅调整3D对象的大小。

10.5 纹理映射

10.5.1 理解3D模型的材质属性

在Photoshop中，关系到模型表面质感（如岩石质感、光泽感及不透明度等）的模型主要包括了材质、纹理及纹理贴图三大部分，而它们之间的联系又是密不可分的。下面将分别介绍一下这3个组成部分的作用及关系。

- 材质：指模型中可以设置贴图的区域，例如，对于由Photoshop创建的模型来说，其材质的数量及贴图区域由软件自定义生成，用户无法对其进行修改，如球体只具有1种材质、圆柱体具有3种材质；对于从外部导入的模型而言，其材质数量及贴图区域是由三维软件中的设置决定的，虽然它可以根据用户的需要随意进行修改，但难点就在于，它需要用户对三维软件有一定的了解，才能够正确地进行设置。

- 纹理：Photoshop提供了12类纹理以用于模拟不同的模型效果，如用于设置材质表面基本质感的“漫射”纹理、用于设置材质表面凸凹程度的“凸凹”纹理等，也有些纹理是要相互匹配使用的，如“环境”与“反射”纹理等。
- 纹理贴图：简单来说，材质的“纹理”是指它的纹理类型，而“纹理贴图”则决定了纹理表面的内容。如为模型附加“漫射”类纹理，当为其指定不同的纹理贴图时，得到的效果会有很大的差异。

10.5.2 12种纹理属性

在Photoshop中，每一种材质都可以为其定义12种纹理属性，综合调整这些纹理属性，就能够使不同的材质展现出千变万化的效果，下面分别讲解12种纹理的意义。

- 漫射：这是最常用的纹理映射，在此可以定义3D模型的基本颜色，如果为此属性添加了漫射纹理贴图，则该贴图将包裹整个3D模型，如图10-13所示。

（a）　　　　（b）

图10-13 贴图及设置“漫射”纹理贴图后的效果

- 镜像：在此可以定义镜面属性显示的颜色。
- 发光：此处的颜色指由3D模型自身发出的光线的颜色。
- 环境：设置在反射表面上可见的环境光颜色，该颜色与用于整个场景的全局环境色相互作用。
- 闪亮：低闪亮值（高散射）产生更明显的光照，而焦点不足。高反光度（低散射）产生较不明显、更亮、更耀眼的高光，此参数通常与“粗糙度”组合使用，以产生更多光洁的效果
- 反射：此参数用于控制3D模型对环境的反射强弱，需要通过为其指定相对应的映射贴图以模拟对环境或其他物体的反射效果。
- 粗糙度：在此定义来自灯光的光线经表面反射折回到人眼中的光线数量。数值越大则表示模型表面越粗糙，产生的反射光就越少；反之，此数值越小，则表示模型表面越光滑，产生的反射光也就越多。此参数常与“闪亮”参数搭配使用，图10-14所示为不同的参数组合所取得的不同效果。

（a）0%/0%　（b）100%/0%　（c）0%/100%　（d）50%/50%　（e）100%/50%　（f）50%/100　（g）100%/100%

图10-14 设置不同“闪亮”及“粗糙度”数值时的不同效果

- 凹凸：在材质表面创建凹凸效果，此属性需要借助于凹凸映射纹理贴图，凹凸映射纹理贴图是一种灰度图像，其中较亮的值创建凸出的表面区域，较暗的值创建平坦的表面区域。下面仍然使用展示“漫射”贴图时的模型及贴图，将两幅纹理贴图再设置为“凹凸强度”纹理的贴图，通过设置显示的参数，得到如图10-15所示的效果，可以看出，模型表面已经具有了非常深的凹凸感，此方法也可以用于模拟各种质地较为坚硬的物体，如金属、岩石等。

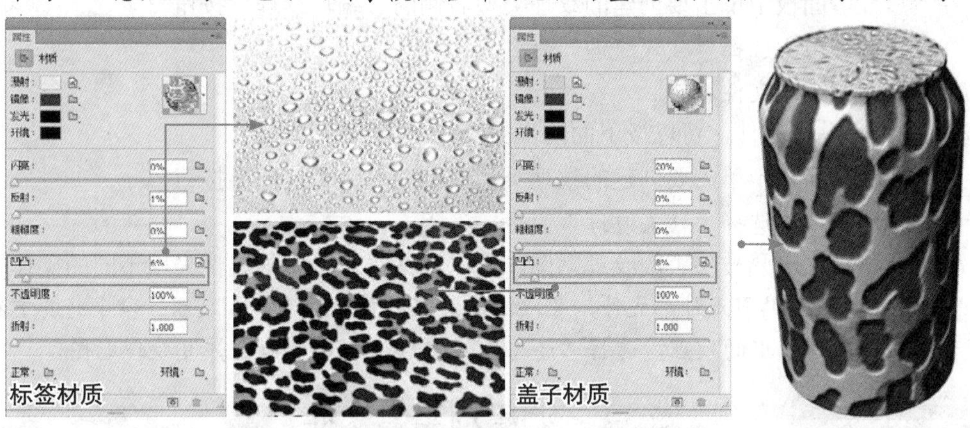

图10-15 设置“凹凸”数值时的效果

- 不透明度：此参数用于定义材质的不透明度，数值越大，3D模型的透明度越高。而3D模型不透明区域则由此参数右侧的贴图文件决定，贴图文件中的白色使3D模型完全不透明，而黑色则使其完全透明，中间的过渡色可取得不同级别的不透明度。
- 折射：在此可以设置折射率。
- 正常：像凹凸映射纹理一样，正常映射用于为3D模型表面增加细节。与基于灰度图像的凹凸处理不同，正常映射基于RGB图像，每个颜色通道的值代表模型表面上正常映射的x、y和z分量。正常映射可使多边形网格的表面变得平滑。
- 环境：环境映射模拟将当前3D模型放在一个有贴图效果的球体内，3D模型的反射区域中能够反映出环境映射贴图的效果。

10.5.3 创建及打开纹理

要为某一个纹理新建一个纹理贴图，可以按下面的步骤操作。

（1）在“属性”面板中单击要创建的纹理类型右侧的“编辑纹理”按钮。

（2）在弹出的菜单中选择“新建纹理”命令。

（3）在弹出的对话框中，输入新映射贴图文件的名称、尺寸、分辨率和颜色模式，然后单击“确定”按钮。

（4）此时新纹理的名称会显示在“材质”面板中纹理类型的旁边。该名称还会添加到“图层”面板中3D图层下的纹理贴图列表中。

每一个纹理的贴图文件都可以直接在Photoshop中打开进行编辑操作，其操作方法如下所述。

（1）在“属性”面板中单击要创建的纹理类型右侧的“编辑纹理”按钮。

（2）在弹出的菜单中选择“打开纹理”命令。

（3）纹理贴图文件将作为“智能对象”在其自身文档窗口中打开，使用各种图像调整、编辑命

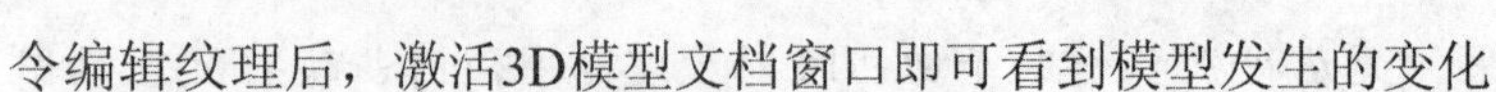

令编辑纹理后，激活3D模型文档窗口即可看到模型发生的变化。

10.5.4 载入及删除纹理贴图文件

如果贴图文件已经完成了制作，可以按下面的步骤操作载入相关文件。

（1）在“属性”面板中单击要创建的纹理类型右侧的“编辑纹理”按钮。

（2）在弹出的菜单中选择“载入纹理”命令。

（3）选择并打开纹理文件。

如果要删除纹理贴图文件，可以按下面的步骤操作。

（1）在“属性”面板中单击要创建的纹理类型右侧的“编辑纹理”按钮。

（2）在弹出的菜单中选择“移去纹理”命令。

（3）如果希望再次恢复被移去的纹理贴图，可以根据纹理贴图的属性采用不同的操作方法。

- 如果已删除的纹理贴图是外部文件，可以使用纹理菜单中的“载入纹理”命令将其重新载入。
- 对于3D文件内部使用的纹理，选择“还原”或“后退一步”命令恢复纹理贴图。

10.6 3D模型光源操作

10.6.1 了解光源类型

Photoshop CS6提供了3类光源类型。

- 点光发光的原因类似于灯泡，向各个方向均匀发散式照射。
- 聚光灯照射出可调整的锥形光线，类似于影视作品中常见的探照灯。
- 无限光类似于远处的太阳光，从一个方向平面照射。

10.6.2 添加光源

要添加光源，可单击3D面板底的“创建新光源”按钮，然后在弹出的下拉列表中选取光源类型（点光、聚光灯或无限光）。

10.6.3 删除光源

要删除光源，可在3D面板上方的光源列表中选择要删除的光源，单击面板底部的删除按钮。

10.6.4 改变光源类型

每一个3D场景中的光源都可以被任意设置成为三种光源类型中的一种，要完成这一操作，可以在3D面板上方的光源列表中选择要调整的光源，然后在3D面板下方的“光照类型”下拉列表中选择一种光源类型。

10.6.5 调整光源位置

每一个光源都可以被灵活地移动、旋转和推拉，要完成此类光源位置的调整工作，可以在3D面板中选择要调整的光源，然后使用“移动工具”选项上的3D光源编辑工具进行调整。

另外，在选中某个光源时，“属性”面板中的“移至当前视图”按钮，可以将光源放置于与相机相同的位置上。

若要精确调整光源的位置，则可以在“属性”面板中单击“坐标”按钮，在其中输入具体的数值即可。需要注意的是，对于不同的光源，可调整的属性也不尽相同，如图10-16所示的“无限光”的“属性”面板，其中仅可以调整“角度”的X/Y/Z数值。

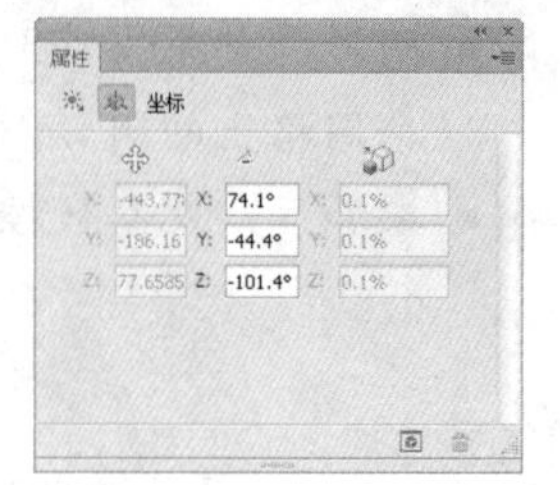

图10-16 选择“坐标”选项时的“属性”面板

10.6.6 调整光源属性

Photoshop提供了丰富的光源属性控制参数，用户可以设置其强度、颜色、阴影及阴影的柔和度等，在选中一个光源后，即可在“属性”面板中进行设置。下面就来分别讲解一下各参数的作用。

- 预设：在此可以选择CS6提供的预设灯光，以快速获得不同的光照效果，图10-17所示是选择“蓝光”、“CAD优化”、“冷光”、“晨曦”和“日光”预设时的效果。

（a） （b） （c） （d） （e）

图10-17 设置不同光源预设时的效果

- 类型：每个3D场景都可以设置3种光源类型，并可以进行相互转换，要完成这一操作，可以在3D面板的光源列表中选择要调整的光源，然后在此下拉列表中选择一种新的光源类型即可。
- 颜色：此参数定义光源的颜色，图10-18所示是分别设置此处的色彩为黄色和青蓝色时得到的效果。
- 强度：此参数调整光源的照明亮度，数值越大，亮度越高，如图10-19所示。

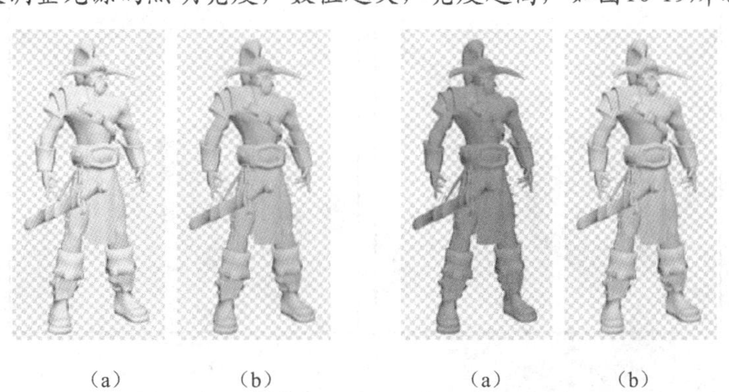

（a） （b） （a） （b）

图10-18 设置不同颜色时的效果 图10-19 设置不同光照强度时的效果

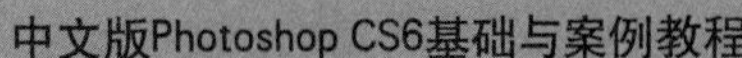

- 阴影：如果当前3D模型具有多个网格组件，选择此复选框，可以创建从一个网格投射到另一个网格上的阴影，如图10-20所示。
- 柔和度：此参数控制阴影的边缘模糊效果，以产生逐渐的衰减，如图10-21所示。

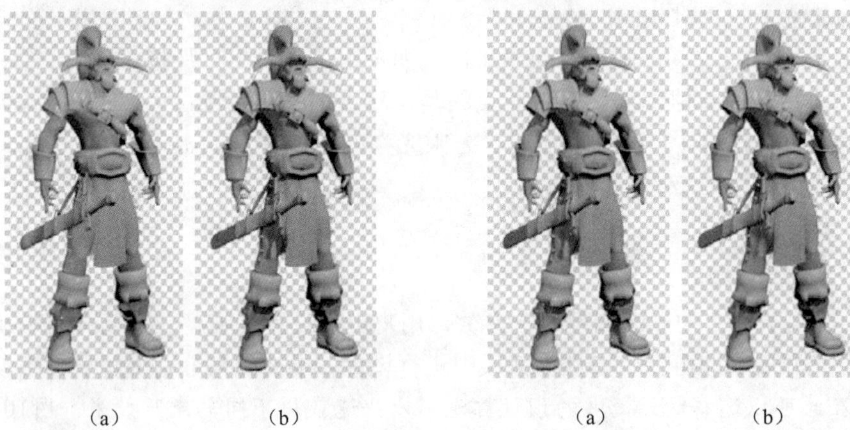

（a）　（b）　（a）　（b）

图10-20 选中“阴影”选项前后的效果对比　图10-21 设置不同“柔和度”数值时的效果

- 聚光（仅限聚光灯）：设置光源明亮中心的宽度，图10-22所示是设置不同数值时得到的效果。

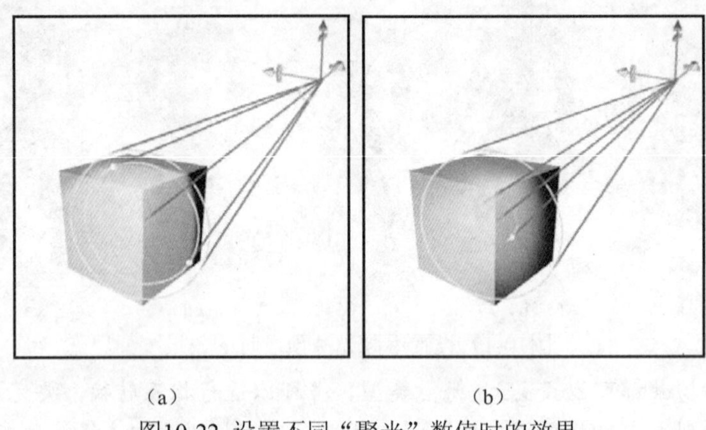

（a）　（b）

图10-22 设置不同“聚光”数值时的效果

- 锥形（仅限聚光灯）：设置光源的外部宽度，此数值与“聚光”数值的差值越大，得到的光照效果边缘越柔和，图10-23所示为不同的参数设置得到的不同光源照明效果。

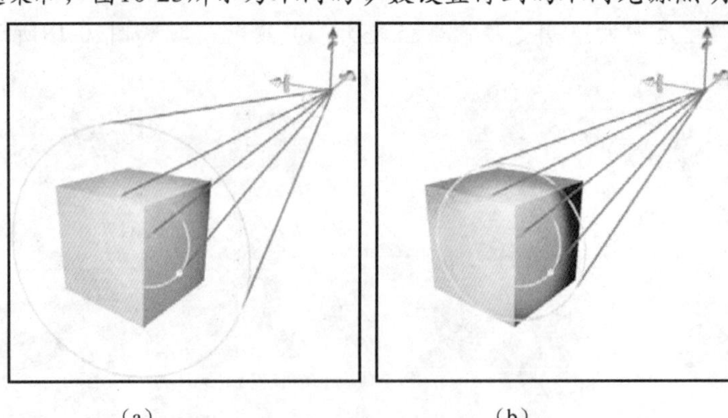

（a）　（b）

图10-23 设置不同“锥形”数值时的效果

- 光照衰减（针对光点与聚光灯）："内径"和"外径"选项决定衰减锥形，以及光源强度随对象距离的增加而减弱的速度。对象接近"内径"数值时，光源强度最大；对象接近"外径"数值时，光源强度为零。处于中间距离时，光源从最大强度线性衰减为零。

10.7 更改3D模型的渲染设置

10.7.1 选择渲染预设

Photoshop提供了多达20种标准渲染预设，并支持载入、存储、删除预设等功能，在"预设"下拉菜单中选择不同的项目即可进行渲染。

10.7.2 自定渲染设置

除了使用预设的标准渲染设置，也可以通过选中"表面"、"线条"及"点"3个选项，以分别对模型中的各部分进行渲染设置。

如以"线条"渲染方式为例，图10-24所示为分别设置角度阈值为0时的渲染效果，图10-25所示为此数值被设置为5时的渲染效果。

图10-24 分别设置角度阈值为0时的渲染效果

图10-25 分别设置角度阈值为5时的渲染效果

10.7.3 渲染横截面效果

如果希望展示3D模型的结构，最好的方法是启用横截面渲染效果，在"属性"面板中选中"横截面"复选框，设置如图10-26所示的"横截面"渲染选项参数即可。图10-27所示为原3D模型效果，图10-28所示为横截面渲染效果。

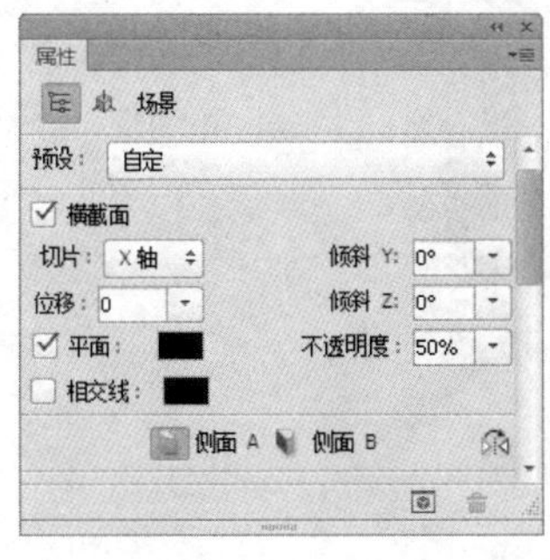

图10-26 选中"横截面"选项

图10-27 原模型

图10-28 横截面渲染效果

- 切片：如果希望改变剖面的轴向，可以单击选择“X轴”、“Y轴”、“Z轴”3个单选按钮。此选项同时定义“位移”及两个“倾斜”数值定义的轴向。
- 位移：如果希望移动渲染剖面相对于3D模型的位置，可以在此参数右侧输入数值或拖动滑块条，其中拖动滑块条就能够看到明显的效果。
- 倾斜Y/Z：如果希望以倾斜的角度渲染3D模型的剖面，可以控制“倾斜Y”和“倾斜Z”处的参数。
- 平面：选择此复选框，渲染时显示用于切分3D模型的平面，其中包括了X、Y或Z共3个选项。
- 不透明度：在此处可以设置横截面处平面的透明属性。
- 相交线：选择此复选框，渲染时在剖面处显示一条线，在此右侧可以控制该平面的颜色。
- “互换横截面侧面”按钮：单击此按钮，可以交换渲染区域。
- 侧面A/B：单击此处的2个按钮，可分别显示横截面A侧或B侧的内容。

10.8　拓展训练——制作3D明信片

（1）打开随书所附光盘中的文件“第10章\10.8-拓展训练——制作3D明信片-素材.png”，如图10-29所示。

（2）复制“背景”图层得到“背景 副本”。隐藏“背景”图层（隐藏后可以直接观看旋转后的效果）。执行“3D”|“从图层新建网格”|“明信片”命令，此时图像状态如图10-30所示。

图10-29 素材图像

图10-30 选择“明信片”命令后的状态

（3）将光标置于画布左侧，按鼠标左键在3D空间内进行旋转，直至得到自己满意的效果，如图10-31所示。

图10-31 3D明信片效果

10.9 课后练习

1. 单选题

（1）按什么键可以调出“3D”面板？（ ）

A. F5　　B. F6　　C. F9　　D. 以上说法都不对

（2）在3D轴中，红色代表什么轴？（ ）

A. X　　B. Y　　C. Z　　D. 以上说法都不对

（3）在Photoshop中，下列关于3D模型贴图的说法错误的有。（ ）

A. 如果所打开的模型有贴图，则三维模型文件应该与其贴图处于同一文件夹中，否则Photoshop无法显示该模型所使用的贴图

B. 贴图文件中最多只能包含不超过3个的图层

C. 在贴图文件中，可以像在正常的文件中操作一样，在其中执行新建图层、调整颜色等操作

D. 要使用自由变换控制框变换模型，必须先将其转换成为智能对象图层

（4）Photoshop提供了多少类纹理以用于模拟不同的模型效果？（ ）

A. 12　　B. 13　　C. 14　　D. 15

2. 多选题

（1）默认情况下，3D面板选中的是顶部的整个场景按钮，此时会显示每一个选中的3D图层中3D模型的哪些属性？（ ）

A. 网格　　B. 材质　　C. 光源　　D. 以上说法都对

（2）3D轴用于控制3D模型，使用3D轴可以在3D空间中对3D模型做哪些操作？（ ）

A. 移动　　B. 旋转　　C. 缩放　　D. 变形

（3）在Photoshop CS6中，所有用于编辑3D模型的工具都被整合在移动工具的选项条上，选择任何一个3D模型控制工具后，移动工具的选项条将显示哪些控制工具？（ ）

A. 旋转3D对象工具　　B. 滚动3D对象工具

C. 拖动3D对象工具　　D. 滑动3D对象工具和缩放3D对象工具

（4）在Photoshop CS6中提供了几类光源类型，下列说法正确的是。（ ）

A. 点光　　B. 聚光　　C. 光　　D. 无限光

3. 判断题

（1）在Photoshop CS6中，3D功能增加了新的阴影拖动、素描和卡通外观渲染等功能。（ ）

（2）使用“体积”命令可以在选中2个或更多个图层时，依据图层中图像的明暗映射，来创建一个图像堆叠在一起的3D网格。（ ）

（3）可以对3D图层进行绘画等编辑操作。（ ）

（4）每个3D场景都可以设置3种光源类型，并可以进行相互转换。（ ）

4. 操作题

打开随书所附光盘中的文件“第10章\10.9-操作题-素材1.tif”，然后选择“3D”|“从文件新建3D图层”命令，弹出“打开”对话框选择，打开随书所附光盘中的文件“第10章\10.9-操作题-素材2.3ds”，打开3D文件，图10-32为导入后的状态。结合本章讲解的编辑纹理贴图的方法，更改三维模

型上的贴图，并应用渐变工具■更改背景，如图10-33所示。制作完成后的效果可以参考随书附光盘中的文件“第10章\10.9-操作题.psd”。

图10-32 素材图像

图10-33 完成后的效果

第11章 创建与编辑通道

本章导读

本章主要讲解Photoshop的另一个核心功能——通道。需要特别指出的是，本章详细、深入地讲解了Alpha通道的相关知识，如通道的类型及通道的基本操作等，学习并切实掌握这一部分知识对于在更深层次理解并掌握Photoshop的精髓有很大的益处。

11.1 了解“通道”面板

与路径、图层、画笔一样，在Photoshop中要对通道进行操作必须使用“通道”面板，选择“窗口”|“通道”命令即可显示“通道”面板，如图11-1所示。

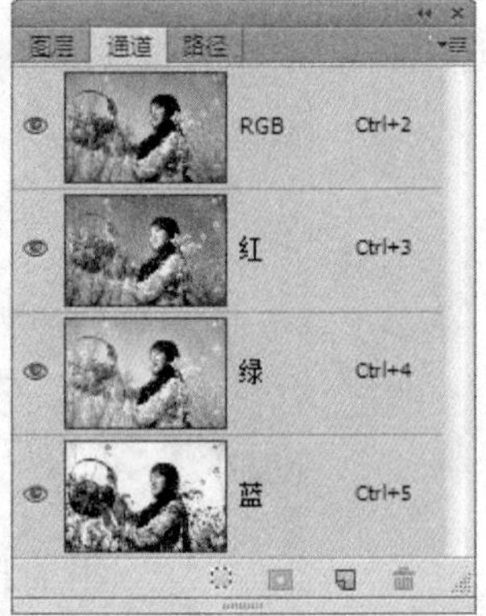

图11-1 “通道”面板

“通道”面板的组成元素较为简单，其下方按钮的释义如下所述。

- “将通道作为选区载入”按钮：单击此按钮可以调出当前通道所保存的选区。
- “将选区存储为通道”按钮：在选区处于激活的状态下，单击此按钮可以将当前选区保存为Alpha通道。
- “创建新通道”按钮：单击此按钮可以按默认设置新建一个Alpha通道。
- “删除当前通道”按钮：单击此按钮可以删除当前选择的通道。

11.2 通道的类型

11.2.1 原色通道

原色通道，简单地说就是保存图像的颜色信息、选区信息的场所。

例如，对于CMYK模式的图像，具有4个原色通道与一个原色合成通道。

其中，图像的的青色像素分布的信息保存在青色原色通道中，因此当改变青色原色通道时，就可以改变青色像素分布的情况；同样图像的黄色像素分布的信息保存在黄色原色通道中，因此当改变黄色原色通道时，就可以改变黄色像素分布的情况，其他两个构成图像的原色洋红与黑色像素分别被保存在黄色原色通道及黑色原色通道中，最终看到的就是由这4个原色通道所保存的颜色信息，所对应的颜色组合叠加而成的合成效果。

因此当打开一幅CMYK模式的图像并显示通道面板时，就可以看到有4个原色通道与一个原色合成通道显示于通道面板中，如图11-2所示。

而对于RGB模式图像，则有4个原色通道，即3个用于保存原色像素(R、G、B)的原色通道，即红色原色通道、绿原色通道、蓝色原色通道和一个原色合成通道，如图11-3所示。

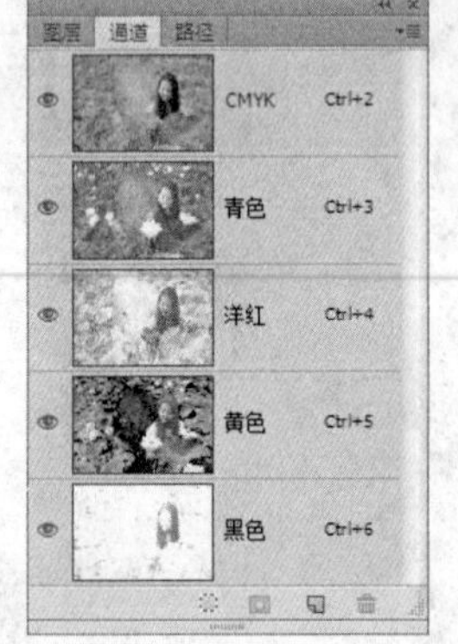

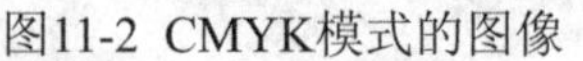

图11-2 CMYK模式的图像

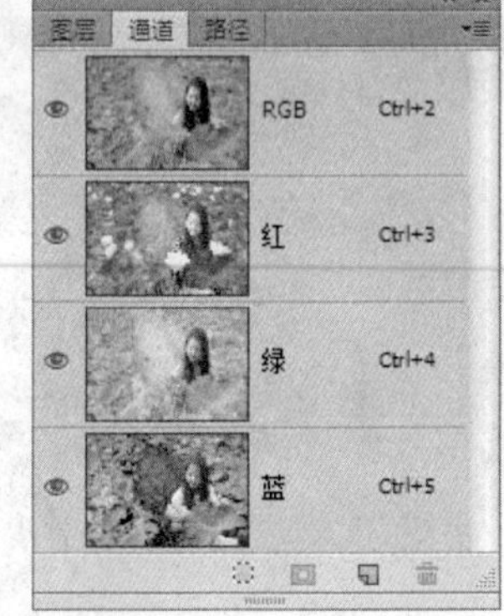

图11-3 RGB模式图像

图像所具有的原色通道的数目取决于图像的颜色模式，位图模式及灰度模式的图像有一个原色通道； RGB模式的图像有4个原色通道；CMYK模式的图像有5个原色通道；Lab模式的图像有3个原色通道。

11.2.2 Alpha通道

与原色通道不同的是Alpha通道用来存放选区信息，其中包括选区的位置、大小、是否具有羽化值或其值的大小。

例如，图11-4（a）图所示的Alpha通道为将（b）图所示的选区的信息保存得到的效果。

（a）（b）

图11-4 Alpha通道及其保存的选区

11.2.3 专色通道

要理解专色通道，首先必须理解专色的概念。

专色是指在印刷时使用的一种预制的油墨，使用专色的好处在于，可以获得通过使用CMYK四色油墨无法合成的颜色效果，例如，金色与银色，此外可以降低印刷成本。

用专色通道，可以在分色时输出第5块或第6块甚至更多的色片，用于定义需要使用专色印刷或处理的图像局部。

11.3 创建Alpha通道

11.3.1 创建空白Alpha通道

要创建新的Alpha通道，可以按住Alt键单击“创建新通道”按钮，或在“通道”面板中单击其右上方的面板按钮，在弹出的菜单中选择“新建通道”命令，弹出的对话框设置如图11-5所示。

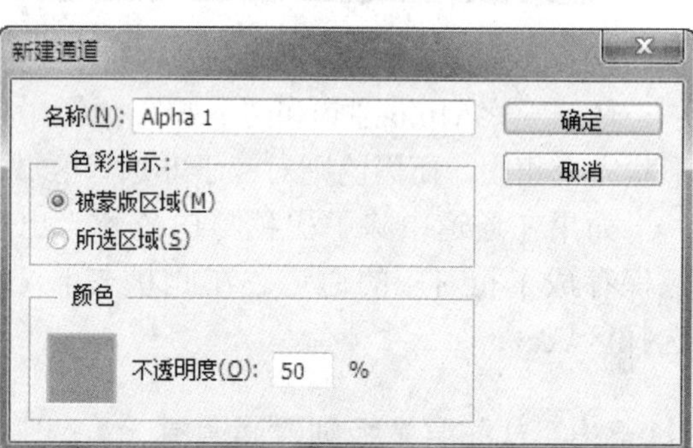

图11-5 “新建通道”对话框

“新建通道”对话框中的重要参数解释如下。

- 被蒙版区域：选择此选项，新建的通道显示为黑色，利用白色在通道中做图，白色区域则为对应的选区。
- 所选区域：选择此选项，新建通道中显示白色，利用黑色在通道做图，黑色区域为对应的选区。图11-6所示为分别选择“被蒙版区域”和“所选区域”而创建的不同显示状态的通道。

（a）（b）（c）

图11-6 创建Alpha通道的两种效果

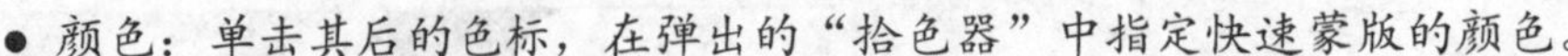

- 颜色：单击其后的色标，在弹出的“拾色器”中指定快速蒙版的颜色。
- 不透明度：在此指定快速蒙版的不透明度显示。

如果需要以默认的参数创建Alpha通道，可以直接单击“通道”面板下方的“创建新通道”按钮。

11.3.2 从选区创建相同形状的Alpha通道

Photoshop可将选区存储为Alpha通道，以方便在以后的操作中调用Alpha通道所保存的选区，或者通过对Alpha通道的操作来得到新的选区。

要将选区直接保存为具有相同形状的Alpha通道，可以在选区存在的情况下，单击面板下方的“将选区存储为通道”按钮，则该选择区域自动保存为新的Alpha通道，如图11-7所示。

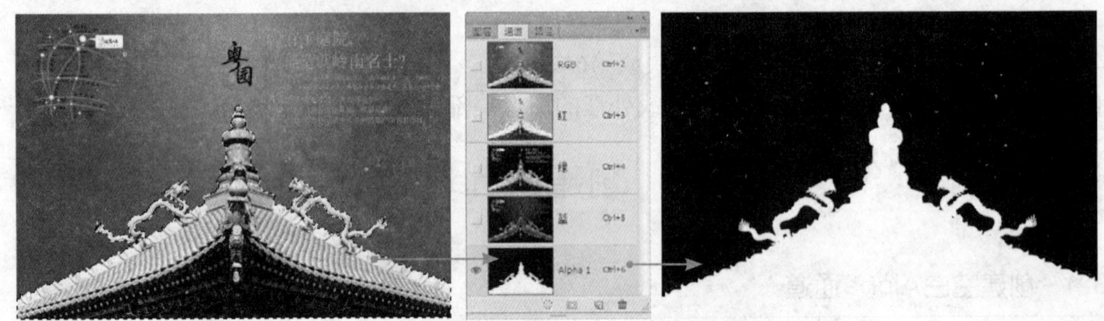

图11-7 将选区存储为通道

仔细观察Alpha通道可以看出，通道中白色的部分对应的正是用户创建的选区的位置与大小，其形状完全相同，而黑色则对应于非选择区域。

如果在通道中除了黑色与白色外，出现了灰色柔和边缘，则表明是具有“羽化”值的选择区域保存成了相对应的通道。在此状态下Alpha通道中的灰色区域代表部分选择，即具有羽化值的选择区域。

11.3.3 从图层蒙版创建通道

如果当前选择的图层有图层蒙版，则当切换至“通道”面板时，同样会看到“通道”面板中暂存一个名为“图层 *S*蒙版”的通道，该通道的名称以斜体显示，如图11-8所示。

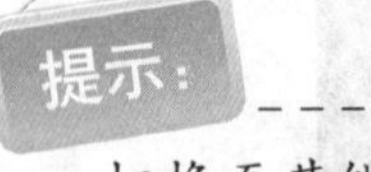

提示：

切换至其他无图层蒙版的图层后，该暂存通道则会隐藏。

将此暂存通道拖至“创建新通道”按钮上，则可以将其保存为Alpha通道，如图11-9所示。

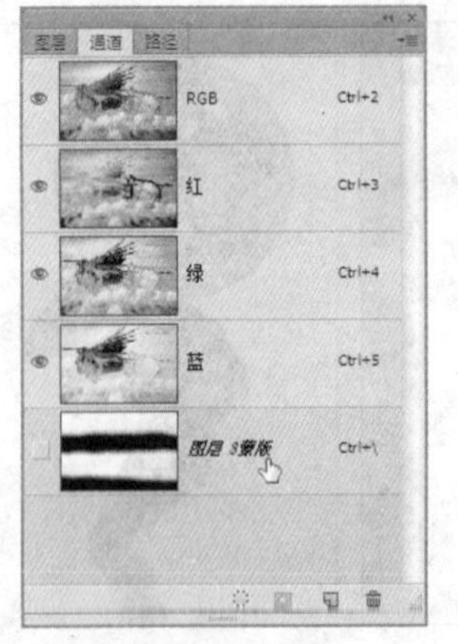

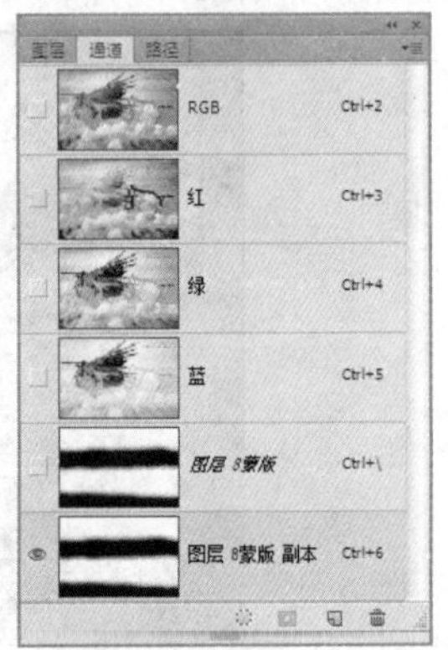

图11-8 图层蒙版的暂存通道　图11-9 保存为Alpha通道后的效果

11.3.4 载入Alpha通道的选区

如前所述，在操作时即可以将选区保存为Alpha通道，也可以将通道做为选择区域调出（包括原色通道与专色通道），在“通道”面板中选择任意一个通道，单击“通道”面板下方的“将通道作为选区载入”按钮，即可将此Alpha通道所保存的选择区域调出。

除此之外，也可以选择“选择”|“载入选区”命令，适当设置弹出的如图11-10所示的对话框，此对话框中选项与“存储选区”对话框中的选项大体相同，故在此不再重述。

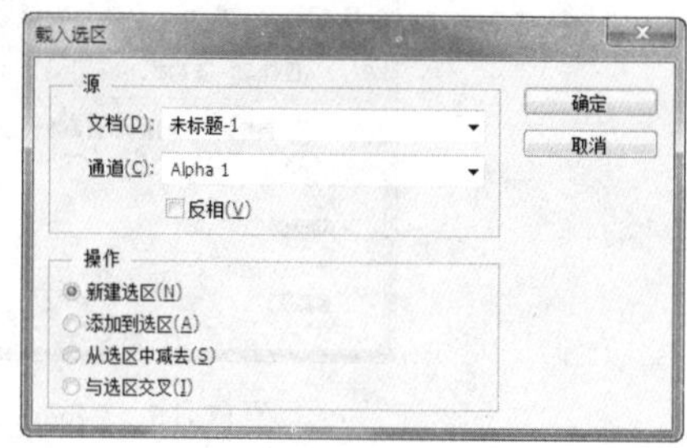

图11-10 “载入选区”对话框

- 按住Ctrl键单击Alpha通道的缩览图，可以直接载入此Alpha通道所保存的选择区域。
- 按住Ctrl+Shift键单击Alpha通道的缩览图，可增加Alpha通道所保存的选择区域。
- 按住Alt+Ctrl键单击Alpha通道的缩览图，可以减去Alpha通道所保存的选择区域。
- 按Alt+Ctrl+Shift键单击Alpha通道的缩览图，可以得到选择区域与Alpha通道所保存的选择区域交叉的选区。

实例：抠选人物头发

本例将讲解如何利用通道进行纤细发丝的选择。在通道中使用“应用图象”命令，使通道的对比更加强烈，有利于图像的选取。

（1）打开随书所附光盘中的文件“第11章\11.3-实例：抠选人物头发-素材.jpg”，如图11-11所示。切换至“通道”面板，分别单击“红”、“绿”、“蓝”通道，查看这3个通道的效果，可以看到蓝色通道中人物与背景的色调差异最大，头发细节明显，如图11-12所示。

图11-11 素材图像

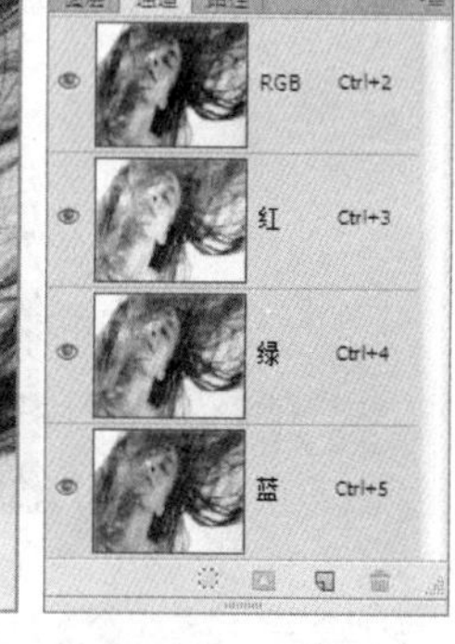

图11-12 对应的“通道”面板

（2）选择“蓝”通道，直接拖动“蓝”通道到“创建新通道”按钮上，得到“蓝副本”通道，如图11-13所示，在图像窗口会显示“蓝副本”效果，如图11-14所示。

（3）选择“图像”|“应用图像”命令，如图11-15所示设置弹出的“应用图像”对话框中的参数。单击“确定”按钮退出对话框，得到如图11-16所示的效果。

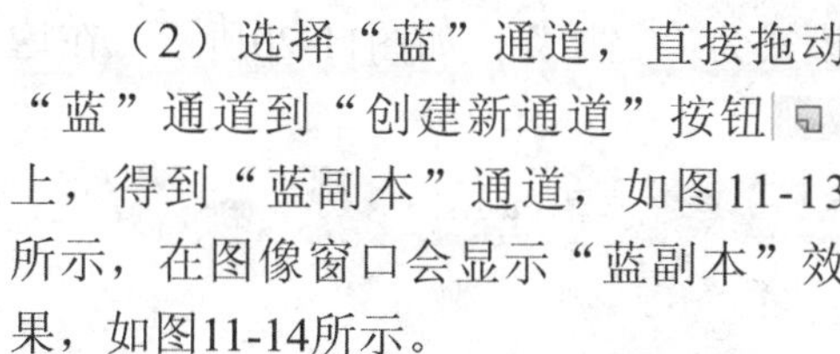

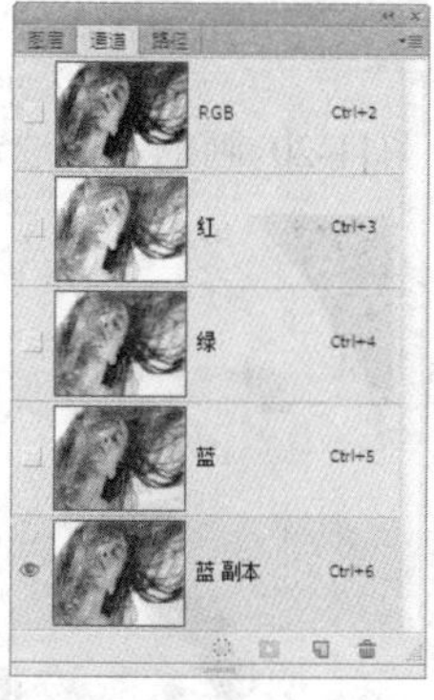

图11-13 复制后的“通道”面板

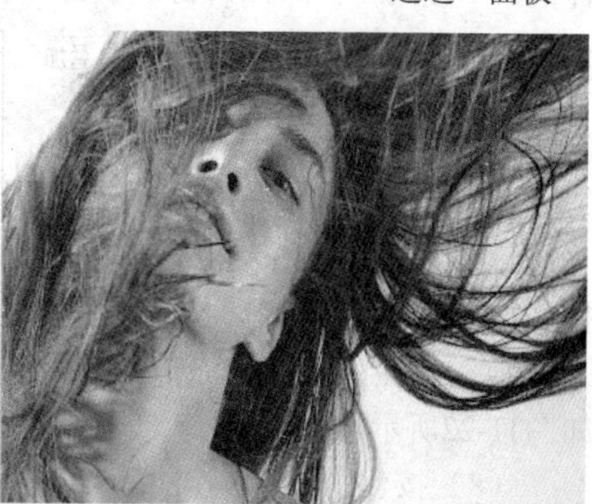

图11-14 图像状态

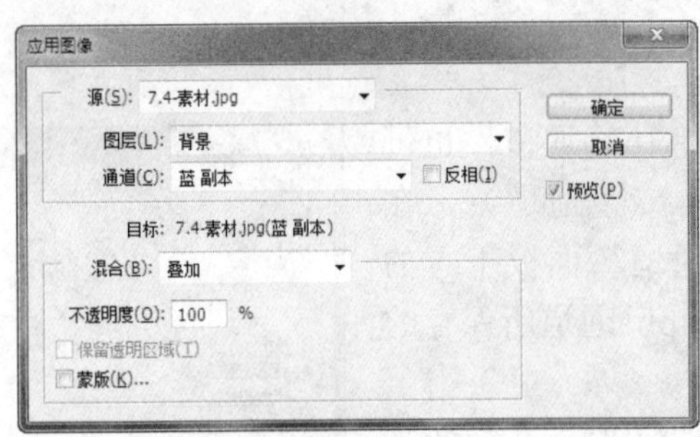

图11-15 “应用图像”对话框

图11-16 应用后的效果

（4）为了增加图像的对比度，可以再次选择“图像”|“应用图像”命令，如图11-17所示设置弹出的“应用图像”对话框中的参数，得到如图11-18所示的效果。人物部分的色调偏暗，而周围的背景较亮，使分离人物和背景时不再复杂。

（5）因为在通道中白色部分为选择区域，选择“图像”|“调整”|“反相”命令，得到如图11-19所示的效果，此时背景为黑色，而要选取的人物为白色的效果。

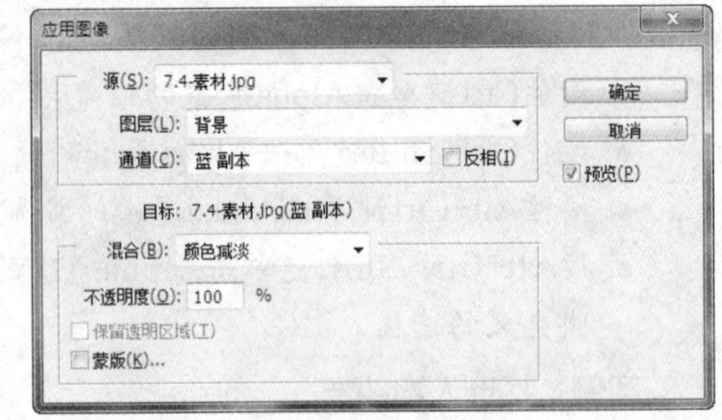

图11-17 设置参数

图11-18 应用后效果

图11-19 反相后效果

（6）选择“画笔工具”，在工具选项条中设置混合模式为“叠加”，如图11-20所示。在这种模式下使用白色涂抹人物，不会影响背景区域。

图11-20 画笔工具选项条

（7）设置前景色为白色，使用“画笔工具”在人物内部进行涂抹，如图11-21所示。切换画笔模式为“正常”，在人物内部涂抹直到得到如图11-22所示的效果。

（8）按住Ctrl键单击“蓝副本”的缩览图以载入其选区，返回“图层”面板，得到如图11-23所示的选

图11-21 涂抹边缘

图11-22 涂抹完成后的效果

区。按Ctrl+J键复制“背景”图层得到“图层1”，此时“图层”面板的状态如图11-24所示。

图11-23 得到的选区

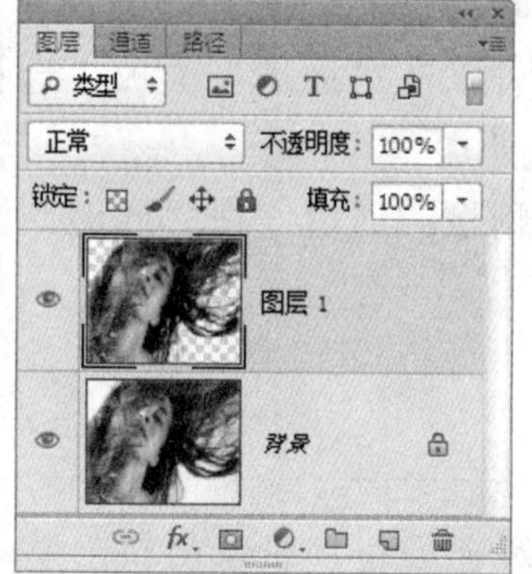

图11-24 “图层”面板的状态

（9）单独显示人物效果，如图11-25所示。如图11-26所示为将本实例抠出的图像应用于洗发水广告海报后的效果。

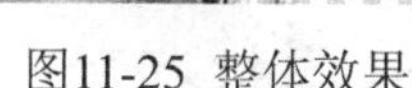

图11-25 整体效果

图11-26 最终效果

11.4 通道基础操作

11.4.1 复制通道

当在“通道”面板中选择单个颜色通道或Alpha通道时，“复制通道”命令就会有效。选择此命令，将弹出如图11-27所示的“复制通道”对话框。

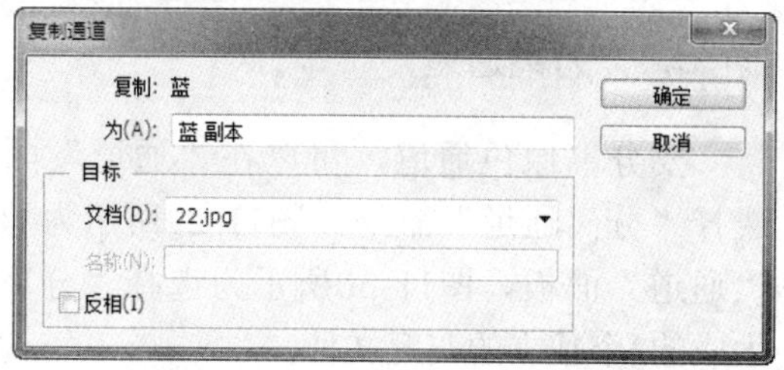

图11-27 “复制通道”对话框

- 复制：其后显示所复制的通道名称。
- 为：在此文本框中输入复制得到的通道名称，默认名称为“当前通道名称 副本”。
- 文档：在此下拉列表中选择复制通道的存放位置。选择“新建”选项，将会由复制的通道生成一个“多通道”模式新文件。

11.4.2 重命名通道

要为通道重命名，可以在“通道”面板中双击此通道名称，待名称转变为文本框时，输入文本或数字，然后单击文本框以外其他任何地方，则可以更改名称。

11.4.3 删除通道

要删除通道，可以在“通道”面板中选择要删除的通道，并将其拖至“通道”面板下方的“删除通道”按钮上即可。

也可以选择要删除的通道，在“通道”面板右上角单击按钮，在弹出的菜单中选择“删除通道”命令。

> 如果删除任一原色通道，图像的颜色模式将会自动转换为多通道模式，图11-28所示为在一幅RGB模式的图像中分别删除红、绿、蓝原色通道后的“通道”面板。

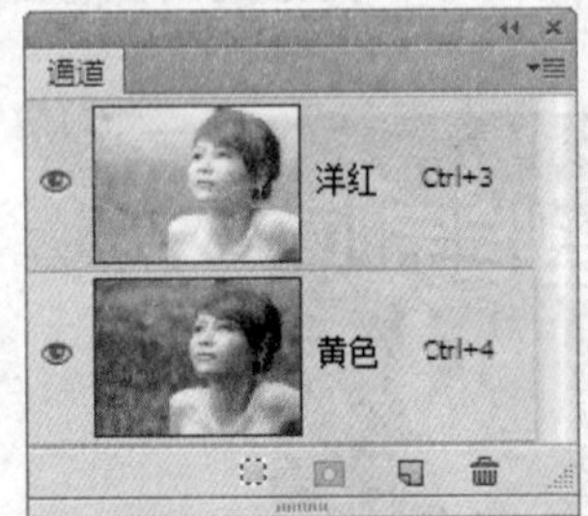

（a）删除红通道

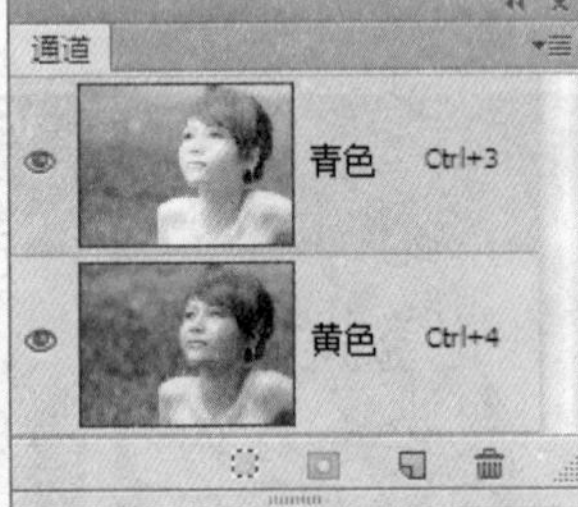

（b）删除绿通道

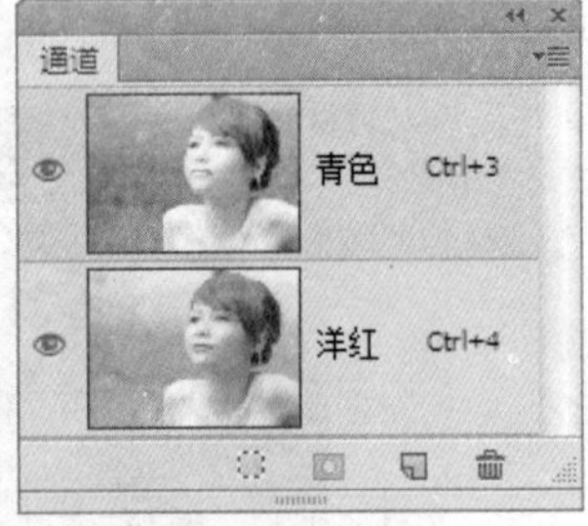

（c）删除蓝通道

图11-28 删除原色通道后的“通道”面板

11.5 分离与合并通道

通过分离原色通道操作，可以将一幅图像的所有原色通道分离成为单独的灰度图像文件，分离后原文件将被关闭。

合并原色通道是分离原色通道的逆操作，通过合并通道操作，可以将使用分离通道命令生成的若干个灰度图像或具有相同尺寸与分辨率的图像合并在一起，成为一个完整的图像文件。

11.5.1 分离通道

要分离原色通道，可以在“通道”面板弹出菜单中选择“分离通道”命令，图11-29所示为原图像及对应的“通道”面板，图11-30所示为选择“分离通道”命令后生成的3个独立的灰度文件。

（a）

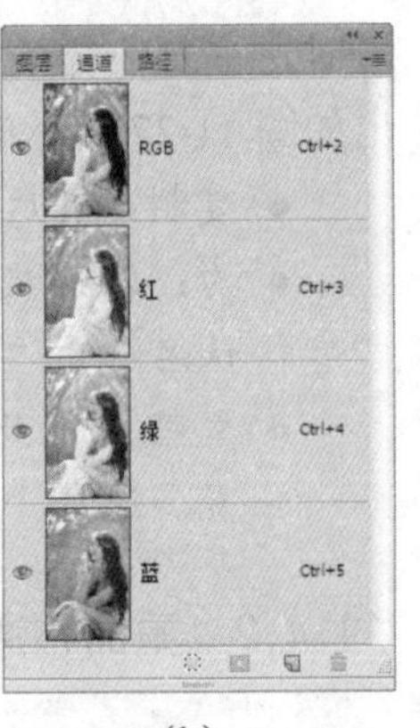

（b）

图11-29 原图像及其对应的“通道”面板

（a）（b）（c）

图11-30 分离原色通道生成的图像

11.5.2 合并通道

要将多个灰度图像合并为原色通道，按以下步骤操作：

（1）打开需要合并的多个灰度图像，并选择任意一幅图像同时切换至“通道”面板。

（2）在“通道”面板弹出菜单中选择“合并通道”命令。

（3）设置弹出的如图11-31所示的“合并通道”对话框，其中在“模式”下拉列表框中选择合并后生成的新图像的颜色模式。

（4）如果在“合并通道”对话框中将图像的颜色模式选择为“RGB颜色”，将弹出图11-32所示的对话框，分别在此对话框的“红色”、“绿色”、“蓝色”3个下拉列表菜单中选择要做为红、绿、蓝3个原色通道的图像名称，并单击“确定”按钮，即可将3幅灰度图像合并为一幅RGB模式的图像。

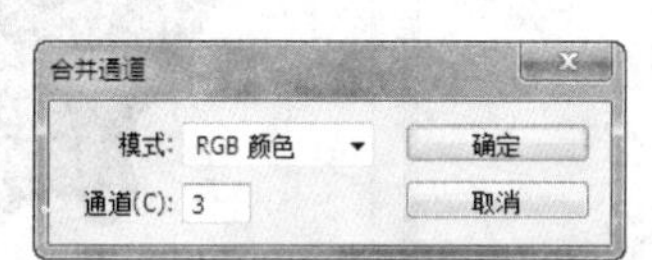

图11-31 “合并通道”对话框

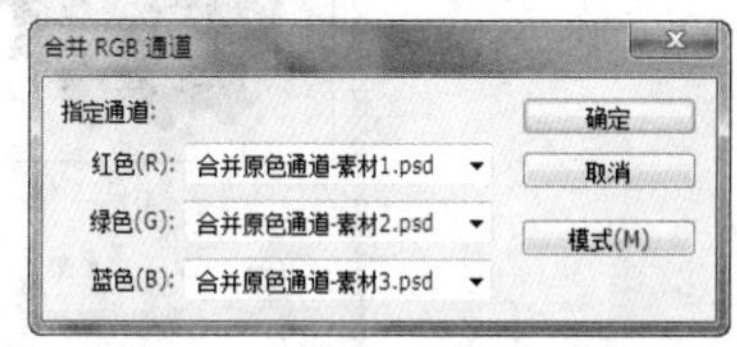

图11-32 “合并RGB通道”对话框

11.6 拓展训练——用通道制作异形选区

本例主要讲解如何结合通道和滤镜等制作异形选区，为照片制作小镜头边框效果。具体操作步骤如下。

（1）打开随书所附光盘中的文件“第11章\11.6-拓展训练——用通道制作异形选区-素材.jpg”，如图11-33所示，将其作为本例的背景图像。

（2）选择“磁性套索工具”，围绕花的内部边缘创建选区，如图11-34所示。按Ctrl+Shift+I键执行“反向”操

图11-33 素材图像

图11-34 绘制选区

作，以反向选择当前的选区。

（3）切换至“通道”面板，单击“将选区存储为通道”按钮，得到“Alpha 1”。按Ctrl+D键取消选区，选择“Alpha 1”，此时通道中的状态如图11-35所示。“通道”面板如图11-36所示。

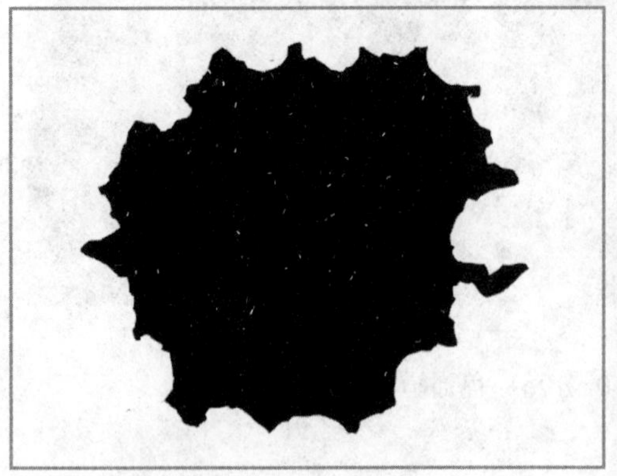

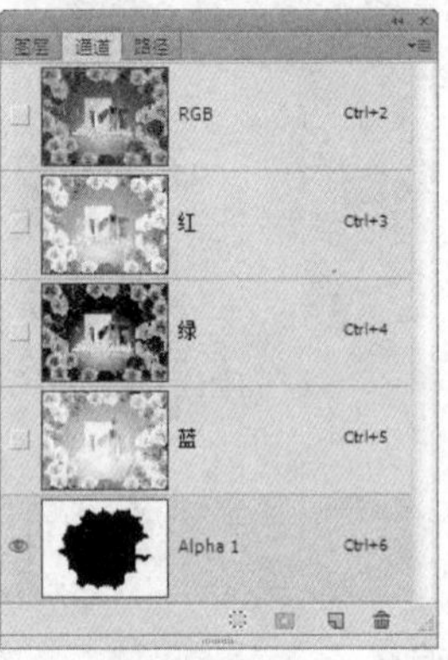

图11-35 通道中的状态　　图11-36 “通道”面板

（4）选择“滤镜”|“模糊”|“高斯模糊”命令，在弹出的对话框中设置“半径”数值为1.5，如图11-37所示，得到如图11-38所示的效果。

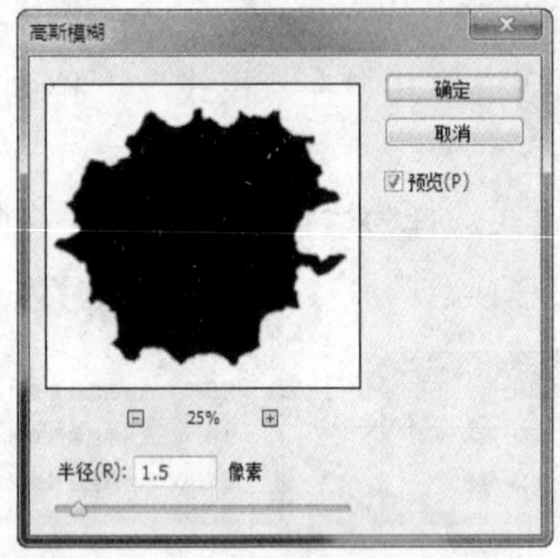

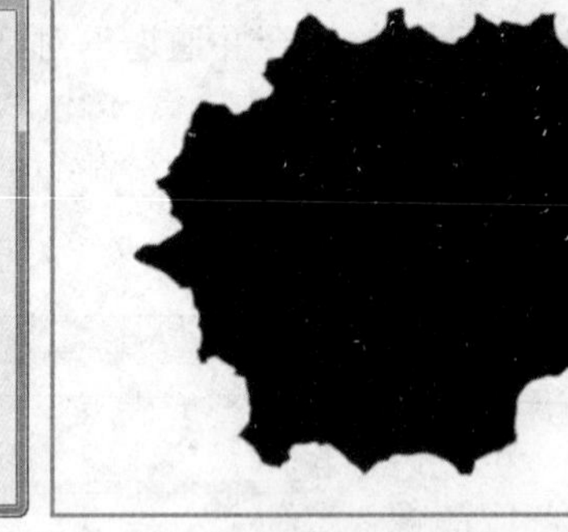

图11-37 “高斯模糊”对话框　　图11-38 模糊后的效果

（5）选择“滤镜”|“滤镜库”命令，在弹出的对话框中展开“扭曲”选项组，然后选择“玻璃”选项，设置弹出的对话框如图11-39所示，得到如图11-40所示的效果。

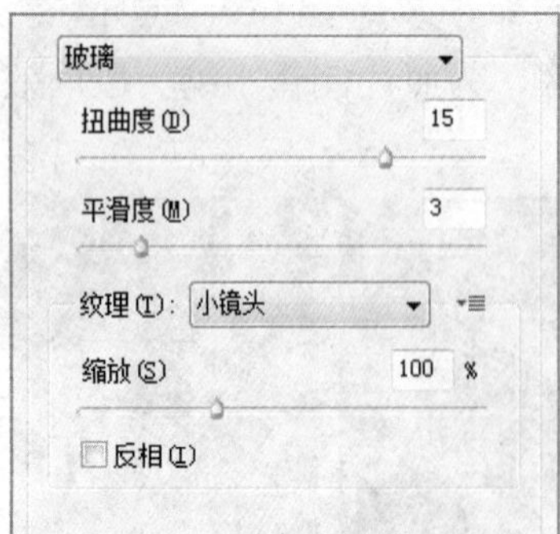

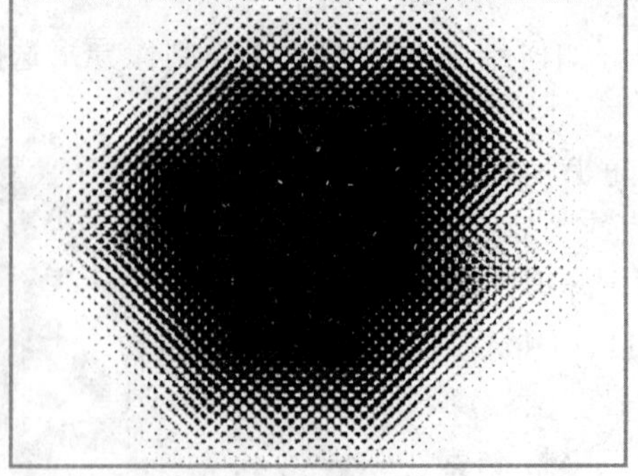

图11-39 “玻璃”对话框　　图11-40 应用“玻璃”后的效果

（6）按住Ctrl键单击“Alpha 1”通道缩览图以载入其选区。切换至“图层”面板，新建“图层1”，设置前景色为白色，按Alt+Delete键以前景色填充选区，按Ctrl+D键取消选区，得到的最终效果如图11-41所示。“图层”面板如图11-42所示。

图11-41 最终效果

图11-42 “图层”面板

11.7 课后练习

1. 单选题

（1）如何将选区存储为Alpha通道？（ ）

A. 在“通道”面板中直接单击将选区存储为通道按钮

B. 在“通道”面板中直接单击将通道作为选区载入按钮

C. 选择“选择”|“存储”命令将选区保存为通道

D. 以上说法都不对

（2）Alpha 通道相当于几位的灰度图？（ ）

A. 8　　B. 9　　C. 10　　D. 11

（3）Alpha通道的默认前景色为什么颜色？（ ）

A. 白色　　B. 黑色　　C. 灰色　　D. 以上说法都不对

（4）在“通道”面板中按住Ctrl键单击“创建新通道”按钮，会弹出“新建专色通道”对话框，设置完毕后，单击“确定”按钮，即可新建一个什么通道？（ ）

A. Alpha 通道　　B. 专色通道　　C. 原色通道　　D. 以上说法都不对

（5）下列关于编辑Alpha通道的说法正确的是。（ ）

A. Alpha通道可以使用部分绘图工具进行编辑

B. Alpha通道可以使用所有的图像调整命令进行编辑

C. Alpha通道可以使用所有的滤镜命令进行编辑

D. 以上说法都不对

2. 多选题

（1）怎样载入通道选区？（　　）

A. 按Ctrl键单击通道的名称

B. 按Ctrl键单击通道的缩览图

C. 将通道拖至“将通道作为选区载入”按钮上

D. 选择一个通道，然后单击“将通道作为选区载入”按钮

01 chapter P1—P12
02 chapter P13—P34
03 chapter P35—P50
04 chapter P51—P84
05 chapter P85—P104
06 chapter P105—P136
07 chapter P137—P162
08 chapter P163—P180
09 chapter P181—P194
10 chapter P195—P208
11 chapter P209—P220
12 chapter P221—P240
13 chapter P241—P254
14 chapter P255—P278
A chapter P279—P289

（2）专色通道有什么好处？（　）

A. 可以获得通过使用CMYK四色油墨无法合成的颜色效果

B. 可以降低印刷成本

C. 可以在分色时输出第5块或第6块、甚至更多的色片，用于定义需要使用专色印刷或处理的图像局部

D. 以上说法都对

（3）使用下列哪些方法可以对通道进行编辑？（　）

A. 绘画工具　　B. 调色命令　　C. 滤镜命令　　D. 以上说法都不对

（4）在Photoshop 中有哪几种通道类型？（　）

A. 原色通道　　B. Alpha 通道　　C. 专色通道　　D. 路径通道

（5）下列可以创建空白Alpha通道的操作包括。（　）

A. 单击“通道”面板中的“创建新通道”按钮

B. 在“通道”面板的弹出菜单中选择“新建通道”命令，在弹出的对话框中单击“确定”即可

C. 在当前存在选区的情况下，单击“将选区存储为通道”按钮

D. 按Alt键单击“通道”面板中的“创建新通道”按钮，在弹出的对话框中单击“确定”即可

3. 判断题

（1）Alpha 通道主要是为路径提供的通道。（　）

（3）通道是用来保存图像的颜色信息及选区的，颜色通道的多少是由图像文件的颜色模式决定的。（　）

（3）通道的上下层叠位置可以将Alpha通道移至两个颜色通道之间。（　）

（4）在Alpha通道中可以应用所有可以调配出的色彩。（　）

（5）在Photoshop图像中，不能添加Alpha通道的颜色模式是索引模式。（　）

4. 操作题

打开随书所附光盘中的文件“第11章\11.7-操作题-素材1.jpg”，如图11-43所示，结合本章中讲解的知识，尝试将人物抠选出来，得到类似如图11-44所示的效果。再打开随书所附光盘中的文件“第11章\11.7-操作题-素材2.jpg”，如图11-45所示，将抠出的人物置于该风景中，如图11-46所示。制作完成后的效果可以参考随书所附光盘中的文件“第11章\11.7-操作题.psd”和“第11章\ 11.7-操作题-应用效果.psd”。

图11-43 素材图像

图11-44 抠出的人物

图11-45 素材图像

图11-46 应用效果

第12章

应用与编辑滤镜

本章导读

由于Photoshop中的滤镜数量非常多，限于篇幅本章仅讲解Photoshop中的各种重要滤镜，如新增的“油画”滤镜、“自适应广角”滤镜、“场景模糊”滤镜、“光圈模糊”滤镜、“倾斜模糊”滤镜等。除此之外，还讲解了智能滤镜的应用与编辑等。

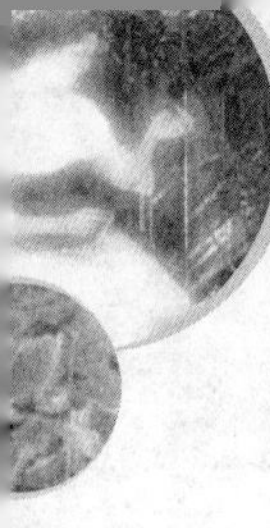

12.1 滤镜的分类

根据Photoshop对滤镜的划分，可以分为以下几类。

- 内置滤镜：此类滤镜是Photoshop自带的滤镜，被广泛应用于纹理制作、图像效果的修整、文字效果制作、图像处理等各个方面。
- 特殊滤镜：此类滤镜包括“自适应广角”、“镜头校正”、“液化”、“油画”和“消失点”5个滤镜。由于此类滤镜的使用方法有别于内置滤镜，且每个滤镜都有自己的专一用途，因此常被称为特殊滤镜。
- 外挂滤镜：此类滤镜与前两类滤镜的不同之处在于，它需要用户单独购买。其中较为著名的外挂滤镜是MetaCreation公司出品的Kpt系列滤镜及AlianSkin公司出品的BlackBox及AlianSkin系列滤镜。使用这些滤镜，可以得到使用其他滤镜无法得到的天空、土地、镜射、分形火焰、火焰、烟雾、融化、水滴、编织等效果，因此使用也较为广泛。图12-1所示为使用外挂滤镜所得到的效果，由于这些滤镜是独立的软件，因此需要单独安装。

(a)

(b)

(c)

(d)

图12-1 应用外挂滤镜得到的效果

12.2 滤 镜 库

12.2.1 滤镜库对话框简介

滤镜库是Photoshop滤镜功能中最为强大的一个命令，此功能允许重叠或重复使用某几种或某一种滤镜，从而使滤镜的应用变化更加繁多，所获得的效果也更加复杂。

使用此功能可以选择“滤镜”|“滤镜库”命令，弹出类似于如图12-2所示的对话框。

图12-2 “滤镜库”对话框

从对话框中可以看出，实际上此对话框是许多滤镜的集成式对话框，对话框的左侧为预览区域，中间部分为命令选择区，而其右侧则是参数调整及滤镜效果添加/删除区域，在对话框右上角的下拉列表框中还可以选择其他滤镜命令。

提示：

并非所有滤镜命令都被集成在此对话框中。

12.2.2 滤镜效果图层相关操作

要添加滤镜层，可以在参数调整区的下方单击“新建效果图层”按钮，此时所添加的新滤镜层将延续上一个滤镜层的命令及参数，可以根据需要执行以下操作。

- 如果需要使用同一滤镜命令增加该滤镜的效果，无须改变此设置，通过调整新滤镜层上的参数，即可得到满意的效果。
- 如果需要叠加不同的滤镜命令，可以选择该新增的滤镜层，在命令选区中选择一个新的滤镜命令，此时参数调整区域中的参数将同时发生变化，调整这些参数，即可得到满意的效果。
- 如果使用两个滤镜层仍然无法得到满意的效果，可以按照同样的方法再新增滤镜层，并修改命令或参数，直至得到满意的效果为止。

如果尝试查看在某些滤镜层未添加时的图像效果，可以单击该滤镜层左侧的眼睛图标，将其隐藏起来。

对于不再需要的滤镜层，可以将其删除，用鼠标单击将其选中，然后单击“删除效果图层”按钮即可。

12.3 “油画”滤镜

“油画”滤镜是Photoshop CS6中新增的功能，使用它可以快速、逼真地处理出油画的效果。选择“滤镜”|“油画”命令，在弹出对话框的右侧可以设置其参数，如图12-3所示。

图12-3 “油画”对话框

- 样式化：此参数用于控制油画纹理的圆滑程度。数值越大，则油画的纹理显得更平滑。
- 清洁度：此参数用于控制油画效果表面的干净程序，数值越大，则画面越显干净，反之，数值越小，则画面中的黑色会变得越浓，整体显得笔触较重。
- 缩放：此参数用于控制油画纹理的缩放比例。
- 硬毛刷细节：此参数用于控制笔触的轻重。数值越小，则纹理的立体感就越小。
- 角方向：此参数用于控制光照的方向，从而使画面呈现出不同的光线从不同方向进行照射时的不同方向的立体感。

● 闪亮：此参数用于控制光照的强度。此数值越大，则光照的效果越强，得到的立体感效果也越强。

图12-4 素材图像

实例：制作油画效果

（1）打开随书所附光盘中的文件“第12章\12.3-实例：制作油画效果-素材.jpg”，如图12-4所示。

（2）选择“滤镜”|“油画”命令，在弹出的对话框中设置参数，如图12-5所示，单击“确定”按钮退出对话框，得到的效果如图12-6所示。

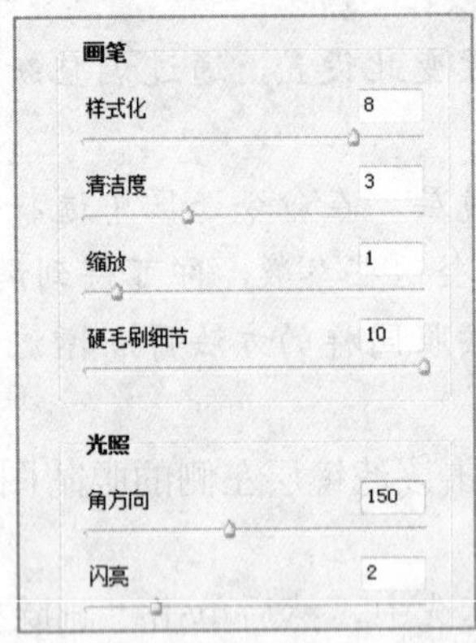

图12-5 设置参数

图12-6 最终效果

12.4 “自适应广角”滤镜

在Photoshop CS6中，新增了专用于校正广角透视及变形问题的功能，即“自适应广角”命令，使用它可以自动读取照片的EXIF数据，并进行校正，也可以根据使用的镜头类型（如广角、鱼眼等）来选择不同的校正选项，配合“约束工具”和“多边形约束工具”的使用，达到校正透视变形问题的目的。

选择“滤镜”|“自适应广角”命令，将弹出如图12-7所示的对话框。

图12-7 “自适应广角”对话框

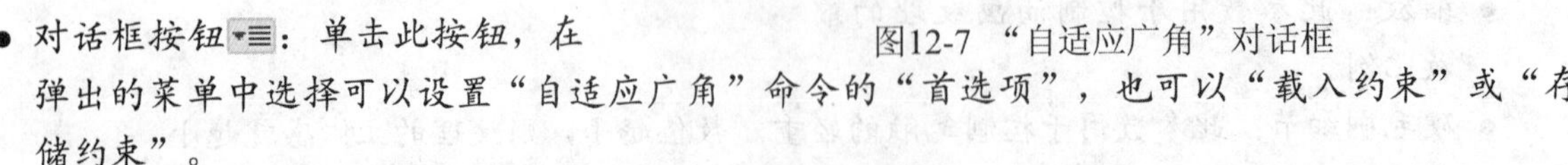

● 对话框按钮：单击此按钮，在弹出的菜单中选择可以设置“自适应广角”命令的“首选项”，也可以“载入约束”或“存储约束”。

● 校正：在此下拉菜单中，可以选择不同的校正选项，其中包括了“鱼眼”、“透视”、“自动”及“完整球面”4个选项，选择不同的选项时，下面的可调整参数也各有不同。

- 缩放：此参数用于控制当前图像的大小。当校正透视后，会在图像周围形成不同大小范围的透视区域，此时就可以通过调整“缩放”参数来裁剪掉透视区域。
- 焦距：在此可以设置当前照片在拍摄时所使用的镜头焦距。
- 裁剪因子：在此处可以调整照片裁剪的范围。
- 细节：在此区域中，将放大显示当前光标所在的位置，以便于进行精细调整。

除了右侧基本的参数设置外，还可以使用“约束工具”和“多边形约束工具”针对画面的变形区域进行精细调整，前者可绘制曲线约束线条进行校正，适用于校正水平或垂直线条的变形，后者可以绘制多边形约束线条进行校正，适用于具有规则形态的对象。

实例：校正广角镜头的畸变问题

（1）打开随书所附光盘中的文件“第12章\12.4-实例：校正广角镜头的畸变问题-素材.jpg”，如图12-8所示。在本例中，将使用“自适应广角”命令校正由鱼眼镜头产生的畸变。

（2）选择“滤镜”|“自适应广角”命令，在弹出的对话框中选择“校正”选项为“鱼眼”，此时Photoshop会自动读取当前照片的“焦距”参数（16 mm）。

（3）在对话框左侧选择“约束工具”，在地平面的左侧单击以添加一个锚点，如图12-9所示。

图12-8 素材图像

图12-9 绘制第一个锚点

（4）将光标移至地平面的右侧位置，再次单击，此时Photoshop会自动根据所设置的“校正”及“焦距”，生成一个用于校正的弯曲线条，如图12-10所示。

（5）单击添加第2个点后，Photoshop会自动对图像的变形进行校正，并出现一个变形控制圆，如图12-11所示。

图12-10 移至第2个锚点的位置

图12-11 自动校正后的结果

（6）拖动圆形左右的控制点，可以调整线条的方向，图12-12所示是按住Shift键将直线的角度调整为0度时的状态，使地平面处于水平状态。

（7）调整“缩放”数值，以裁剪掉画面边缘的透明区域，并使用“移动工具”调整图像的位置，直至得到类似如图12-13所示的效果。

图12-12 调整线条方向后的状态

图12-13 调整“缩放”参数后的效果

（8）设置完毕后，单击“确定”按钮即可。图12-14所示是裁剪后的整体效果。

图12-14 最终效果

12.5 场景模糊

在Photoshop CS6中，使用新增的“场景模糊”滤镜，默认情况下可以对整幅照片进行模糊处理，通过添加并调整模糊图钉及其参数，可以调整模糊的范围及效果。

实例：制作光斑效果

（1）打开随书所附光盘中的文件“第12章\12.5-实例：制作光斑效果-素材.jpg”，如图12-5所示。在本例中，将加强人物背景中的虚化效果，并为其制作漂亮的光斑效果。

（2）选择“滤镜”|“模糊”|“场景模糊”命令，此时将显示如图12-16所示的工具选项，以及图12-17所示的2个面板。

图12-15 素材图像

图12-16 “场景模糊”命令的选项条

“场景模糊”滤镜的选项条参数解释如下。

- 选区出血：应用“场景模糊”滤镜前绘制了选区，则可以在此设置选区周围模糊效果的过渡；
- 聚焦：此参数可控制选区内图像的模糊量。
- 将蒙版存储到通道：选中此选项后，将在应用“场景模糊”滤镜后，根据当前的模糊范围，创建一个相应的通道。
- 高品质：选中此选项时，将生成更高品质、更逼真的散景效果。
- “移去所有图钉”按钮：单击此按钮，可清除当前图像中所有的模糊图钉。

（3）选择“场景模糊”滤镜后，画面中将自动创建一个新的模糊图钉，并按照默认的参数，对画面整体进行模糊处理，如图12-18所示。

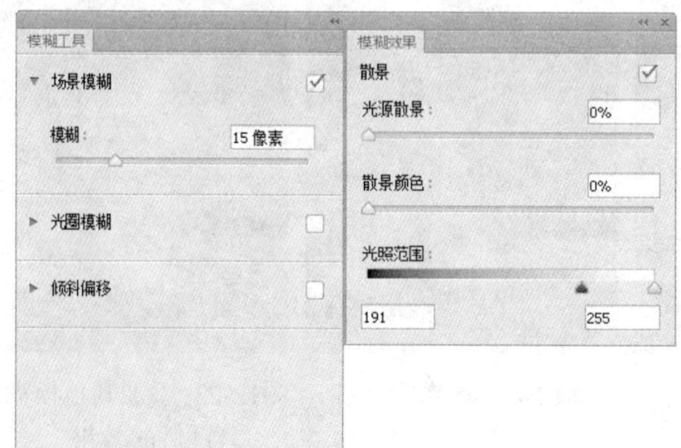

图12-17 “模糊工具”与“模糊效果”面板

图12-18 默认的模糊效果

（4）在本例中，仅对人物以外的区域进行模糊处理，因此首先要保证人物处于清晰状态。将光标置于模糊图钉的半透明白条位置，此时光标变为状态，如图12-19所示。

要通过拖动半透明白条调整模糊数值，须选择“编辑”|“首选项”|“性能”命令，在其对话框中选中“使用图形处理器”选项。

（5）按住鼠标左键拖动该半透明白条，即可调整“场景模糊”滤镜的模糊数值，如图12-20所示。用户也可以在“模糊工具”面板中设置“场景模糊”区域中的“模糊”数值，以达到同样的目的。

图12-19 摆放光标的位置

图12-20 拖动调整模糊强度

（6）下面在人物的周围添加模糊效果。在人物的左侧单击以添加一个模糊图钉，并在“模糊工

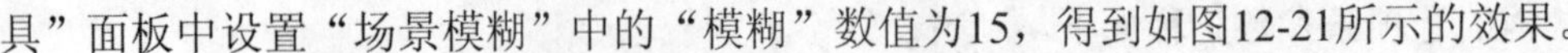

具”面板中设置“场景模糊”中的“模糊”数值为15，得到如图12-21所示的效果。

（7）此时可以看到，模糊图钉的范围已经覆盖了人物，此时可以拖动该模糊图钉的中心位置，调整其位置并实时预览模糊的范围，如图12-22所示。

（8）按照第（6）～（7）步的方法，在画面中添加其他多个控制点，如图12-23所示，其中位于人物身上的模糊图钉，“模糊”数值均为0，位于人物以外的模糊图钉，“模糊”数值均为15。若要删除模糊图钉，可以拖动某个模糊图钉至软件界面以外的范围。

图12-21 添加另一个模糊图钉

图12-22 调整模糊图钉后的效果

图12-23 添加其他模糊图钉后的效果

（9）下面来调整虚化的效果，即在“模糊效果”面板中设置参数。调整“光源散景”数值，可以调整模糊范围中圆形光斑形成的强度；调整“散景颜色”数值，可以改变圆形光斑的色彩；调整“光照范围”下的黑、白滑块，或在底部输入数值，可以控制生成圆形光斑的亮度范围，如图12-24所示，图12-25所示是设置参数后得到的模糊效果。

（10）设置完成后，单击选项条中的“确定”按钮即可，得到如图12-26所示的最终效果。

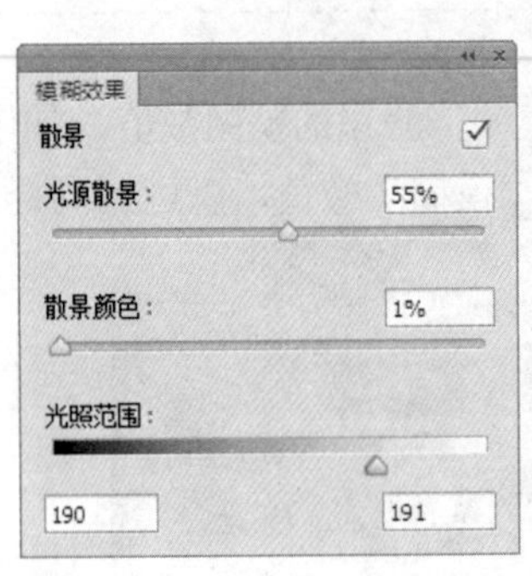

图12-24 “模糊效果”面板

图12-25 调整参数后的效果

图12-26 最终效果

场景模糊、光圈模糊及倾斜偏移3种模糊效果均无法应用于智能对象图层。

12.6 光圈模糊

“光圈模糊”滤镜可用于限制一定范围的塑造模糊效果，以图12-27所示的图像为例，图12-28所示是选择“滤镜”|“模糊”|“光圈模糊”命令后调出的光圈模糊图钉。

图12-27 素材图像

图12-28 光圈模糊图钉

- 拖动模糊图钉中心的位置，可以调整模糊的位置。
- 拖动模糊图钉周围的4个白色圆点可以调整模糊渐隐的范围。若按住Alt键拖动某个白色圆点，可单独调整其模糊渐隐范围。
- 模糊图钉外围的圆形控制框可调整模糊的整体范围，拖动该控制框上的4个控制句柄，可以调整圆形控制框的大小及角度。
- 拖动圆形控制框上的控制句柄，可以等比例绽放圆形控制框，以调整其模糊范围。

图12-29所示是编辑各个控制句柄及相关模糊参数后的状态，图12-30所示是确认模糊后的效果。

图12-29 调整各控制句柄及参数时的状态

图12-30 最终效果

12.7 倾斜模糊

在Photoshop CS6中，使用新增的“倾斜偏移”滤镜，可用于模拟移轴镜头拍摄出的改变画面景深的效果。

实例：模拟移轴镜头的景深变化效果

（1）打开随书所附光盘中的文件“第12章\12.7-实例：模拟移轴镜头的景深变化效果-素材.jpg”，如图12-31所示。

（2）选择“滤镜”|“模糊”|“倾斜偏移”命令，将在图像上显示如图12-32所示的模糊控制线，并显示“模糊效果”和“模糊工具”面板。

（3）拖动中间的模糊图钉，可以改变模糊的位置，如图12-33所示。

图12-31 原图像　　图12-32 显示模糊控制线时的状态　图12-33 调整模糊位置

（4）拖动上下的实线型模糊控制线，可以改变模糊的范围，如图12-34所示。

（5）拖动上下的虚线型模糊控制线，可以改变模糊的渐隐强度，如图12-35所示。

（6）在“模糊效果”和“模糊工具”面板中，可以调整更多的模糊属性。设置完成后，单击工具选项条上的“确定”按钮即可，如图12-36所示。

图12-34 调整模糊的范围 图12-35 调整模糊的渐隐　图12-36 最终效果

12.8 “液化”滤镜

选择“滤镜”|“液化”命令弹出如图12-37所示“液化”命令对话框，使用此命令可以对图像进行液化变形处理。

图12-37 “液化”对话框

- “向前变形工具”：使用此工具在图像画面上拖动，可以使图像的像素随着涂抹产生变形效果。
- “重建工具”：使用此工具在图像上拖动，可将操作区域恢复原状。
- “顺时针旋转扭曲工具”：使用此工具在图像画面上拖动，可使图像产生顺时针旋转效果，如果在操作时按住了Alt键，则可以使图像反向旋转。
- “褶皱工具”：使用此工具在图像画面上拖动，可以使图像产生挤压效果，即图像向操作中心点处收缩从而产生挤压效果。

- “膨胀工具”：使用此工具在图像上拖动，可以使图像产生膨胀效果，即图像背离操作中心点从而产生膨胀效果。
- “左推工具”：使用此工具在图像上拖动，可以移动图像。
- “冻结蒙版工具”：使用此工具可以冻结图像，被此工具涂抹过的图像区域，将受蒙版保护从而无法进行编辑操作。
- “解冻蒙版工具”：使用此工具可以解除使用“冻结蒙版工具”所冻结的区域去除蒙版，使其还原为可编辑状态。
- “缩放工具”：单击此工具一次，图像就会放大到下一个预定的百分比。
- “抓手工具”：通过此工具可以显示出未在预视窗口中显示出来的图像。
- 画笔大小：可以设置使用上述各工具操作时，图像受影响区域的大小，数值越大，则一次操作影响的图像区域也越大；反之，则越小。
- 画笔密度：可以设置使用上述各工具操作时，一次操作所影响的图像的像素密度，数值越大，则操作时影响的像素越多，操作区域及影响程度越大；反之则越小。
- 画笔压力：可以设置使用上述各工具操作时，一次操作影响图像的程度大小，数值越大，则图像受画笔操作影响的程度也越大；反之越小。
- 重建选项：单击“重建”按钮，可使图像以该模式动态地向原图像效果恢复。在动态恢复过程中，按空格键可以中止恢复进程，从而中断进程并截获恢复过程的某个图像状态。
- 蒙版选项：在此区域可以通过单击选择5个按钮，在弹出的菜单中选择无、全部蒙住、全部反相 3个选项，来控制当前图像存在的选择区域、当前图层的不透明区域及当前图层的蒙版之间的叠加关系。
- 选“显示图像”复选框：在对话框预览窗口中显示当前操作的图像。
- 选“显示网格”复选框：在对话框预览窗口中显示辅助操作的网格。
- 在“网格大小”下拉列表框中选择相应的选项，可以定义网格的大小。
- 在“网格颜色”下拉列表框中选择相应的颜色选项，可以定义网格的颜色。
- 在“蒙版颜色”下拉列表框中选择相应的选项，可以定义图像冻结区域显示的颜色。
- 显示背景：在此复选框被选中的情况下，可以通过选择其下方的选项控制背景图层的显示方式。
- 使用：在此下拉列表框中，可以选择要显示的当前图像的图层，选择“所有图层”选项则显示全部图层，选“背景”则显示背景图层。
- 模式：在此下拉列表框中，可以选择要显示图层的显示模式，其中有“前面”、“背后”、“混合”3个选项可选。
- 不透明度：在此数值框中可以输入一个数值，以控制显示的背景图层的透明度。

“液化”命令的使用方法较为任意，只需在工具箱中选择需要的工具，然后在预览窗口中单击或拖曳图像的相应区域即可。

如果使用此命令对人脸等进行操作，通过处理后可以使原有形态发生变化。图12-38所示为原图像，图12-39所示为使用“向前变形工具”对人物脸形进行处理后，使原本的圆脸变成了瓜子脸。

图12-38 原图像

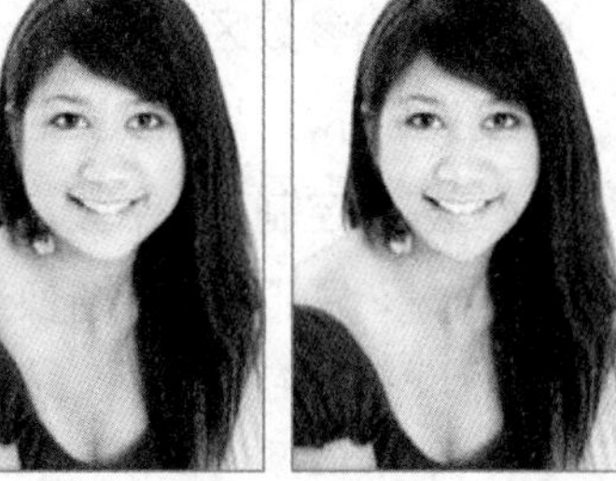

图12-39 对脸形处理后的效果

12.9 “镜头校正”滤镜

“镜头校正”命令被置于“滤镜”菜单的顶部，功能强大，内置了大量常见镜头的畸变、色差等参数，用于在校正时选用，这对于使用数码单反相机的摄影师而言，无疑是极为有利的。

选择“滤镜”|“镜头校正”命令，弹出如图12-40所示的对话框。

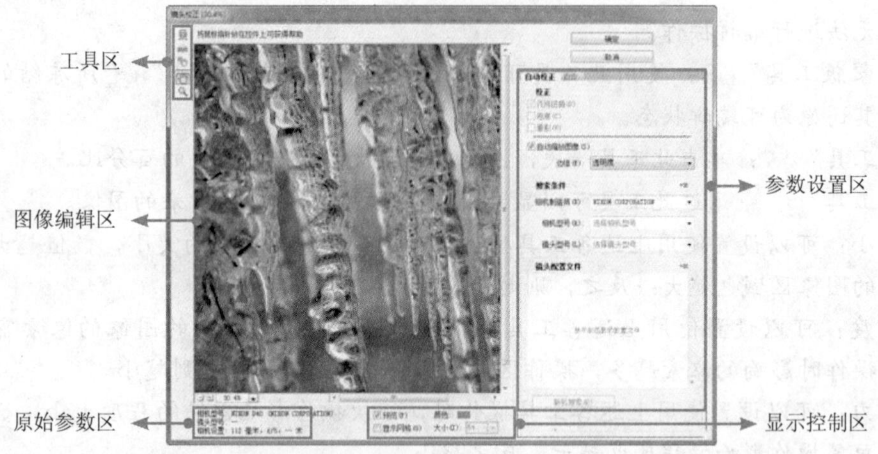

图12-40 “镜头校正”对话框

下面分别介绍对话框中各个区域的功能。

1. 工具区

工具区显示了用于对图像进行查看和编辑的工具，下面分别讲解一下各工具的功能。

- “移去扭曲工具”：使用该工具在图像中拖动，可以校正图像的凸起或凹陷状态。
- “拉直工具”：使用该工具在图像中拖动，可以校正图像的旋转角度。
- “移动网格工具”：使用该工具可以拖动“图像编辑区”中的网格，使其与图像对齐。
- “抓手工具”：使用该工具在图像中拖动，可以查看未完全显示出来的图像。
- “缩放工具”：使用该工具在图像中单击，可以放大图像的显示比例，按住Alt键在图像中单击即可缩小图像的显示比例。

2. 图像编辑区

该区域用于显示被编辑的图像，还可以即时地预览编辑图像后的效果。单击该区域左下角的按钮可以缩小显示比例，单击按钮可以放大显示比例。

3. 原始参数区

此处显示了当前照片的相机及镜头等基本参数。

4. 显示控制区

在该区域可以对“图像编辑区”中的显示情况进行控制。下面分别对其中的参数进行讲解。

- 预览：勾选该复选框后，将在“图像编辑区”中即时观看调整图像后的效果，否则将一直显示原图像的效果。
- 显示网格：勾选该复选框后，在“图像编辑区”中显示网格，以精确地对图像进行调整。
- 大小：在此输入数值可以控制“图像编辑区”中显示的网格大小。
- 颜色：单击该色块，在弹出的“拾色器”对话框中选择一种颜色，即可重新定义网格的颜色。

5. 参数设置区——自动校正

选择“自动校正”选项卡，可以使用此命令内置的相机、镜头等数据进行智能校正。下面分别对其中的参数进行讲解。

- 几何扭曲：勾选此复选框后，可依据所选的相机及镜头，自动校正桶形或枕形畸变。
- 色差：勾选此复选框后，可依据所选的相机及镜头，自动校正可能产生的紫、青、蓝等不同的颜色杂边。
- 晕影：勾选此复选框后，可依据所选的相机及镜头，自动校正在照片周围产生的暗角。图12-41所示为消除四周暗角前后的效果对比。

图12-41 消除四周暗角前后的效果对比

- 自动缩放图像：勾选此复选框后，在校正畸变时，将自动对图像进行裁剪，以避免边缘出现镂空或杂点等。
- 边缘：当图像由于旋转或凹陷等原因出现位置偏差时，在此可以选择这些偏差的位置如何显示，其中包括“边缘扩展”、“透明度”、“黑色”和“白色”4个选项。
- 相机制造商：此处列举了一些常见的相机生产商供选择，如Nikon（尼康）、Canon（佳能）以及Sony（索尼）等。
- 相机/镜头型号：此处列举了很多主流相机及镜头供选择。
- 镜头配置文件：此处列出了符合上面所选相机及镜头型号的配置文件供选择，选择好以后，就可以根据相机及镜头的特性，自动进行几何扭曲、色差及晕影等方面的校正。

在选择配置文件时，如果能找到匹配的相机及镜头配置当然最好，如果找不到，那么也可以尝试选择其他类似的配置，虽然不能达到完全的调整效果，但也可以在此基础上继续进行调整，从而在一定程度上节约调整的时间。

6. 参数设置区——自定

选择“自定”选项卡，在此区域提供了大量用于调整图像的参数，用户可以手动进行调整。下面分别对其中的参数进行讲解。

- 设置：在该下拉列表中可以选择预设的镜头校正调整参数。单击该下拉列表后面的管理设置按钮，在弹出的菜单中可以执行存储、载入和删除预设等操作。注意只有自定义的预设才可以被删除。
- 移去扭曲：在此输入数值或拖动滑块，可以校正图像的凸起或凹陷状态。
- 修复红/青边：在此输入数值或拖动滑块，可以去除照片中的红色或青色色痕。

- 修复绿/洋红边：在此输入数值或拖动滑块，可以去除照片中的绿色或洋红色痕。
- 修复蓝/黄边：在此输入数值或拖动滑块，可以去除照片中的蓝色或黄色色痕。
- 数量：在此输入数值或拖动滑块，可以减暗或提亮照片边缘的晕影，使之恢复正常。
- 中点：在此输入数值或拖动滑块，可以控制晕影中心的大小。
- 垂直透视：在此输入数值或拖动滑块，可以校正图像的垂直透视。
- 水平透视：在此输入数值或拖动滑块，可以校正图像的水平透视。

12.10 智能滤镜

智能滤镜是一项非常优秀的功能，在CS3引入此功能之前，无论使用哪一个滤镜都将对图像构成有损操作，而使用智能滤镜不仅能够避免这一点，还能够反复修改滤镜的参数。下面来讲解一下智能滤镜的使用方法。

12.10.1 应用智能滤镜

要应用智能滤镜可以按照下面的方法操作。

（1）选中要应用智能滤镜的智能对象图层。在“滤镜”菜单中选择要应用的滤镜命令，并设置适当的参数。

（2）设置完毕后，单击“确定”按钮退出对话框即可生成一个对应的智能滤镜图层。

（3）如果要继续应用多个智能滤镜，可以重复第（2）～（3）步的操作方法，直至得到满意的效果为止。

提示：

如果选择的是没有参数的滤镜（如查找边缘、云彩等），则直接对智能对象图层中的图像进行处理，并创建对应的智能滤镜。

图12-42所示的原图像及对应的“图层”面板，图12-43所示是利用“滤镜”|“锐化”|“锐化边缘”滤镜对图像进行处理后的效果，以及对应的“图层”面板，此时可以看到，在原智能对象图层的下方则多了一个智能滤镜图层。

(a)

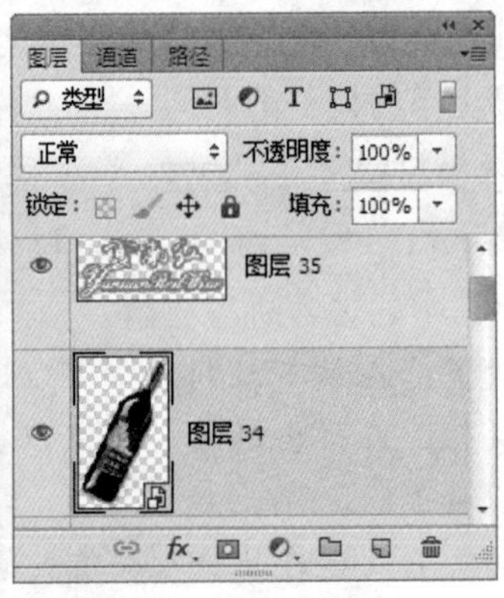

(b)

图12-42 素材图像及对应的“图层”面板

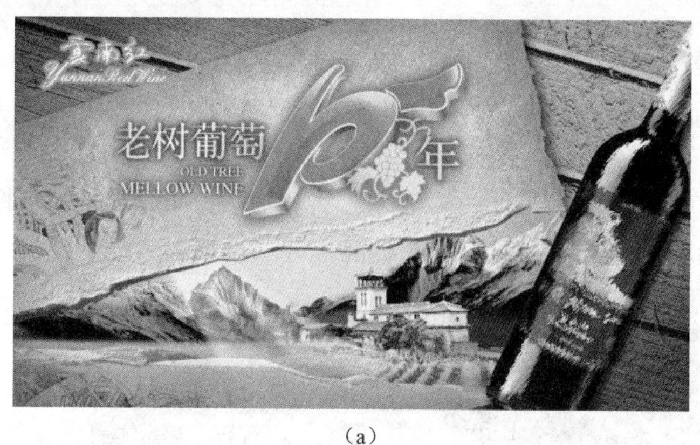

(a)

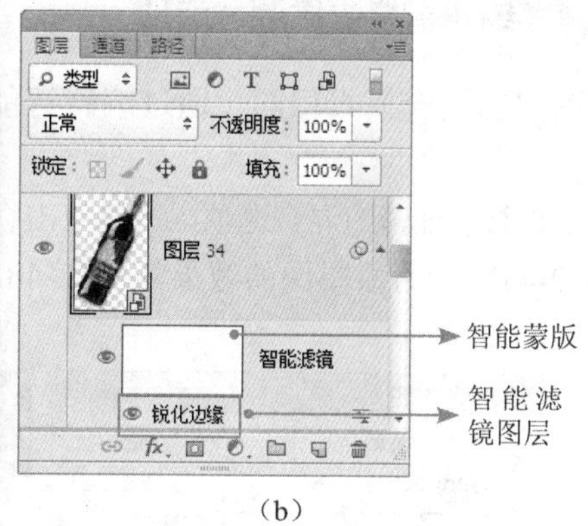

(b)

图12-43 应用滤镜处理后的效果及对应的“图层”面板

可以看出，智能对象图层主要是由智能蒙版及智能滤镜图层构成，其中智能蒙版主要是用于隐藏智能滤镜对图像的处理效果，而智能滤镜图层则显示了当前智能滤镜图层中所应用的滤镜名称。

12.10.2 编辑智能滤镜

智能滤镜的一个优点在于可以反复编辑所应用的滤镜参数，直接在“图层”面板中双击要修改参数的滤镜名称即可进行编辑。图12-44所示是修改了“晶格化”滤镜参数前后的图像效果对比。

(a)

(b)

图12-44 修改智能滤镜参数前后的效果对比

需要注意的是，在添加了多个智能滤镜的情况下，如果编辑了先添加的智能滤镜，那么将会弹出类似如图12-45所示的提示框，此时，就需要在修改参数以后才能看到这些滤镜叠加在一起应用的效果。

图12-45 提示框

12.10.3 删除与添加智能蒙版

如果要删除智能蒙版，可以直接在蒙版缩览图或智能滤镜的名称上右击，在弹出的菜单中选择“删除滤镜蒙版”命令，或选择“图层”|“智能滤镜”|“删除滤镜蒙版”命令。

在删除智能蒙版后，如果要重新添加智能蒙版，则必须在智能滤镜的名称上右击，在弹出的菜单中选择“添加滤镜蒙版”命令，或选择“图层”|“智能滤镜”|“添加滤镜蒙版”命令。

12.10.4 编辑智能滤镜混合选项

与图层的混合模式相同，通过编辑智能滤镜的混合选项，可以让滤镜生成的效果与原图像进行混合。

要编辑智能滤镜的混合选项，可以双击智能滤镜名称后面的图标，弹出如图12-46所示的对话框。

图12-47所示为原图像的效果，图12-48所示是将其中的智能滤镜混合选项设置为“线性加深”得到的效果。

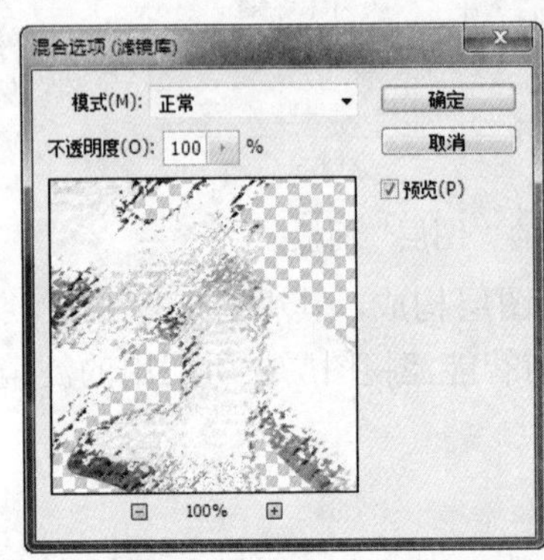

图12-46 “混合选项”对话框

图12-47 原图像

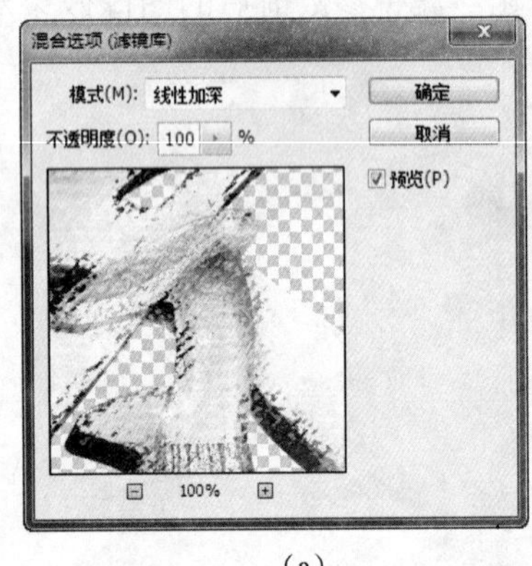

（a）

（b）

图12-48 设置混合模式后的效果

12.10.5 停用或启用智能滤镜

停用/启用智能滤镜可分为2种操作，即对所有的智能滤镜操作和对单独某个智能滤镜操作。

要停用所有智能滤镜，可以在所属的智能对象图层最右侧的图标上右击，在弹出的菜单中选择“停用智能滤镜”命令，即可隐藏所有智能滤镜生成的图像效果；要启用所有智能滤镜，则再次在该位置右击，在弹出的菜单中可以选择“启用智能滤镜”命令。

更为便捷的操作是直接单击智能蒙版前面的眼睛图标，同样可以显示或隐藏全部的智能滤镜。

如果要停用/启用单个智能滤镜，也同样可以参照上面的方法进行操作，只不过需要在要停用/启用的智能滤镜名称上进行操作。

12.10.6 更换智能滤镜

要更换智能滤镜，首先需要确认该滤镜位于“滤镜库”中，否则将无法完成更换智能滤镜的操作。

双击要更换的滤镜名称，弹出对应的对话框。在“滤镜库”的滤镜选择区中选择一个新的滤镜命令。设置适当的参数后，单击“确定”按钮关闭对话框，即可完成更换智能滤镜的操作。

如图12-49和图12-50所示是将“喷色描边”滤镜更换为“拼缀图”滤镜后的效果。

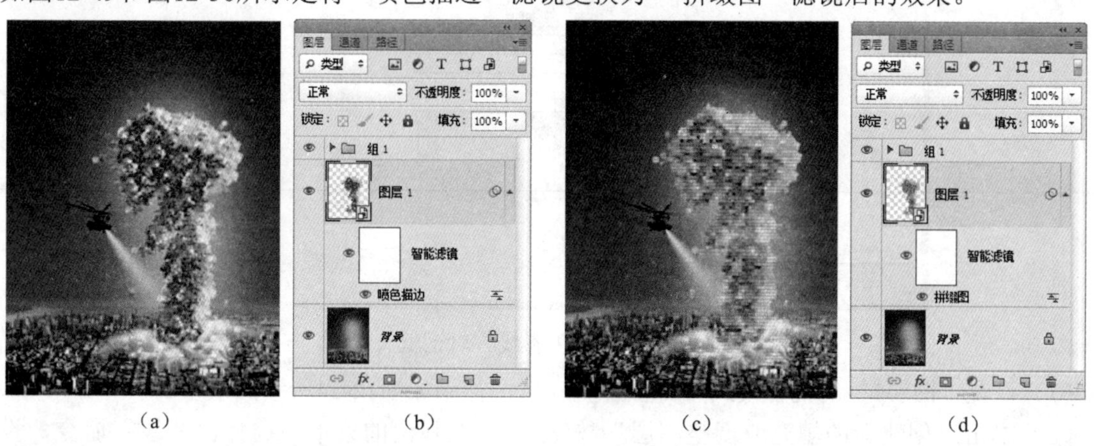

图12-49 使用“喷色描边”滤镜后的“图层”面板　图12-50 使用“拼缀图”滤镜后的“图层”面板

12.10.7 删除智能滤镜

如果要删除一个智能滤镜，可直接在该滤镜名称上右击，在弹出的菜单中选择“删除智能滤镜”命令，或者直接将要删除的滤镜拖至“图层”面板底部的“删除图层”按钮 上。

如果要清除所有的智能滤镜，则可以在智能滤镜上（即智能蒙版后的名称）右击，在弹出的菜单中选择“清除智能滤镜”，或直接选择“图层”|“智能滤镜”|“清除智能滤镜”命令即可。

12.11 拓展训练——制作素描效果

（1）打开随书所附光盘中的文件“第12章\12.11-拓展训练——制作素描效果-素材.tif”，如图12-51所示。

（2）按Ctrl+Shift+U键执行“去色”操作。按Ctrl+J键执行“通过拷贝的图层”操作，以复制得到“背景 副本”。

（3）设置“背景 副本”的混合模式为“颜色减淡”，此时图像中将显示为纯白色。

（4）选择“滤镜”|“模糊”|“高斯模糊”命令，在弹出的对话框中设置“半径”数值为1.5，得到如图12-52所示的效果。

图12-51 素材图像

图12-52 模糊图像后的效果

（5）按Ctrl+Alt+Shift+E键执行“盖印”操作，将当前所有显示图层中的图像合并至新图层中，得到“图层1”。

（6）选择“滤镜”|“滤镜库”命令，在弹出的对话框中选择“画笔描边”选项组中的“阴影线”选项，设置弹出的对话框如图12-53所示，单击“确定”按钮退出对话框。

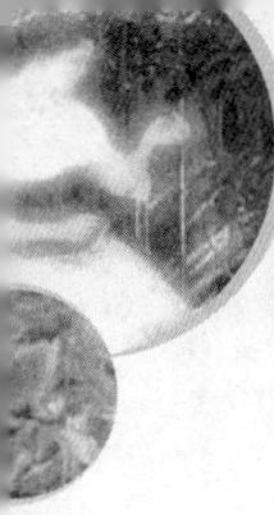

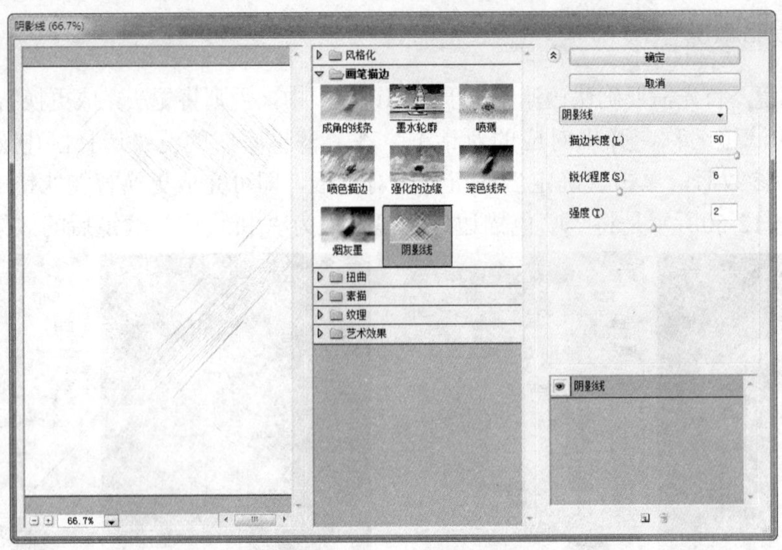

图12- 53 “阴影线”对话框

（7）设置“图层1”的混合模式为“正片叠底”，得到如图12-54所示的效果。

（8）单击“创建新的填充或调整图层”按钮，在弹出的菜单中选择“曲线”命令，设置弹出的面板如图12-55所示，得到如图12-56所示的效果。

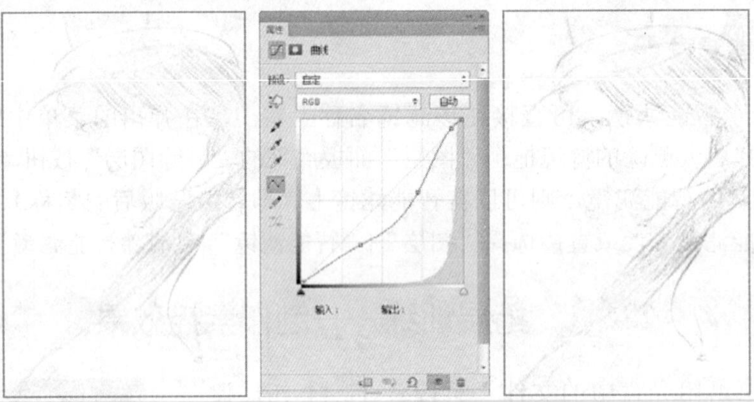

图12-54 设置混合模式 图12-55 “曲线”面板 图12-56 应用“曲线”命令后的效果

（9）单击“创建新的填充或调整图层”按钮，在弹出的菜单中选择“颜色”命令，在弹出的“拾色器”对话框中设置颜色值为d9d3c5，单击“确定”按钮退出对话框，得到一个填充图层“颜色填充1”。

（10）设置上一步创建的图层“颜色填充1”的混合模式为“正片叠底”，得到如图12-57所示的最终效果，此时的“图层”面板如图12-58所示。

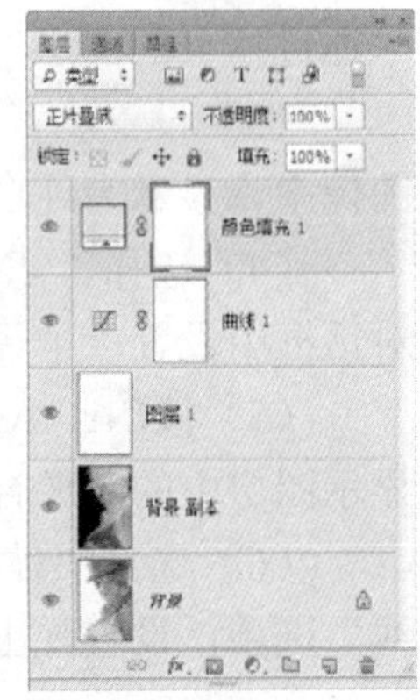

图12.57 最终效果　　图12. 58 “图层”面板

12.12 课后练习

1. 单选题

（1）在“滤镜库”对话框中，哪块区域为命令选择区？（ ）

A. 左侧部分　B. 中间部分　C. 右侧部分　D. 右下侧部分

（2）下列哪个功能可以快速、逼真地处理出油画的效果？（ ）

A. 油画　B. 混合器画笔工具　C. 水彩画纸　D. 绘画涂抹

（3）“液化”滤镜可以对图像进行什么操作？（ ）

A. 变形　B. 缩放　C. 斜切　D. 透视

（4）下列哪个滤镜用于模拟移轴镜头拍摄出的改变画面景深的效果？（ ）

A. 场景模糊　B. 光圈模糊　C. 倾斜偏移　D. 镜头模糊

（5）智能对象图层主要是由什么构成？（ ）

A.智能蒙版以及智能滤镜图层　B. 图层蒙版以及图层

C. 智能蒙版　D. 智能滤镜图层

2. 多选题

（1）根据Photoshop对滤镜的划分，可以分为以下几类？（ ）

A. 内置滤镜　B. 特殊滤镜　C. 外挂滤镜　D. 以上说法都对

（2）在Photoshop CS6中，特殊滤镜包括。（ ）

A. 自适应广角　B. 镜头校正　C. 液化　D. 油画和消失点

（3）“自适应广角”滤镜的功能有哪些？（ ）

A.专用于校正广角透视及变形问题

B.可以自动读取照片的EXIF数据，并进行校正

C.根据使用的镜头类型（如广角、鱼眼等）来选择不同的校正选项，达到校正透视变形问题的目的

D.以上说法都不对

（4）下列选项中哪些属于模糊滤镜？（ ）

A. 场景模糊　B. 高斯模糊　C. 倾斜模糊　D. 光圈模糊

（5）滤镜不能应用于。（ ）

A. 索引　B. 位图　C. 快速蒙版　D. 16位通道

3. 判断题

（1）如果需要使用同一滤镜命令增加该滤镜的效果，无须改变此设置，通过调整新滤镜层上的参数，即可得到满意的效果。（ ）

（2）“场景模糊”滤镜可用于限制一定范围的塑造模糊效果。（ ）

（3）在“液化”对话框中使用“顺时针旋转扭曲工具”时按Ctrl键可以得到逆时针旋转扭曲的效果。（ ）

（4）“镜头校正”命令内置了大量常见镜头的畸变、色差等参数，用于在校正时使用。（ ）

（5）在添加了多个智能滤镜的情况下，不可以再对智能滤镜修改参数。（ ）

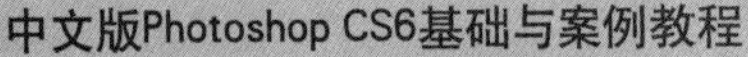

4．操作题

打开随书所附光盘中的文件“第12章\12.12-操作题-素材.png”，如图12-59所示，使用“液化”对话框中的向前变形工具将人物的眼睛变大。制作完成后的效果如图12-60所示，可以参考随书所附光盘中的文件“第12章\ 12.12-操作题.png”。

图12-59 素材图像

图12-60 液化后的效果

第13章 自动化与批处理

本章导读

本章主要讲解Photoshop中动作的应用、录制、编辑等操作的方法，以及几个常用的自动化、脚本命令的使用方法，其中包括批处理、制作全景图像及图像处理器等。掌握这些知识并熟练其使用技巧，可以大幅度提高工作效率。

13.1 了解“动作”面板

选择“窗口”|“动作”命令或直接按快捷键F9，将显示如图13-1所示的“动作”面板，在“动作”面板中有Photoshop自带的默认动作，可以应用这些动作快速地制作出一些特殊效果，也可以进行新动作的录制、编辑等操作。

图13-1 “动作”面板

此面板各按钮的功能说明如下。

- “创建新动作”按钮：单击此按钮，可以创建一个新动作。
- “删除”按钮：单击此按钮，可以删除当前选择的动作。
- “创建新组”按钮：单击此按钮，可以创建一个新动作组。
- “播放选定的动作”按钮：单击此按钮，可以应用当前选择的动作。
- “开始记录”按钮：单击此按钮，开始录制动作。
- “停止播放/记录”按钮：单击此按钮，停止录制动作。

“动作”面板中保存了两类对象，即动作及动作组，两者的关系类似于文件与文件夹的关系。即为了方便管理动作，可以将同一类动作保存于动作组中。

例如，用于创建文字效果的动作，可以保存在命名为“文字效果”的动作组中；用于创建画框效果的动作，可以保存在命名为“画框”的动作组中，如图13-2所示。

当需要使用哪一类动作时，只需要展开该动作组从中进行选择即可，如图13-3所示。

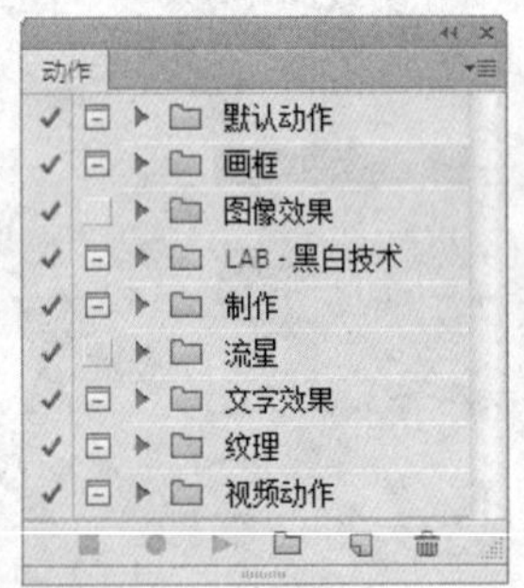

图13-2 分类保存动作

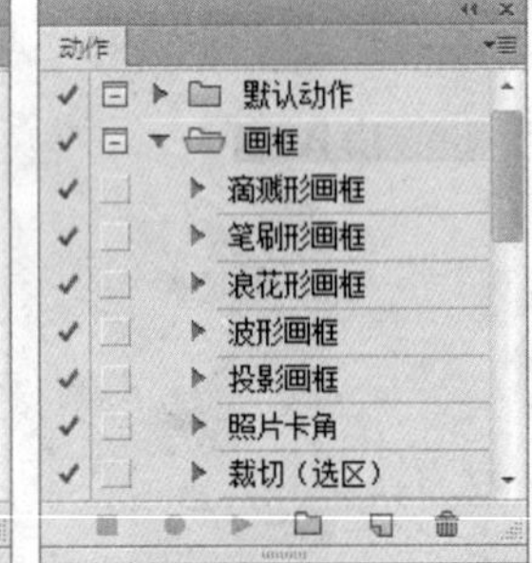

图13-3 展开后的“动作”面板

13.2 动 作

13.2.1 录制新动作

应用Photoshop预设动作的方法非常简单，但毕竟系统内部预设的动作数量及效果都很有限，因此需要掌握以下所讲述的创建新动作的方法，以丰富Photoshop的智能化功能。

自定义动作就是利用“动作”面板中的命令、按钮将执行的操作录制下来，其具体操作步骤如下。

（1）确认要录制为动作的操作，如录制制作木纹框的过程、录制更改图像模式的过程等。

（2）单击“动作”面板中的“创建新组”按钮，在弹出的对话框中设置新组的名称，如图13-4所示。单击“确定”按钮，在“动作”面板中增加一个新组。

图13-4 “新建组”对话框

（3）单击“动作”面板中的“创建新动作”按钮，弹出如图13-5所示的“新建动作”对话框。

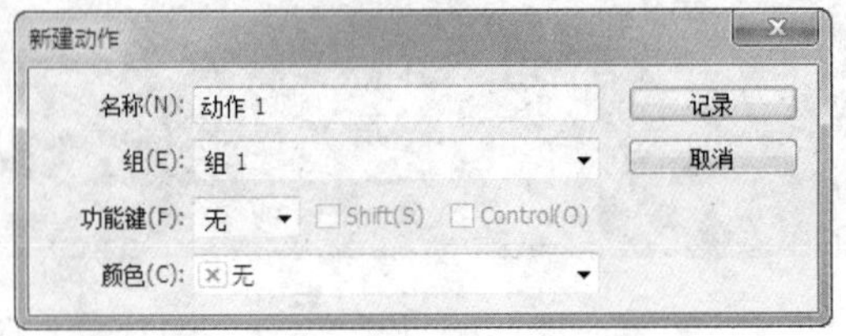

图13-5 “新建动作”对话框

（4）设置“新建动作”对话框中的参数后，单击“记录”按钮，此时“动作”面板中的“开始记录”按钮显示为红色。

（5）进行编辑图像的操作完成操作后，单击“动作”面板中的“停止播放/记录”按钮，即可完整地录制一个动作。

图13-5所示的对话框中的参数释义如下所述。

- 名称：在此文本框中输入新动作的名称。
- 组：在此下拉列表菜单中选择一个组，以使新动作被包含在该组中。
- 功能键：在此下拉列表菜单中选择播放动作的快捷键，其中包括F2～F12，并可以选择其后的Shift键或Ctrl键选项，以配合快捷键。
- 颜色：在此下拉列表菜单中选择一种颜色，设置“动作”面板以“按钮”显示时此动作的显示颜色。

13.2.2 应用已有动作

要应用默认动作或自己录制的动作，可在“动作”面板中单击选中该动作，然后单击“播放选定的动作”按钮，或在“动作”面板弹出的菜单中选择“播放”命令。

实例：添加细雨效果

（1）打开随书所附光盘中的文件“第13章\13.2.2-实例：添加细雨效果-素材.jpg”，如图13-6所示。

（2）选择“动作”面板中的“图像效果”动作组，然后选择动作“细雨”，如图13-7所示。

（3）设置前景色为黑色，单击“动作”面板中的“播放选定的动作”按钮，Photoshop自动执行当前选择的动作中的所有命令，从而为图像添加细雨效果，其效果如图13-8所示。

图13-6 打开要调整的图像

图13-7 选择“细雨”动作

图13-8 为图像添加细雨效果

> **提示：**
> 如果在打开的“动作”面板中没有看到“图像效果”动作组，可以单击“动作”面板右上角的面板按钮，在弹出的菜单中选择“图像效果”命令，即可显示。

13.2.3 修改动作中命令的参数

通过修改动作中的参数，可以不必重新录制一个动作，就能完成新的工作任务。

要修改动作中命令的参数，可以在“动作”面板中双击需要改变参数的命令，在弹出的对话框中输入新的数值，确定后即可改变此命令的参数。

13.2.4 重新排列命令顺序

可以将一个动作或动作中的命令，通过拖动至另一个动作或命令的上面或下面，以改变它们的播放顺序。

也可以将一个组中的某一个命令拖至另一个组中，当高亮线出现在需要的位置时，释放鼠标，即可移动组中的命令，如图13-9所示。

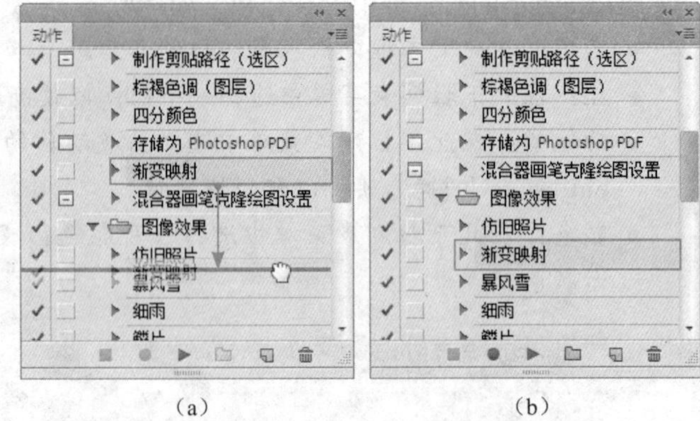

（a）　（b）

图13-9 将动作移到另一动作组

13.2.5 插入菜单项目

通过插入菜单项目，用户可以在录制动作的过程中，将任意一个菜单命令记录在动作中。

单击“动作”面板右上角的按钮，在弹出的菜单中选择“插入菜单项目”命令，弹出如图13-10所示的对话框。

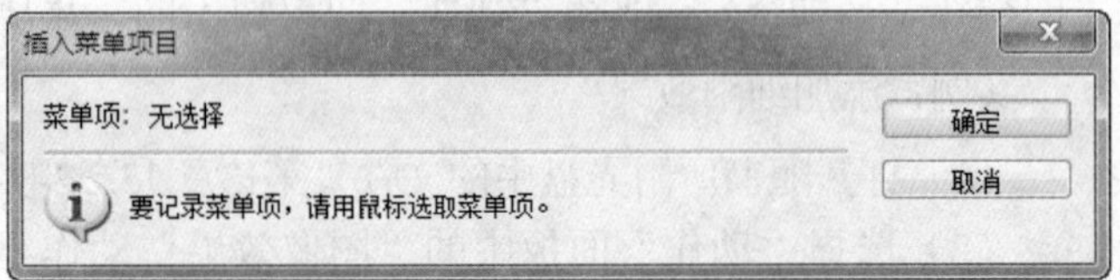

图13-10 “插入菜单项目”对话框

弹出该对话框后，不要单击“确定”按钮关闭，而应该选择需要录制的命令，例如，选择“视图”|“显示额外内容”命令，此时的对话框将变为如图13-11所示的状态。

图13-11 插入菜单项目后的状态

在未单击“确定”按钮关闭“插入菜单项目”对话框之前，当前插入的菜单项目是可以随时更改的，只需重新选择需要的命令即可。

13.2.6 插入停止

由于在动作的录制过程中，某些操作无法被录制，因此在某些情况下，需要在动作中插入一个提示对话框，以提示用户在应用动作的过程中执行某种不可记录的操作。

要插入停止，可以选择“动作”面板弹出菜单中的“插入停止”命令，设置弹出的对话框如图13-12所示，即可插入停止的提示框。

图13-12 “记录停止”对话框

在“信息”文本文本框中输入提示信息，如果选择“允许继续”复选框，则在“信息”对话框中将出现“继续”按钮，单击该按钮，则继续进行下一步操作，如图13-13所示，否则只有一个“停止”按钮，如图13-14所示。

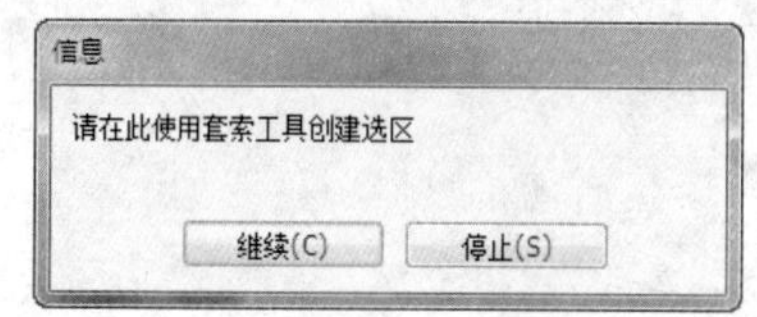

图13-13 选择“允许继续”复选框后的提示框

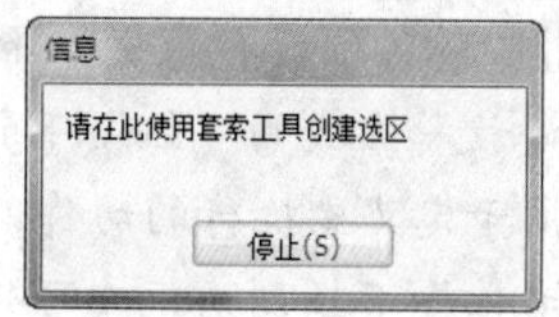

图13-14 未选择“允许继续”复选框后的提示框

13.2.7 复制与删除命令、动作或者动作组

选择一个组、动作或命令，单击“动作”面板右上角的按钮，在弹出的菜单中选择“复制”命令，可复制当前选择的组、动作或命令。

在“动作”面板中选择要删除的组、动作或命令，将其拖曳至“动作”面板底部的“删除”按钮中即可。

如果要删除所有动作，可以单击“动作”面板右上角的按钮，在弹出的菜单中选择“清除全部动作”命令，在弹出的对话框中直接单击“确定”按钮即可。

13.2.8 设置回放选项

在默认情况下，动作运行的速度非常快，以至于根本无法看清动作运行的过程，当然也就无从知晓其每一个操作步骤的内容。如果要修改动作播放的速度，可选择动作面板弹出菜单中的“回放选项”命令，设置弹出的对话框。如图13-15所示。

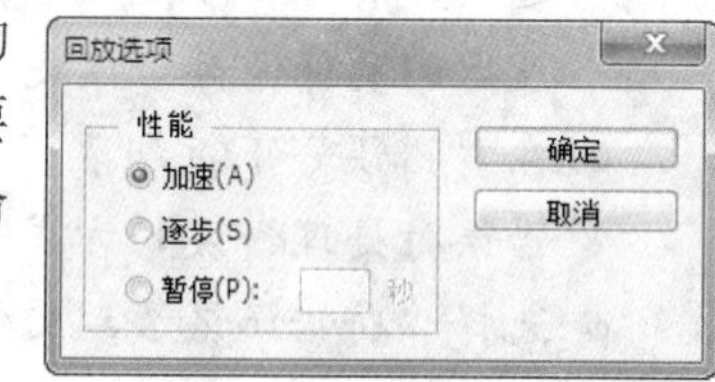

图13-15 “回放选项”对话框

- 加速：将以默认的速度播放动作。
- 逐步：在播放动作时，Photoshop完全显示每一操作步骤的操作结果后，才进行下一步的操作。
- 暂停：可在其后的数值框中输入数值，播放动作时控制的每一个命令暂停的时间。

提示：

某些预设动作在运行时需要特定的条件，如应用“投影‘文字’”动作，需要先创建一个文字；应用“制作剪贴路径‘选区’”动作需要先创建一个选区等，因此在运行此类动作时应该首先创建动作名称右侧括号中标注的条件，然后再运行动作。

13.3 自动化

Photoshop有一些预设的自动化操作，其中包括“批处理”、“合成全景图像”和“PDF演示文稿”等若干个命令，下面分别一一讲解。

13.3.1 批量处理

“批处理”命令必须结合前面所讲解的“动作”来执行，此命令能够自动为一个文件夹中的所有图像应用于某一个动作，选择“文件”|“自动”|“批处理”命令，弹出如图13-16所示的“批处理”对话框。

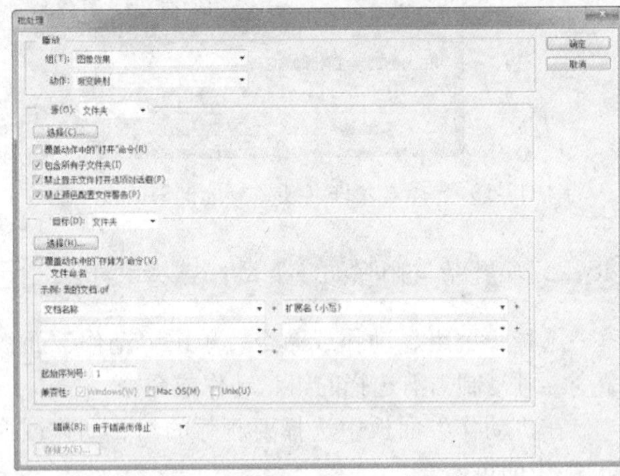

图13-16 “批处理”对话框

此对话框中的各项设置意义如下。

- 在“播放”区域的“组”下拉列表框中的选项用于定义要执行的动作所在的组。
- 在“动作”下拉列表框中可以选择要执行的动作的名称。
- 在“源”下拉列表框中选择“文件夹”选项，然后单击其下面的 选择(C)... 按钮，在弹出的对话框中可以选择要进行批处理的文件夹。
- 选择“覆盖动作中的“打开”命令”复选框，将忽略动作中录制的“打开”命令。
- 选中“包含所有子文件夹”复选框，将使批处理在操作时对指定文件夹中的子文件夹中的图像执行指定的动作。
- 在“目标”下拉列表框中选择“无”选项，表示不对处理后的图像文件做任何操作。选择“存储并关闭”选项，将进行批处理的文件存储并关闭以覆盖原来的文件。选择“文件夹”选项，并单击下面的 选择(H)... 按钮，可以为进行批处理后的图像指定一个文件夹，以将处理后的文件保存于该文件夹中。
- 在“错误”下拉列表框中选择“由于错误而停止”选项，可以指定当动作在执行过程中发生错误时处理错误的方式。
- 选择“将错误记录到文件”选项，将错误记录到一个文本文件中并继续批处理。

13.3.2 合成全景图像

Photomerge命令能够拼合具有重叠区域的连续拍摄照片，将其拼合成一个连续全景图像。选择“文件”|“自动”|“Photomerge”命令，弹出如图13-17所示的对话框。

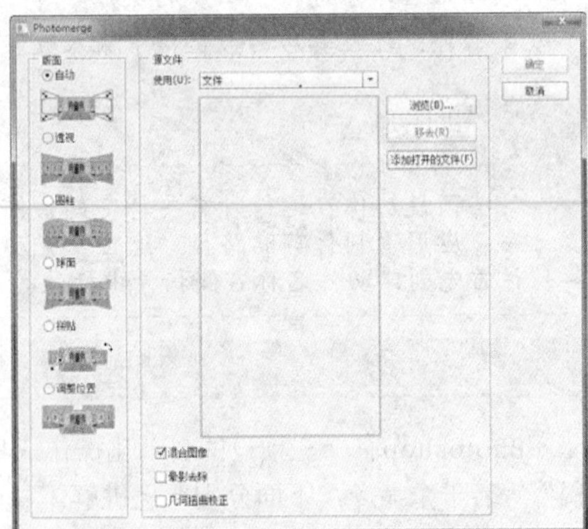

图13-17 “Photomerge”对话框

此对话框中的重要选项意义如下。

- 文件：在“使用”下拉列表中选择此选项，可使用单个文件生成Photomerge合成图像。
- 文件夹：在“使用”下拉列表中选择此选项，可使用存储在一个文件夹中的所有图像来创建Photomerge合成图像。该文件夹中的文件会出现在此对话框中。
- 添加打开的文件：单击此按钮，可以使用已经打开的文件，注意单击此按钮前要保证已经保存了打开的图像文件。
- 混合图像：选择此选项可以找出图像间的最佳边界并根据这些边界创建接缝，以使图像的颜色相匹配。关闭“混合图像”选项时，Photoshop只以简单的矩形蒙版混合图像，如果要手动修饰处理蒙版，建议选择此选项。

- 晕影去除：选择此选项可以补偿由于镜头瑕疵或镜头遮光处理不当而导致边缘较暗的照片，以去除晕影并执行曝光度补偿操作。
- 几何扭曲校正：选择此选项可以补偿由于拍摄问题，照片中出现的桶形、枕形或鱼眼失真。

实例：合成照片全景图

（1）打开随书所附光盘中的文件“第13章\13.3.2-实例：合成照片全景图-素材1.jpg~素材5.jpg”，如图13-18所示。选择“文件”|“自动”|“Photomerge”命令，在弹出的对话框中单击“添加打开的文件”按钮。

（a）（b）（c）（d）（e）

图13-18 素材图像

（2）在对话框的左侧选择一种图片拼接类型，在此选择了“自动”选项，单击“确定”按钮退出此对话框，即可得到Photoshop按图片拼接类型生成的全景图像，如图13-19所示。

图13-19 合成的效果

提示：

如果是为360° 全景图拍摄的图像，推荐使用“球面”选项。该选项会缝合图像并变换它们，就像这些图像是映射到球体内部一样，从而模拟观看360° 全景图的感受。

（3）使用裁剪工具对图像进行裁切直至得到满意效果，图13-20所示为裁切后的效果。

图13-20 裁切后的效果

13.3.3 PDF演示文稿

使用“PDF演示文稿”命令，可以将图像转换为一个PDF文件，并可以通过设置参数，使生成的PDF具有演示文稿的特性，如设置页面之间的过渡效果、过渡时间等特性。

选择“文件”|“自动”|“PDF演示文稿”命令，将弹出如图13-21所示的对话框。

此对话框中的重要选项意义如下。

- 添加打开的文件：选择此选项，可以将当前已打开的照片添加至转换为PDF的范围。
- 浏览：单击此按钮，在弹出的对话框中可以打开要转为PDF的图像。
- 复制：在“源文件”下面的列表框中，选择一个或多个图像文件，单击此按钮，可以创建选中图像文件的副本。
- 移去：单击此按钮，可以将图像文件从“源文件”下面的列表框中移除。
- 存储为：在此选择“多页文档”选项，则仅将图像转换为多页的PDF文件；选择“演示文稿”选项，则底部的“演示文稿选项”区域中的参数将被激活，并可在其中设置演示文稿的相关参数。

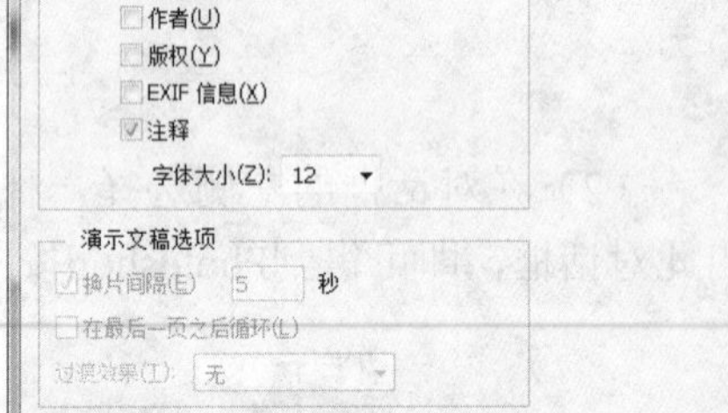

图13-21 “PDF演示文稿”对话框

- 背景：在此下拉列表中可以选择PDF文件的背景颜色。
- 包含：在此可以选择转换后的PDF中包含哪些内容，如“文件名”、“标题”等。
- 字体大小：在此下拉列表中选择数值，可以设置“包含”参数中文字的大小。
- 换片间隔__秒：在此区域中输入数值，可以设置演示文稿切换时的间隔时间。
- 在最后一页之后循环：选中此选项，将可以在演示文稿播放至最后一页后，自动从第一页开始重新播放。
- 过渡效果：在此下拉列表中，可以选择各图像之间的过滤效果。

根据需要设置上述参数后，单击“存储”按钮，在弹出的对话框中选择PDF文件保存的范围，并单击“保存”按钮，然后会弹出“存储Adobe PDF”对话框，在其中可以设置PDF文件输出的属性，单击“创建PDF”按钮即可。

13.3.4 合并到HDR Pro

在本书第6.2.14节中讲解了一个“HDR色调”功能，它可用于对单张图像进行HDR处理，但实际上，这也仅仅是一种模拟而已，而真正的HDR照片合成就需要使用本节讲解的“文件”|“自动”|“合并到HDR PRO”命令了，其对话框如图13-22所示。

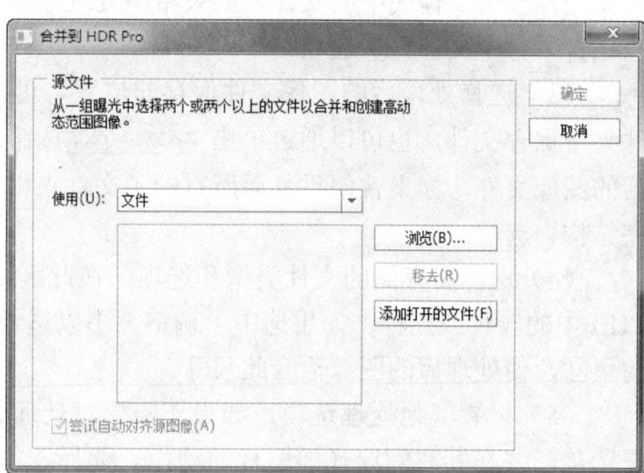

图13-22 “合并到HDR PRO”对话框

此对话框中的重要选项意义如下。

- 在“使用”下拉菜单中选择“文件”选项，单击右侧的“浏览”按钮，在弹出的对话框中可以选择要合成的照片文件。
- 在“使用”下拉菜单中选择“文件夹”选项，单击右侧的“浏览”按钮，在弹出的对话框中可以选择要合成的照片所在的文件夹。
- 如果要合成的照片已经在Photoshop中打开，可以单击右侧的“添加打开的文件”按钮，从而将已打开的文件添加到列表中。
- 在添加的文件列表中，选中一个或多个照片文件，单击右侧的“移去”按钮即可将其移除。

13.4 脚 本

Photoshop 从CS版本开始增加了对脚本的支持功能，在Windows上平台上，使用Visual Basic或JavaScript所撰写的脚本都能够在Photoshop中调用。

使用脚本，能够在Photoshop中自动执行脚本所定义的操作，而操作范围既可以是单个对象也可以是多个文档。

Photoshop内置了若干个脚本命令，下面分别讲解如何使用这些脚本命令。

13.4.1 图像处理器

此命令能够转换和处理多个文件，完成以下操作。

- 将一组文件的文件格式转换为JPEG、PSD或TIFF格式之一，或者将文件同时转换为以上3种格式。
- 使用相同选项来处理一组相机原始数据文件。
- 调整图像大小，使其适应指定的大小。

与“批处理”命令不同，使用此命令不必先创建动作。要应用此命令处理一批文件，可以参考以下操作步骤。

（1）选择“文件”|“脚本”|“图像处理器”命令，弹出如图13-23所示的“图像处理器”对话框。

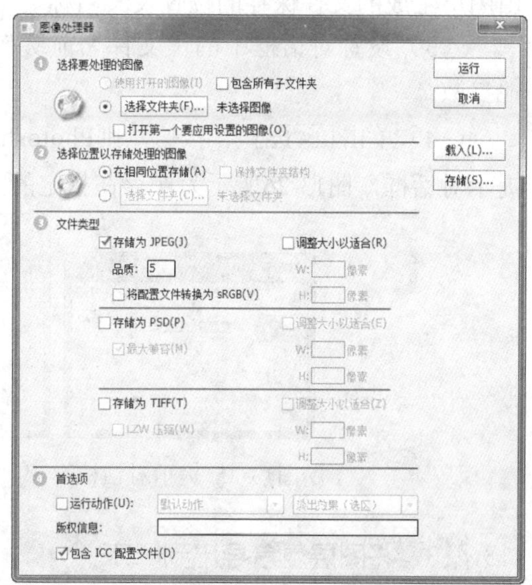

图13-23 “图像处理器”对话框

（2）选择要处理的图像文件，可以通过选中“使用

打开的图像”复选项以处理任何打开的文件，也可以通过单击 选择文件夹(F)... 按钮，在弹出的对话框中选择处理一个文件夹中的文件，如果希望处理当前选择的文件夹中所有子文件夹中的图像，应该选中“包含所有子文件夹”选项。

（3）选择处理后的图像文件保存的位置，可以通过选中“在相同位置存储”复选项在相同的文件夹中保存文件，也可以通过单击 选择文件夹(C)... 按钮，在弹出的对话框中选择一个文件夹用于保存处理后的图像文件，如果希望重复后所有的子文件夹中的图像仍然保存在同名文件夹中要选中“保持文件夹结构”选项。

（4）选择要存储的文件类型和选项，在此区域可以选择将处理的图像文件保存为JPEG、PSD、TIFF中的一种或几种。如果选中“调整大小以适合”复选项，则可以分别在W和H数值输入框中输入的尺寸，使处理后的图像恰合此尺寸。

（5）设置其他处理选项，如果还需要对处理的图像运行动作中定义的命令，选择“运行动作”复选项，并在其右侧选择要运行的动作。选择“包含 ICC 配置文件”可以在存储的文件中嵌入颜色配置文件。

（6）设置完所有选项后，单击 运行 按钮。

13.4.2 将图层导出到文件

选择“文件”|“脚本”|“将图层导出到文件”命令，用于将图像中的每一个图层导出成为一个单独的文件，选择此命令后，弹出的对话框如图13-24所示。

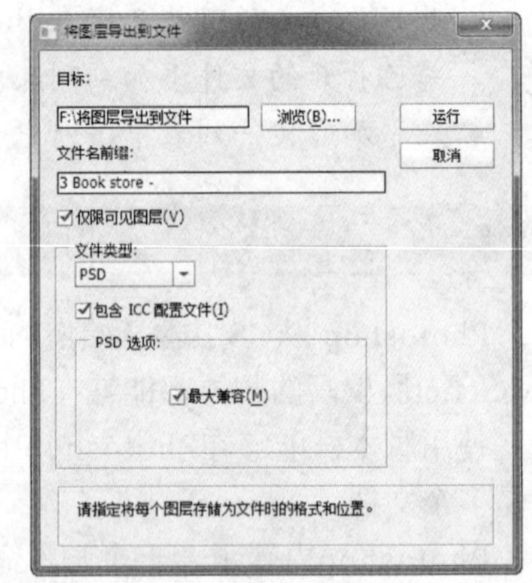

图13-24 “将图层导出到文件”对话框

要使用此命令可以参考以下操作步骤。

（1）在当前图像中创建若干个图层。

（2）选择“文件”|“脚本”|“将图层导出到文件”命令，在弹出的对话框中单击 浏览(B)... 按钮，在弹出的对话框中确定由图层生成的文件保存的位置及其名称。

（3）设置对话框中的“文件名前缀”、“文件类型”等其他参数。

（4）单击 运行 按钮，则Photoshop开始自动运行，并在运行结束后，弹出如图13-25所示的提示对话框，图13-26所示为保存在指定的文件夹中生成的TIFF格式文件。

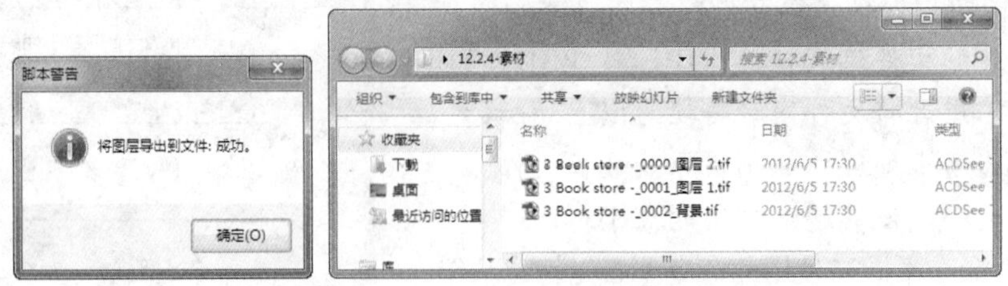

图13-25 提示对话框　　图13-26 生成的TIFF格式文件

13.4.3 将图层复合导出到PDF

使用“将图层复合导出到PDF”命令，可以将当前文件中的图层复合导出成为PDF文件，以便于浏览，尤其在制作了多个设计方案时，常使用此方法，将不同的方案导出，然后展示给客户审阅。

选择“文件”|“脚本”|“将图层复合导出到PDF”命令，将弹出如图13-27所示的对话框。

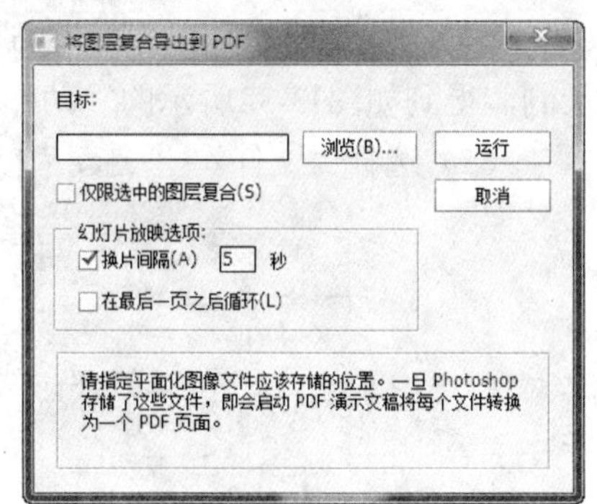

图13-27 “将图层复合导出到PDF”对话框

在该对话框中各项含义如下。

- 浏览：单击此按钮，在弹出的对话框中选择要保存PDF的位置。
- 仅限选中的图层复合：选中此选项后，将仅导出在“图层复合”面板中选中的图层复合为PDF。
- 换片间隔__秒：在此区域中输入数值，可以设置演示文稿切换时的间隔时间。
- 在最后一页之后循环：选中此选项，将可以在演示文稿播放至最后一页后，自动从第一页开始重新播放。

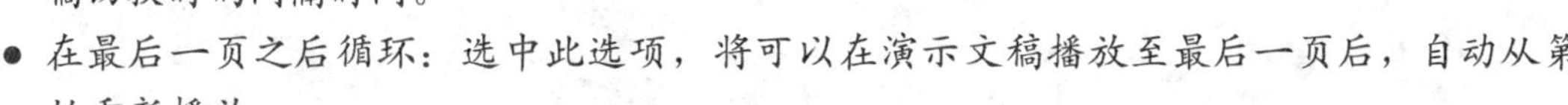

13.5 拓展训练——使用批处理命令重命名图像

（1）启动Photoshop选择“动作”面板，单击“创建新组”按钮，在弹出的对话框中直接单击“确定”按钮退出，得到“组1”。然后单击“创建新动作”按钮，设置如图13-28所示的“新建动作”对话框，单击“记录”按钮，此时的“动作”面板状态如图13-29所示。

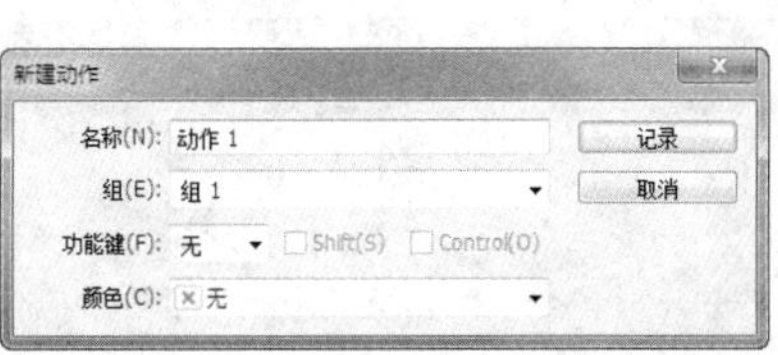

图13-28 “新动作”对话框

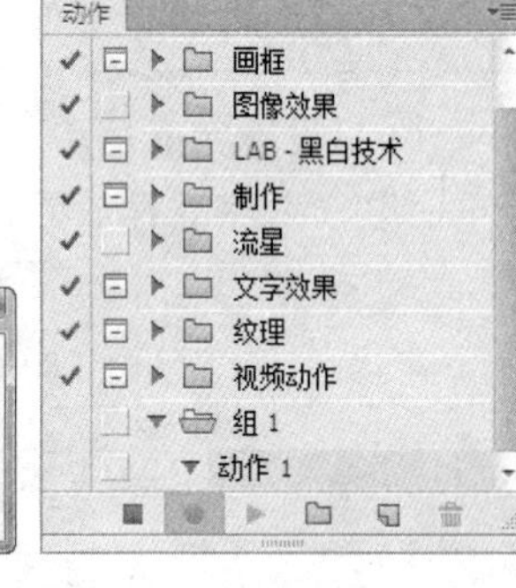

图13-29 “动作”面板

（2）选择“文件”|“打开”命令，打开随书所附光盘中的文件“第13章\13.5-拓展训练——使用批处理命令重命名图像-单一素材.jpg，如图13-30所示。

（3）选择“文件”|“存储为”命令，在弹出的对话框中选择存储位置，同时设置好其存储的格式，如图13-31所示，设置好后单击“保存”按钮并在弹出的对话框中单击“确定”按钮。

图13-30 素材图像

图13-31 “存储为”对话框

（4）关闭打开的素材文件，选择“动作”面板，单击“停止播放/记录”按钮 ■ ，结束动作的录制，得到如图13-32所示的“动作”面板。

（5）选择“文件”|“自动”|“批处理”命令，设置弹出的批处理对话框，如图13-33所示。

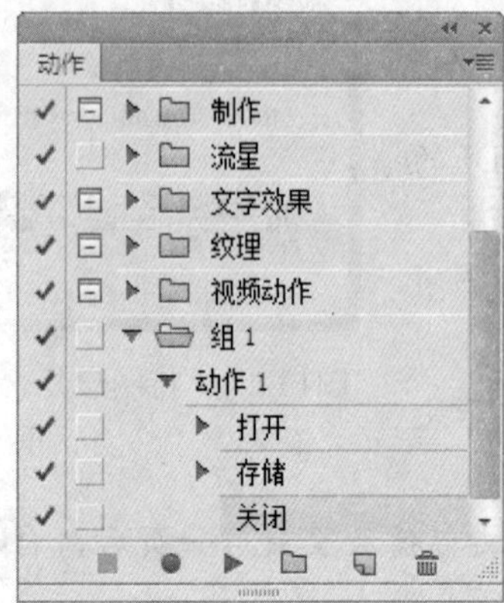

图13-32 “动作”面板

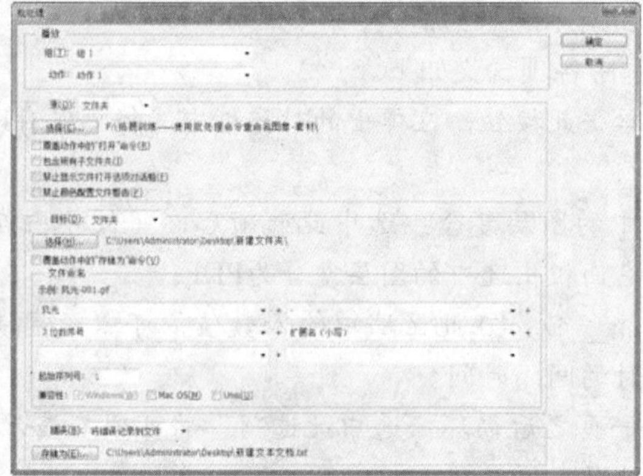

图13.33 “批处理”对话框

提示：

“动作”选项框中的“动作1”为在上面步骤中所录制的动作。

（6）设置完成后单击“确定”按钮，Photoshop将按上面录制的动作对选取的源文件中的文件进行重命名，并将其存放到目标文件的存放位置，重命名后的效果如图13-34所示。

图13-34 对文件进行重命名后的效果

13.6 课后练习

1. 单选题

（1）“动作”面板中保存了几类对象。（　）

A. 2　　B. 3　　C. 4　　D. 5

（2）显示/隐藏“动作”面板的快捷键是下列哪一个？（　）

A. F6　　B. F7　　C. F8　　D. F9

（3）要修改已录制在动作中的命令的参数，下面哪一项叙述是正确的？（ ）

A. 此类命令的参数无法修改

B. 单击图标后，在运行动作时修改

C. 双击动作中需要修改的命令

D. 将命令拖至“创建新动作”按钮上，在弹出的对话框中进行修改

（4）执行“批处理”命令进行批处理时，若要中止它，可以按下什么键？（ ）

A. Enter　　B. Esc　　C. 空格　　D. Delete

（5）什么命令可以将在一个文件夹内的文件及其子文件上播放动作？（ ）

A.批处理　　B. 图像处理器　　C. 合并到HDR Pro　　D.以上都不对

2. 多选题

（1）在“动作”面板菜单里的“回放选项”对话框中，可以设置播放动作的哪几种播放速度模式？（ ）

A. 加速　　B. 逐步　　C. 快速　　D. 暂停

（2）下面哪些操作无法被动作记录下来？（ ）

A. 使用“裁剪工具”裁切图像

B. 选择“编辑”|“清除”命令

C. 使用“直接选择工具”调整路径的节点

D. 选择“视图”|“色域警告”命令

（3）使用“批处理”命令时，下列叙述正确的是：（ ）

A. 可以对一批JPEG图像文件进行操作

B. 能够自动为一个文件夹中的所有图像应用于某一个动作

C. 无法对有子文件夹的图像文件操作

D. 可以对图像进行重命名

（4）关于图像处理器下列说法正确的是。（ ）

A. 将一组文件的文件格式转换为JPEG、PSD或TIFF格式之一，或者将文件同时转换为以上3种格式

B. 使用相同选项来处理一组相机原始数据文件

C. 调整图像大小，使其适应指定的大小

D. 以上说法都对。

（5）对于一个已录制完成的动作，下列哪些叙述是正确的？（ ）

A. 动作中命令的顺序是可以被改变的

B. 双击动作中的命令，在弹出的对话框中修改参数，可以改变动作中该命令的参数

C. 可以通过设置，使动作运行时跳过某些操作步骤

D. 可以通过一个命令使所有命令逆序运行

3. 判断题

（1）在“动作”面板中单击“创建新动作”按钮可以创建新动作。（ ）

（2）关于动作与“批处理”命令，对打开的大量图像文件进行操作，动作的效率高于“批处

01 chapter P1–P12
02 chapter P13–P34
03 chapter P35–P50
04 chapter P51–P84
05 chapter P85–P104
06 chapter P105–P136
07 chapter P137–P162
08 chapter P163–P180
09 chapter P181–P194
10 chapter P195–P208
11 chapter P209–P220
12 chapter P221–P240
13 chapter P241–P254
14 chapter P255–P278
A chapter P279–P289

理”命令。（ ）

（3）Photomerge命令能够拼合具有重叠区域的连续拍摄照片，将其拼合成一个连续全景图像。（ ）

（4）“合并到HDR PRO”命令可以真正地合成HDR照片。（ ）

（5）选择“文件”|“脚本”|“将图层复合导出到PDF”命令，可以弹出“将图层复合导出到文件”。（ ）

4．操作题

随意找一幅图像素材，录制一个新的动作，完成以下操作任务：将图像模式转换成CMYK颜色模式，将背景色设置为黑色，均匀向外侧扩展画面30个像素，将图像保存为JPEG格式的图像文件，“品质”选项设置为“最佳”。

第14章 综合案例

本章导读

在前面的13章中已经讲解了Photoshop CS6的基础知识，本章讲解了5个综合案例，每个案例都有不同的知识侧重点，希望读者练习这些案例，相信能够帮助读者融合贯通前面所学习的工具、命令与重要概念。

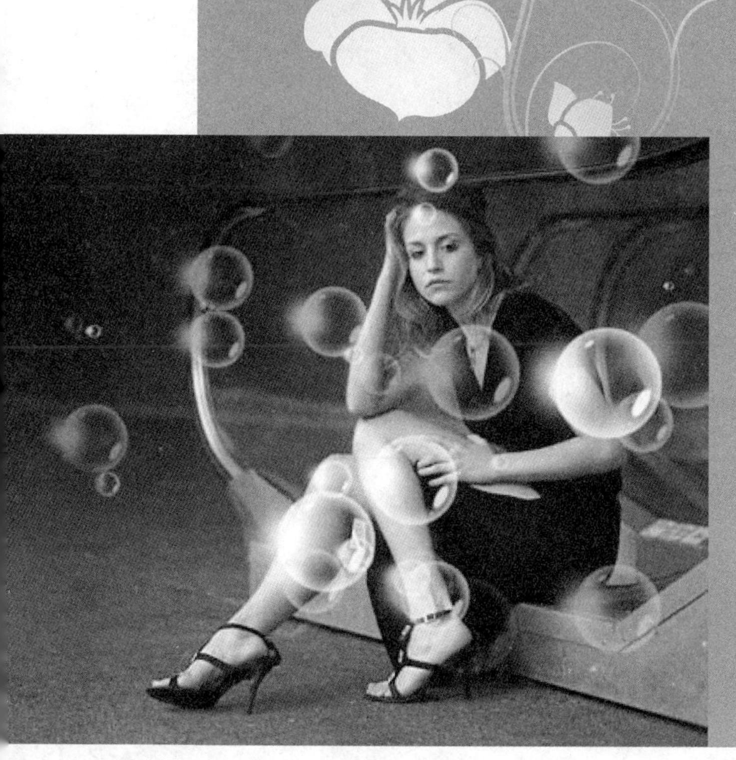

14.1 制作梦幻剪影效果

本例采用“套索工具”、“矩形选框工具”和“色彩范围”命令等来制作“浮树”的效果。

（1）打开随书所附光盘中的文件“第14章\14.1-制作梦幻剪影效果-素材1.psd和14.1-制作梦幻剪影效果-素材2.psd”，如图14-1与图14-2所示图像，使用“套索工具”在树图像的外围绘制如图14-3所示的选区。

图14-1 素材图像

图14-2 素材图像

（2）按Ctrl+Shift+I键执行“反向”操作，设置前景色为白色，按Alt+Delete键用前景色填充选区，按Ctrl+D键取消选区，得到如图14-4所示的效果。

图14-3 绘制选区

图14-4 执行“反向”后填充选区

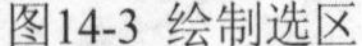

（3）选择“选择”|“色彩范围”命令，在弹出的对话框中使用“吸管工具”单击图像中的树，并调整“颜色容差”的参数，此时“色彩范围”对话框如图14-5所示，单击“确定”按钮确定设置，得到如图14-6所示的选区。

图14-5 “色彩范围”对话框

图14-6 应用“色彩范围”命令得到的选区

（4）选择“套索工具”，将光标移动到上一步所得到的选区上，此时的光标显示为，将选区移动到“素材1”中如图14-7所示的位置，设置前景色为黑色，按Alt+Delete键用前景色填充选区。

（5）保持选区，选择“选择”|“变换选区”命令以调出选区变换控制框，在该控制框内右击，在弹出的菜单中选择“垂直翻转”命令，然后将其移至如图14-8所示的位置，按Enter键确认变换操作。

图14-7 移动选区到的位置

图14-8 “变换选区”时的状态

（6）保持选区，选择“矩形选框工具”，并在其工具选项条中单击“从选区减去”按钮，按照如图14-9所示减去选区，得到如图14-10所示的选区，设置前景色为黑色，按Alt+Delete键用前景色填充选区并按Ctrl+D键取消选区。

图14-9 减去选区

图14-10 减去选区后的效果

（7）选择“套索工具”，绘制如图14-11所示的选区，按Alt+Delete键用前景色填充选区并按Ctrl+D键取消选区，得到如图14-12所示的最终效果。

图14-11 绘制选区

图14-12 最终效果

14.2 模拟散落的晶莹气泡

本例主要讲解如何模拟散落的晶莹气泡，在制作的过程中，首先结合选区、绘画工具及“定义画笔预设”命令等功能，定义气泡画笔，然后通过“画笔”面板调整画笔的属性，制作散落的气泡。

（1）按Ctrl+N键新建一个文件，设置弹出的“新建”对话框，如图14-13所示，选择“椭圆选框工具”，按住Shift键在图像的右侧绘制一条如图14-14所示的选区。

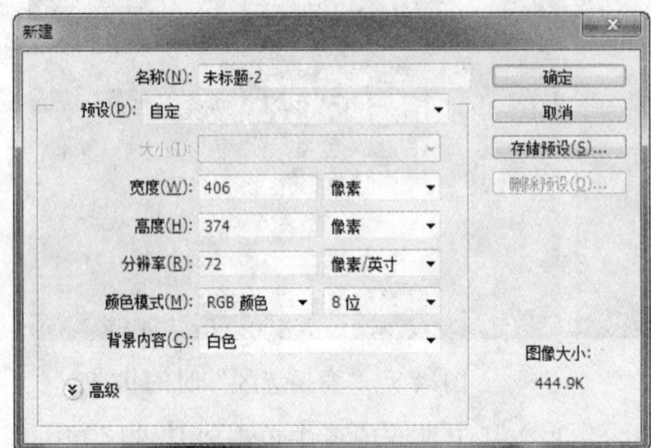

图14-13 “新建”对话框

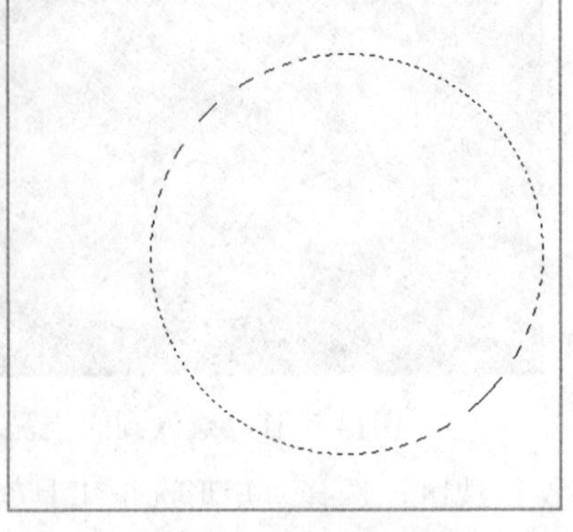

图14-14 绘制选区

（2）新建一个图层得到“图层 1”，设置前景色的颜色为黑色，选择“画笔工具”，并在其工具选项条中设置画笔的“不透明度”为50%，并设置适当的画笔大小，对选区的边缘上进行涂抹，直至得到如图14-15所示的效果，按Ctrl+D键取消选区。

（3）新建一个图层得到“图层 2”，设置前景色的颜色为黑色，选择“画笔工具”，并在其工具选项条上设置“不透明度”为100%，画笔大小为175且“硬度”为0，在上一步绘制的圆球的左边上单击，得到如图14-16所示的效果。

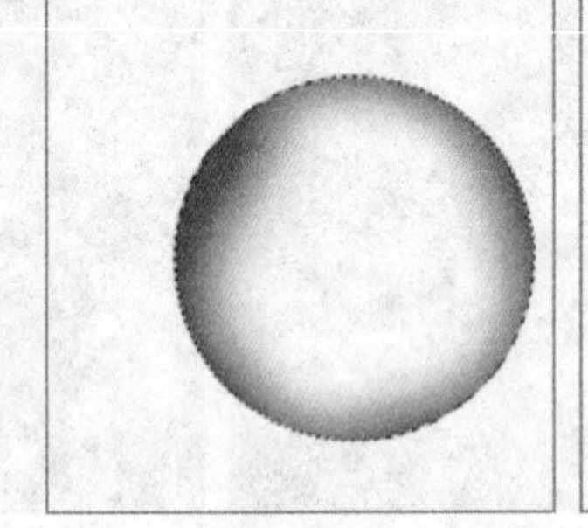

图14-15 用画笔工具涂抹后的效果 图14-16 用画笔工具单击后的效果

（4）新建一个图层得到“图层 3”，选择“画笔工具”，按F5键调出“画笔”面板，设置“画笔”面板如图14-17所示，在圆球的右下方单击，得到如图14-18所示的效果，再在“画笔”面板中更改“大小”及“角度”的数值，在其他位置进行单击，得到如图14-19所示的效果。

（5）选择“画笔”|“定义画笔预设”命令，在弹出的“画笔名称”对话框中，可以任意为画笔命名，单击“确定”按钮退出对话框，保存并关闭文件。

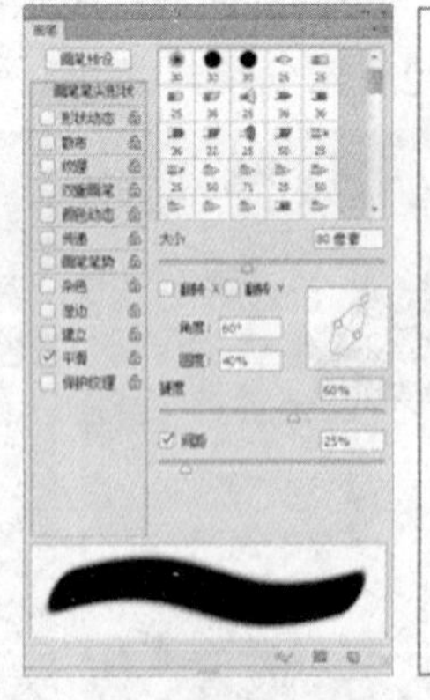

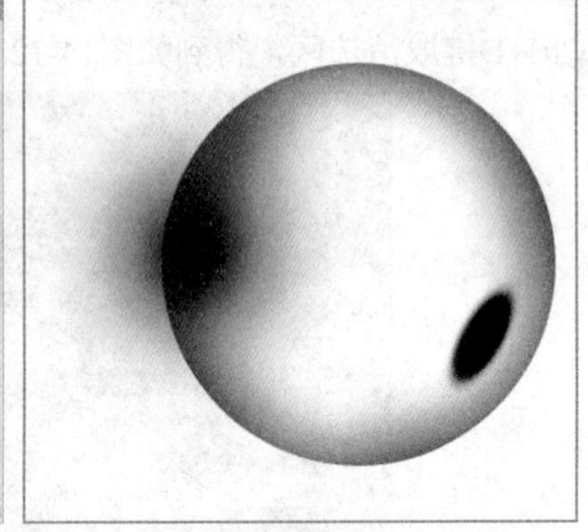

图14-17 “画笔”面板 图14-18 用画笔工具单击后的效果

（6）打开随书所附光盘中的文件“第14章\14.2-模拟散落的晶莹气泡-素材.tif”，如图14-20所示，设置前景色的颜色为白色，选择“画笔工具”，按F5键调出“画笔”面板，选择上一步定义的画笔并设置“画笔”面板，如图14-21所示，在图像中涂抹至如图14-22所示的状态。

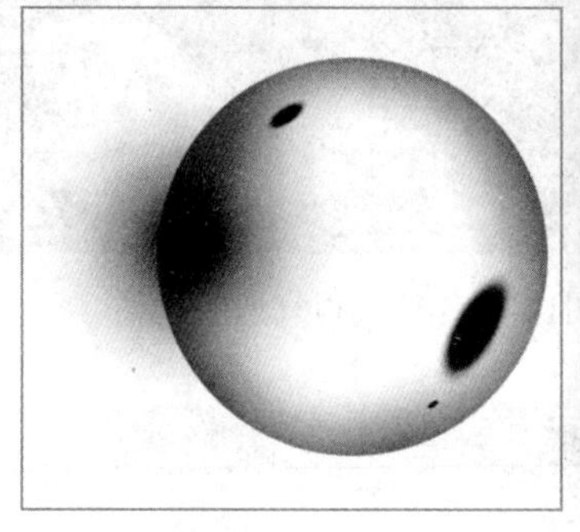

图14-19 最终效果

图14-20 素材图像

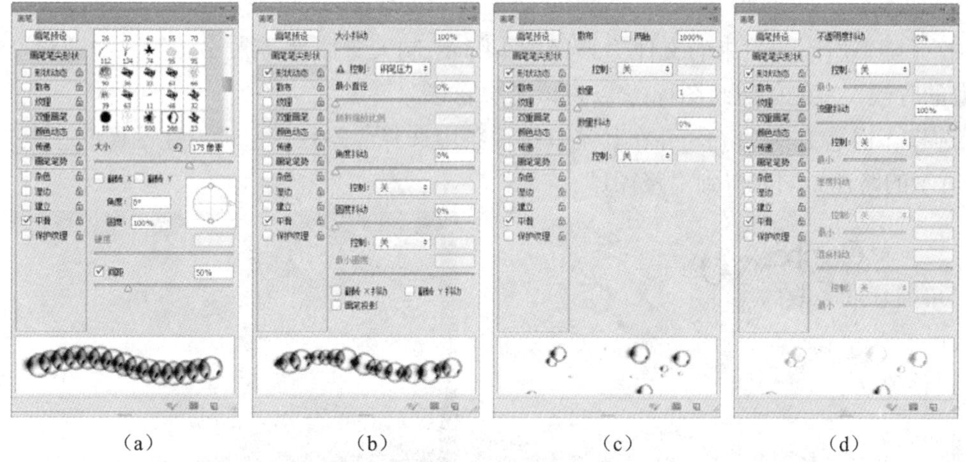

（a） （b） （c） （d）

图14-21 “画笔”面板

图14-22 第1次画气泡的效果

（7）将“画笔工具”的不透明度数值设置为50%，将画笔大小缩小到原大的50%左右，在图像中远一些的位置涂抹得到图14-23所示的效果，以模拟远处的气泡。

（8）将“画笔工具”的不透明度数值设置为20%，再次缩小气泡画笔的大小，在图像的右上角位置涂抹得到图14-24所示的效果，以模拟最远处的气泡。

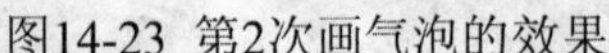

图14-23 第2次画气泡的效果

图14-24 第3次画气泡的效果

14.3 绘制矢量插画

本例主要讲解如何绘制矢量插画。在绘制的过程中，主要结合了钢笔工具、画笔工具及填充路径等功能。

（1）打开随书所附光盘中的文件“第14章\14.3-绘制矢量插画-素材.psd”，如图14-25所示。单击图层“海的呼唤”左侧的眼睛图标以将该图层隐藏。

（2）选择“钢笔工具”，并在其工具选项条中选择“路径”选项，在图像的左上方绘制一条如图14-26所示的路径。同时得到“路径1”。

图14-25素材图像

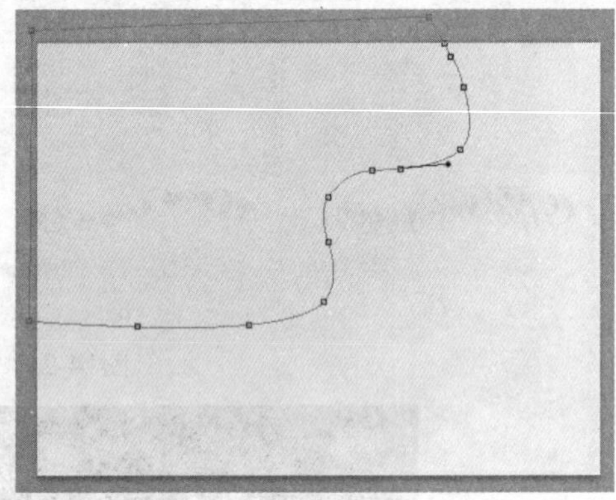

图14-26 绘制路径

提示：

当绘制路径后，切换至“路径”面板，双击当前的工作路径，即可对路径重命名。

（3）设置前景色的颜色值为1971ba，然后单击“路径”面板中的“用前景色填充路径”按钮，隐藏路径后的效果如图14-27所示。

提示：

单击路径名称即可显示路径，在“路径”面板空白处单击即可隐藏路径。

（4）显示“路径1”，按Ctrl+Enter键将路径转换为选区（使后面所绘制的图像在选区的范围内），设置前景色的颜色值为9ce2fe，选择“画笔工具”，并在其工具选项条中设置“不透明度”为30%，设置“画笔大小”为175，从选区的下方向上涂抹，得到如图14-28所示的效果，按Ctrl+D键取消选区。

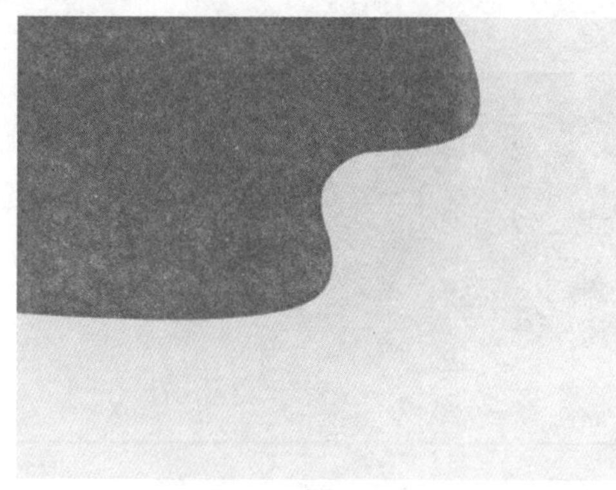
图14-27 填充路径后的效果

图14-28 用画笔工具涂抹后的效果

（5）选择“钢笔工具”，并在其工具选项条中选择“路径”选项，在画布的左侧绘制一条如图14-29所示的路径，将此路径重命名为“路径2”。单击“路径”面板右上角的按钮，在弹出的菜单中选择“填充路径”命令，设置弹出的对话框。如图14-30所示。

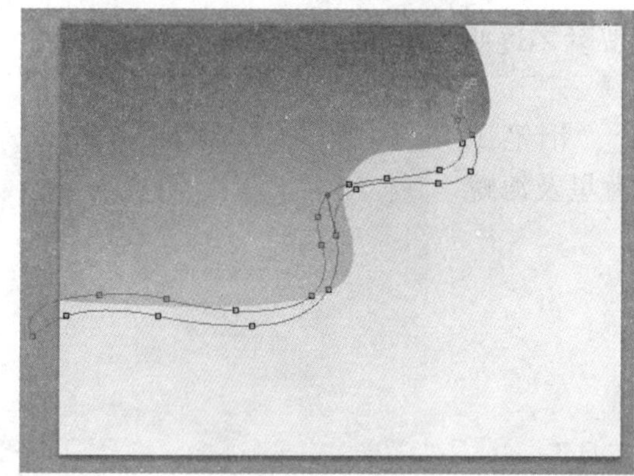
图14-29 绘制路径

填充路径
内容
使用(U): 白色
自定图案:
确定
取消
混合
模式(M): 正常
不透明度(O): 60 %
保留透明区域(P)
渲染
羽化半径(F): 0 像素
消除锯齿(A)

图14-30 “填充路径”对话框

（6）单击“确定”按钮退出对话框，隐藏路径后的效果如图14-31所示。显示“路径2”，将其拖至“路径”面板底部“创建新路径”按钮上，得到“路径2 副本”，使用“路径选择工具”选中此路径并调整其位置，如图14-32所示。

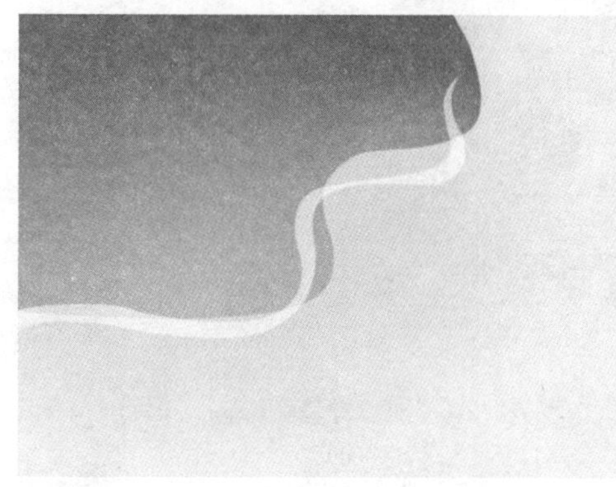
图14-31 应用“填充路径”命令后的效果

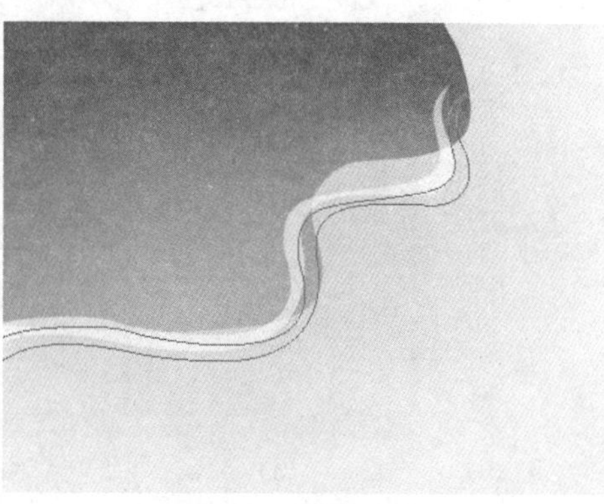
图14-32 复制及移动路径

（7）按照第（5）步的操作方法应用“填充路径”命令填充路径，隐藏路径后的效果如图14-33所示。按照上一步至本步的操作方法，结合复制路径及“填充路径”功能，制作其他线条图像，如图14-34所示。

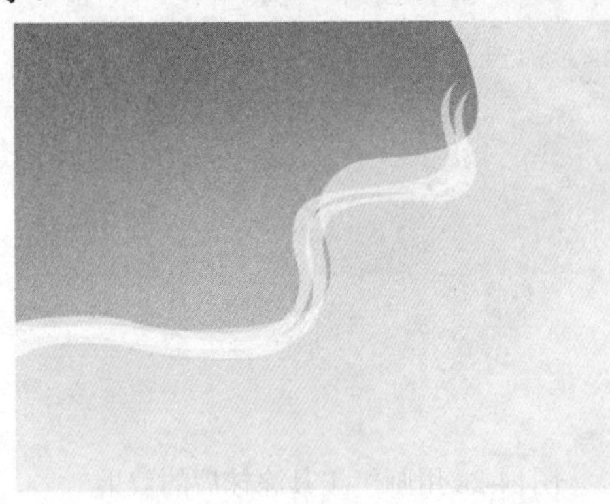

图14-33 填充路径后的效果

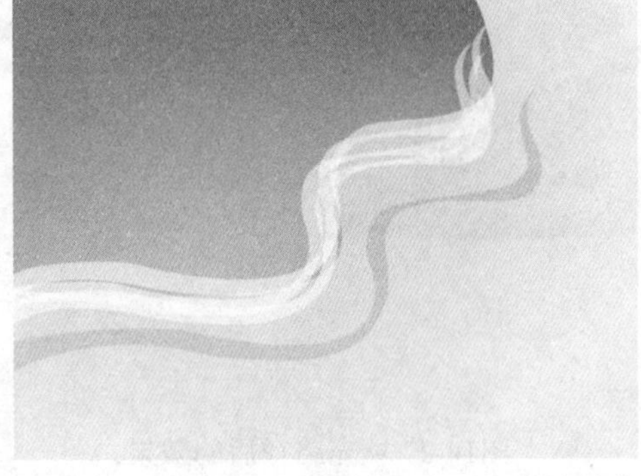

图14-34 制作其他线条图像

提示：

最下面一条线条图像填充的颜色为黑色，设置的不透明度为10%。

（8）按照前面所讲解的操作方法，结合“钢笔工具”及“填充路径”等功能，制作画面中的海星及海螺图像，如图14-35所示。

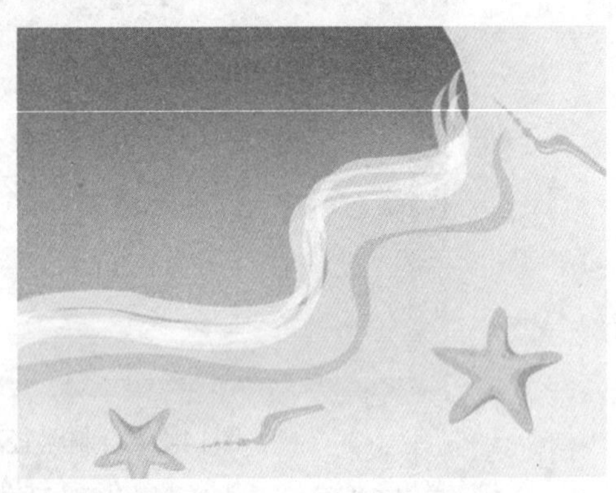

图14-35 制作海星及海螺图像

（9）设置前景色的颜色为白色，选择“画笔工具”，按F5键调出“画笔”面板，设置“画笔”面板如图14-36所示，在海星上进行绘制，得到如图14-37所示的效果。

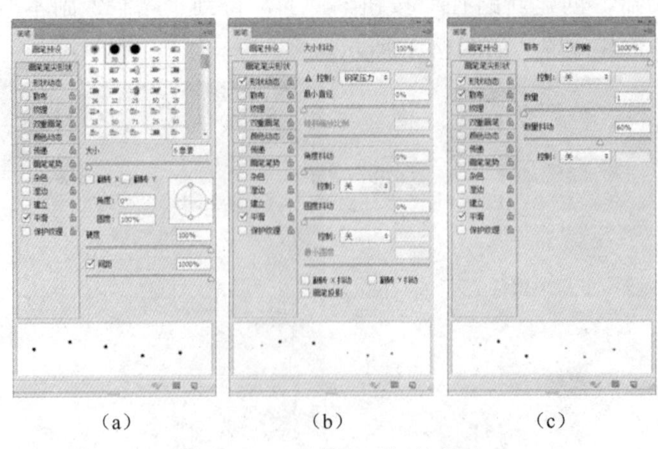

（a）（b）（c）

图14-36 “画笔”面板的状态

（10）单击图层“海的呼唤”左侧的眼睛图标以将该图层显示，最终整体效果如图14-38所示。

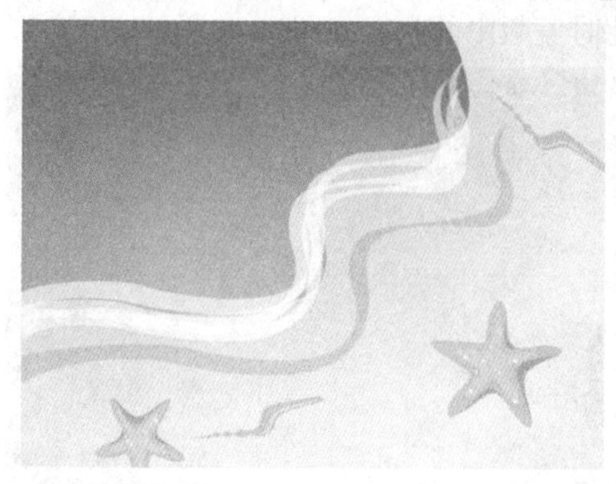

图14-37 涂抹后的效果

图14-38 最终效果

14.4 “一帘幽梦”视觉表现

本例是以“一帘幽梦”为主题的视觉表现作品，柔美的人物图像与极富现代感的曲线图形被完美地融合在了一起。整幅画面清新、自然、亮丽，给人以眼前一亮的感觉。

14.4.1 制作背景及主体图像

（1）按Ctrl+N键新建一个文件，设置弹出的“新建”对话框，如图14-39所示，单击“确定”按钮退出对话框，以创建一个新的空白文件。

下面利用素材图像制作背景图像效果。

（2）打开随书所附光盘中的文件“第14章\14.4-“一帘幽梦”视觉表现-素材1.psd”，使用“移动工具”将其移至当前图像中，按Ctrl+T键调出自由变换控制框，调整图像的大小及位置，按Enter键确认变换操作，得到“图层1”，得到如图14-40所示的效果。

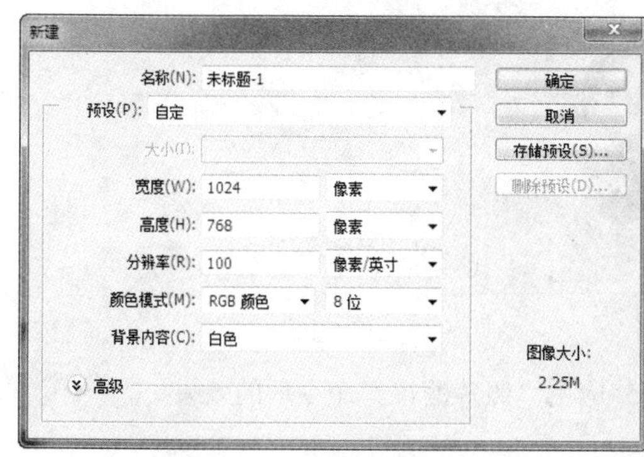

图14-39 “新建”对话框

图14-40 调整图像

（3）单击“添加图层蒙版”按钮为“图层1”添加蒙版，设置前景色为黑色。选择“画笔工

01 chapter P1—P12
02 chapter P13—P34
03 chapter P35—P50
04 chapter P51—P84
05 chapter P85—P104
06 chapter P105—P136
07 chapter P137—P162
08 chapter P163—P180
09 chapter P181—P194
10 chapter P195—P208
11 chapter P209—P220
12 chapter P221—P240
13 chapter P241—P254
14 chapter P255—P278
A chapter P279—P289

具”，在其工具选项条中设置适当的画笔大小及不透明度，在当前图像的周围位置进行涂抹，以将其隐藏起来，直至得到如图14-41所示的效果。此时蒙版中的状态如图14-42所示。

图14-41 添加图层蒙版后的效果

图14-42 蒙版中的状态

（4）打开随书所附光盘中的文件“第14章\14.4-“一帘幽梦”视觉表现-素材2.psd”，使用“移动工具”将其移至当前图像下方的位置，得到“图层2”，结合自由变换控制框，调整图像的大小、位置，得到如图14-43所示的效果。

提示：

下面通过“照片滤镜”调整图层，调整人物图像的色调。

图14-43 调整人物图像

（5）单击“创建新的填充或调整图层”按钮，在弹出的菜单中选择“照片滤镜”命令，得到图层“照片滤镜1”，按Ctrl+Alt+G键执行“创建剪贴蒙版”操作，然后设置面板中的参数如图14-44所示，得到如图14-45所示的效果。

图14-44 设置面板参数

图14-45 应用“照片滤镜”命令后的效果

提示：

在“照片滤镜”面板中，颜色块的颜色值为03f6ff。下面开始制作附在展台上的图案效果。

（6）打开随书所附光盘中的文件“第14章\14.4-“一帘幽梦”视觉表现-素材3.psd”，使用“移动工具”将其移至人物下面的展台上，得到“图层3”，结合自由变换控制框，调整图像的大小和位置，以制作展台上的图案。按Ctrl+Alt+G键执行“创建剪贴蒙版”操作，得到如图14-46所示的效果。

提示：

下面通过绘制路径并进行渐变填充、添加图层蒙版、设置混合模式等功能，制作人物上身裙子的环境光效果。

（7）选择“钢笔工具”，在工具选项条上选择“路径”选项，沿着人物上身裙子边缘绘制路径，如图14-47所示。

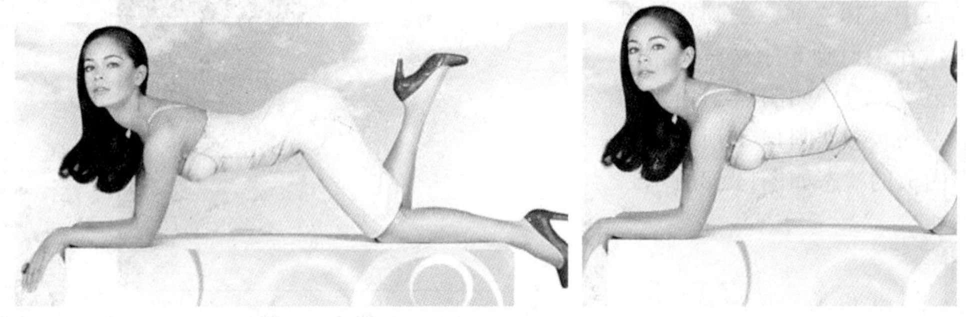

图14-46 制作展台上的图案　　图14-47 绘制路径

（8）单击“创建新的填充或调整图层”按钮，在弹出的菜单中选择“渐变”命令，然后在弹出的“渐变填充”对话框中单击渐变选择框，设置“渐变编辑器”对话框中的参数，单击“确定”按钮返回到“渐变填充”对话框，参数设置如图14-48所示，单击“确定”按钮确认设置，得到“渐变填充1”，效果如图14-49所示。

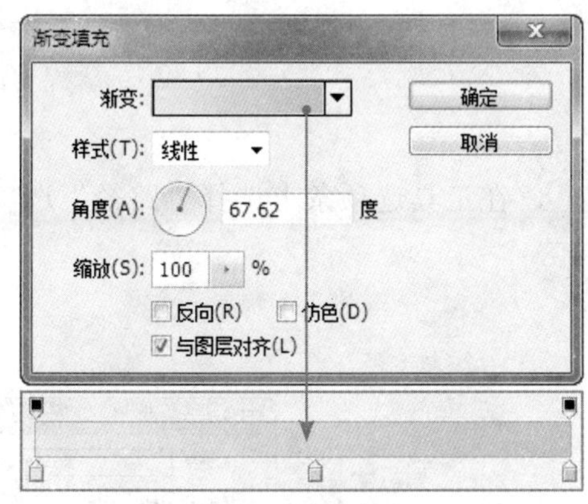

图14-48 “渐变填充”对话框　　图14-49 应用“渐变”命令后的效果

提示：

在“渐变编辑器”对话框中，各色标的颜色值从左至右分别为abf76b、afd8c6和60ccfa。若读者对绘制的渐变效果不满意的话，可以在保持“渐变填充”对话框不关闭的情况下，向需要的方向拖动滑块，然后单击“确定”按钮即可。下面要进行这样操作的话，仍然可以采用此方法。

（9）下面将渐变融合到裙子中，设置“渐变填充1”的混合模式为“正片叠底”，得到如图14-50所示的效果。

（10）单击“添加图层蒙版”按钮 为“渐变填充1”添加蒙版，按D键将前景色和背景色恢复为默认的黑色和白色。

（11）选择“渐变工具”，并在工具选项条中选择“线性渐变”按钮，单击渐变显示框，在弹出的“渐变编辑器”对话框中选择“前景色到背景色渐变”选项，在当前画布中从右上角至左下角绘制渐变，得到如图14-51所示的效果，蒙版中的状态如图14-52所示。此时“图层”面板的状态如图14-53所示。

图14-50 设置混合模式后的效果

图14-51 绘制渐变后的效果

图14-52 蒙版中的状态

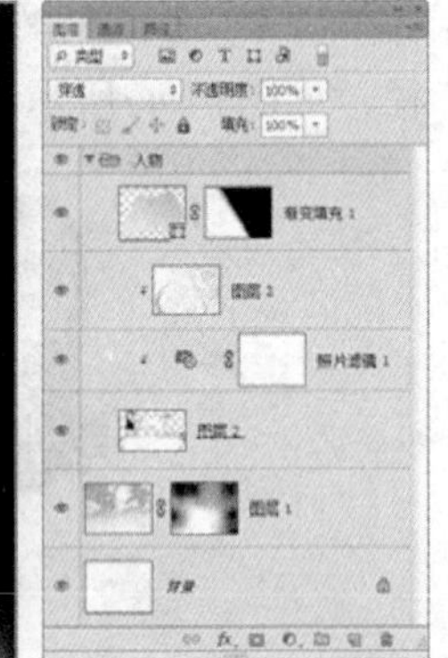

图14-53 “图层”面板

提示：

为了方便读者管理图层，故将制作人物及展台的图层编组。选中要进行编组的图层，按Ctrl+G键执行“图层编组”操作，得到“组1”，并将其重命名为“人物”。下面在制作其他部分图像时，也进行编组操作，不再重复讲解操作过程。下面通过绘制路径并进行渐变填充、添加图层样式等功能制作流线型图像。

14.4.2 制作流线型曲线及装饰元素

（1）选择“图层1”，然后选择“钢笔工具”，在工具选项条上选择“路径”选项，在头部上方绘制路径，如图14-54所示。

（2）单击“创建新的填充或调整图层”按钮，在弹出的菜单中选择“渐变”命令，在弹出的“渐变填充”对话框中设置各参数，实现路径内的渐变效果，如图14-55所示。

图14-54 绘制路径

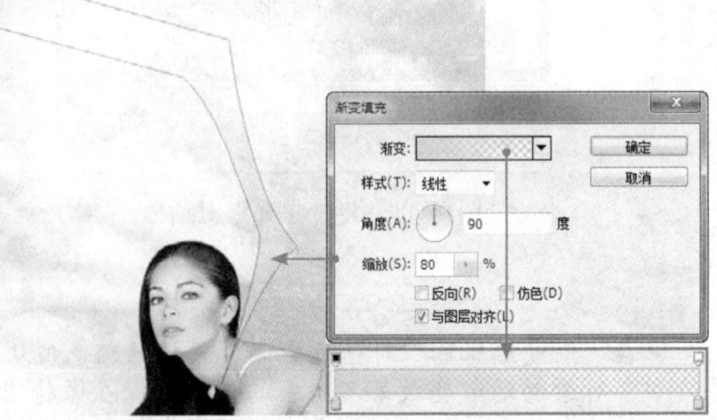

图14-55 应用“渐变”命令后的效果

提示：

在“渐变编辑器”对话框中，渐变类型为“从a0de91到bbdbb2”。

（3）通过复制“渐变填充2”4次，分别得到其4个副本图层，并分别更改渐变颜色值及位置，直至得到如图14-56所示的效果。此时“图层”面板的状态如图14-57所示。

图14-56 制作其他彩条图像

图14-57 “图层”面板

提示：

在此还为“渐变填充2副本3”添加了图层蒙版，方法前面都讲解过，具体的状态可参照本例效果文件相关图层。下面为图像添加图层样式，以制作投影及发光效果，如图14-58和图14-59所示。

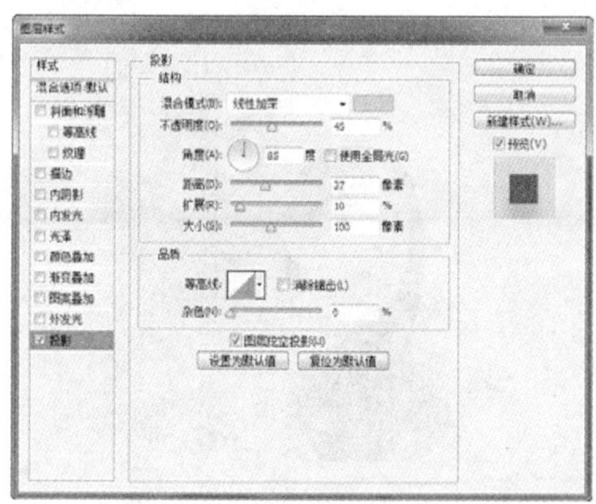

图14-58 “投影”图层样式对话框

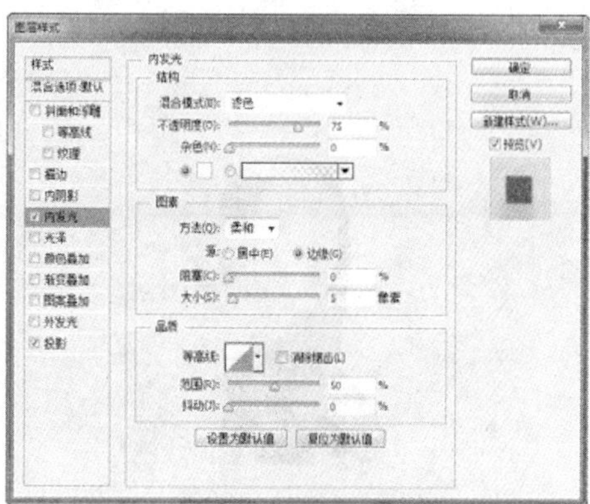

图14-59 “内发光”图层样式对话框

提示：

在“投影”图层样式对话框中，颜色块的颜色值为7cd9ff；在“内发光”图层样式对话框中，颜色块的颜色值为ffffbe，添加图层样式后的效果如图14-60所示。下面制作人物与流线图形之间的衔接颜色块。

（4）利用“椭圆工具”绘制正圆路径，并进行渐变填充，得到“渐变填充3”，设置其混合模式为“正片叠底”，得到如图14-61所示的效果。

图14-60 添加图层样式后的效果

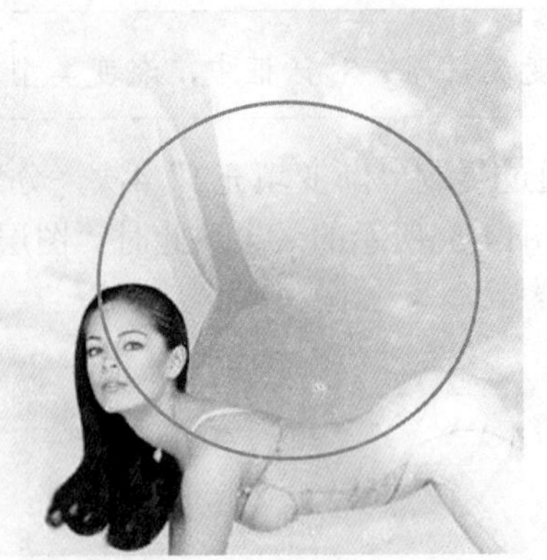

图14-61 制作链接颜色

提示：

关于渐变填充的参数及颜色值设置，读者可以参照本例效果文件中的相关图层，并可以根据画面的需要自行设置颜色，力求画面效果统一即可，故不再重复讲解操作过程。下面在设置相关颜色值时，不再给出，具体设置可参照本例效果文件。

（5）在人物头部绘制正圆渐变，得到“渐变填充4”，并得到如图14-62所示的效果。

（6）按住Alt键单击“添加图层蒙版”按钮，为其添加黑色蒙版。设置前景色为白色，选择“画笔工具”，并在工具选项条中设置适当的画笔大小及不透明度，然后在靠近头部以外的位置进行涂抹，以将其显示出来，得到如图14-63所示的效果。

图14-62 制作头部的正圆渐变

图14-63 添加图层蒙版后的效果

提示：

由于在为“渐变填充4”添加蒙版时，添加的是黑色蒙版，会将所有的图像全部隐藏掉，根本看不见图像，因此要想显示部分图像，就要不断地更改画笔的大小、不透明度及黑白色，然后进行涂抹以得到需要的图像效果。

（7）设置“渐变填充4”的混合模式为“正片叠底”，得到如图14-64所示的效果。单击“创建新的填充或调整图层”按钮 ，在弹出的菜单中选择“色调分离”命令，得到图层“色调分离1”，按Ctrl+Alt+G键创建剪贴蒙版，然后设置面板中的参数如图14-65所示，得到如图14-66所示的效果。

图14-64 设置混合模式后的效果

图14-65 设置面板参数

图14-66 应用“色调分离”命令后的效果

（8）在当前画布右上方及上方位置绘制路径并进行渐变填充，分别得到“渐变填充5”和“形状1”，效果如图14-67所示。此时“图层”面板的状态如图14-68所示。如图14-69所示为单独显示组“流线型曲线”后的图像效果。

设置“渐变填充5”的混合模式为“正片叠底”。下面制作缠绕在人物身上的图形。

图14-67 制作画布上方及右上方的装饰元素　图14-68 “图层”面板

（9）选择组“人物”，通过绘制路径并进行渐变填充、添加图层蒙版，绘制形状、添加图层样式及设置图层属性，制作缠绕在人物身上的图形，得到如图14-70所示的效果，此时“图层”面板的状态如图14-71所示。如图14-72所示为单独显示组“缠绕曲线”后的图像效果。

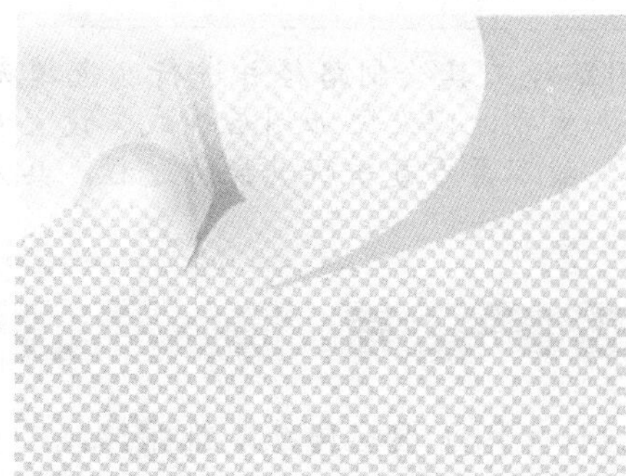

图14-69 单独显示图像的显示状态

图14-70 制作人物身上的图形

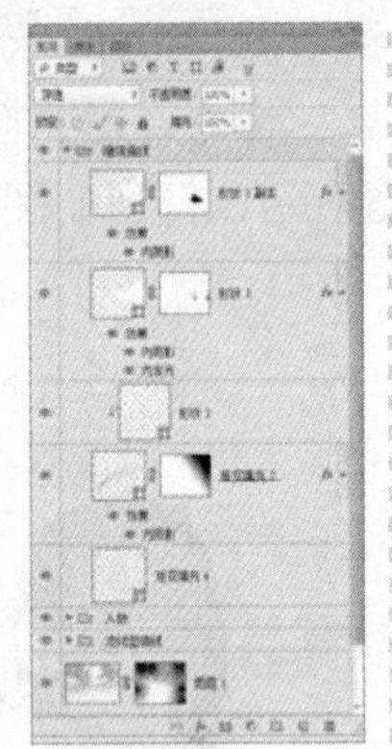

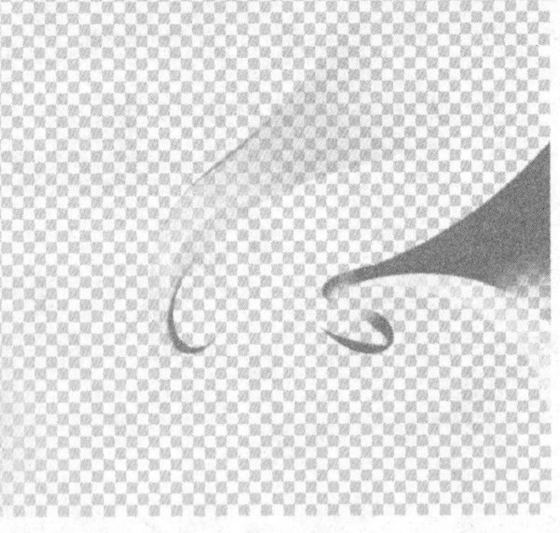

图14-71 “图层”面板　图14-72 单独显示缠绕曲线的显示状态

提示：

制作“形状2”用到的素材为随书所附光盘中的文件“第14章\14.4-“一帘幽梦”视觉表现-素材4.psd”，还对个别图层进行了设置图层属性、添加图层蒙版及图层样式等操作，所有用到的颜色及参数设置，读者可以参照本例效果文件中的相关图层，在这里不再详细解说操作步骤。

（10）制作主体文字及装饰元素，直至得到如图14-73所示的最终效果，此时“图层”面板的状态如图14-74所示。

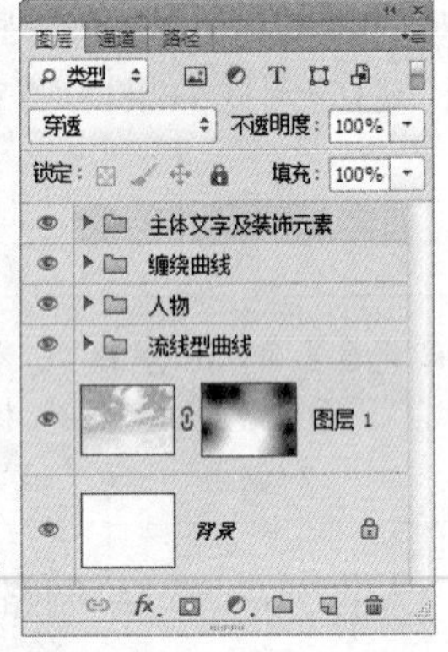

图14-73 最终效果　图14-74 “图层”面板

提示：

在制作主体文字及装饰元素时，无非就是使用路径工具绘制路径并进行颜色填充和渐变填充，使用形状工具绘制形状，使用文字工具输入文字，以及添加图层样式、设置混合模式和图层属性、路径描边等操作，由于方法很简单，故不再重复讲解其操作过程，具体设置读者可以参照本例效果文件中的相关图层。

14.5 古典文学图书封面

本例展示的是一本传统文化书籍的设计，在设计上用了很多传统文饰跟绘画的要素，在技术上，则主要用到图层的混合模式等。

14.5.1 在PS中制作封面图像

由于要创建的封面文件大小为A4（210 mm × 285 mm），所以在新建文件前需要计算封面的尺寸，本例封面包括正封、封底和书脊，封面的宽度=正封宽度（210 mm）+封底宽度（210 mm）+书脊厚度（12 mm）=432 mm。

（1）按Ctrl+N键新建一个文件，设置弹出的对话框如图14-75所示，单击“确定”按钮退出对话框，以创建一个新的空白文件。

提示：

在“新建”对话框中，宽度438 mm=封面的宽度（432 mm）+出血（左右各3 mm）；高度291 mm=书籍高度（285 mm）＋出血（上下各3 mm）。

（2）按Ctrl+R键显示标尺拖出辅助线，分别在四周向内收缩3 mm添加出血辅助线，然后在画布中间添加12 mm的书脊，效果如图14-76所示。

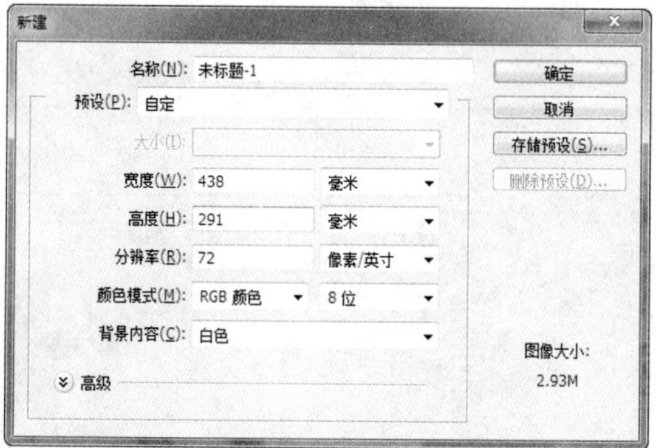

图14-75 “新建”对话框

图14-76 拖出辅助线

提示：

先来绘制背景，以及骨骼线等。

（3）设置前景色的颜色值为e2b56e，背景色为白色，选择“渐变工具”，在其工具选项条上选中“线性渐变”按钮，右击画布，在弹出的对话框中选择“前景色到背景色渐变”，在“背景”图层从右到左绘制如图14-77所示的渐变。

（4）选择“矩形工具”，在工具选项条上选择“形状”选项，在画布中绘制如图14-78所示的矩形。得到“矩形 1”。单击“添加图层样式”按钮，在弹出的菜单中选择“描边”命令，设置弹出的对话框如图14-79所

图14-77 绘制渐变

图14-78 绘制形状

示，单击“确定”按钮应用图层样式，设置该形状图层的“填充”为0后效果如图14-80所示。

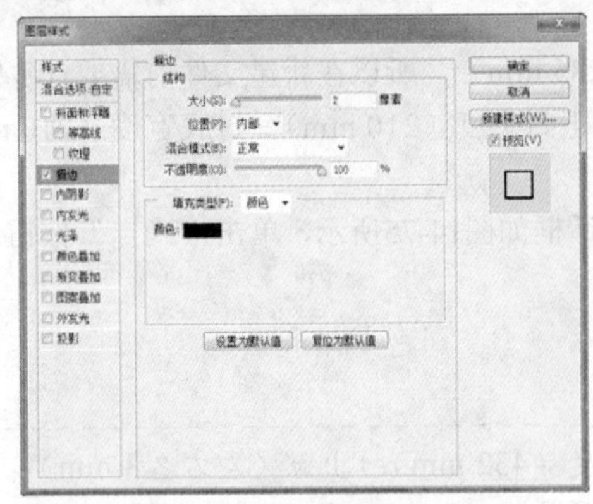

图14-79 “描边”对话框

图14-80 应用图层样式及设置“填充”后的效果

（5）复制“矩形 1”得到“矩形 1 副本”。按Ctrl+T键调出自由变换控制框，按住Alt键往中间缩小形状至如图14-81所示，按Enter键确认变换操作。

接着绘制主体图像。

（6）选择“背景”图层为当前操作图层，打开随书所附光盘中的文件“第14章\14.5-古典文学图书封面-素材1.tif”，将其拖入上一步操作的文件中，得到“图层1”，并用“移动工具”将其移至右边封面图14-82所示的位置。

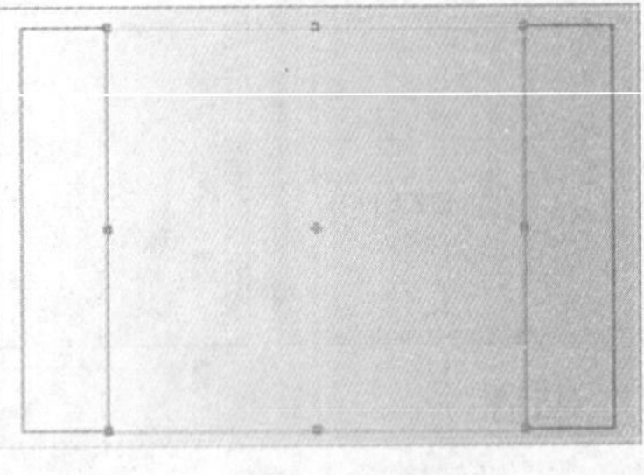

图14-81 缩小形状

图14-82 拖入素材并移动其位置

（7）按Ctrl+T键调出自由变换控制框，按住Alt＋Shift键以等比缩小图像至如图14-83所示，按Enter键确认变换操作。

（8）打开随书所附光盘中的文件“第14章\14.5-古典文学图书封面-素材2.tif”，将其拖入上一步操作的文件中，并用“移动工具”调整其位置至如图14-84所示。得到“图层 2”，设置“图层 2”的混合模式为“叠加”后效果如图14-85所示。

图14-83 缩小图像

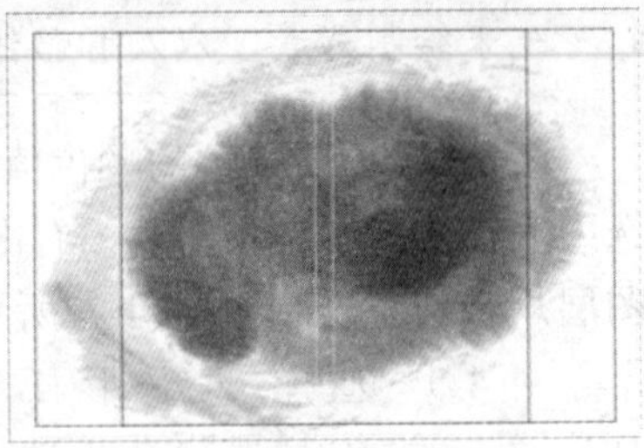

图14-84 拖入素材

除了左边边缘，“图层 1”的其余部分与“图层 2”的混合效果都很完整。下面就通过图层蒙版来解决这个问题。

（9）选择“图层 1”为当前操作图层，选择“矩形选框工具”，在素材图像左边靠近书籍的位置绘制如图14-86所示的选区，按Ctrl+T键调出自由变换控制框，按住Shift键往左边放大选区图像至如图14-87所示。按Enter键确认变换操作操作，按Ctrl+D键取消选区。

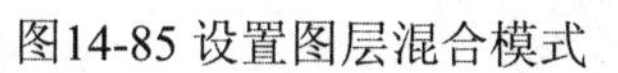

图14-85 设置图层混合模式

图14-86 绘制选区

（10）单击“添加图层蒙版”按钮为“图层 1”添加蒙版，设置前景色为黑色，选择“画笔工具”，在其工具选项条中设置适当的画笔大小及不透明度，在图层蒙版中进行涂抹，以将图像左边的边缘隐藏起来，直至得到如图14-88所示的效果。图层蒙版如图14-89所示。

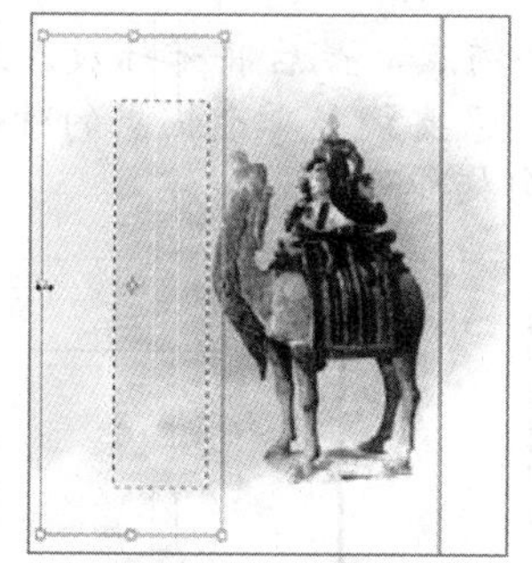

图14-87 放大选区图像

图14-88 添加图层蒙版并涂抹

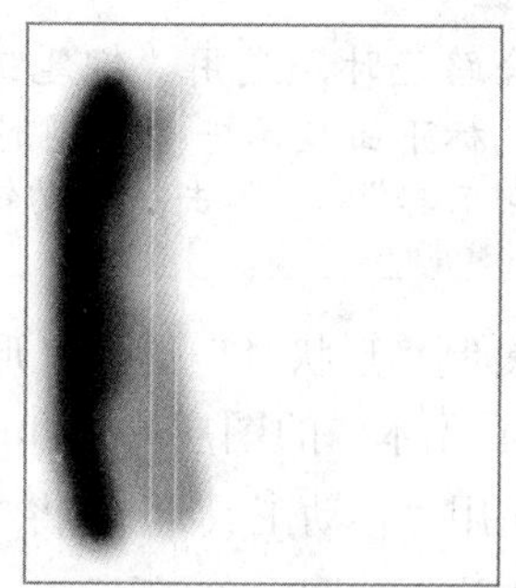

图14-89 图层蒙版状态

提示：

下面绘制封底的图像。

（11）复制“图层 2”得到“图层 2 副本”，按Ctrl+T键调出自由变换控制框，按住Alt＋Shift键以等比缩小图像，并将其往左下方移动至如图14-90所示。按Enter键确认变换操作操作。设置“图层 2 副本”的混合模式为“颜色加深”后效果如图14-91所示。

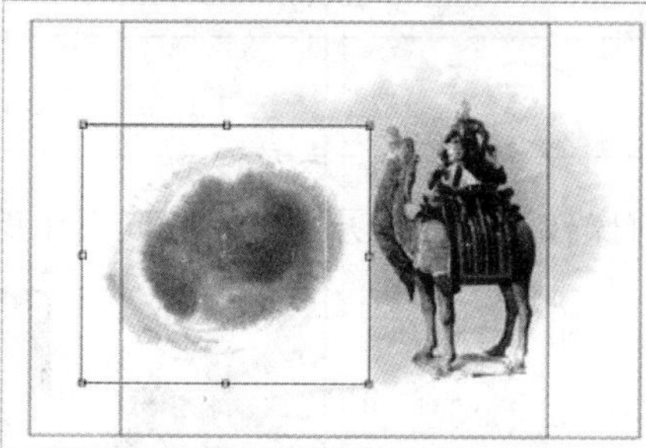

图14-90 复制并缩小图像

图14-91 设置图层混合模式

提示：

下面绘制标题的文字框。此处标题的文字框借鉴了传统纹案的特征，主要用“钢笔工具”绘制。

（12）用步骤（4）的方法在封面的右上角绘制一个矩形，并为其设置与“矩形 1”相同的图层样式和图层属性，效果如图14-92所示，得到“矩形 2”。选择“钢笔工具”，在工具选项条上选择“形状”选项，在“矩形 2”的底部绘制如图14-93所示的形状，得到“形状 1”。

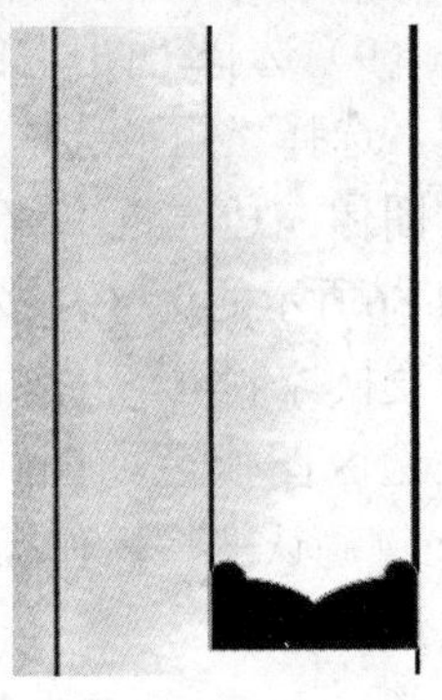

图14-92 绘制矩形并设置图层属性　　图14-93 绘制形状

提示：

绘制闭合路径时，先用“钢笔工具”单击逐一绘制各个锚点，最后将光标放在起点上，当钢笔光标下面显示一个小圆时单击，即可绘制闭合路径。需要调整单个锚点的时候，选择“转换点工具”单击并拖动锚点，再细致调整得到控制句柄即可。

（13）复制“形状 1”得到“形状 1 副本”，设置“形状 1 副本”的图层样式和图层属性与“矩形 2”相同，用“移动工具”将“形状 1 副本”往上方移动少许至如图14-94所示。

（14）选中并复制“形状 1”和“形状 1 副本”，结合自由变换控制框和形状工具，继续绘制标题文字框至如图14-95所示。

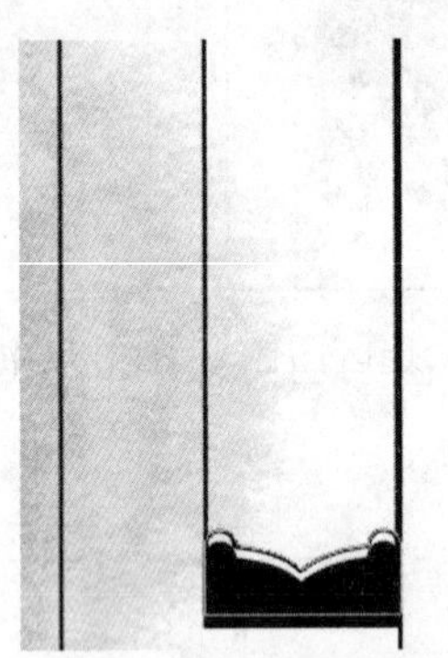

图14-94 设置图层属性后往上移动　　图14-95 继续绘制文字框

提示：

下面来添加封面和封底的辅助图像。

（15）选择“矩形 1 副本”为当前操作图层，打开随书所附光盘中的文件“第14章\14.5-古典文学图书封面-素材3.tif”，将其拖入上一步操作的文件中，如图14-96所示，得到“图层 3”。用“移动工具”将“图层 3”移至封面的右下角，如图14-97所示，设置该图层的混合模式为“正片叠底”，不透明度为45％后效果如图14-98所示。

图14-96 拖入素材　　图14-97 移动图像

（16）复制“图层 3”得到“图层 3 副本”，结合“移动工具”和自由变换控制框，将“图层 3 副本”等比缩小并移动至封底的左上角，如图14-99所示。

（17）打开随书所附光盘中的文件“第14章\14.5-古典文学图书封面-素材4.tif”，将其拖入上一步操作的文件中，如图14-100所示，得到“图层 4”。结合“移动工具”和自由变换控制框，将“图层 4”等比缩小并移动至封底的左下角，如图14-101所示。

（18）打开随书所附光盘中的文件“第14章\14.5-古典文学图书封面-素材5.tif”，将其拖入上一步操作的文件中，如图14-102所示，得到“图层 5”。结合“移动工具”和自由变换控制框，将“图层 5”等比缩小并移动至“图层 4”图像的下方，如图14-103所示。

图14-98 设置图层属性

图14-99 缩小并移动图像

图14-100 拖入素材

图14-101 缩小并移动图像

图14-102 拖入素材

图14-103 缩小并移动图像

下面结合文字工具以及图层不透明度等功能，制作封底中的文字图像。

（19）选择“图层2 副本”作为当前的工作层，选择“横排文字工具”T，设置前景色为黑色，并在其工具选项条上设置适当的字体和字号，在画面中输入“唐”、“三彩”，如图14-104所示。分别设置“唐”的不透明度为90%，“三彩”的不透明度为50%后效果如图14-105所示。

图14-104 输入文字

图14-105 设置不透明度

（20）按照上一步的方法继续输入文字，并设置相应的不透明度后效果，如图14-106所示，选中所有的文字图层，按Ctrl+Alt+G键执行“创建剪贴蒙版”操作，得到如图14-107所示的效果。“图层”面板如图14-108所示。

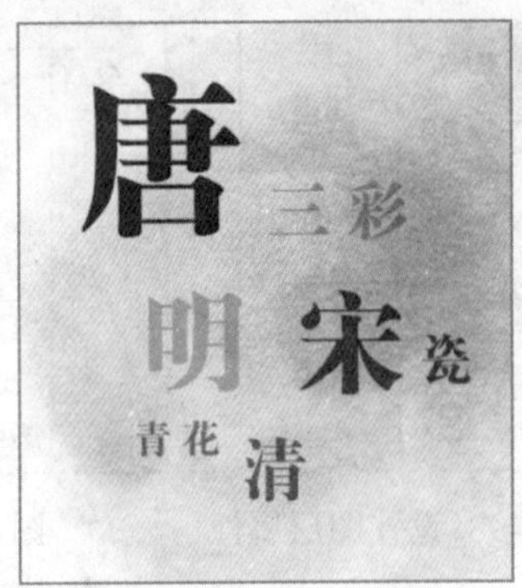

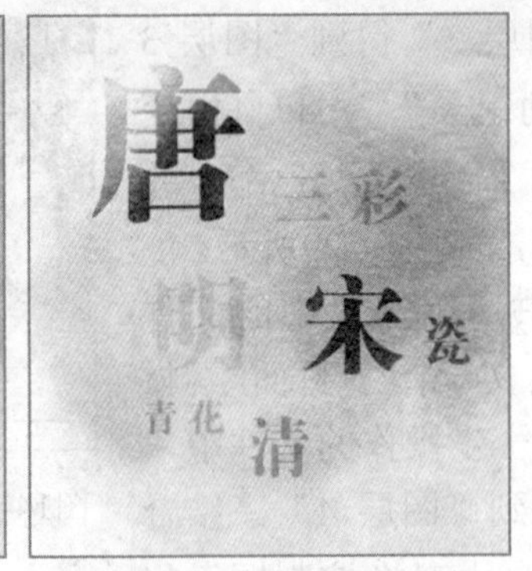

图14-106 继续输入文字并设置不透明度　　图14-107 创建剪贴蒙版

（21）选择“文件”|“存储为”命令，在弹出的“存储为”对话框将当前文件存储为JPEG格式，单击“保存”按钮退出，将弹出“JPEG选项”对话框，设置如图14-109所示，单击“确定”按钮退出对话框。

提示：

至此，需要在PS里完成的内容已制作完成。下面在ID中输入其他文字图像。

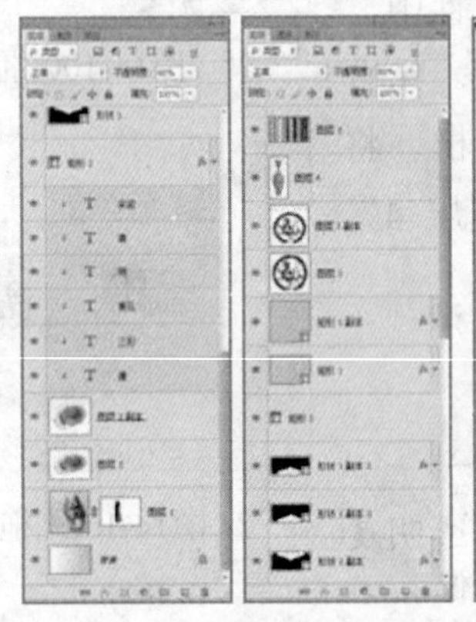

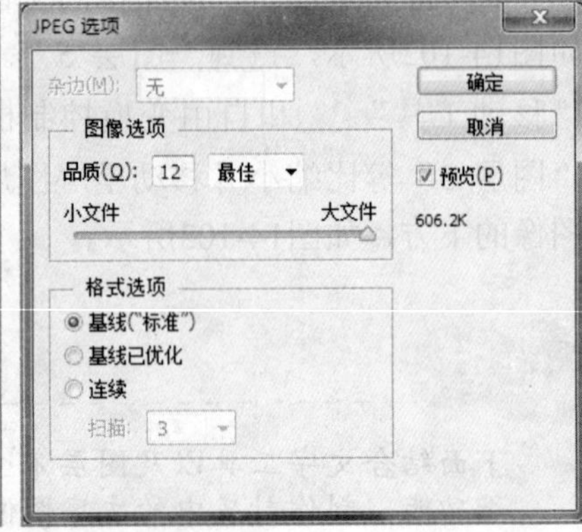

图14-108 “图层”面板　　图14-109 “JPEG选项”对话框

14.5.2 在InDesign中输入文字

（1）打开任意版本的Adobe InDesign软件，在此以CS4版本作讲解，选择“文件”|“新建”|“文档”命令，设置弹出的对话框如图14-110所示，单击“边距和分栏”按钮退出“新建文档”对话框，设置弹出的“新建边距和分栏”对话框如图14-111所示，单击“确定”按钮退出对话框。

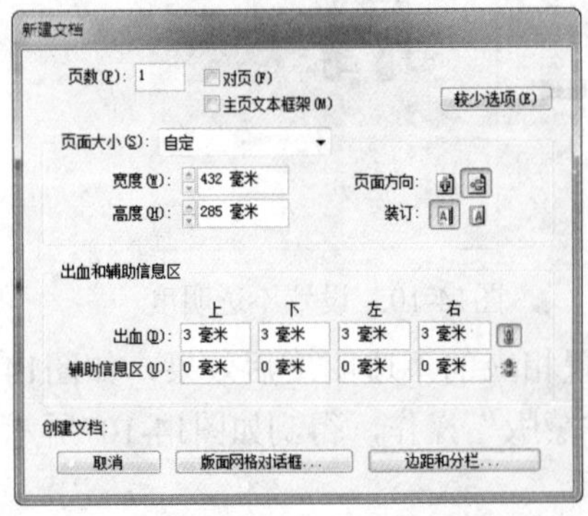

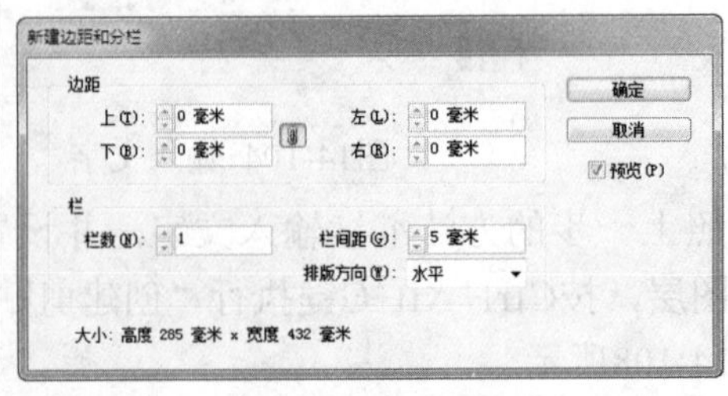

图14-110 “新建文档”对话框　　图14-111 “新建边距和分栏”对话框

（2）将14.5.1第（21）步存储的JPEG文件拖入到上一步新建的ID文件中，然后使用“选择工具”移动图像的位置，如图14-112所示。

图14-112 调整图像位置

（3）按Ctrl+R键显示标尺，在画布中间添加辅助线（12 mm的书脊），如图14-113所示。按Ctrl+R键隐藏标尺，选择“直排文字工具”，设置填充为黑色，描边为无，并在其工具选项条中设置适当地字体和字号，在文件中的空白处拖动以创建一个文本框，释放鼠标并输入文字“中国传统瓷器”。

（4）使用“选择工具”选中上一步输入的文字并移至正封中的标题文字框中，如图14-114所示。

图14-113 添加辅助线　　图14-114 输入并调整文字位置

（5）按照本节第（3）和（4）步的操作方法，结合“直排文字工具”和“选择工具”，制作正封、书脊及封底中的文字，如图14-115~图14-118所示。

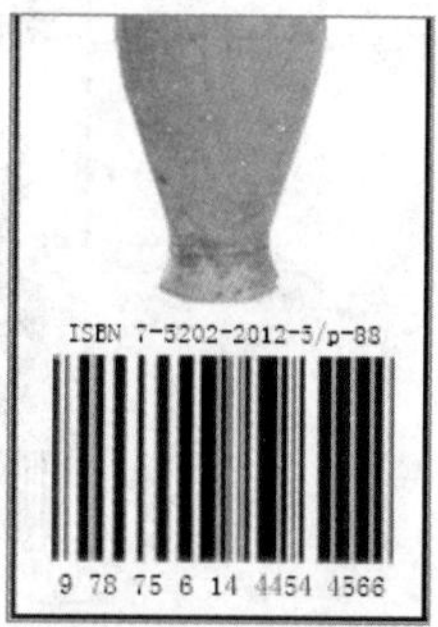

图14-115 输入文字1　图14-116 输入文字2　图14-117 输入文字3　图14-118 输入文字4

提示：

封底右下角黑色线条的绘制方法：设置填充为无，描边为黑色，选择“直线工具”，在其工具选项条中设置线条的类型及粗细，在需要的地方绘制即可。下面在InDesign中将封面文件导出为出片质量的PDF。

14.5.3 导出为出片PDF

（1）由于本例要创建的PDF用于印刷，故需要确定“编辑”|“透明混合空间”|“文档 CMYK（C）”命令处于选中的状态。

（2）文档从InDesign中进行输出时，如果存在透明度则需要进行透明度拼合处理。如果输出的PDF不想进行拼合，保留透明度，需要将文件保存为 Adobe PDF 1.4 (Acrobat 5.0) 或更高版本的格式。在InDesign中，对于打印、导出这些操作较频繁的，为了让拼合过程自动化，可以执行菜单“编辑”|“透明度拼合预设”命令在弹出的“透明度拼合预设”对话框中对透明度的拼合进行设置，并将拼合设置存储在“透明度拼合预设”对话框中，如图14-119所示。

（3）选择“文件”|“导出”命令，在弹出的“导出”对话框中输入文件名，将“保存类型”设置为“Adobe PDF”，单击“保存”按钮，弹出“导出Adobe PDF”对话框，在预设下拉列表中选择“印刷质量”选项，然后在对话框左侧选择“标记和出血”选项组，设置如图14-120所示。

（4）单击“导出”按钮退出“导出Adobe PDF”对话框，如图14-121所示为导出的出片PDF。

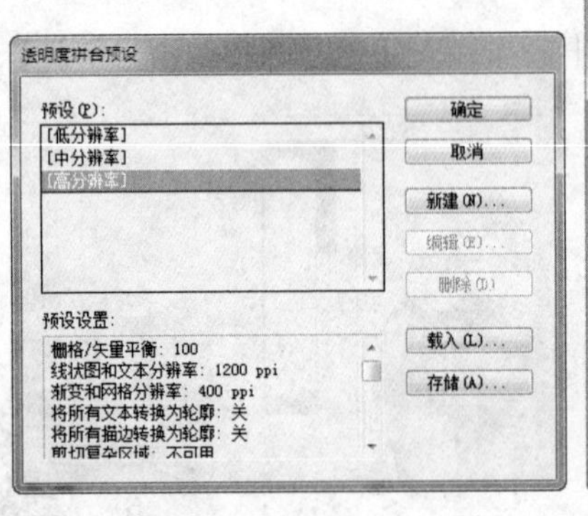

图14-119 透明度拼合预设”对话框

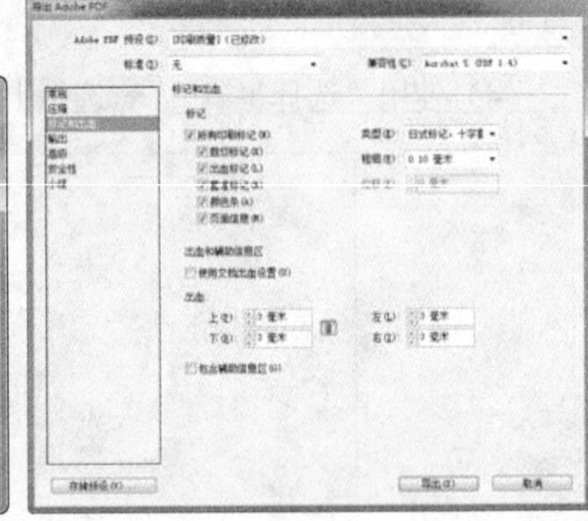

图14-120 “导出Adobe PDF”对话框

图14-121 出片PDF

附录A

快捷键

A.1 工具快捷键

提示：

下表仅列出了在软件中没有明确标示的快捷键。

在默认情况下，选择同一工具组中的工具时，需要按住Shift+快捷键才可以进行切换。例如，【矩形选框工具】与【椭圆选框工具】的选择快捷键都是M，如果要在二者之间进行切换，则必须按住Shift+M键。

操　作	快捷键	操　作	快捷键
使用同一快捷键循环切换工具	按住Shift键并按快捷键（如果选择了【使用Shift键切换工具】首选项）	【橡皮擦工具】 【背景橡皮擦工具】 【魔术橡皮擦工具】	E键
循环切换隐藏的工具	按住Alt键并单击相应工具（【添加锚点工具】、【删除锚点工具】和【转换点工具】除外）	【渐变工具】 【油漆桶工具】 【3D材质拖放工具】	G键
【移动工具】	V键	【减淡工具】 【加深工具】 【海绵工具】	O键
【矩形选框工具】 【椭圆选框工具】	M键	【钢笔工具】 【自由钢笔工具】	P键
【套索工具】 【多边形套索工具】 【磁性套索工具】	L键	【横排文字工具】 【直排文字工具】 【横排文字蒙版工具】 【直排文字蒙版工具】	T键
【魔棒工具】 【快速选择工具】	W键	【路径选择工具】 【直接选择工具】	A键
【裁剪工具】 【透视裁剪工具】 【切片工具】 【切片选择工具】	C键	【矩形工具】 【圆角矩形工具】 【椭圆工具】 【多边形工具】 【直线工具】 【自定形状工具】	U键
【吸管工具】 【3D材质吸管工具】 【颜色取样器工具】 【标尺工具】 【注释工具】 【计数工具】	I键	【污点修复画笔工具】 【修复画笔工具】 【修补工具】 【内容感知移动工具】 【红眼工具】	J键

续表

操 作	快 捷 键	操 作	快 捷 键
【画笔工具】 【铅笔工具】 【颜色替换工具】 【混合器画笔工具】	B 键	【抓手工具】 【旋转视图工具】	H 键 R 键
【仿制图章工具】 【图案图章工具】	S 键	【缩放工具】	Z 键
【历史记录画笔工具】 【历史记录艺术画笔工具】	Y 键		

A.2 面板快捷键

下表仅列出了菜单命令或工具提示中未显示的快捷键。

A.2.1 通用快捷键

项 目	快捷键操作
设置选项（【动作】、【段落样式】、【工具预设】、【画笔】、【画笔预设】、【图层复合】、【样式】和【字符样式】面板除外）	按住 Alt 键并单击按钮
删除而无需确认（【画笔预设】和【注释】面板除外）	按住 Alt 键并单击按钮
应用值并使文本框保持启用状态	Shift + Enter 键
作为选区载入	按住 Ctrl 键并单击通道、图层或路径缩览图
添加到当前选区	按住 Ctrl + Shift 键并单击通道、图层或路径缩览图
从当前选区中减去	按住 Ctrl + Alt 键并单击通道、图层或路径缩览图
与当前选区交叉	按住 Ctrl + Shift + Alt 键并单击通道、图层或路径缩览图
显示或隐藏所有面板	Tab 键
显示或隐藏除工具箱和选项栏之外的所有面板	Shift + Tab 键
高光显示选项栏	选择工具，然后按 Enter 键

A.2.2 【画笔】面板快捷键

项 目	快捷键操作
更改画笔直径和硬度	按住 Alt 键，用鼠标右键单击并拖移
选择上一或下一画笔大小	，（逗号）或.（句点）键
选择第一个或最后一个画笔	Shift + “，”（逗号）或“.”（句点）键

续表

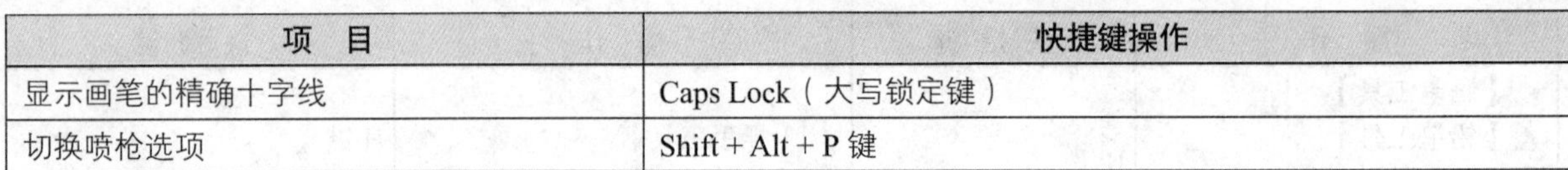

项　目	快捷键操作
显示画笔的精确十字线	Caps Lock（大写锁定键）
切换喷枪选项	Shift + Alt + P 键

A.2.3　【画笔预设】面板快捷键

项　目	快捷键操作
删除画笔	按住 Alt 键并单击画笔
重命名画笔	双击画笔

A.2.4　【通道】面板快捷键

项　目	快捷键操作
为 按钮设置选项	按住 Alt 键并单击 按钮
创建新的专色通道	按住 Ctrl 键并单击 按钮
选择或取消选择 Alpha 通道	按住 Shift 键并单击 Alpha 通道
显示通道选项	双击 Alpha 通道或专色通道缩览图
切换复合图像和灰度蒙版（在【快速蒙版】模式下）	~ 键

A.2.5　【图层】面板快捷键

项　目	快捷键操作
将图层不透明区域作为选区载入	按住 Ctrl 键并单击图层缩览图
将滤镜蒙版作为选区载入	按住 Ctrl 键并单击滤镜蒙版缩览图
图层编组	Ctrl + G 键
取消图层编组	Ctrl + Shift + G 键
创建或释放剪贴蒙版	Ctrl + Alt + G 键
选择所有图层	Ctrl + Alt + A 键
合并可见图层	Ctrl + Shift + E 键
使用对话框创建新的空图层	按住 Alt 键并单击 按钮
在目标图层下面创建新图层	按住 Ctrl 键并单击 按钮
选择顶部图层	Alt + “. ”（句点）键
选择底部图层	Alt + “, ”（逗号）键
向下或向上选择下一个图层	Alt + [或] 键
下移或上移目标图层	Ctrl + [或] 键
将所有可见图层的拷贝合并到目标图层	Ctrl + Shift + Alt + E 键
合并图层	高亮显示要合并的图层，然后按 Ctrl+E 键
将图层移动到底部或顶部	Ctrl + Shift + [或] 键
将当前图层拷贝到下面的图层	Alt 键 + 面板弹出菜单中的【向下合并】命令
将所有可见图层合并为当前选定图层上面的新图层	Alt 键 + 面板弹出菜单中的【合并可见图层】命令

续表

项　目	快捷键操作
仅显示或隐藏此图层 / 图层组，显示或隐藏所有图层 / 图层组	单击图标
显示或隐藏其他所有当前可视图层	按住 Alt 键并单击图标
切换目标图层的锁定透明度或最后应用的锁定	/（正斜杠）键
编辑图层效果或样式	双击图层效果或样式
隐藏图层效果或样式	单击效果或样式前的图标
编辑图层样式	双击图层
停用或启用矢量蒙版	按住 Shift 键并单击矢量蒙版缩览图
打开【属性】面板	双击图层蒙版缩览图
切换图层蒙版的开 / 关	按住 Shift 键并单击图层蒙版缩览图
切换滤镜蒙版的开 / 关	按住 Shift 键并单击滤镜蒙版缩览图
在图层蒙版和复合图像之间切换	按住 Alt 键并单击图层蒙版缩览图
在滤镜蒙版和复合图像之间切换	按住 Alt 键并单击滤镜蒙版缩览图
切换图层蒙版的红色显示模式开 / 关	\（反斜杠）键，或按 Shift + Alt 键并单击
选择所有文字，暂时选择文字工具	双击文字图层缩览图
创建剪贴蒙版	按住 Alt 键并单击两个图层的分界线
重命名图层	双击图层名称
编辑滤镜设置	双击滤镜效果
编辑滤镜混合选项	双击【滤镜混合】图标
在当前图层 / 图层组下创建新的图层组	按住 Ctrl 键并单击按钮
使用对话框创建新的图层组	按住 Alt 键并单击按钮
创建隐藏全部内容或选区的图层蒙版	按住 Alt 键并单击按钮
创建显示全部内容或路径区域的矢量蒙版	按住 Ctrl 键并单击按钮
创建隐藏全部内容的矢量蒙版	按住 Ctrl + Alt 键并单击按钮
显示图层组属性	用鼠标右键单击图层组并选择【混合选项】选项，或双击图层组
选择或取消选择多个连续图层	按住 Shift 键并单击
选择或取消选择多个不连续的图层	按住 Ctrl 键并单击
显示像素图层	单击按钮
显示调整图层	单击按钮
显示文字图层	单击按钮
显示形状图层	单击按钮
显示智能对象图层	单击按钮

A.2.6 【路径】面板快捷键

项　目	快捷键操作
向选区中添加路径	按住 Ctrl + Shift 键并单击路径名
从选区中减去路径	按住 Ctrl + Alt 键并单击路径名

续表

项　目	快捷键操作
将路径的交叉区域作为选区保留	按住 Ctrl + Shift + Alt 键并单击路径名
隐藏路径	Ctrl + Shift + H 键
为 ● 按钮、○ 按钮、◌ 按钮、◇ 按钮和 ◘ 按钮设置选项	按住 Alt 键并单击该按钮

A.3　命令快捷键

A.3.1　【滤镜库】命令快捷键

项　目	快捷键操作
在所选对象的顶部应用新滤镜	按住 Alt 键并单击滤镜
打开或关闭所有展开三角形	按住 Alt 键并单击展开三角形
将【取消】按钮更改为【默认】按钮	Ctrl 键
将【取消】按钮更改为【复位】按钮	Alt 键
还原或重做	Ctrl + Z 键
向前一步	Ctrl + Shift + Z 键
向后一步	Ctrl + Alt + Z 键

A.3.2　【曲线】命令快捷键

项　目	快捷键操作
打开【曲线】对话框	Ctrl + M 键
选择曲线上的后一个点	Ctrl + Tab 键
选择曲线上的前一个点	Shift + Ctrl + Tab 键
选择曲线上的多个点	按住 Shift 键并单击这些点
取消选择某个点	Ctrl + D 键
删除曲线上的某个点	选择某个点并按 Delete 键或按 Ctrl 键单击某个点
将选定的点移动 1 个单位	箭头键
将选定的点移动 10 个单位	Shift + 箭头键
显示将修剪的高光和阴影	按住 Alt 键并拖移黑场或白场滑块
在复合曲线上设置一个点	按住 Ctrl 键并单击图像
在通道曲线上设置一个点	按住 Shift + Ctrl 键并单击图像
切换网格大小	按住 Alt 键并单击域

A.4　混合模式快捷键

项　目	快捷键操作	项　目	快捷键操作
循环切换混合模式	Shift + “+”（加号）或“-”（减号）键	叠加	Shift + Alt + O 键

续表

项 目	快捷键操作	项 目	快捷键操作
正常	Shift + Alt + N 键	柔光	Shift + Alt + F 键
溶解	Shift + Alt + I 键	强光	Shift + Alt + H 键
背后(限【画笔工具】)	Shift + Alt + Q 键	亮光	Shift + Alt + V 键
清除(限【画笔工具】)	Shift + Alt + R 键	线性光	Shift + Alt + J 键
变暗	Shift + Alt + K 键	点光	Shift + Alt + Z 键
正片叠底	Shift + Alt + M 键	实色混合	Shift + Alt + L 键
颜色加深	Shift + Alt + B 键	差值	Shift + Alt + E 键
线性加深	Shift + Alt + A 键	排除	Shift + Alt + X 键
变亮	Shift + Alt + G 键	色相	Shift + Alt + U 键
滤色	Shift + Alt + S 键	饱和度	Shift + Alt + T 键
颜色减淡	Shift + Alt + D 键	颜色	Shift + Alt + C 键
线性减淡（添加）	Shift + Alt + W 键	明度	Shift + Alt + Y 键

A.5 查看图像的快捷键

提示：

下表仅列出了菜单命令或工具提示中未显示的快捷键。

项 目	快捷键操作
循环切换打开的文件	Ctrl + Tab 键
在 Photoshop 中关闭文件并打开 Bridge	Shift + Ctrl + W 键
在【标准】模式和【快速蒙版】模式之间切换	Q 键
在标准屏幕模式、最大化屏幕模式、全屏模式和带有菜单栏的全屏模式之间切换（前进）	F 键
在标准屏幕模式、最大化屏幕模式、全屏模式和带有菜单栏的全屏模式之间切换（后退）	Shift + F 键
切换（前进）画布颜色	空格键 + F（或用鼠标右键单击画布背景，然后选择颜色）
切换（后退）画布颜色	Shift + 空格键 + F
将图像限制在窗口中	双击【抓手工具】
放大到 100% 显示	双击【缩放工具】
切换到【抓手工具】（当不处于文本编辑模式时）	空格键
使用【抓手工具】同时平移多个文件	按住 Shift 键拖移
放大图像的显示比例	Shift + "+"（加号）键
缩小图像的显示比例	Shift + "-"（减号）键
放大图像中的指定区域	应用放大工具在指定区域绘制选区
使用【抓手工具】滚动图像	按住空格键拖移或拖移【导航器】面板的视图区域框

续表

项　目	快捷键操作
向上或向下滚动一屏	Page Up 键或 Page Down 键
向上或向下滚动 10 个单位	Shift + Page Up 键或 Shift + Page Down 键
将视图移动到左上角或右下角	Home 键或 End 键

A.6　选择和移动对象的快捷键

项　目	快捷键操作
添加到选区	任何选择类工具 + Shift 键并拖移
从选区中减去	任何选择类工具 + Alt 键并拖移
与选区交叉	任何选择类工具（【快速选择工具】除外）+Shift+Alt 键并拖移
将选框限制为方形或圆形（如果没有任何其他选区处于当前状态）	按住 Shift 键并拖移
从中心绘制选区（如果没有任何其他选区处于当前状态）	按住 Alt 键并拖移
限制形状并从中心制作选区	按住 Shift + Alt 键并拖移
切换到【移动工具】	Ctrl 键（选择【裁剪工具】、【切片工具】、【切片选择工具】、【钢笔工具】、【自由钢笔工具】、【抓手工具】或矢量绘图类工具时除外）
从【磁性套索工具】切换到【套索工具】	按住 Alt 键并拖移
从【磁性套索工具】切换到【多边形套索工具】	按住 Alt 键并单击
应用或取消【磁性套索工具】的操作	Enter 键或 Esc 键
移动选区并复制	【移动工具】+ Alt 键并拖移选区
将选区移动 1 个像素	任何选择类工具 +→箭头键、←箭头键、↑箭头键或↓箭头键
将选区中的图像移动 1 个像素	【移动工具】+→箭头、←箭头、↑箭头或↓箭头键
当未选择图层上的任何内容时，将图层移动 1 个像素	Ctrl +→箭头、←箭头、↑箭头或↓箭头键
增大或减小检测的宽度	【磁性套索工具】+ [或] 键
接受裁剪或取消裁剪	【裁剪工具】+ Enter 键 或 Esc 键
切换裁剪屏蔽开 / 关	/（正斜杠）键
创建量角器	【标尺工具】+Alt 键并拖移终点
将参考线与标尺记号对齐（未执行【视图】|【对齐】命令时除外）	按住 Shift 键并拖移参考线
在水平参考线和垂直参考线之间转换	按住 Alt 键并拖移参考线

A.7　编辑路径的快捷键

项　目	快捷键操作
选择多个锚点	【直接选择工具】+ Shift 键并单击

续表

项 目	快捷键操作
选择整个路径	【直接选择工具】+Alt 键并单击
复制路径	【钢笔工具】、【自由钢笔工具】、【路径选择工具】或【直接选择工具】+Ctrl+Alt 键并拖移
从【路径选择工具】、【钢笔工具】、【添加锚点工具】、【删除锚点工具】或【转换点工具】切换到【直接选择工具】	Ctrl 键
当鼠标指针位于锚点或方向点上时，从【钢笔工具】或【自由钢笔工具】切换到【转换点工具】	Alt 键
关闭路径	磁性钢笔工具+双击
关闭含有直线段的路径	磁性钢笔工具+Alt 键并双击

A.8 绘制对象的快捷键

项 目	快捷键操作
【吸管工具】	任何绘图类工具+Alt 键或任何矢量绘图类工具+Alt 键（选择【路径】和【形状】选项时除外）
选择背景色	【吸管工具】+Alt 键并单击
【颜色取样器工具】	【吸管工具】+Shift 键
删除颜色取样器	【颜色取样器工具】+Alt 键并单击
设置绘画模式的【不透明度】、【容差】、【强度】或【曝光量】	任何绘图或编辑类工具+数字键（在启用【喷枪】选项时，使用 Shift+数字键）
设置绘画模式的流量	任何绘图或编辑类工具+Shift+数字键（在启用【喷枪】选项时，省略 Shift 键）
使用前景色或背景色填充选区或图层	Alt+Delete 键或 Ctrl+Delete 键
从历史记录填充	Ctrl+Alt+Backspace 键
显示【填充】对话框	Shift+Backspace 键
锁定透明像素的开/关	/（正斜杠）键
连接点与直线	任何绘图类工具+Shift 键并单击

A.9 文本操作的快捷键

项 目	快捷键操作
移动图像中的文字	选择文字图层时按住 Ctrl 键并拖移文字
向左或向右选择 1 个字符，向上或向下选择 1 行	Shift+←箭头、→箭头键，Shift+↓箭头、↑箭头键
选择插入点与鼠标单击点之间的字符	按住 Shift 键并单击
左移或右移 1 个字符，下移或上移 1 行	←箭头键、→箭头键，↓箭头键、↑箭头键
显示或隐藏所选文字上的选区	Ctrl+H 键

续表

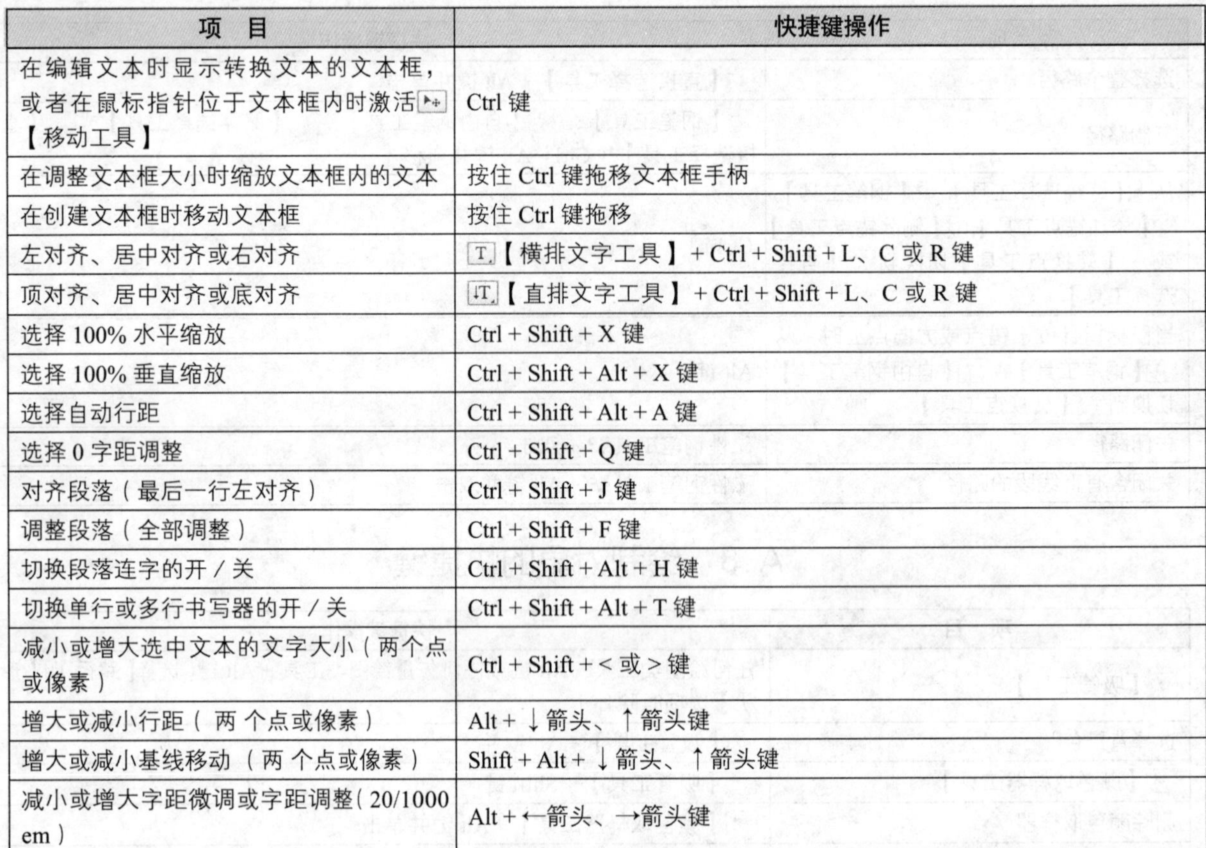

项　目	快捷键操作
在编辑文本时显示转换文本的文本框，或者在鼠标指针位于文本框内时激活【移动工具】	Ctrl 键
在调整文本框大小时缩放文本框内的文本	按住 Ctrl 键拖移文本框手柄
在创建文本框时移动文本框	按住 Ctrl 键拖移
左对齐、居中对齐或右对齐	【横排文字工具】+ Ctrl + Shift + L、C 或 R 键
项对齐、居中对齐或底对齐	【直排文字工具】+ Ctrl + Shift + L、C 或 R 键
选择 100% 水平缩放	Ctrl + Shift + X 键
选择 100% 垂直缩放	Ctrl + Shift + Alt + X 键
选择自动行距	Ctrl + Shift + Alt + A 键
选择 0 字距调整	Ctrl + Shift + Q 键
对齐段落（最后一行左对齐）	Ctrl + Shift + J 键
调整段落（全部调整）	Ctrl + Shift + F 键
切换段落连字的开 / 关	Ctrl + Shift + Alt + H 键
切换单行或多行书写器的开 / 关	Ctrl + Shift + Alt + T 键
减小或增大选中文本的文字大小（两个点或像素）	Ctrl + Shift + < 或 > 键
增大或减小行距（两 个点或像素）	Alt + ↓箭头、↑箭头键
增大或减小基线移动（两 个点或像素）	Shift + Alt + ↓箭头、↑箭头键
减小或增大字距微调或字距调整（20/1000 em）	Alt + ←箭头、→箭头键

A.10　功能键

项　目	快捷键操作	项　目	快捷键操作
启动帮助	F1 键	显示或隐藏【信息】面板	F8 键
剪切	F2 键	显示或隐藏【动作】面板	Alt + F9 键
复制	F3 键	恢复	F12 键
粘贴	F4 键	填充	Shift + F5 键
显示或隐藏【画笔】面板	F5 键	羽化选区	Shift + F6 键
显示或隐藏【颜色】面板	F6 键	反转选区	Shift + F7 键
显示或隐藏【图层】面板	F7 键		

A.11　Camera Raw的快捷键

项　目	快捷键操作	项　目	快捷键操作
调整画笔大小	按住鼠标右键拖移	调整羽化效果	按住 Ctrl + Shift 键并拖移
向左旋转图像	L 键	向右旋转图像	R 键

续表

项　目	快捷键操作	项　目	快捷键操作
放大	Ctrl +“+”（加号）键	缩小	Ctrl +“-”（减号）键
切换预览	P 键	全屏模式	F 键
在【色调曲线】选项卡中选择多个点	单击第一个点，按住 Shift 键并单击其他点	在【色调曲线】选项卡中向曲线添加点	在预览窗口中按住 Ctrl 键并单击
在【色调曲线】选项卡中移动选定的点（1 个单位）	箭头键	在【色调曲线】选项卡中移动选定的点（10 个单位）	Shift + 箭头键
高光修剪警告	O 键	阴影修剪警告	U 键
Camera Raw 首选项	Ctrl + K 键	删除 Camera Raw 首选项	Ctrl + Alt 键（仅在打开时）